군사혁신

IT에서 AI까지

정춘일

박영사

추천의 글

군사력은 경제력과 함께 국가를 지키고 떠받치는 핵심 국력 요소입니다. 외부의 위협으로부터 국가를 수호하는 방어력이자 적대국의 공격을 사전에 방지하는 억지력이며, 국가의 외교적 협상에서 유리한 위치를 제공합니다. 국가 내외의 불안정을 방지해 경제 활동이 지속될 수 있는 환경을 조성하고, 국민에게 국가에 대한 자부심과 신뢰감을 심어줍니다. 군사력의 강화를 위해 개발한 첨단 기술은 민간 분야에도 전환되어 국가 전체의 과학기술 수준을 높이는 데 이바지합니다.

국력에 걸맞은 군사력의 발전이 필수적입니다. 군사력은 생물과 같이 영양, 운동, 생장, 증식을 통해 지속 가능하게 역동적으로 성장해야 합니다. 성장과 발전을 멈추면 국가의 생존이 위태롭게 됩니다. 군사력의 성장·발전을 위한 영양과 운동은 새로운 과학기술을 활용한 군사혁신을 통해 공급됩니다. 군사혁신은 할 것이냐 말 것이냐의 선택 문제가 아니라 반드시 해야 하는 당위적 필수 과업입니다.

오늘날 AI가 세계를 관통하는 핵심 주제어가 되고 있습니다. AI가 기술, 경제, 사회, 문화 등 여러 분야에서 급격한 변화를 불러오는 지능화 시대가 열렸습니다. 군사 분야도 예외는 아닙니다. 초지능 무인 자율 무기의 등장과 같은 새로운 군사기술 혁명이 속속 발생하고 있습니다. 미국을 비롯한 선진 강국들은 AI를 군사적으로 활용하는 지능화 기반 전쟁 개념을 발전시키고 있습니다.

이러한 문명사적 전환기에 정춘일 박사가 『군사혁신: IT에서 AI

까지』라는 책을 출간한 것은 국방의 미래 발전을 모색하는 데 매우 고무적인 일이라 아니할 수 없습니다. 우리 군이 심화하는 인구 절벽과 급변하는 전략 환경에 대비하기 위한 국방혁신을 성취하는 데 길잡이가 될 것으로 기대됩니다. 본인은 국방부에서 기획관리실장으로 재직할 당시 정 소령이 방위비 분담을 비롯한 한·미 동맹의 핵심 업무를 탁월하게 수행하는 모습을 지켜보았던 기억이 있습니다. 1990년대 중반부터 지금까지 우리 군의 군사혁신 방책에 대해 천착해 이번의 대작을 내놓은 것에 격려와 찬사를 보냅니다.

이 책이 군사혁신 차원에서 군의 미래 발전을 개척하는 실무진과 연구자들에게 유익하게 활용되길 기대합니다.

전 국방부 장관

권 영 해

추천의 글

21세기 들어 정보화 혁명, 4차 산업혁명, 그리고 인공지능 기술의 발달은 민간 부문에서뿐만 아니라 군사 분야에서도 새로운 패러다임을 견인하며 혁신의 중심에 자리 잡았습니다. 이른바 군사혁신에 대한 문맹은 미래전에 대비한 군사력 창출을 포기하는 것이나 다름 없는 시대가 도래하였습니다. 이러한 격변의 시기에 정춘일 박사의 저서 『군사혁신: IT에서 AI까지』는 정보화 시대의 군사혁신에서부터 인공지능 기반 미래전까지의 여정을 심도 있게 탐구하며, 우리에게 귀중한 통찰을 제공합니다.

이 책의 가장 큰 강점은 정보 기술과 4차 산업혁명 기술 및 인공지능 기술이 어떻게 군사 시스템의 진화, 군사전략과 작전 개념의 혁신, 군 구조와 부대 편성의 적응을 주도하고 있는지를 체계적이고 명료하게 설명한다는 점입니다. 또한, 미국과 같은 선진 군사 강국의 사례는 물론, 한국형 군사혁신의 미래 방향성과 과업까지 구체적으로 제시하여 우리의 국방 정책과 안보전략 수립에 실질적인 가이드를 제공합니다.

본인은 정춘일 박사가 1990년대 초반 미국에서 군사혁신이 태동했던 당시부터 한국적 군사혁신의 방책을 마련하는 연구에 천착하는 모습을 지켜봤습니다. 그의 이러한 전문성과 연구 성과는 우리 군이 미래전 양상을 이해하고 급변하는 전략 환경에 대비하는 데 필요한 시각과 통찰력을 제공할 것으로 확신합니다. 정보화 혁명과 4차 산업혁명, 인공지능 혁명 시대의 군사혁신을 이해하고자 하는 정책 입안자, 군 관계자, 그리고 일반 독자들에게 이 책은 필독서가 될 것입니다.

국방의 미래를 준비하며, 혁신을 꿈꾸는 모든 이들에게 이 책을 강력히 추천합니다.

전 국방부 장관

김 관 진

추천의 글

동서고금을 막론하고 전쟁을 대비하지 않은 국가는 생존하지 못하였습니다. 평화를 원하거든 전쟁을 준비하라는 오래된 격언도 있습니다. 많은 역사학자가 현대전(Modern War)의 시작이라고 평가한 제1차 세계대전 이후, 세계 대부분의 국가는 다음 전쟁(next war), 즉 미래전(future war)을 준비하기 시작하였습니다. 산업화의 영향으로 무기와 장비가 대규모로 동원되었고, 거의 3천만여 명의 사상자가 발생한 참혹한 전쟁이었기 때문입니다. 정치 지도자들은 1919년 베르사유 조약으로 제1차 세계대전을 종결하게 되지만, 그 합의가 다음 전쟁을 막아준다고 믿었던 사람은 거의 없었습니다. 대표적인 국가 셋을 골라 보면, 프랑스와 영국 그리고 독일이 될 것입니다. 이 국가들이 미래전을 준비했던 경험을 하나씩 복기해 가면서 교훈을 배울 필요가 있습니다.

프랑스는 미래전 준비에 가장 관심이 많았던 나라였습니다. 거국적으로 막대한 예산을 투입해 마지노선을 구축하면서 나름대로 총력을 기울여 다음 전쟁에 대비하였습니다. 그러나 막상 새로운 전쟁이 일어났을 때 프랑스군은 40일도 버티지 못하고 무너져 버렸습니다. 정부 지도자들이 예측했던 미래전의 특징에 대한 군사적 판단과 미래전 대비 방향에 중대한 착오가 있었기 때문입니다.

영국은 비교적 정확하게 미래전의 특징을 파악하고 있었습니다. 리델 하트(Basil Henry Liddel Hart) 같은 전략가들의 연구와 경고에 따라 대규모 기동전을 준비해야 한다고 판단한 대비 방향은 매우 정확하였습니다. 그런데도 새로운 기동전 준비는 미온적이었습니다. 정치 지도자들이 대륙에서 일어나는 위협에 대해 프랑스만큼 절실하게 받아들이지 않았기 때문입니다.

독일의 경우는 매우 달랐습니다. 제1차 세계대전에서 패배해서 미래전을 준비하는 데에는 가장 불리한 여건에 처해 있었지만, 새로운 전장 환경에 관한 연구와 새로운 환경에 적응하기 위한 변신은 가히 기록적이었습니다. 1939년 막상 제2차 세계대전이 일어났을 때 새로운 전장 환경에서 독일군과 대적할 만한 군사력을 보유했던 나라는 사실상 없었습니다.

군사력이란 사람과 무기로 이루어진 거대한 시스템, 즉 Man-Machine System입니다. 그래서 새로운 전술과 새로운 기술(무기)이 결합하면 새로운 군사력을 만들어 내게 됩니다. 특히 산업화의 영향으로 무기체계는 엄청나게 빠른 속도로 변화하고 있습니다. 이런 변화에 적응하는 진도 그 자체가 전장의 승패와 직결됩니다.

항공모함이 출현하자 유럽의 군사적 패권이 미국으로 옮겨가게 됩니다. 그 후 1973년 4차 중동전에서 갑자기 나타난 대전차 유도탄과 새로운 전차전 전술은 이스라엘의 기갑 전력을 순식간에 괴멸시켜 버렸습니다. 1991년 '사막의 폭풍(Desert Storm)' 작전에서 미국을 비롯한 다국적군의 유도무기와 기동전술은 이라크 후세인의 정예부대인 공화국수비대를 불과 100시간만에 무력화시켜 버립니다. 최근에는 드론이 전장에 나타나서 전세를 뒤집어 놓으면서 쏘다니는 모습을 볼 수 있습니다.

이렇게 전장의 모습은 빠르게 그리고 계속해서 변화하고 있습니다. 이 변화를 따라가지 못하면 미래전에서 생존할 수 없게 됩니다. 그래서 사실상 모든 나라들이 앞다퉈 이 변화를 파악하고 따라가기 위해 경쟁을 하는 것입니다.

제2차 세계대전을 가장 효과적으로 준비했던 독일의 주역은 폰젝트(Hans von Seeckt) 장군이었습니다. 그는 다음 전쟁이 과거와 다르다는 것과 그 변화의 방향은 앞에서 경험한 전쟁에서 찾을 수 있다는 것을 잘 알고 있었습니다. 그는 우선 제1차 세계대전에 참전했던 수백 명의 간부를 모아서 전장에서 경험한 변화를 구체적으로 파악하고, 그들의 보고서를 분석해 다음 전장의 특징을 그려낸 다음, 새로운 전장에서 적보다 한수 앞설 방법을 찾아내 준비한다는 것이 그의 전략이었습니다. 팬저(Panzer) 사단과 전격전 전술, 그리고 급강하 폭격기가 그 결과로 만들어 낸 작품이었습니다.

한반도의 지정학적 위치는 주변 강대국들의 관계에 따라 언제든지 전쟁터로 바뀌게 될 운명을 지니고 있습니다. 그래서 늘 미래전을 준비하고 있어야 생존할 수 있는 나라입니다. 다행히 오늘 우리나라는 1953년 구축된 한·미 동맹 체제에서 제한된 평화와 안정 상태를 유지하고 있습니다. 그러나 이 나라는 숙명적으로 전쟁에 대비하고 있어야 생존할 수 있는 위치에 놓여 있다는 것을 직시해야 합니다.

이런 상황에서 정춘일 박사가 『군사혁신: IT에서 AI까지』라는 저서를 출간한 것은 시의적절하고 찬사를 받을 일이라 생각합니다. 저자는 본인이 2000년대 초 국방부 국방개혁위원장으로 재직할 당시 예하 군사혁신단에서 한국적 군사혁신을 개척한 주역이었습니다. 학문적 지식과 국방 전문성이 남달랐던 것으로 기억됩니다.

이 저서는 IT 혁명과 4차 산업혁명, 그리고 AI 혁명이라는 시대적 변화를 군사혁신과 연결해 분석한 통찰력 있는 연구서입니다. 특히, 미국과 이스라엘의 군사혁신 사례를 통해 국제적 관점에서 군사혁신의 방향성을 조망하고, 한국군이 나아가야 할 새로운 전략적 과제를 제시하고 있습니다. 한반도의 안보 환경을 고려한 한국형 군사혁신 4.0의 주요 과업을 정리하고, AI 기반 다영역 기동전 및 AUKUS 3국의 국방 AI 전략을 면밀하게 분석하며 미래 전장의 모습을 구체적으로 그려냈습니다.

이 저서는 단순한 이론적 논의를 넘어 실제 정책적 함의와 적용 가능성을 모색하며, 한국군의 군사혁신 방향을 고민하는 모든 이들에게 깊은 영감을 줄 것입니다. 군사혁신의 최전선에서 연구하고 실천해 온 저자의 경험과 전문성이 오롯이 녹아들어 있어서 미래 국방 전략을 고민하는 정책 결정자와 연구자들에게 귀중한 나침반이 될 것입니다.

이 저서가 한국군의 미래를 설계하고 튼튼한 국방력을 창출하는데 중요한 이정표가 되기를 기대합니다.

전 한미연합사령부 부사령관
현 한국전략문제연구소 이사장
김 재 창

프롤로그

세계 대부분의 정상적 주권 국가는 '부국강병'을 치국의 핵심으로 삼는다. 국민의 안전한 삶과 풍요로운 생활을 보장하지 못하는 국가는 존재할 수 없다. 외적의 침략을 막을 수 없고 내부의 불안정과 폭력적 저항에 버틸 수 없다. 동서고금의 역사에서 부유한 경제와 강한 군사력은 국가 존재의 절대적 최고 조건이었다. 부유한 경제력으로 국민을 잘살도록 하고 강한 군사력으로 국가의 독립과 안전을 지킬 수 있어야 했다. 강대국이라 불리는 국가들은 대부분 경제력이 우월하고 군사력이 막강했다.

부국과 강병은 선후를 가리기 어렵지만 세계사에서 국가 흥망의 경로를 살펴보면 강병이 부국의 조건이었음을 알 수 있다. 최소한 외적의 침략에 저항할 만한 군사력을 갖추어야 경제력을 발전시키기 위한 방책을 마련할 수 있었다. 경제적 번영은 군사력 강화로 선순환되기 때문에 안전하고 풍요로운 일류국가를 탄생시킨다. 국가가 부유해질수록 군사력을 비롯한 안보에 대한 투자 소요도 커지기 때문에 지속 가능한 경제력 발전이 필수적이다.

세상 누구도 전쟁을 좋아하는 사람은 없을 것이다. 역으로 평화를 싫어하는 사람도 없을 것이다. 전쟁은 많은 사람을 죽이거나 다치게 하고 재산을 파괴하며 문명을 붕괴시키기 때문에 배척된다. 평화는 사람들에게 안전하고 풍요로운 삶과 행복을 가져다주기 때문에 환영받는다. 그런데도 모든 사람이 싫어하는 전쟁이 왜 끊이지 않고 일어나는 것일까? 왜 막지 못하는 것일까? 동서고금의 많은 지성인이 전쟁의 원인, 경과, 피해, 교훈 등을 분석하고 평화의 방법을 설파했지만, 전쟁은 지금도 계속되고 있다. 전쟁은 선악의 영역이 아니라 현실의 영역이다.

로마제국의 플라비우스 베게티우스 레나투스(Flavius Vegetius Renatus)가 저술한 병법서 『군사학 논고(*De Re Militari*)』에 '평화를 원한다면 전쟁을 준비하라'라는 전쟁과 평화에 관한 격언이 들어 있다. 현대 문명사회에서 침략 전쟁은 있을 수 없고 규탄받는다. 그래도 아랑곳하지 않고 국가들은 사활적 이익의 수호를 이유로 전쟁을 벌인다. 여기서 평화를 위해서는 국방력이 절대 필수 선행 조건이라는 논리가 성립된다. 평화를 원하면 전쟁을 대비해야 하는 것이다. 전쟁을 억지하기 위해 방어전 역량을 갖추어야 한다. 군사력을 갖추어 국가의 생존과 안전을 보장하지 못하면 역으로 군사력이 강한 국가에 침략을 당할 수 있어서 침략을 막기 위한 국방력 발전에 힘써야 한다.

국가들은 전쟁에서 승리하기 위해 새롭게 출현하는 과학기술을 활용한 군사력을 발전시켜 왔다. 새로운 전투 수행 개념과 방식을 도입하고 신개념 첨단 무기체계를 개발했다. 전쟁사를 살펴보면, 진부한 군사력에 머물러 있는 국가는 새로운 첨단 군사력을 발전시킨 국가와의 전쟁에서 패하여 역사의 뒤안길로 사라졌음을 알 수 있다. 국가의 생존과 안전을 지키기 위해서는 지속적인 군사혁신(Revolution in Military Affairs: RMA)이 요구된다.

21세기 초입부터 세계는 정보 기술의 눈부신 발전과 함께 전례 없는 속도로 변화하기 시작했다. 이러한 기술혁신은 단순히 산업과 일상생활의 변화를 넘어 국가 안보와 군사전략의 근본적 패러다임을 뒤흔들었다. 정보화 혁명 시대를 거쳐 오면서 혁신적 과학기술을 활용한 군사혁신이 추구되기 시작했다. 지금은 지능화 혁명을 견인하는 첨단 과학기술을 활용한 새로운 군사혁신이 모색되고 있다. 이른바 인공지능 기반 군사혁신(AI Driven RMA)이 태동한 것이다.

이 책은 21세기 기술혁명과 군사혁신의 교차점에서 IT 혁명, 4차 산업혁명, 그리고 AI 혁명이 군사혁신에 미친 영향과 그 진화를 심층적으로 조망한다. 저자가 한국국방연구원에 재직하던 시절인 1990년대 초반부터 시작해 1999~2003년 기간 국방부 군사혁신단에서의 근무를 포함해 30여 년 동안 천착해 온 군사혁신에 관한 학문적 성과를 집대성하는 것이다. 첨단 정보 기술 기반 군사혁신으로부터 4차 산업혁명 핵심 기술 및 인공지능 기술 기반 군사혁신에 이르기까지의 연구 성과를 망라한다. 크게 세 부분으로 구성한다. 연결, 초연결, 초지능이 핵심 주제이다.

제1부에서는 정보화 시대의 도래와 함께 등장한 군사혁신의 개념과 역사적 흐름을 살펴보고, 미국과 이스라엘의 사례를 통해 정보기술 기반 군사혁신의 실제 적용과 전략적 함의를 분석한다. 특히 걸프전을 기점으로 변화한 전쟁 양상과 군사 패러다임의 전환은 정보화 시대의 군사혁신을 이해하는 출발점이다.

제2부는 4차 산업혁명이 군사 영역에 미친 영향과 군사혁신의 진화 추세를 중심으로 구성한다. 민간 영역의 초연결 및 초지능 심화·확대는 군사 영역에서 전력 운용 방식과 무기체계의 개념을 근본적으로 변화시킨다. 미래 전쟁의 방향성을 제시하고 있는 미국의 3차 상쇄전략을 살펴보고 한국형 군사혁신 4.0의 과업을 제시한다.

제3부에서는 AI 기술의 급속한 발전이 군사혁신에 어떻게 접목되고 있는지를 다룬다. AI 기반 군사혁신의 태동과 전망, 다영역 기동전의 진화, 유무인 복합 전투체계의 발전 등 전장 환경의 지능화 추세를 살펴보고, AUKUS 3국인 미국·영국·호주의 국방 AI 전략과 거버넌스 현황을 개관한다.

이 책은 단순한 기술적 분석을 넘어 전략적 사고와 정책적 함의를 함께 담는다. 1990년대 중반 한국국방연구원에서 군사혁신에 관한 연구를 처음 시작한 이래 30년 가까이 집필한 학술 논문과 단편적 글을 전면적으로 재구성해 포함한다. 독자 여러분이 이 책을 통해 기술과 군사의 접점에서 벌어지는 혁신의 흐름을 이해하고, 미래 안보 환경과 전쟁 양상 변화에 대한 통찰력을 얻기를 기대한다.

이 책이 세상에 나올 수 있도록 도와주신 많은 분들께 깊은 감사의 마음을 전한다. 먼저, 2023년 작고하신 권태영 박사님을 추모하며 무한한 존경을 바친다. 박사님은 육군사관학교의 대선배이자 학문적 은사로서, 군사혁신의 개념과 이론을 한국에 처음 소개하신 분이며, 제 연구의 방향을 이끌어 주신 분이다. 또한 1999년 4월부터 2004년 초까지 국방부 군사혁신단에서 한국형 군사혁신의 비전과 전략을 함께 고민하고 개척해 온 선후배 동료 여러분께도 진심어린 감사의 뜻을 전한다. 끝으로, 국내 도서 시장의 어려운 환경 속에서도 '책은 인간이 이룩한 위대한 진보의 무기'라는 신념을 바탕으로 이 책의 출판을 기꺼이 맡아 주신 박영사 안상준 대표님께 깊은 감사의 말씀을 드린다.

지금 군은 긴박한 북한 군사 위협, 불확실한 주변 위험, 전쟁 양상 변화, 인구 절벽 등 다중적이고 복잡한 안보 환경과 어려운 국방여건 속에서 과학기술 기반 정예 강군을 발전시켜야 하는 중차대한 과업을 부여받고 있다. 이 책이 군의 미래를 위해 헌신하는 후배들과 군사혁신을 학문적으로 탐구하는 모든 이들에게 작은 이정표가 되기를 진심으로 기원한다. 대한민국을 지킬 수 있는 강한 힘의 군을 응원한다.

정 춘 일

차 례

제 1 부 IT 혁명과 군사혁신

제 1 장 군사혁신의 태동과 진화

제2장 정보화 기반 전쟁 양상과 군사 패러다임

제3장 미국의 IT 기반 군사혁신 사례와 시사점

제4장 이스라엘의 군사혁신 사례와 시사점

제2부 4차 산업혁명과 군사혁신

제5장 4차 산업혁명과 군사혁신 4.0

제6장 한국형 군사혁신 4.0의 주요 과업

제 3 부 AI 혁명과 군사혁신

제7장 인공지능 기반 군사혁신의 태동과 전망

제8장 인공지능 기반 다영역 기동전 발전

제9장 유무인 복합 전투체계 발전과 군사 패러다임 변화

제10장 AUKUS 3국의 국방 AI 전략과 거버넌스

제 1 부

IT 혁명과 군사혁신

제 1 장

군사혁신의 태동과 진화

제 1 절 군사혁신의 개념

군사혁신은 일반적으로 새로운 기술, 전술, 전략, 조직 구조 등을 도입해 군대의 효율성과 효과성을 극대화하려는 과정으로 볼 수 있다. 가장 흔히 거론되는 사례는 14세기에서 15세기 사이에 유럽에서 발생한 화약 기술 혁명에 따른 무기체계의 혁신이다. 영국과 프랑스가 1337년부터 1453년까지 116년에 걸쳐 벌인 이른바 백년 전쟁에서는 영국의 장궁이 혁신적이었지만, 이후 화승총 및 대포가 도입되면서 전쟁 양상이 획기적으로 바뀌었다. 1453년 오스만 제국은 대규모 대포를 사용해 비잔틴 제국의 성벽을 무너뜨리고 콘스탄티노플을 함락했다. 결국 전통적 중세 기사 및 성벽 중심의 방어 전략이 쇠퇴하고, 화력 중심의 공세적 전투 양상이 주목받았다.

산업혁명 이후 기계와 엔진 기술을 군사적으로 활용함으로써 기계화 전쟁이 보편화됐다. 제1차 세계대전 당시 영국과 프랑스는 참호전을 돌파하기 위해 전차를 개발했다. 독일은 제2차 세계대전에서 전차, 항공기, 보병을 결합한 전격전(Blitzkrieg)을 통해 폴란드와 프랑스를 신속히 점령했다. 전쟁의 속도가 빨라지고 전장 범위가 확대되었으며, 병참 및 기동성이 중시됐다.

제2차 세계대전 말기 미국이 맨해튼 프로젝트(Manhattan Project)를 통해 핵무기를 개발하고 1945년 일본 히로시마와 나가사키에 투하함으로써 핵무기의 파괴력이 세계에 알려졌다. 미국과 소련은 냉전 시대에 핵무기를 통해 서로의 공격을 억제하는 상호 확증 파괴(Mutual Assured Destruction: MAD) 전략을 구사했다. 이로써 전쟁 억제력이 중시되고, 전 세계적으로 핵 확산 문제가 초래됐다.

20세기 후반부터 컴퓨터와 인터넷 기술의 발전으로 정보 및 통신 시스템이 군사 작전에 필수 요소로 등장했다. 1991년의 걸프전에서 미국은 위성 항법 시스템(GPS), 정밀 유도 무기, 위성 통신을 사용해 현대 전쟁의 표본을 제시했다. 무인 항공기와 사이버 공격도 군사 작전의 핵심으로 자리를 잡기 시작했다. 이로써 군사 작전의 비대칭성이 새롭게 주목받고, 소프트웨어 및 데이터가 전쟁의 중요한 자원이 됐다.

21세기에 접어들어 인공지능과 로봇공학의 발달로 무인 및 자율 무기체계가 등장하면서 전쟁 양상을 다시 또 파격적으로 바꿔놓고 있다. 드론이 정보 수집 및 정밀 타격에 본격적으로 사용되고 있다. 인공지능 기술을 활용한 자율 무기체계가 전장에서 인간의 개입을 줄이거나 인간의 역할을 대체하고 있다. 첨단 신기술과 전술이 결합하면서 군사혁신이 가속화됨과 더불어 전쟁 양상도 파격적 변화를 거듭하고 있다. 오늘날의 군사혁신은 정보화, 인공지능, 자율 무기체계를 중심으로 진화되고 있으며, 이에 따라 국가 간의 군사적 우위 경쟁이 치열해지고 있다.

군사혁신의 현상은 역사적으로 오래전부터 발생해 왔지만, 구소련의 군사 이론가들이 1980년대 초반 군사기술혁명(Military Technical Revolution: MTR)을 주창하면서 새로운 군사 기획 및 전략 개념으로 연구·논의되기 시작했다. 그들은 21세기에는 정밀 전자, 센서, 정밀 유도, 자동 제어 시스템, 지향성 에너지 기술 등이 출현해 전쟁 양상에 파격적 혁신이 발생할 것으로 예측했다. 고도의 첨단 기술에 의해 선진화된 국가를 중심으로 군사혁신이 추구될 것이라는 주장이 제기되기도 했다.

대표적인 예로 1977~1984년 동안 소련군 총참모장을 역임한 오가르코프(N. V. Ogarkov) 원수는 1984년 핵무기의 정치·군사적 유용성이 감소하고 새로운 과학기술을 이용한 전투 능력이 혁신적으로 향상되고 있어서 군사 변혁(military revolution)이 촉진되고 있다고 역설했다. 당시 구소련의 군사 사상은 새로운 군사 기술이 군사 교리, 작전 개념, 교육훈련, 전력 구조, 방위산업, 연구개발 우선순위 등을 혁명적으로 변화시키고 있다는 데 주안을 두고 있었다.[1)]

구소련의 이러한 군사 사상은 유럽 지역에서 자국의 군사 교리와 작전 개념 및 전력 구조가 북대서양조약기구(NATO)보다 불리해지고 있다는 강박 관념에서 비롯됐다. 구소련은 중부유럽 지역에서 나토에 대응해 전방에 배치해 놓은 자국의 대규모 기갑 부대가 나토의 장거리 탐지 및 미사일 타격에 취약해질 우려가 있음을 발견했다. 나토가 자국의 기갑 부대들을 탐지·발견하고 즉각적으로 수백 킬로미터 떨어진 원거리에서 대전차 유도 무기를 우박처럼 쏟아부으면, 그 전력은 재래식이지만 작은 전술 핵무기 못지않은 위력을 발휘하게 됨으로써 자국의 기갑 부대들을 결정적으로 파괴할 수 있다는 것이다.[2)]

1) Mary C. FitzGerald, *The New Revolution in Russian Military Affairs*, Whitehall Paper Series(London: Royal United Services Institute for Defense Studies, 1994), p. 1.
2) 권태영, “새로운 미래 군사 패러다임: 군사혁신(RMA),” 권태영 외 다수, 『21세기 군사혁신과 한국의 국방 비전: 전쟁 패러다임의 변화와 군사 발전』(서울: 한국국방연구원, 1998), p. 74.

구소련은 이전까지는 정찰과 화력을 전술적 차원에서 연결·결합한 전투체계를 사용해 왔다. 적의 목표를 탐지·발견하고 화력으로 파괴하는 전투체계를 발전시켜 왔다. 탐지 능력과 범위가 제한되었을 뿐만 아니라 화력의 사거리도 짧고 부정확했다. 이러한 문제점을 심각하게 인식한 군부 엘리트와 군사 전문가들은 1970년대부터 전략적 차원에서 위력적으로 전투력을 발휘할 수 있는 '정찰-타격 복합체(Reconnaissance-Strike Complex)'를 창출하기 위한 군사기술혁명 필요성을 제기했다. 새로 출현하는 기술을 활용해 새로운 제어 체계를 개발하고 정확도가 매우 높은 장거리 정밀 타격무기를 연결·결합하면 핵무기에 비견되는 혁명적 전투 위력을 발휘할 수 있게 된다는 것이다.[3] 정찰·타격 복합체를 구축하면 표적을 신속하게 탐지·발견하고 원거리에서 거의 순간적으로 파괴할 수 있게 됨으로써 전통적인 공격과 방어의 구분도 어려워지게 될 것으로 보았다.

미국은 걸프전에서 대승을 거둔 이후 1990년대 초부터 새로운 개념과 차원의 군사력을 창출하기 위한 군사혁신을 모색하기 시작했다. 대안적 패러다임으로서 '군사기술혁명' 또는 '군사분야혁명(Revolution in Military Affairs: RMA)' 개념이 논의됐다. 초창기에는 구소련의 정찰·타격 복합체와 유사한 개념에서 각종의 센서와 타격 수단을 지휘통제 네트워크로 연결·결합하는 군사혁신 구상을 발전시켰다. 군사혁신의 범위와 영역을 군사 기술 혁명에서부터 전장 운영 혁신과 조직 편성 혁신으로까지 확장·발전시켰다. 군사 기술의 변혁은 군사교리 및 전장 운영 개념, 지휘 구조 및 조직 편성, 리더십 및 교육훈련, 군수지원 등에도 충격적인 영향을 미치기 때문에 이러한 제반

---

3) 구체적 내용은 Raymond E. Frank, Jr. & Gregory G. Hildebrandt, "Competitive Aspects of the Contemporary Military Technical Revolution" *Defense Analysis*, Vol. 12, No. 2(August 1996), pp. 239-258 참고.

요소들을 상호 조화 있게 연결·결합해 동반적으로 혁신시켜야 전투 위력이 혁명적으로 발휘될 수 있다는 것이다.

1990년대 중반까지는 군사기술혁명 개념과 군사분야혁명 개념이 혼용됐다. 미국 육군교육사령부(Training and Doctrine Command: TRADOC)가 1994년 발간한 『21세기 군 작전(*FORCE XXI Operations*)』이라는 소책자 형태의 책자와[4] 국제전략문제연구소(Center for Strategic and International Studies: CSIS)가 1993년 발행한 『군사기술혁명(*The Military Technical Revolution*)』이라는 연구보고서는[5] 군사기술혁명을 사용했다. 전장 운영 개념과 조직 편성의 혁신도 포함함으로써 군사분야혁명과 사실상 차이가 없었다.

1990년대 중반부터 군사기술혁명은 기술적 요소에 치중한 개념으로, 군사분야혁명은 기술적 요소와 함께 전장 운영 개념과 조직 편성도 중시하는 개념으로 구분되기 시작했다. 군사기술혁명+전장 운영 개념 혁신+조직 편성 혁신 ⇨ 군사분야혁명이라는 도식적 표현이 성립됐다. 미국의 저명한 군사혁신 전문가인 크레피네비치(Andrew F. Krepinevich) 박사는 [그림 1-1]에서 보는 것처럼 새로운 첨단 기술을 이용해, 새로운 군사 시스템을 개발하고, 전장 운영 개념의 혁신과 조직 구조의 혁신을 연계·조화 있게 추구함으로써, 전투의 효과성을 극적으로 증폭시키는 것으로 정의했다.[6]

---

4) U.S. TRADOC, *FORCE XXI OPERATIONS: A Concept for the Evolution of Full-Dimensional Operations for the Strategic Army of the Early Twenty-First Century*, Pamphlet 525-5, August, 1994, p. 8.
5) Michael J. Mazzar, *The Military Technical Revolution*(Washington, D. C.: Center for Strategic and International Studies, March 1993), p. 1.
6) Andrew F. Krepinevich, "The Pattern of Military Revolutions," *The National Interest*, Fall 1994.

[그림 1-1] 정보화 기술 기반 군사혁신 개념도

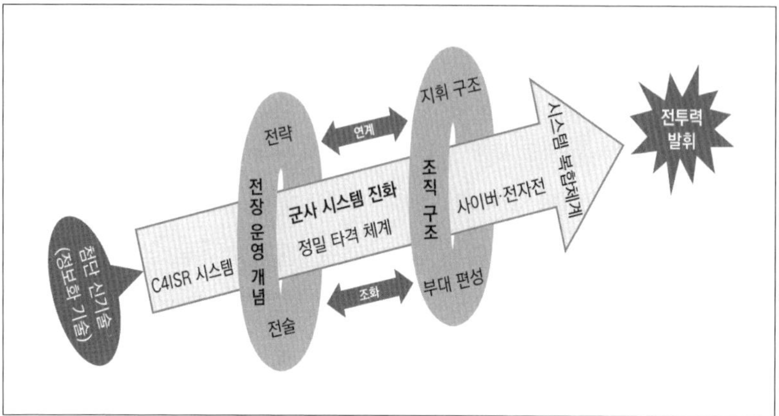

정보화 기술은 거시적 관점에서 보면 컴퓨터 혁명, 네트워크 혁명, 디지털 혁명으로 특징지을 수 있다. 이 세 가지 혁명의 복합적 결합으로 사회·경제·문화 등 여러 분야에 걸쳐 혁신을 가져옴으로써 정보 문명이 창출됐다. 컴퓨터의 발명 및 대중화와 함께 20세기 중반부터 컴퓨터 혁명이 본격화됐다. 트랜지스터의 발명과 컴퓨터의 소형화, 개인용 컴퓨터의 등장, 컴퓨팅 능력의 급속한 향상 등에 따라 데이터 분석과 계산이 획기적으로 발전되고, 소프트웨어 산업이 태동했다.

인터넷으로 대표되는 네트워크 기술의 발전으로 전 세계가 새로운 소통 방식에 의해 연결됨으로써 네트워크 혁명이 가속화됐다. 아르파넷(ARPANET)이라는 초기 형태의 인터넷이 개발된 데 이어 전 세계를 연결하는 유·무선 네트워크가 구축되고 월드와이드웹(World Wide Web: WWW)이라는 인터넷 기반 정보 공유 시스템이 발전됨으로써 다양한 문서·이미지·동영상 등 디지털 콘텐츠를 주고받을 수 있게 됐다. 정보 공유가 비약적으로 확대되고, 이메일과 소셜미디어 및 전자상거래가 출현했다.

아날로그 데이터를 디지털 형태로 변환하고 이를 활용하는 기술이 대중화되면서 디지털 혁명이 발생했다. 스마트폰과 디지털카메라 등 디지털 기기와 클라우드 컴퓨팅 등 데이터 저장 및 전송 기술이 획기적으로 발전됐다. 이에 따라 음악, 영화, 문서 등 디지털 콘텐츠가 대중화됐다. 다양한 디지털 산업의 발전과 함께 디지털 플랫폼 기반 공유 경제가 새로운 경제 모델로 확산했다.

컴퓨터 혁명, 네트워크 혁명, 디지털 혁명은 복합적으로 연결돼 새로운 정보화 문명을 탄생시켰다. 컴퓨터 혁명은 하드웨어와 소프트웨어의 기반을 마련했고, 네트워크 혁명은 연결 플랫폼을 구축했으며, 디지털 혁명은 데이터를 기반으로 새로운 가치를 창출했다. 예를 들어, 스마트폰은 컴퓨터 기술(컴퓨팅), 네트워크 기술(인터넷), 디지털 기술(앱, 콘텐츠)이 융합된 대표적 사례이다. 이러한 기술적 진보로 인해 제조업, 금융, 의료, 교육 등 모든 산업이 디지털화·자동화됨으로써 효율성과 생산성이 극대화됐다.

민간 부문에서 정보화 혁명을 견인한 다양한 첨단 신기술이 군사적으로 본격 활용됨으로써 군사 시스템도 새롭게 진화되기 시작했다. 군사 시스템은 광의적으로 군사력을 조직·관리·운용하는 구조 전반을 의미한다. 임무 및 역할, 조직, 병력, 무기·장비, 군수 물류 시스템, 전략, 작전, 전술, 교육·훈련 등 광범위한 요소로 구성된다. 이러한 요소 중 전투의 성과와 전쟁의 승패를 좌우하는 가장 중요한 것은 기술과 무기 및 장비이다. 무기나 장비가 전략·작전·전술의 기반이 되며, 다른 요소들은 지원 기능을 수행한다.

정보화 기술의 활용으로 가장 고도화된 군사 시스템은 C4ISR 시스템이다. 정찰 위성, GPS 기반 위성항법 시스템, 전술 데이터 링크 등 네트워크 시스템을 통해 전장 상황을 실시간으로 공유함으로써 신속한 의사결정과 지휘통제가 가능하게 됐다. 위성 및 초고해상도 센서 기술을 활용함으로써 정찰·감시 능력이 대폭 향상됐다. 지리 정보 시스템(GIS), 레이더, 라이더(LiDAR) 기술의 융합으로 적군의 위치를 정밀하게 탐지할 수 있게 됐다.

우주 공간에서의 군사 활동이 증가함에 따라 위성 요격 시스템과 우주 전투 플랫폼 등 우주 기반 무기체계가 개발되기 시작했다. 정보화 및 위성 항법 기술을 활용함으로써 목표물을 정확하게 식별하고 정밀하게 타격할 수 있는 유도 무기의 성능이 획기적으로 향상됐다. 재밍, 레이더 회피, 전자기펄스 등의 기술을 활용하는 사이버·전자전이 발전됨으로써 통신 및 레이더 시스템의 방해·무력화가 전쟁의 주요 목표가 됐다. 정보화 기술과 물리적 장비의 융합으로 스마트 전투 장비가 개발되기 시작했다. 전투원의 체력 및 전투능력을 향상하는 웨어러블 기기와 증강현실 장비 등이 대표적이다.

정보화 기반 군사 시스템이 도입·구축됨에 따라 전장 운영 개념도 그에 적합하게 혁신되기 시작했다. 전장 운영 개념은 특정 전략 및 작전 목표를 달성하기 위해 인적·물적 전투 자산을 어떻게 배치·활용할 것인지를 정의한 접근 방식으로서 기본적 방침을 제공한다. 전략적·작전적·전술적 수준에서 모든 군사 활동의 기본 지침을 제시한다. 적 특정 지역 점령, 방어선 유지, 적 전력 무력화 등 전장에서 달성해야 할 구체적이고 명확한 작전 목표를 설정한다. 지상군, 해군, 공군 등 각 군종과 부대의 임무 및 역할을 정의한 전력 구성을 제시한다. 기동, 방어, 공격, 제병 협동, 정보전, 전자전, 심리전 등 다양한 작전 수행 개념을 포함한다. 지휘 계통과 통신 소통 및 정보 공유를 보장하고 명령 전달과 실행의 효율성을 극대화하기 위한 지휘통제를 규정한다. 최신 무기체계와 기술의 활용을 통해 전투 효과를 극대화하고, 병참과 자원의 원활한 공급을 통해 전투력의 지속적 운영을 지원하기 위한 방침을 제공한다.

세계 최선두에서 정보화 기반 군사혁신을 개척한 미국은 새로운 전장 운영 개념으로서 네트워크중심전(Network Centric Warfare: NCW)

을 발전시켰다. 전장 네트워크를 기반으로 각종 전투 자산을 유기적으로 연결·통합함으로써 전투 효과를 극대화하는 것이 핵심이다. 모든 부대와 무기체계가 실시간으로 정보를 공유해 상황 인식을 향상한다. 데이터 분석과 정보 융합으로 신속하고 정확한 의사결정을 보장한다. 전투 자산 간 연계·결합과 상호 운용성을 통해 전투력의 승수효과를 최대화한다. 변화하는 전장 환경에 신속히 대응할 수 있는 민첩성과 유연성을 강화한다.

첨단 정보화 기술의 발전과 함께 지상·해상·공중·우주·사이버 전장 영역을 교차적·통합적으로 활용해 정보 우위 하에서 압도적 기동(Dominant Maneuver)으로 신속하게 승리를 달성하는 다영역 기동전(Multi－Domain Maneuver Warfare) 개념이 개발됐다. 압도적 기동은 아군의 전력과 부대를 적의 전략적·작전적 중심을 압박할 수 있는 가장 유리한 위치로 신속하게 이동시키는 것으로서 정보 우세(Information Superiority)가 필수적이다. 압도적 기동의 대담성에 따른 실패 위험성을 경감시켜 줄 수 있기 때문이다.

정보화 첨단 신기술의 활용에 따른 군사 시스템의 진화와 전장 운영 개념의 혁신으로 인해 군 구조와 부대 편성의 재설계 등 조직적 적응이 요구됐다. 군의 조직은 군사 시스템을 실제 전장에서 운용하고 지휘하는 주체로서 무기, 장비, 기술, 정보 시스템, 전술, 훈련 등 제반 전투 요소를 조화롭게 종합적으로 운영해 전투력의 효과성과 효율성을 보장하는 임무를 수행한다. 다양한 계급의 병력과 각종 무기·장비로 편성된 부대들로 구성된다. 명확한 지휘 체계와 역할 분담을 통해 군사 시스템을 운용한다. 각 부대는 특화된 임무를 수행한다. 공군은 항공 전투 시스템을, 해군은 해양 전투 시스템을, 육군은 지상 전투 장비를 운용한다. 다양한 군사 시스템의 통합적 전투력 발휘를 위해서는 군 조직의 합동성이 강화돼야 한다.

군의 조직은 새로운 첨단 정보 기술 기반 무기체계와 전장 운영 개념을 수용하고 효과적으로 활용하기 위해 전면적 구조 조정과 새로운 편성이 요구됐다. 네트워크를 통해 연결성을 강화하고 정보를 실시간으로 공유함으로써 작전 임무에 따라 유연하게 운영하는 가운데 작전 수행의 신속성과 효율성을 극대화할 수 있는 네트워크형 수평적 조직 구조 및 지휘 체계의 구축과 모듈형 부대의 편성이 중요해졌다. 신속한 배치와 전환을 할 수 있는 경량화·기동화 중심 부대의 편성도 모색됐다. 무인화전과 사이버전 등 신기술 중심의 새로운 부대가 창설되기 시작했다. 예를 들어, 미국은 우주군을 창설하고 사이버 전투사령부를 편성했다. 중국은 2015년 군 구조를 5대 전구 체제로 통합 재편함과 동시에 정보전, 사이버전, 전자전, 우주전 등 새로운 전쟁을 수행하기 위한 비대칭 전력을 운용하는 전략지원부대(Strategic Support Force: SSF)를 창설했다.

제2절 군사혁신의 역사적 사례

미국 랜드연구소는 군사혁신이란 군사 작전의 성격 및 방식에 있어서 그 기본적 패러다임이 전환되는 것으로 정의한 바 있다. [표 1-1]에서 보듯이, 주도적 행위자(dominant player)의 핵심 역량(core competencies)을 진부화시키거나 새로운 차원의 핵심 역량을 창출하는 것이 군사혁신이다.[7]

7) Richard O. Hundley, *Past Revolutions Future Transformations: What can the history of revolutions in military affairs tell us about transforming the U.S. military?*(Washington, DC: National Defense Research Institute, RAND, 1999), p. 9.

[표 1-1] 군사혁신의 주요 사례와 특징

사례	패러다임 전환	핵심 역량 변화	주도적 행위자
항공모함	새로운 해양 작전 모델 창출	전함의 함포 진부화	미국·영국 전함
전격전	새로운 지상 작전 모델 창출	진지 방어전용 보병·포병 능력 진부화	프랑스 육군
ICBM	장거리 핵무기 운반 체계 등장	미사일 방어 시스템 구축	새로운 행위자

핵심 역량이란 군사력의 기반을 제공하는 근본적 능력을 말한다. 공군의 경우, 공중에서 이동하는 표적을 탐지하고 정밀 유도 무기로 공격할 수 있는 능력이 핵심 역량이 된다. 제1·2차 세계대전 기간의 해군은 20마일 이상 떨어져 있는 표적을 공격할 수 있는 함포가 핵심 역량이었다.

주도적 행위자란 군사 작전에서 지배적 능력(dominating set of capabilities)을 보유하고 있는 군사 조직을 말한다. 예를 들어, 공군은 공중전과 공대지 공격을 수행할 수 있는 주도적 행위자이다. 제1차 세계대전 기간의 영국 함대와 제2차 세계대전 기간의 미국 항모전투단도 주도적 행위자였다.

패러다임 전환이란 군사 작전을 구성하고 있는 여러 요소의 기본적 원리가 근원적으로 변혁되는 것을 의미한다. 예를 들어, 항공모함 패러다임의 태동은 당시까지의 전함 중심 해전 모델을 근원적으로 변혁시켰다. 함포 위주의 작전 원리와 모델을 진부화시킨 것이다. 또한 독일의 전격전 패러다임(blitzkrieg paradigm)은 당시까지의 지상전 기본 원리와 모델을 근본적으로 변화시켰다. 고정적 진지 방어전 원리 및 모델을 무기력하게 만들었다.

크레벨드(Martin van Creveld) 박사는 기원전 2,000년부터 현대에 이르기까지 약 4,000년 간의 역사를 도구 시대(Age of Tools), 기계 시대(Age of Machine), 체계 시대(Age of Systems), 자동화 시대(Age of Automation)로 구분하고 과학기술 차원에서 군사혁신을 고찰했다.[8] 러시아의 장군인 슬립첸코(Vladimir I. Slipchenko)는 무기체계 세대 측면에서 인류가 지금까지 겪은 전쟁의 진화 과정을 다섯 세대로 구분하고 오늘날 제6 세대의 새로운 전쟁 양상이 태동하고 있는 것으로 분석했다.[9] 크레피네비치 박사는 전쟁사 차원에서 군사혁신 성격을 지닌 사례들을 10개로 분류했다.[10]

역사적으로 발생한 군사혁신은 학자나 전문가들의 관점에 따라 다양하게 분류되고 있으나, 공통적 특징이 있다. 첫째, 인류 문명과 과학기술이 변혁됨에 따라 군의 무기체계와 전장 운영 개념 및 조직 편성도 급속하게 변화됐다. 현대로 올수록 그 주기가 단축됐다. 둘째, 역사상 기존 문명이 새로운 문명으로 전환될 때 가장 중요한 군사혁신이 발생했다. 셋째, 기술적 요소가 군사혁신의 주된 견인력이 됐다. 논리적으로는 전쟁 수행 개념이 정립되고 그에 필요한 무기와 기술이 개발돼야 하나, 현대로 올수록 과학기술이 문명 발전의 원동력으로서 인류의 경제·사회 구조와 인간의 생활 방식을 파격적으로 변혁시킴에 따라 그 반대의 현상이 보편화되고 있다. 예를 들어, 핵무기의 출현은 국제정치의 역학 구조와 관계를 근본적으로 변화시켰을 뿐만 아니라 기존의 전쟁 패러다임에 단절을 초래했다.

과학기술의 혁신적 발전이 전쟁 패러다임의 전환으로 연결된 전형적인 사례는 19세기에서 20세기에 걸친 산업 문명 시대에 가장

---

8) Martin van Creveld, *Technology and War, From 2000 B. C. to the Present*(London: Collier Macmillan Publishers, 1989) 참고.

9) Vladimir I. Slipchenko, "A Russian Analysis of Warfare Leading to the Sixth Generation," *Field Artillery*, October 1993 참고.

10) Andrew F. Krepinevich, "Cavalry to Computer: The Pattern of Military Revolutions," *The National Interest*, Fall 1994 참고.

많이 발견된다. 가장 먼저 지상전 혁명(Land Warfare Revolution)이 발생했다. 남북전쟁 당시 북부군의 그란트(Ulysses S. Grant) 장군과 독일의 몰트케(Helmut Von Moltke) 원수는 증기기관을 사용한 기차와 선박 등 수송 수단과 전신 통신 수단을 활용해 전쟁 방식을 변혁시켰다. 대부대를 목표 지역에 신속하게 기동시켜 공세 작전을 수행하는 전쟁 방식을 발전시켰다. 예를 들어, 남북전쟁에서 그란트 장군의 북부군은 버지니아주에서 테네시주까지 연결된 1,100마일의 철로를 이용해 25,000명의 병력과 각종 전투 장비들을 12일 만에 이동시켜 남부군의 허를 찔렀다. 그란트와 몰트케는 군단의 상위 조직으로서 '군(Army)' 조직을 만들어 전투 병종의 노력을 통합시킴으로써 기동 작전의 동시성과 연속성을 향상했다.

19세기 중엽부터 20세기 초반 사이에는 함정의 성능이 비약적으로 향상됨에 따라 해전 혁명(Naval Warfare Revolution)이 일어났다. 선체를 금속 철판으로 만들고 터빈 엔진으로 추진되는 전함에 장거리포를 탑재했다. 예를 들어, 프랑스는 영국의 제해권에 위협을 느끼고 '대양 철갑 함대(Seagoing Ironclad Fleet)'를 창설했다. 영국은 독일에 대항하기 위해 거포를 탑재한 '대전함(Dreadnought)'을 건조했다.

제2차 세계대전 동안에는 기계·항공 혁명(Revolution in Mechanization and Aviation)에 힘입어 전쟁 방식의 발전에 획을 긋는 여러 개의 군사혁신이 창출됐다. 내연기관과 항공기 및 레이더 등의 기술을 이용한 전격전, 항모전, 전략폭격 등이 속속 등장했다. 판저 사단(Panzer Division), 항공모함 전단, 전략폭격 부대 등 새로운 군사 조직도 탄생했다. 항공모함을 이용한 해전 패러다임은 상대의 전함을 격침시키고 지상 표적을 파괴하는 데 아주 효과적이었으며, 기존의 전함 중심 해전 패러다임을 진부하게 만들었다. 잠수함도 해전의 혁신적 수단으로 부상했다. 제2차 세계대전 때 미국의 잠수함은 전 해군 전력의 2%에 불과했으나, 일본 해군 전체 피해의 55%를 담당한 것으로 알려져 있다. 새로운 항공전 패러다임으로서 전략폭격도 등장했다. 당시 미국은 장거리 폭격기로 독일과 일본의 심장부와 산업시설을 직접 공격할 수 있었다.

20세기 중엽에는 핵무기 혁명(Nuclear Revolution)으로 인해 기존 전략 개념과 전쟁 방식이 근본적으로 변혁됐다. 미국은 20kt 위력의 핵무기 두 발을 일본에 투하해 항복을 받아냄으로써 제2차 세계대전을 종결시켰다. 그 이후 다양한 운반 수단에 핵탄두를 장착해 원거리에 있는 전략 표적들을 순간적으로 초토화할 수 있게 됨으로써 재래식 무기체계에 의한 전쟁 패러다임을 무색하게 만들었다. 핵무기의 등장이 전쟁의 성격과 방식을 파격적으로 변화시킨 것이다.

제3절 정보화 시대의 군사혁신

정보화 시대의 개막과 함께 첨단 정보통신 기술을 활용한 새로운 군사혁신이 창출됐다. 산업 문명 패러다임이 정보 문명 패러다임으로 전환됨에 따라 전쟁 수행 방식도 파격적으로 변화됐다. 앨빈 토플러는 인류가 전쟁을 수행하는 방식은 일을 하는 방식을 반영해 왔으며, 새로운 문명이 기존 문명에 도전할 때 전쟁 수행 방식 및 수단에 혁명적 변화가 발생한 것으로 분석했다.[11] 농업 문명이 산업 문명으로 전환되었던 시대와 마찬가지로 정보 문명 시대에도 [표 1-2]에서 보듯이 전쟁 수행 방식은 부의 창출 방법을 그대로 반영했다.[12]

---

11) Alvin and Heidi Toffler, *War and Anti-War: Survival at the Dawn of the 21st Century* (Boston: Little, Brown & Co., 1993), pp. 3-5.

12) *Ibid.*, pp. 69-80.

[표 1-2] 정보화 시대의 전쟁 방식 변화

구 분	사회(일하는 방식)	전쟁(전투하는 방식)
정보·지식	• 생산성의 핵심 • 부의 창출 및 국제경쟁력 좌우	• 타격·파괴의 핵심 • 전투력의 창출, 전쟁 승패 좌우
디지털 네트워크	• 인터넷: 초 단위 생활 정보권 형성 • 디지털 경제, 디지털 국토	• 워 넷(warnet): 초 단위 전장 정보권 형성 • 디지털 전장, 디지털 군대
사이버·우주	• 부를 생산하는 신대륙 • 상업 전장의 주 무대	• 전투력을 생산하는 신공간 • 전투 전장의 새로운 주 무대
지능화 로봇	• 생산의 탈 대량화 • 로봇 기반 자동화 생산 • 고객 중심, 소량 주문 생산	• • 파괴의 탈 대량·대규모화 • 무인 체계 기반 자동화 전투 군사 표적만 선별, 정밀 파괴

쿠퍼(Jeffrey Cooper) 박사는 정보화 혁명이 전쟁 패러다임에 미치는 영향과 파장을 [그림 1-2]에서 보는 것처럼 군사기술혁명, 군사분야혁명, 안보분야혁명(Revolution in Security Affairs: RSA)' 세 차원에서 분석했다.[13] 미국 국방대학원 국가안보전략연구소는 1996년 발간한 『전략평가보고서(*Strategic Assessment*)』에서 군사기술혁명과 군사분야혁명 개념에 추가해 안보분야혁명 개념을 사용했다.[14] 군사 문제는 정치·경제·기술·산업·문화 등과도 밀접하게 연관되기 때문에 안보 차원의 포괄적 개념에서 군사혁신에 접근해야 한다는 것이다. 앨빈 토플러도 거시적 수준의 경제 구조 측면에서 혁명적 군사 발전을 관찰했다. 진정한 의미의 혁명적 군사 발전은 문명의

13) Jeffrey R. Cooper, "Another View of Information Warfare: Conflict in the Information Age," Stuart J. D. Schwartzstein(ed.), *The Information Revolution and National Security: Dimensions and Directions* (Washington, DC: Center for Strategic & International Studies, 1997), pp. 109－131.

14) INSS, *Strategic Assessment 1996* (Washington, D.C.: National Defense University, 1996), p. 198.

교체로 사회 전체가 변화되고, 그에 따라 군의 전략·무기·기술·조직·제도 등 모든 것을 동시적으로 바꾸도록 강요할 때 발생했다는 것이다.15)

[그림 1-2] 정보화 시대의 군사혁신 3차원

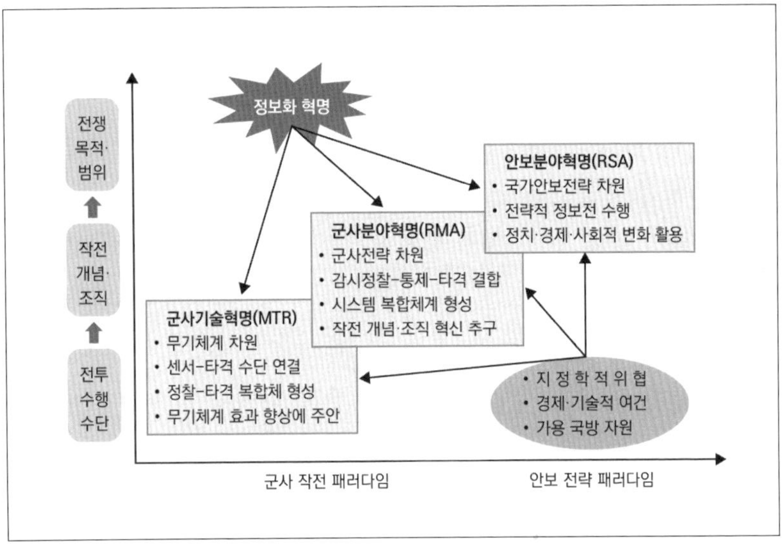

군사기술혁명은 첨단 정보 기술이 기존의 시스템, 장비, 과정, 조직 등에 적용됨으로써 전쟁 방식에 영향을 미치는 것이다. 첨단 센서, 고속 디지털 처리, 실시간 고주파수 대역 통신 등 다양한 첨단 정보통신 기술이 기존 전투 시스템의 능력을 획기적으로 향상하거나 새로운 첨단 무기체계의 개발을 촉진한다. 무기체계의 정확성과 치사성을 향상하는 한편 군수지원 부담을 많이 감소시킨다. 이 경우 전장 운영 개념과 조직 편성은 새로운 정보 기술의 유용성을 활용하는 데 요구되는 최소한의 변화만 있게 된다. 정보 기술은 개

15) 앨빈 토플러(저), 이규행(감역), 『제3의 물결』(서울: 한국경제신문사, 1991), pp. 50-53.

별 무기체계의 성능과 효과를 증대시키지만, 작전의 형태나 성격은 변경시키지 않는다. 미국 육군의 디지털화 계획들이 그 사례이다. 군사 시스템의 변혁이나 전술적 효과의 향상을 추구하지만, 전장 운영 개념과 조직 편성의 근본적 변화는 창출되지 않는다. 기본적으로 기존 전쟁 패러다임을 유지하면서 기존 장비나 개념에 새로운 기술 능력을 활용하는 것이다.

군사분야혁명은 군사기술혁명보다 정보 기술을 훨씬 폭넓고 차원 높게 활용한 것이다. 무기체계 능력의 향상 차원을 넘어 전쟁 방식의 새로운 변혁을 추구한다. 정보 기술은 다양한 개별 무기체계들을 하나의 거대한 시스템으로 결합해 전장에서 운용하는 통합적 군사 작전 체계를 구축하는 데 활용된다. 예를 들어, 미국 합참차장을 역임할 당시 오웬스(William A. Owens) 제독은 감시·정찰, 지휘통제, 정밀 유도 무기를 결합한 시스템 복합체계(System of Systems)를 구상했다.[16] 정보통신 체계는 인공위성과 조기경보기 및 레이더 등 각종의 센서 시스템을 통해 획득된 정보를 컴퓨터 시스템으로 분석·처리해 지휘통제 네트워크 시스템에 의해 작전 부대에 제공함으로써 화력·병력에 의존한 군사 작전을 지식에 기반을 둔 군사 작전으로 전환한다. 복합적 전력 체계의 기능 발휘를 극대화하기 위해 전장 운영 개념과 조직 편성도 새로운 차원에서 창출된다.

안보분야혁명은 정보 혁명의 충격이 무기체계의 성능 향상이나 복합적 결합을 넘어 전쟁의 목적, 전쟁의 기본 전략, 전쟁 수행의 실체, 전쟁의 범위 및 강도 등과 같은 전쟁 속성에 파격적 영향을 미치는 것이다. 정보 혁명으로 인한 전쟁 속성의 변화를 군사 작전 내지는 군사전략 차원을 넘어 국가안보전략 차원에서 인식한다. 전쟁 속성의 변화는 작전 형태 및 무기체계 변화로부터 기인하는 것

16) William A. Owens, "The Emerging System of Systems," *US Naval Institute Proceedings*, May 1995 참고.

이 아니라 분쟁의 차원이 변화됨으로써 초래된다. 산업 문명이 정보 문명으로 전환됨에 따라 정치·경제·사회·문화적 구조가 근본적으로 변화됨으로써 분쟁의 성격도 바뀌는 것이다. 정보화 사회에서는 정보·지식이 경제 생산과 부 창출의 기본 자산이 되기 때문에 정보 자체가 분쟁 또는 전쟁의 목표가 된다. 정보의 획득과 교란·방해 및 파괴·마비를 목표로 하는 전쟁 패러다임이 발전되는 것이다. 전략적 정보전(Strategic Information Warfare)과 네트워크전(Net War) 등이 그것이다. 전쟁이 발생하면 상대방의 컴퓨터 시스템과 지휘통제 네트워크 시스템을 마비·무력화시키고 정보 데이터를 교란·왜곡시킴으로써 물리적 강제력을 행사하지 않고도 전쟁을 종결할 수 있는 개념과 방책이 강구된다.

정보화 시대에는 정보·지식이 전쟁 방식과 군사력의 근간이다. 선진 강대국들은 위성과 센서 기술을 이용해 전장의 모든 상황을 정확하고 정밀하게 파악하고 자국의 군대와 원활한 통신을 꾀할 수 있다. 적국의 정보통신망을 파괴·마비시켜 군대를 무력화시킬 수 있는 다양한 방책도 개발한다. 1991년의 걸프전에서 미국은 제3물결의 정보통신 기술 기반 첨단 군사력으로 이라크의 제2물결 재래식 군사력을 순식간에 파괴·무력화시켰다. 걸프전과 코소보전 등의 전쟁 사례와 군사 전문가들의 분석에 비추어 보면, 정보화 시대의 전쟁은 [표 1-3]에서 요약한 것처럼 새롭고 파격적으로 변혁된다.[17)]

첫째, 정보·지식이 전쟁의 승패를 결정짓는 핵심 요소가 된다. 정보화 사회에서는 정보·지식이 가장 중요한 생산 수단으로서 부의 원천이 되는 것처럼 정보·지식의 우위 여부가 전쟁 승패의 요체가 된다. 정보·지식이 경제에서는 생산성의 핵심 요소가 되고, 전쟁을

17) 이하의 내용은 권태영, 21세기 정보사회와 전쟁 양상의 변화, 권태영 외 다수, 『21세기 군사혁신과 한국의 국방 비전: 전쟁 패러다임의 변화와 군사 발전』(한국국방연구원, 1998. 8월), pp. 64-67 내용을 다시 요약·정리한 것이다.

수행할 때 파괴성의 핵심 자원이 되는 것이다. 미국 육군은 정보·지식에 기초한 전쟁 수행 개념과 방책을 정립·발전시켰다. '지식에 기초한 디지털 전쟁 개념 틀'을 채택했다. 전장의 안개와 마찰을 제거하기 위해 정보 기술을 효과적으로 활용할 수 있는 방책을 발전시켰다.

둘째, 파괴의 탈 대량화(demassification)가 추구된다. 전쟁에서 정보·지식과 장거리 유도 무기의 결합으로 정밀 공격이 가능해짐으로써 대량 파괴와 대량 살상 없이도 승리의 성취가 가능하게 된다. 정보화 사회의 경제에서 지식·지능의 고도 활용으로 생산 방식이 탈 대량화되는 것과 맥락이 같다. 스마트 유도 무기가 고도로 정밀화·지능화돼 단 한 발로도 목표를 파괴할 수 있으므로 폭탄의 대량 소요가 불필요하다. 컴퓨터와 인공지능 기기를 이용한 자동화 생산 및 관리 시스템에 의해 원자재의 낭비를 줄이고 제품을 소형화하면서 재고와 운송 비용을 절감하는 것에 비유될 수 있다.

[표 1-3] 전쟁 방식 및 양상의 발전 추세

구 분	산업 시대 전쟁	정보화 시대 전쟁
핵심 특징	• 황금·철강·기계 힘에 기초 • 대량 파괴 및 살상 • 전차, 항공기, 함정 등 플랫폼 중시	• 정보·지식 힘에 기초 • 탈 대량화 및 비살상 • 정보체계 및 정밀 유도 무기 중시
전장 공간	• 지·해 2차원 → 지·해·공 3차원 • 전장 영역·군별 독자적 작전 수행	• 우주·사이버 공간으로 확장 • 우주 통합 작전 및 사이버전 수행
전투 수단	• 유인 기동 수단 발전 • 화력 위주의 전력 발전	• 무인 자동화 기동 수단 등장 • 정보·지식 중심의 전력 발전
전력 전개 및 운용	• 선형·비선형 전력 전개 및 운용 • 기동 화력전 수행	• 비선형·입체형 전력 전개 및 운용 • 정보 마비전(사이버전) 수행
전투원	• 기계 운용 전투원	• 정보 활용(디지털) 전투원

셋째, 전장 영역이 지상·해상·공중에 이어 우주 및 사이버 공간으로까지 확장된다. 소수의 선진 강대국만이 우주 공간과 사이버 공간에서 전쟁을 수행할 수 있는 능력을 보유하고 있었지만, 점차 제3세계 국가들까지도 잠재력을 확보해 가고 있다.[18] 수없이 많은 인공위성이 지구 주위를 돌면서 전 세계를 연결해 하나의 커다란 정보통신 네트워크 시스템을 구성한다. 한 국가 또는 기업이 상업 전장에서 승리하기 위해서는 우주 공간을 활용할 뿐만 아니라 사이버 공간도 최대한 이용할 수 있어야 한다. 전쟁 수행도 마찬가지이다. 항공·우주 및 사이버 공간을 활용·통제하지 못하면 전장에 대한 정보·지식을 실시간으로 수집·제공할 수 없다. 정보통신 시스템이 적에 의해 파괴되면 군사력 전체가 일시에 마비·무력화된다. 선진국들은 자신의 정보 흐름은 보호·보장하고 상대의 정보 흐름을 방해·교란할 수 있는 정보전의 개념과 방책을 활발하게 개발한다.

넷째, 새로운 무기체계 혁명이 일어난다. 핵무기에 비견될 정도의 위력을 가진 비핵 무기체계가 등장하고 있다. 레이저 무기처럼 빛의 속도로 살상하거나 파괴하는 무기체계도 발전되고 있다. '우주 항공모함'에 '천군'(天軍)과 원격 조종 무기체계가 탑재돼 지상의 목표와 지상으로부터 공중으로 날아오는 목표물을 격파할 수 있다. 어떤 특정의 사람을 살상하는 유전자 무기, 진동 원리를 이용해 인체를 무력화시키는 초저주파 무기, 자연의 힘을 이용해 적국을 파괴하는 기상 무기·오존 무기·환경 무기 등도 출현한다. 이른바 비핵 전략무기 또는 초 재래식 무기체계가 발전된다. 재래식 무기체계도 성능이 획기적으로 향상된다. 정밀 유도 무기는 점차 소형화되고 사거

18) 미국의 외교정책분석연구소(The Institute for Foreign Policy Analysis)의 연구 결과에 의하면, 오늘날에는 7개 국가가 우주 군사자산을 보유하고 있는데, 2025년경에는 최소 46개 국가가 우주 계획을 발전시킬 것으로 전망되고 있다. Jacquelyn K. Davis & Michael J. Sweeney, *Strategic Paradigms 2025: U.S. Security Planning for a New Era* (Herndon: Brassey's, 1999), p. 20.

리와 속도가 대폭 향상되며 정확성도 오차 범위가 제로에 가깝게 발전된다.

무인화 전투도 실현된다. 무인 자동 무기 혹은 인공지능 무기가 비약적으로 발전돼 새로운 형태의 무인 비행기와 무인 탱크 및 로봇 부대가 생겨난다. 지능화된 로봇이 정찰 항공기 조종사와 전차 운전병을 대신하는 등 사람을 대체해 특정한 임무를 수행할 수 있게 된다. 정보 수집 및 표적 발견, 적의 레이더 교란, 지뢰 제거, 유독 환경 청소, 표적의 공격 및 파괴 등과 같은 다양한 임무를 수행하게 된다. 선진국들은 정찰·감시용 무인 항공기를 개발하고 있을 뿐만 아니라 공격용 무인 항공기도 활발하게 발전시키고 있다.[19] 미국은 500여 기의 미사일을 적재한 전투함(Arsenal Ship)을 작전 지역으로부터 수천 마일 떨어진 워싱턴에서 원격 조종하는 방안을 구상하고 있다.[20]

다섯째, 전투원들이 고도의 정보와 지식으로 무장하게 된다. 정보·지식 중심의 경제 구조가 고도의 지식과 기능을 갖춘 영리한 노동자들을 필요로 하는 것처럼 하이테크 무기체계로 무장한 군도 고도의 지식과 기능을 갖춘 영리한 전투원들을 요구한다. 대군 지향의 징집제도는 '자료와의 싸움(data fight)'이 전쟁의 승패를 좌우하는 정보전에서는 더 이상 기능을 효과적으로 발휘할 수 없게 될 것이다.

---

19) Mark Walsh, "Air Force Chief Sees Pilotless JSF in Future," *Defense News*, April 28–May 4, 1997.
20) John Mintz, "New Ship Could Be Next Wave in Warfare," *The Washington Post*, June 23, 1996.

참고문헌

1. 국문 자료

권태영. "새로운 미래 군사 패러다임: 군사혁신(RMA)", 권태영 외 다수, 『21세기 군사혁신과 한국의 국방 비전: 전쟁 패러다임의 변화와 군사 발전』. 서울: 한국국방연구원, 1998.

———. "한국의 군사혁신 개념과 접근 전략." 『국방연구』, 제42권 제1호, 1999.6.

———. "신세기 정보사회의 새로운 군사 패러다임." 『국방정책연구』, 제47호(1999, 겨울), 한국국방연구원.

권태영 외 다수. 『21세기 군사혁신과 한국의 국방 비전: 전쟁 패러다임의 변화와 군사 발전』. 한국국방연구원. 1998.8.

권태영·노훈. 『21세기 군사혁신과 미래전: 이론과 실상, 그리고 우리의 선택』. 경기도 파주: 법문사, 2008.

권태영·정춘일. 『미국의 군사혁신 발전 추세』. 한국국방연구원. 1996.8.

———————. 『선진국방의 지평』. 서울: 을지서적, 1998.

———————. "미국의 군사혁신 추세와 우리 군의 미래 발전 방향." 『한국군사운영분석학회지』. 제22권 제2호. 1996.

———————. "군사기술혁명(MTR)과 한국의 군사 발전." 『국방논집』, 1995 가을, 한국국방연구원.

앨빈 토플러(저), 이규행(감역). 『제3의 물결』. 서울: 한국경제신문사, 1991.

2. 영문 자료

Albert, David S. and Others. *Network Centric Warfare: Developing and Leveraging Information Superiority*. Washington, D.C.: DoD C4ISR Cooperative Research Program, August 1999.

Bodnar, John W. "The Military Technical Revolution: From Hardware to Information". *Naval War College Review*. Summer 1993.

Bowdish, Randall G. "The Revolution in Military Affairs: The Sixth Generation". *Military Review*. November−December 1995.

Cooper, Jeffrey R. *Another View of the Revolution in Military Affairs*. US Army War College. July 15, 1994.

Creveld, Martin van. *Technology and War, From 2000 B. C. to the Present*. London: Collier Macmillan Publishers, 1989.

Davis, Jacquelyn K. & Michael J. Sweeney, *Strategic Paradigms 2025: U.S. Security Planning for a New Era*. Herndon: Brassey's, 1999.

Davis, Norman C. "An Information−Based Revolution in Military Affairs". *Strategic Review*. Winter 1996.

Fitzsimonds, James R. and Jan M. van Tol. "Revolution in Military Affairs". *Joint Force Quarterly*. Spring 1994.

Frank, Jr., Raymond E. & Gregory G. Hildebrandt, "Competitive Aspects of the Contemporary Military Technical Revolution". *Defense Analysis*, Vol. 12, No. 2(August 1996).

Freedman, Lawrence. *The Revolution in Strategic Affairs*. Adelphi Paper 318. The International Institute for Strategic Studies. 1998.

Galdi, Theodor W. *Revolution in Military Affairs?: Competing Concepts, Organizational Responses, Outstanding Issues*. CRS Report for Congress. December 11, 1995.

Gray, Colin S. "The Changing Nature of Warfare". *Naval War College Review*. Spring 1996.

Hundley, Richard O. *Past Revolutions Future Transformations: What can the history of revolutions in military affairs tell us about transforming the U.S. military?* Washington, DC: National Defense Research Institute, RAND, 1999.

Johnsen, William T. and Others. *The Principles of War in the 21st Century: Strategic Considerations*, Strategic Studies Institute, US Army War College, August 1, 1995.

Krepinevich, Andrew F. "Cavalry to Computer: The Pattern of Military Revolutions". *The National Interest*. Fall 1994.

———————————. *The Military Revolution: Restructuring Defense for the 21st Century*. Testimony Presented to The Senate Armed Services Subcommittee on Acquisition and Technology. May 5, 1995.

INSS. *Strategic Assessment 1996*. Washington, D.C.: National Defense University, 1996.

Leonhard, Robert R. *The Principles of War for the Information Age*. Novato: Presidio Press, 1998.

MacGregor, Douglas A. "Future Battle: The Merging Levels of War". *Parameter*. Vol. 22, Winter 1992−93.

Mazzar, Michael J. *The Military Technical Revolution*. Washington, D. C.: Center for Strategic and International Studies, March 1993.

Metz, Steven and James Kievit. *Strategy and the Revolution in Military Affairs: From Theory to Policy*. US Army War College. June 27, 1995.

Mintz, John. "New Ship Could Be Next Wave in Warfare." *The Washington Post*, June 23, 1996.

Nye, Joseph S. and William A. Owens. "America's Information Edge". *Foreign Affairs*. Vol. 75. No. 2. March/April 1996.

Owens, MacKubin T. "Technology, the RMA, and Future War". *Strategic Review*. Spring 1998.

Owens, William A. "The Emerging System of Systems," *US Naval Institute Proceedings*, May 1995.

Slipchenko, Vladimir I. "A Russian Analysis of Warfare Leading to the Sixth Generation," *Field Artillery*, October 1993.

Sullivan, Gordon R. and James M. Dubik, "War in the Information Age". *Military Review*. April 1994.

Tilford, Earl H. *The Revolution in Military Affairs: Prospects and Cautions*. US Army War College. June 23, 1995.

Toffler, Alvin and Heidi. *War and Anti-War: Survival at the Dawn of the 21st Century*. Boston: Little, Brown & Co., 1993.

U.S. TRADOC. *FORCE XXI OPERATIONS: A Concept for the Evolution of Full-Dimensional Operations for the Strategic Army of the Early Twenty-First Century*, Pamphlet 525-5, August.

Walsh, Mark. "Air Force Chief Sees Pilotless JSF in Future." *Defense News*, April 28-May 4, 1997.

제 2 장

정보화 기반 전쟁 양상과 군사 패러다임

제 1 절 걸프전과 전쟁 혁명

정보화는 사회 및 기업과 국가 등이 정보를 효율적으로 수집·저장·처리·분석·배포하는 과정에서 디지털화 기술과 정보 기술을 활용해 생산성과 효율성을 높이는 것을 의미한다. 컴퓨터, 인터넷, 네트워크, 데이터베이스 등의 기술적 도구들을 이용한다. 정보·데이터에 기반한 지식이 경제적·사회적 가치를 창출하는 핵심 요소로 작용하며, 다양한 산업과 서비스를 발전시킴으로써 사회·경제·문화 등 인류 사회 전반에서 혁신적인 변화가 나타났다.

정보화 사회는 이전의 산업 사회와 구별되는 독특한 특징이 있다. 첫째는 디지털화이다. 종이 문서나 아날로그 정보가 디지털 데이터로 전환된다. 데이터와 정보가 디지털 형태로 전환돼 효율적인 처리와 분석이 가능해졌다. 둘째는 연결성의 증가이다. 인터넷, 모바일 기기, 사물인터넷 등으로 전 세계가 실시간으로 연결되는 네트워크 사회로 진입했다. 셋째는 정보의 공유이다. 다양한 채널을 통해 정보를 빠르고 광범위하게 배포할 수 있다. 넷째는 정보의 효율적 활용이다. 정보를 체계적으로 관리하고 쉽게 검색·분석할 수 있다. 다섯째는 업무 자동화이다. 정보 기술을 활용해 사람의 수작업을 줄이고 업무를 자동화할 수 있다. 여섯째는 지식 기반 사회의 발전이다. 생산과 소비의 중심이 물리적 자원에서 지식과 정보로 이동하면서 창의성과 혁신이 중시된다. 일곱째는 변화 속도의 가속화이다. 기술 발전과 정보 확산 속도가 빨라짐으로써 사회적 변화가 촉진된다.

정보화의 촉진과 함께 사회의 모든 영역이 획기적으로 변화됐다. 경제 영역에서는 전자상거래(E-commerce)가 보편화됐다. 전 세계적으로 온라인 쇼핑과 디지털 결제가 활성화되었으며, 세계 시장 접근이 쉬워졌다. 디지털 경제가 발전됐다. 소프트웨어, 데이터, 플랫폼 기반 경제 활동이 기존 제조업 중심의 경제를 대체하거나 보완했다. 산업의 자동화로 생산성과 효율성이 향상됐다.

사회 영역에서도 혁신적 변화가 일어났다. 이른바 정보 민주화가 촉진됐다. 누구나 인터넷을 통해 정보에 접근할 기회가 확대되었지만, 정보의 진위를 확인하는 미디어 리터러시가 중요해졌다. 사회적 연결이 광범위하게 촉진됐다. SNS와 메신저 앱을 통해 사람들이 이전보다 더 쉽게 연결되고 소통할 수 있게 됐다.

교육 영역의 패러다임도 획기적으로 바뀌었다. 원격 학습이 확산했다. 전통적 교실 환경에서 벗어나 온라인 수업과 교육 플랫폼이 활성화됐다. 개인화된 학습이 보편화되기 시작했다. 디지털 수단을 활용한 맞춤형 학습 프로그램이 발전됨에 따라 데이터 분석으로 개별 학습자의 요구를 충족할 수 있게 됐다.

정부 영역도 행정 패러다임의 혁신이 촉진됐다. 전자정부(E-Government)가 도입됐다. 행정 서비스의 디지털화를 통해 국민에게 더 빠르고 투명한 서비스를 제공할 수 있게 됐다. 데이터 기반 정책이 발전됐다. 데이터를 분석해 정책을 결정하고, 시민 참여를 확대할 수 있게 됐다.

문화 영역에서도 혁신적 변화가 일어났다. 디지털 콘텐츠가 보편화됐다. 영화·음악·게임 등 다양한 콘텐츠가 온라인 플랫폼을 통해 소비되기 시작했다. 세계적인 문화 교류가 광범위하게 이루어지기 시작했다. 가상현실과 증강현실을 활용한 새로운 형태의 사회적·문화적 활동이 부상했다.

정보화 문명이 촉진됨과 동시에 구소련 해체로 세계적 냉전 구도가 붕괴한 직후인 1991년 1월 17일 발생한 걸프전은 전환기 국제 질서의 이정표가 되었을 뿐만 아니라 정보화 시대의 새로운 전쟁 패러다임을 보여줬다. 정보·지식 중심의 전쟁 수행 방식과 최첨단 무기체계 및 군사기술을 선보임으로써 역사적 변곡점이 됐다. 전쟁 혁명이 발생한 것이다. 세계 군사 전문가들은 걸프전에서 미래 전쟁 양상의 변화 방향이 나타난 것으로 분석했다. 미국을 비롯한 군사 강국들은 정보 문명 시대의 전쟁 패러다임을 발견하고 새로운 군사 혁신 방책을 모색하기 시작했다.

이 전쟁에서 다국적군을 이끈 미국은 각종 우주 자산과 합동 감시·표적 공격 레이더 시스템(J-STARS) 및 공중조기경보통제기(AWACS) 등 전장 관리 체계를 이용해 광범위한 작전 지역의 피·아 상황을 손바닥 보듯이 샅샅이 파악하고, 토마호크 미사일과 같은 장거리 정밀 유도무기로 이라크의 전략적 중심을 정확하게 순간적으로 파괴·무력화시켰다. 눈과 귀는 없고 육중한 몸체와 짧은 팔·다리만 가지고 있는 이라크의 산업 시대 전통적 아날로그 군대는 디지털화 문턱에 있는 다국적군의 공격에 무기력할 수밖에 없었다. 걸프전은 첨단 우주 센서 체계와 전장 관리 체계 및 정밀 유도무기가 결합한 스마트한 전쟁이었다는 점에서 새로운 전쟁 패러다임의 서곡이 됐고 군사력의 혁신적 발전 가능성을 보여줬다.[21]

21) 권태영, "신세기 정보사회의 새로운 군사 패러다임," 한국국방연구원, 『국방정책연구』, 제47호(1999, 겨울), pp. 115-116.

첫째, 걸프전은 수직 좌표가 주가 되고 수평 좌표가 보조가 된 전쟁였다. 군사 임무와 목표 대부분이 항공·우주 전력에 의해 달성됐다. 예를 들어, 11대의 조기 경보 통제기가 2,240대의 항공기들을 매일매일 통제한 것으로 알려져 있다. 전쟁의 전 기간 9만 대 이상의 항공기를 통제한 것이다. 수많은 항공기를 통제하는 과정에서 단 한 건의 공중 충돌도 없었고, 우방국 항공기 간의 공중 접전 사고도 발생하지 않았다.

미국·영국·프랑스 등 다국적군은 자신들이 보유하고 있는 우주 자산을 이용해 통신·항법·정찰·정보·조기경보를 제공했다. 60여 대의 인공위성을 이용해 전구 안팎으로 전략·전술 통신을 고도의 보안을 유지하면서 보장할 수 있었다. 14대의 인공위성에 기반을 둔 GPS를 이용해 공격할 표적의 위치를 정확하게 파악할 수 있었으며, 사막에서 자유롭게 이동할 수 있었고, 곤경에 처한 부대를 구조할 수 있었다. 항공·우주 전력이 절대적으로 우세한 다국적군 앞에서 이라크군의 중무장한 지상 기갑 전력은 무용지물이었다. 미국이 주도하는 다국적군은 총 43일의 작전 기간에 39일 동안 우주·항공력을 이용해 이라크군의 지휘체계와 방공체계를 파괴하고 지상군을 무용화시킴으로써 단 100시간의 지상 작전으로 전쟁을 마무리 지을 수 있었다.

둘째, 걸프전은 파괴 및 살상의 탈 대량화를 보여준 최초의 전쟁이었다. 이라크군은 제2차 세계대전 당시의 일본군이나 독일군 못지않게 철저히 파괴·손실되었으나, 수도 바그다드의 거리는 크게 파괴되지 않았다. 미국을 비롯한 다국적군이 군사 표적만을 정확하게 식별해 정밀하게 파괴했기 때문이다. 제2차 세계대전 당시 영국 공군은 투하된 폭탄의 95%가 반경 3마일에 걸친 넓은 지역에 명중되는 것을 확인하고 아주 만족스러워 한 것으로 전해진다. 걸프전에서는 정밀 유도무기의 85% 이상이 반경 10피트 이내에 명중된 것으로 알려져 있다.[22] 그뿐만 아니라, 걸프전은 다국적군이 최소의 희생(138명)으로 최단기간 내에 이라크에 최대의 손실(사상자 10만 명, 포로 10만 명 이상, 기갑전투차량 4,500대 등)을 입히고 완승한 스마트한 전쟁이었다.

셋째, 걸프전은 소프트 킬(soft kill) 전력이 하드 킬(hard kill) 전력 못지않게 위력적임을 보여준 최초의 전쟁이었다. 정보·지식 기반의 연성적 전력으로 무장한 다국적군이 무기·장비 위주의 경성적 전력으로 무장한 이라크군을 완벽하게 무력화시켰다. 이라크군은 전차와 전투기 등 플랫폼 무기체계의 양적 규모 면에서 다국적군 못지않았으나, 그 무기들은 도달 거리가 아주 짧았고 각종 센서 체계와 지휘체계의 질적 수준이 열악했다.

다국적군을 이끄는 미군은 바그다드 시가의 자동차 번호판을 식별할 수 있을 정도로 정밀한 센서 체계를 보유하고 있었으며, 전장의 모든 정보를 신속하게 전파할 수 있는 지휘통제 네트워크 체계를 구축했다. 이라크군은 눈·귀는 없고 몸통만 비대한 상태에서 짧은 팔·다리만 허공에 휘저었음에 반해, 미군은 천리안을 통해 상대의 급소만을 골라서 정밀 타격으로 일순간에 무력화시켰다. 센서 체계와 지휘통제 체계 및 지능화 무기 등 실리콘 전력의 위력이 입증된 것이다.

넷째, 걸프전에서는 병렬전(Parallel War)이라는 새로운 전쟁 방식이 위력을 발휘했다. 병렬전이란 적의 여러 시스템을 거의 동시적으로 공격하는 것을 말한다. 적의 전략적·작전적·전술적 목표들을 병렬적으로 공격하면 적은 방어가 불가능할 뿐만 아니라 공격 피해를 복구할 수도 없다. 신체의 여러 군데에 동시적으로 상처가 생길 때 사망할 수밖에 없는 이치와 같다.

---

22) Richard P. Hallion, *Storm Over Iraq: Air Power and the Gulf War* (Smithsonian Institute Press, 1992), pp. 248–268.

걸프전에서 미국 주도의 다국적군은 우주 자산과 항공 능력 및 정밀 타격 능력을 이용해 이라크의 전략적 표적을 거의 병렬적으로 공격했다. 전쟁을 개시한 지 몇 분도 되지 않아 이라크 내부에 있는 수백 개의 전략적 표적을 동시적으로 공격했다. 이라크의 주요 시스템 기능이 모두 마비됐다. 발전 및 송전 시스템이 파괴되면서 이라크 전역이 암흑 세계로 변했다. 통신망이 마비돼 방공 지휘부가 예하 부대를 지휘·통제할 수 없었다. 다국적군은 전쟁을 개시한 지 24시간도 채 되지 않은 짧은 순간에 1943년도 당시 미국 8공군이 1년 동안 공격한 독일 내 표적의 3배에 달하는 표적을 공격한 것으로 알려져 있다.

걸프전은 과거의 전쟁과 비교할 수 없는 새로운 차원의 전쟁으로 평가된다. 그 이전의 전쟁에서는 한 쪽은 순차적 공격을 통해 방어선을 돌파하려는 전투를 벌이고 다른 쪽은 돌파를 저지하려는 전투를 벌인 것으로 집약된다. 지휘통신 수단이 열악하고 원거리 타격 수단이 없어 공격을 감행하기 위해서는 병력을 특정 지역으로 집중시켜야 했기 때문에 순차적 작전이 불가피했다. 무기체계가 정밀하지 못했기 때문에 상대 국가의 전략적 중심을 공격하기보다는 군사력을 대상으로 작전을 수행했다.

이러한 전투는 대부분 전선을 따라서 진행되었을 뿐만 아니라 전투 피해도 전선에 국한됐다. 상대 국가의 핵심 체계 대부분은 안전할 수 있었다. 과거에는 공격 측이 특정 순간에 타격할 수 있는 목표가 몇 군데 밖에 되지 않았기 때문에 방어 측은 그 곳에 방어력을 집결시킬 수 있었다. 방어 측은 공격이 예상되는 표적을 중심으로 방어력을 집중시키고, 공격을 당한 소수의 표적을 복구하는 노력을 전개하며, 역공세를 통해 공격의 효과를 크게 상쇄할 수 있었다.

걸프전에서는 전투 상황이 전혀 달랐다. 이라크는 수많은 국가 핵심 체계들이 아주 짧은 시간에 치명적인 공격을 받아 방어 자체가 불가능했다. 전략적 차원에서 복구도 불가능했다. 다국적군이 병렬적 동시 공격을 감행했기 때문에 이라크는 효과적으로 대응할 수 없었고 전세 회복도 불가능했다.

제2절 정보화 기반 전쟁 양상

걸프전은 정보화 시대의 새로운 전쟁 패러다임을 보여준 최초의 전쟁이었다. 산업 시대의 전쟁 수행 개념과 방식 및 수단은 정보화 시대에는 더 이상 유용하지 않음을 입증했다. 산업 시대의 전쟁 수행 방식 및 수단을 사용한 이라크군은 정보화 시대의 새로운 전쟁 수행 방식 및 수단을 활용한 다국적군 앞에서 무기력했다. 다국적군은 도달 거리가 긴 정밀 유도무기, 멀리 볼 수 있는 센서 체계, 넓은 지역을 통제할 수 있는 지휘통제 네트워크 체계로 이라크군을 궤멸시켰다. 전력의 양적 규모는 의미가 없고 소프트 전력의 우위가 전쟁 승패의 관건이었다. 걸프전은 항공·우주, 인공위성, 정보 체계, 정밀 유도무기, 수직 좌표 등이 새로운 전쟁 패러다임의 핵심어가 될 것임을 예고했다.

걸프전 사례를 분석하면 정보화 기반 전쟁의 특징과 양상을 확인 및 유추할 수 있다. 가장 중요한 특징은 정확한 정보 수집과 분석으로 실시간 정보 공유가 가능해지고 전장 투명성이 증가했다는 점이다. 인공위성, 정찰용 무인 항공기, 각종 감시 시스템 등의 발전으로 실시간 정보 수집 및 공유가 가능해졌다. 군사 작전이 실시간으로 공개되기도 한다. 전장의 동태를 투명하게 파악함으로써 전략의 변화와 보안의 강화에 도움이 될 수 있다. 전투 조직과 자산이 실시간으로 네트워크를 통해 연결돼 정보 공유 및 의사결정 속도가 빨라짐으로써 네트워크 중심 전쟁이 가능해졌다. 전쟁의 상황이 소셜 미디어를 통해 빠르게 전파됨으로써 민간 여론에 중대한 영향을 미치게 됐다. 우주 공간에서의 군사 활동이 필수적으로 중요해짐에 따라 위성항법 시스템이나 정찰 및 통신 위성 등을 방해·파괴하는 전쟁이 이슈화됐다.

첨단 정보화 기술과 다양한 방식의 유도무기 기술이 결합해 원거리 타격 무기의 정밀성이 획기적으로 고도화됐다. 정밀 타격 무기는 특정 목표를 정밀하게 타격함으로써 민간 피해를 최소화하면서 적의 전략적 목표를 효과적으로 파괴할 수 있다. 정밀 유도 기술과 첨단 센서를 활용해 정확도가 탁월하다. 정밀 유도 미사일은 GPS, 레이더, 레이저 유도를 통해 적의 목표물을 정확하게 타격한다. 토마호크 순항미사일, AGM-114 헬파이어 미사일, 정밀 유도 폭탄 등이 있다. 위성 항법 장치, 관성 유도 시스템, 레이저 등의 유도를 통해 목표물에 정확히 투하하는 스마트 폭탄으로서 합동직격탄(Joint Direct Attack Munition: JDAM), 페이브웨이(Paveway) 시리즈 폭탄 등도 있다. 지상에서는 고기동 포병 로켓 시스템(HIMARS) 등 단거리 및 장거리 로켓 또는 포병 시스템이 정밀 타격을 위해 사용된다. 해상에서는 함대지 미사일(Harpoon)로 목표물을 정확히 타격한다.

걸프전에서 무인 항공기가 정찰·감시 임무를 효과적으로 수행한 이래 무인화 전쟁 시대가 본격적으로 개막됐다. 이스라엘의 기술을 기반으로 미국이 개발한 RQ-2 파이오니어(Pioneer)가 걸프전에서 실시간 영상 정보를 제공해 지상 및 해상 작전의 정찰 임무에 주로 활용됐다. 다른 소규모 무인 항공기들도 제한적으로 운용됐다. 적의 병력 및 부대 이동, 장비 배치, 방공망 등에 대한 정보를 실시간으로 제공함으로써 작전 계획 수립에 크게 이바지했다. 특히, 포병 및 공군은 정찰 결과를 바탕으로 포격과 공습 목표를 더욱 정밀하게 설정할 수 있었다. 무인 항공기는 유인 정찰기의 임무를 대체함으로써 조종사들이 적 방공망에 노출되는 위험을 상당히 감소시켰다.

걸프전을 계기로 미국을 비롯한 여러 군사 선진국은 무인 항공기 기술을 위한 연구개발에 대한 투자를 대폭 늘리기 시작했고, 그 결과 고성능 드론 및 무인 항공 시스템이 속속 출현했다. 무인 항공기 기술과 운영 방식이 급속도로 발전하기 시작했다. 센서와 카메라가 날로 발전했다. 걸프전 당시 무인 항공기는 주로 저해상도 카메라를 사용했지만, 이후 고해상도 카메라를 비롯한 적외선 및 전자광학 등 다양한 스펙트럼의 센서를 장착했다. 위성항법 기술이 발전하면서 무인 항공기의 위치 정확도가 고도화되고, 정밀 타격 및 자동 항법 기능이 추가됐다. 실시간 데이터 링크와 위성 통신을 통해 작전 범위가 획기적으로 확장됐다.

정보 기술과 위성항법 시스템 등 다양한 첨단 기술이 적용된 무인 항공기는 감시·정찰 플랫폼을 넘어 목표물 지정, 전자전, 통신 중계 등 다방면으로 활용되기 시작했다. 장시간 체공 무인 항공기가 개발됨에 따라 인간 조종사들의 피로 없이 장시간 지속해서 작전을 수행할 수 있게 됐다. 2000년대 초반부터는 무인 항공기가 무장 공격 플랫폼으로 사용되기 시작했다. 처음으로 MQ-1 프레데터(Predator)가 미사일을 장착해 정밀 타격 임무까지 완벽하게 수행했다. MQ-9 리퍼(Reaper)는 감시·정찰 및 공격 작전과 대테러 작전에서 활용되는 다목적 무인 항공기이다. RQ-170 센티넬(Sentinel)은 스텔스 무인 항공기로서 적의 방공망을 뚫고 정찰 임무를 수행할 수 있다.

첨단 정보 기술과 인공지능 기술의 군사적 활용으로 신개념 무기체계가 발전되고 유무인 복합 전투 방식이 모색됐다. 로봇 전사와 인공지능 드론 등 자율 무기체계가 전장에 도입되기 시작했다. 인간-기계 간 유기적 협력으로 군사 작전을 수행하는 방식이 발전되기 시작했다. 전투원이 웨어러블 기술, 증강현실, 인공지능 기반 시스템을 활용함으로써 전투력을 극대화하는 것이다. 전투원들은 단순한 인간이 아니라 인공지능 시스템과 협력해 데이터를 분석하고 실시간으로 의사결정을 내리면서 전투를 수행한다.

전장이 지상·해양·공중·우주 영역에 이어 사이버 영역으로 확장됨에 따라 물리적 전투를 넘어 사이버전 및 전자전이 새로운 전쟁 방식으로 부상했다. 해킹, 정보 도용, 네트워크 마비 등을 통해 상대방의 정보 시스템을 마비시키거나 혼란을 유발함으로써 전투력을 무력화할 수 있다. 사이버 공격으로 전력망, 금융망, 통신망 등 민간 인프라가 마비되면 사회적 혼란이 유발될 수 있을 뿐만 아니라 군사 작전도 심대한 타격을 받을 수밖에 없다. 정보화 기술을 활용해 상대방의 민심을 흔들거나 여론을 조작하는 심리전이 강화되고 있다. 소셜 미디어와 인터넷을 활용한 선전 및 허위 정보 유포가 주요 수단으로 사용된다. 전단 살포와 방송 등을 통해 적군의 사기를 떨어뜨리고 항복을 유도할 수 있다.

국가의 모든 분야가 정보화됨에 따라 전쟁이 전통적 군사 작전과 비군사적 작전(경제, 외교, 정보 등)을 결합한 하이브리드 전쟁 형태로 발전된다. 군사적 침공과 함께 허위 정보, 경제 제재, 정치적 혼란 유발 등을 조합해 상대를 약화하는 방식이 활용된다. 경제와 기술이 긴밀히 연결되면서 전쟁은 상대국의 경제 기반을 파괴하거나 약화하는 방향으로 진행될 수 있다. 금융 네트워크 공격, 경제·기술 제재, 반도체 등 전략산업 공급망 차단 등의 방식이 활용된다. 특히 송유관, 전력망, 원자력발전소 등 에너지 공급망에 대한 공격은 상대국의 경제와 군사 작전을 마비시키는 강력한 무기가 된다. 전통적 군사 작전에서는 대규모 병력과 장비로 편성된 부대가 필요하였지만, 정보전과 사이버전 등 비군사적 작전에서는 소규모 전문 특화 부대가 중요하다. 특수작전 부대와 사이버 전문 인력이 전략적 자산으로 평가받는다. 이에 따라 전쟁은 단기간의 물리적 전투로 끝나지 않고 갈등이 장기적으로 지속되는 양상을 보인다. 경제 제재, 네트워크 방해, 여론전 등을 통해 지속해서 압박을 가할 수 있다.

전쟁에서 민간 부문과 군사 부문이 명확하게 구분되지 않고 상호 얽히게 되면서 민간인의 전쟁 참여가 증가한다. 민간인이 전쟁의 주요 참여자가 될 수 있다. 사이버전에서는 민간 개인 해커나 해커 집단이 국가 간의 전쟁에 영향을 미친다. 소셜 미디어를 통한 정보 확산이나 여론 형성 등에서 민간인의 역할이 크게 확대된다. 물리적 군사력에서 열세한 국가는 사이버 공격, 테러, 정보 조작 등 비대칭 방식에 특화된 민간 행위자들을 적극적으로 사용하면 기존 물리적 군사력 중심의 균형을 변화시키고 새로운 위협 구조를 만들어 낼 수도 있다.

제3절 군사 패러다임의 변화

1. 전장 가시화와 정보 공유

전통적으로 전투 행위는 '찾기(find)'와 '숨기(hide)' 간의 치열한 게임이었다. 자신은 상대가 발견할 수 없도록 숨거나 자신의 의도와 행동을 상대가 파악할 수 없도록 기만했다. 상대의 약점을 발견하는 즉시 기습적 공격을 감행해 주도권을 장악하는 측이 전투에서 승리했다. 클라우제비츠는 일찍이 자신의 역작인 『전쟁론(*On War*)』에서 전장의 안개와 마찰(fog and friction)을 슬기롭게 극복하는 지혜와 능력이 전쟁의 승패를 좌우한다고 역설했다.[23)]

---

23) Carl Von Clausewitz, edited and translated by Peter Paret and Michael Howard, *On War*(New Jersey: Princeton University Press, 1976), pp. 117－121.

정보화 시대에 접어들어 각종의 감시·정찰 체계 등의 혁명적 발전으로 인해 찾기와 숨기기 간의 경쟁이 한층 더 치열해지고 있다. 정보력의 지배적 우세를 확보한 측이 전쟁에서 압도적으로 승리할 수 있게 됐다. 정보의 지배적 우세를 확보하면 자신은 군사 작전에 있어서 행동의 자유를 확보할 수 있게 되고, 상대측은 제반 군사 작전의 수행을 방해받게 된다. 상대측이 정보를 지배하면 자신은 장거리 타격 체계의 위력을 상실하고 오히려 기동화·스텔스화 전력 체계에 의한 공격에 아주 취약하게 된다.

정보화 시대의 전쟁에서는 항공·우주 기술과 정보 기술이 결합해 '전장 공간에 대한 주도적 인식(Dominant Battlespace Awareness)'이 가능하다. 상대의 위치 및 특성에 대한 정보를 파악할 수 있을 뿐만 아니라 정밀 타격 체계에 정보를 실시간으로 분배하고 전투 피해를 지속해서 평가할 수 있다. 전장 공간을 주도적으로 인식하면, 적의 위치를 파악해 공격 시기를 결정한 다음 공격 작전을 수행하고 공격 피해를 평가하는 전투의 전 과정을 스마트하게 이끌어 갈 수 있다. 우세한 정보력을 통해 표적을 신속하게 선정하고 가장 적합한 무기체계를 선택하며 공격 피해를 실시간으로 평가할 수 있으면, 정밀 공격 능력을 획기적으로 향상할 수 있다. 전장 공간의 주도적 인식을 통해 적의 공격 방향을 정확하게 파악하면 더욱 작은 규모의 전투력으로도 적의 예봉을 분쇄할 수 있다.

상대의 후방을 광범위하고 정밀하게 관찰·파악할 수 있는 우주 감시·정찰 체계와 무인 항공기 정찰 체계가 세계적으로 확산하는 추세이다. 인공위성에 탑재된 센서 체계와 J-STARS 및 AWACS는 광범위한 전장 공간을 완벽하게 파악할 수 있다. 첨단 센서 체계를 탑재하고 장시간 체공할 수 있는 무인 항공기는 노출되지 않은 상태로 상공에서 적의 위치와 활동을 정밀하게 관찰할 수 있다. 감시·정찰 체계에 의해 수집한 정보는 컴퓨터와 디지털 통신 체계를 통해 실시간으로 융합·처리돼 지휘관과 야전부대들에 분배된다.

전장의 가시화와 정보의 공유화가 가능해짐에 따라 네트워크 중심 전쟁 패러다임(Network-Centric Warfare Paradigm)이 발전됐다. 네트워크 중심의 사고를 군사 작전에 적용해 전투 요소들의 승수효과를 극대화하는 것이다. 지리적으로 분산된 제반 전투 요소들을 네트워크로 연결·결합해 전장 정보를 공유한 가운데 새로운 전투력을 창출·운용한다. 광범위한 지역에 분산된 전력을 적시에 통합적으로 사용할 수 있게 된다.

이렇게 될 경우, 병력이나 부대의 집중 없이 전력의 효과를 집중시킬 수 있으므로 군사 작전이 지리적으로 제약받지 않게 된다. 센서 체계와 타격 수단의 물리적 이동이나 기동이 없이도 다수의 다른 표적에 대해 동시적으로 교전을 벌일 수 있다. 전장 지식에 기반을 두고 협동적 전투를 수행할 수도 있다. 제반 전투 부대 및 요소들이 네트워크 체계를 활용해 전장 정보를 공유하고 지휘관의 의도를 이해할 수 있으므로 협동적 조화(orchestration) 속에서 자율적이고 효과적으로 작전을 수행할 수 있다. 전장 전투 요소 간의 효과적 네트워크를 형성함으로써 전투력 발휘 효과를 획기적으로 향상시킬 수 있다. 네트워킹은 전투 요소들을 단순하게 연결만 하는 것이 아니라 정보 공유를 통해 전투 능력이 향상된 각 전투 요소가 상호작용으로 새로운 전투력을 창출하도록 한다.[24]

---

24) 네트워크 중심 전쟁에 대해서는 David S. Albert and Others, *Network Centric Warfare: Developing and Leveraging Information Superiority*(Washington, DC: DoD C4ISR Cooperative Research Program, August 1999), pp. 87-114 참고.

2. 장거리 정밀 교전 보편화

전장의 가시화, 정보의 공유화, 무기체계의 사거리 증가 및 정확도 향상 등으로 인해 장거리 정밀 교전이 보편화됐다. 과거의 전쟁에서는 전장을 감시·정찰할 수 있는 능력이 매우 제한됐고 무기체계의 정확도가 열악했기 때문에 표적을 파괴하기 위해서는 많은 양의 폭탄을 투하할 수밖에 없었다. 이제는 단 한 대의 전투기가 정밀유도무기를 이용해 임무를 완벽하게 완수할 수 있는 시대, 이동 중인 적의 기계화 부대를 우주 자산을 이용해 정확하게 파악한 후 몇 발의 무기로 격파할 수 있는 시대, 적의 지휘통제 체계를 공격해 상대방을 일거에 무력화시킬 수 있는 시대에 접어들었다.

제2차 세계대전 당시인 1943년도 1년 동안 미국의 8공군은 전략적 표적을 겨우 50회 정도 공격할 수 있었으나, 1991년도 걸프전에서 미군을 비롯한 연합 공군은 전쟁 발발 하루 만에 이라크 내의 전략적 표적을 150회 이상 공격한 것으로 알려져 있다. 공격 능력이 1943년보다 천 배 이상 증가한 것이다. 2020년대에 접어들면서 전쟁 발발 후 수 분 이내에 500여 개의 전략적 표적을 공격할 수 있게 됐다. 대륙간 거리에 있는 표적도 정밀하게 공격할 수 있는 기술이 출현했다. 걸프전에 비해 전략적 표적을 공격할 수 있는 능력이 5,000배 이상 급증한 것으로 파악된다.

무기체계의 정밀성 혁명(revolution in accuracy)으로 인해 하나의 목표물을 파괴하기 위해 수백 또는 수십 대의 폭격기로 수천 톤의 폭탄을 투하하는 일은 과거의 일이 됐다. 단 한 대의 폭격기가 오직 한 발의 폭탄으로 목표물을 정확하게 파괴할 수 있게 된 것이다.[25] 제2차 세계대전 당시에는 3마일에 걸친 넓은 지역 내의 목표물을

---

25) Edward Mann, "One Target, One Bomb: Is the Principle of Mass Dead?" *Military Review*, September 1993, p. 37.

95% 파괴할 수 있었으나, 걸프전 당시에는 10피트 범위에 있는 목표물을 85% 파괴할 수 있게 됨으로써 무기체계의 정밀도가 100배 이상 향상됐다.

미사일 탄두나 폭탄의 공산오차(Circular Error Probable: CEP)가 0(zero)에 가까워지고 있는 것으로 분석된다. 첨단 센서 체계와 전장관리 체계의 발전으로 상대방을 정확하게 파악할 수 있을 뿐만 아니라 무기체계의 정밀도가 획기적으로 향상돼 적의 핵심 표적들을 장사정 타격 수단에 의해 더욱 많이 보다 정밀하게 공격하는 것이 가능해졌다. 과거에는 적에 관한 정보가 부정확·불확실했고 타격 수단의 정밀도도 매우 미흡했기 때문에 목표물을 타격하기 위해서는 다량의 포탄을 특정 지역에 집중적으로 투하했다.

무기체계의 사거리가 길지 않고 정밀도가 미흡한 시대의 전쟁에서는 다량의 재래식 무기를 특정 목표 지역으로 운반하는 것이 중요했기 때문에 기동 플랫폼이 아주 중시됐다. 플랫폼의 성능에 의해 전투의 승패가 좌우됐다. 우수한 성능의 항공기·전차·함정을 보유한 측이 상대방을 쉽게 제압할 수 있었다. 이제 플랫폼이 전쟁의 결과에 미치는 효과는 많이 감소하는 반면, 플랫폼에 탑재된 센서·자동화 체계·탄약·전자장비 등이 전승의 중요한 요소가 되고 있다. 20년 이상이 지난 항공기일지라도 최신의 장사정 미사일을 장착하고 공중조기경보통제기로부터 전장 정보를 실시간으로 제공받을 수 있으면, 도입된 지 10년 밖에 안 됐지만 탑재 장비가 열악한 항공기보다 우수한 전투력을 발휘할 수 있다. 플랫폼의 양보다 탑재 임무장비의 질이 더 중요해진 것이다. 첨단 광역 정보 체계와 장사정 스마트 유도무기 및 지능화 무기체계 등 원거리 정밀 교전 능력의 확보 여부가 전쟁의 승패를 결정한다.

정밀 교전 능력이 전쟁의 결과에 결정적 영향을 미친다는 사실은 걸프전에서 생생하게 입증됐다. 당시 미국 주도의 다국적군은 인공위성과 같은 감시·정찰 체계를 통해 광범위한 지역을 지속해서 정찰해 실시간에 표적을 파악했고, 첨단 지휘통제 체계를 통해 지휘관의 신속·정확한 판단을 보장했으며, 정밀 유도무기로 목표 표적만을 정확하게 공격했다. 감시·정찰에서 공격에 이르는 모든 과정이 거의 자동화됐고 장사정 정밀 타격 능력을 보유하고 있었기 때문에 대량의 플랫폼을 멀리 떨어진 지역까지 기동시키지 않고도 적의 핵심 표적을 동시다발적으로 공격할 수 있었다. 이라크의 야포는 대부분 최대 사거리가 40㎞ 정도였으나 다국적군의 각종 첨단 미사일은 사거리가 수백~수천㎞ 이상이었다. 미군의 순항미사일은 프로그램화된 알고리즘에 따라 비행해 1,500~2,000㎞나 떨어진 지역의 목표물을 정확하게 명중시켰다.

적의 무기체계 유효사거리 밖에서 전략적 목표를 명확하게 보고 정밀하게 공격할 수 있게 됐기 때문에 근접 전투 방식과 선형 전투 방식이 무의미해지고 있다. 이에 따라 전장의 단위 면적당 병력 수가 대폭 감소했다. 전장 1㎢ 내에 배치된 병력 수가 나폴레옹전쟁 당시에는 4,970명이었고, 제2차 세계대전 당시에는 404명이었으며, 중동전 당시에는 25명, 걸프전 시에는 2.4명으로 대폭 줄어들었다.[26] 이러한 추세대로라면 머지않아 그 수가 1~2명에 불과할 것이다. 전략적 중심을 직접 타격하는 전투가 보편화되고 적의 종심을 정밀하게 공격할 수 있는 능력이 획기적으로 향상되면 전방과 후방을 거의 구분할 수 없게 된다.

3. 전장 공간의 확장과 중첩

전장 공간은 군사력이 운용되는 물리적 공간이다. 전통적으로

26) 권태영·정춘일, 『선진국방의 지평: 21세기 국방 발전의 비전과 방향』(서울: 을지서적, 1998), pp. 252－253.

전장 공간은 표적을 포착할 수 있는 거리와 무기체계의 사거리에 의해 경계가 정해졌다. 지상군은 적의 지상군과 전투했고 해군과 공군은 적의 해군 및 공군과 전투했다. 이에 따라 지상군·해군·공군은 각각 고유의 작전 영역을 가지고 있었다. 전장 공간도 군별로 분리·구분됐다. 이제 감시·정찰 체계 및 전장 관리 체계의 발전과 무기체계의 사거리 확대 등으로 인해 전장 공간이 지상·해상·공중에 이어 우주로까지 확장됐다. 지상군·해군·공군의 작전 영역도 중첩됐다.

지상의 전장 공간이 종적·횡적으로 확장된다. 깃발을 이용해 부대를 지휘하던 과거 시절에는 지휘관이 휘하의 장병들을 내려다볼 수 있는 위치에서 지휘했다. 이동형 라디오가 등장하면서 지휘관들은 교신이 가능한 범위까지 지휘할 수 있었다. 이제는 인공위성과 디지털 통신의 발전으로 광범위한 지역에 분산된 부대와 장병들을 지휘·통제할 수 있게 됐다. 정보통신 기술이 가속적으로 발전됨에 따라 분산의 정도와 거리에 관계 없이 부대를 지휘·통제할 수 있게 됐다.

전장 공간이 평면적 광역화와 함께 수직으로도 확장되고 있다. 제1차 세계대전 이전에는 전장이 지상·해상의 2차원 평면에 국한됐다. 항공기가 출현하면서 전장이 지상·해상에 이어 공중의 3차원으로 확장됐다. 이제는 우주를 활용하는 센서 체계와 통신 체계의 발달로 인해 전장 공간이 4차원으로 확장됐다. 걸프전에서 미국 주도의 다국적군은 우주 자산을 이용해 상대방을 완전히 파악하고 정보 및 영상의 자유로운 흐름을 보장함으로써 아무런 제약도 받지 않고 목표물을 공격할 수 있었다. 전장 공간이 지상·해상에서 공중·우주로 확장됨에 따라 평면 좌표가 주된 역할을 맡고 수직 좌표는 보조적 역할을 담당하던 전쟁 수행 방식은 적실성을 상실하고 있다. 앞으로의 전장 공간에서는 수직 좌표가 주된 역할을 담당하고 평면 좌표는 보조적 역할을 맡게 될 것이다.

전장 공간이 우주 공간에 이어 사이버 공간으로까지 확장되고 있다. 정보 우위를 확보하기 위해 상대의 컴퓨터 시스템과 정보통신 네트워크 시스템에 치명적인 영향을 미치는 무형적 비살상 공격 행위가 전쟁의 새로운 영역으로 부상되고 있다. 정보화 사회는 군사 분야를 포함해 전 분야의 시스템이 정보통신 체계에 기반을 둔다. 정보통신 체계의 마비는 곧 사회 전체의 위기와 혼란으로 직결된다. 자신의 정보 흐름은 완전하게 보장하고 적의 정보 흐름을 교란·마비시킬 수 있는 전략적 방책을 마련하는 것이 국가안보의 중요한 영역이 됐다.

정보통신 체계는 크게 세 차원의 공간을 가지고 있다. 첫째는 컴퓨터 및 통신망과 같은 물리적 실체를 갖고 있다는 측면에서 물리적 공간이 있다. 둘째는 컴퓨터 및 디지털 네트워크 내에서 저장·유통되고 있는 정보·데이터 측면에서 사이버 공간이 있다. 셋째는 정보를 이용해 인간이 인식한다는 측면에서 인식의 공간이 있다.

상대방의 정보통신 체계를 교란·파괴·마비시키기 위해서는 이 세 가지 공간을 모두 공격해야 한다. 물리적 공간은 정밀 유도무기와 전자기충격파로 파괴할 수 있다. 사이버 공간은 해킹을 통해 마비시킬 수 있다. 인식의 공간은 기만과 심리전을 이용해 공격한다. 정보화 시대의 전쟁에서는 군사력을 운용하고 전장을 관리하면서 정보에 대한 의존도가 절대적이기 때문에 다양한 정보전 방책을 통해 '정보 고지'를 점령할 수 있는 국가만이 승리를 성취할 수 있을 것이다.

미국 합참차장을 역임한 제레마이어(David E. Jeremiah) 제독은 정보의 역할과 지식의 위력을 제대로 이해하는 자가 지구를 지배하게 될 것이라고 주장한 바 있다.[27)] 미국 공군 참모총장을 역임한 포글만(Ronald Fogleman) 장군은 "정보전은 육·해·공군에 의한 전쟁 및 우주 전쟁에 이어 5번째의 전쟁 영역으로 분류해도 전혀 손색이 없다. 앞으로의 전쟁에서는 누가 먼저 정보 공간을 지배하느냐에 따라 그 승패가 좌우될 것이다"라고 강조한 바 있다.[28)]

감시·정찰 체계 및 무기체계의 도달 거리가 각 군의 전통적 전장 공간을 넘어서고, 전장의 각종 전투체계 및 요소를 상호 연결·결합하는 네트워크 시스템이 획기적으로 발전됨에 따라 육·해·공군별 전장 공간의 구분이 모호해졌다. 이에 따라 작전개념과 조직편성도 혁신적 차원의 변혁이 요구된다. 과거에는 지상·해상·공중의 전장 공간이 거의 분명하게 분리됐기 때문에 작전개념과 조직편성의 발전이 대부분 군별로 추구됐다.

이제 감시·통제·타격 시스템의 도달 거리가 획기적으로 증대되고, 사이버 공간을 통한 공격이 전 지구적 범위에서 수행될 수 있어서 군별 전투력을 목표와 임무에 따라 통합시키는 것이 중대한 과업이 됐다. 항공·우주전과 전자·정보전의 결합, 감시 체계와 타격 체계의 순간적 결합 등은 전통적인 전장 공간을 넘어서는 새로운 차원의 전력 운용과 조직편성을 요구한다. 전략적·작전적·전술적 목표를 동시적으로 공격할 수 있는 전쟁 수행 개념의 발전이 필수적이다. 조직 체계의 합동성 및 통합성을 강화하는 것이 매우 긴요하다. 센서 체계, 타격 수단, 데이터 및 정보를 유기적으로 연결하기 위한 각 군 간의 조화로운 협조와 결합이 무엇보다도 중요해졌다.

---

27) John G. Roos, "InfoTec InfoPower," *Armed Forces Journal International*, June 1994, p. 31.

28) General Ronald R. Fogleman, "Information Operations: The Fifth Dimension of Warfare," in remarks to the Armed Forces Communication–Electronics Association, Washington, DC, April 25, 1995.

4. 전쟁 수행 수준의 중첩

전통적으로 전쟁은 전략·작전·전술의 세 가지 수준에서 수행되는 것으로 설명됐다. 전략적 수준은 전쟁 지도자의 수준에서 달성하려는 전쟁 목표와 의도 및 의지에 직접적으로 영향을 미쳐 전쟁 계획 자체의 수정을 강요하는 군사 행동이다. 작전적 수준은 전역 사령관의 수준에서 성취하려는 작전 목표와 의도 및 의지에 영향을 미쳐 전쟁 계획 일부 또는 작전적 행동의 수정을 강요하는 군사 행동이다. 전술적 수준은 전술 지휘의 중추 조직, 집결 부대, 병참 기지 및 후방 보급선 등에 심대한 타격을 가해 전술 지휘관의 의도에 영향을 미치는 것이다. 오늘날의 전쟁에서는 이러한 구분이 모호해졌고 의미가 없다.[29] 광역 원거리 감시·정찰 체계와 장거리 정밀 타격 수단의 발전으로 전쟁 수행 수준 사이의 상호 연관관계가 증대되고 있다.[30]

나폴레옹 시대의 전쟁에서는 어떤 한 차례의 전술적 승리가 다른 부문에서 작전에 연동되지 않았고 전쟁 전체에 직접적으로 영향을 미치지 못했다. 20세기 독일의 전격전 하에서는 전술·작전·전략적 수준 일부가 중첩된 것으로 분석된다. 한 전장에서의 전술적 승리가 다른 전장에서 전술 행동이나 다음 작전 수행에 유리하게 작용했을 뿐만 아니라 상대국의 전쟁 계획 일부를 변경하도록 강요했다. 걸프전에서는 그 중첩 현상이 더욱 심화했다. 다국적군이 전술적 수준의 전투에서 거둔 승리가 이라크군의 작전 계획을 대폭 수정시켰고, 후세인의 전쟁 지도에도 직접적인 영향을 미쳤다.[31]

---

29) Douglas A. MacGregor, "Future Battle: The Merging Levels of War," *Parameter*, Vol. 22, Winter 1992–93, p. 42.

30) David Jablonsky, "US Military Doctrine and the Revolution in Military Affairs," *Parameters*, Vol. XXIV, Autumn 1994, pp. 23–28.

31) Henry C. Bartlett and Others, "Force Planning, Military Revolutions and the

전쟁의 수행에서 전술적·작전적·전략적 수준의 중첩은 전장 정보의 수집 및 활용 능력이 획기적으로 향상되고 각종 첨단 무기체계가 고도로 발달함에 따라 더욱 심화할 수밖에 없다. 광역 원거리의 정찰감시-지휘통제-타격 시스템 복합체계를 구축하는 국가는 소규모 부대의 전술적 군사 방책으로도 상대방의 작전적 또는 전략적 중심을 파괴·마비시킬 수 있다. 전역 전체를 훤하고 세밀하게 들여다보면서 정확한 표적 정보를 수집할 수 있으므로 상대방의 전쟁 계획에 심대한 충격을 줄 수 있는 작전적 또는 전략적 수준의 중심을 선정하고, 원거리의 후방에 있는 정밀 유도무기로 직접 타격해 무력화시킬 수 있다. 어떤 수준의 군사 방책으로든지 상대방의 전략적 중심을 파괴·마비시키는 것이 가능해졌다.

전쟁 수행 수준의 중첩 현상은 존 와든(John A. Warden)의 '5개 동심원 모델(Five-Ring Model)'로 설명할 수 있다.[32] 와든은 국가를 포함한 모든 조직은 다섯 개의 상호 의존적인 체계들로 구성돼 있다고 보고, 그 상호 의존적 체계들을 동심원으로 배열했다. 국가 시스템의 경우, 가장 내부의 원은 국가 통치 및 지휘체계로서 통신과 보안이 핵심 요소이다. 그다음의 원은 유기적 핵심 체계로서 전기·원유·식량 등 에너지와 금융이 핵심 요소이다. 그다음의 원은 기반구조로서 도로, 철도, 항만, 항공 등이 핵심 요소이다. 그다음의 원은 인구집단으로서 일반 국민으로 구성된다. 맨 바깥의 원은 전투메커니즘으로서 군대, 경찰, 소방을 포함한다.

과거로 갈수록 전쟁은 동심원의 외곽으로부터 중심을 향해 순차적으로 전개됐다. 상대를 파괴하기 위한 전통적 방식은 가장 외곽의 동심원에 자리 잡은 군사력을 공격하는 것이었다. 그런 다음에 중앙

Tyranny of Technology," *Strategic Review*, Vol. XXIV, 1996, p. 32.

32) Colonel John A. Warden, III, US Air Force, "The Enemy as a System," *Air Power Journal*, No. 1, Spring 1995, pp. 40-55.

의 동심원에 있는 전략적 표적을 차례로 공격했다. 외곽 동심원의 야전 군대를 돌파하지 못하면 내부에 있는 여러 표적을 공격할 수 없었다. 과거에는 왕국을 둘러싸고 있는 군사력을 격파하고 일반 국민의 저항을 뚫고 들어가야 궁성 안에 있는 제왕을 공격할 수 있었다. 상대의 전략적 핵심인 통수 및 지휘체계를 무력화시키기 위해서는 전선에 배치된 야전군을 먼저 공격한 다음 중심부로 향해 순차적으로 파괴해 들어가야 했다.

오늘날의 전쟁은 상황이 완전히 다르다. 첨단 감시·정찰 체계와 지휘통제 네트워크 체계 및 장사정 정밀 유도무기의 획기적인 발전으로 인해 상대의 외곽 야전 군대를 공격하지 않고도 내부의 전략적 중심을 직접 파괴할 수 있다. 단기간 내에 깨끗하게 전승을 거두기 위해서는 상대의 군사력을 뚫고 들어가기보다 장사정 정밀 타격수단으로 국가 통치 및 지휘체계를 직접 공격한다. 상대의 야전 군대와 피를 흘려가며 지루하게 싸우지 않고 중심을 직접 파괴·무력화함으로써 전략적 목표를 단기간에 달성한다. 공격을 병렬적으로 수행해 상대를 일거에 압도적으로 무력화시킬 수 있어서 전쟁 수행의 전술적 방책과 작전적 방책 및 전략적 방책을 구분하는 것이 거의 의미가 없다.

5. 소프트 킬 위력의 고도화

화력·기동력 등 전통적인 하드 킬(hard kill)보다 정보력 등 소프트 킬(soft kill)의 위력이 더욱 중시되는 전쟁 시대가 도래했다. 우세한 정보력을 확보하는 나라가 21세기에 세계적 맹주로 부상하는 가운데, 정보·전자전 체계에 기반을 둔 지휘통제전과 전자전 및 사이버전이 고도의 위력을 발휘하게 된다. '컴퓨터 특공대(Computer Commando)'가 각종의 정보·전자 무기를 통해 총 한 발 쏘지 않고 상대의 전쟁 수행 능력을 무력화시킬 수 있다. 컴퓨터의 소프트웨어를 통해 상대방의 송전 시설을 무력화시키고 재정·경제 시스템과 통신 체계 및 운송 체계를 전자적으로 교란·방해하는 등 상대의 전쟁 수행 체계를 일거에 순간적으로 마비시키는 것이 가능하다.

소프트 킬 전력의 위력은 이미 걸프전에서 입증됐다. 미국 주도의 다국적군은 첨단 센서·지휘통제 체계와 지능화 무기체계를 사용해 눈·귀·두뇌 기능이 매우 열악한 플랫폼 위주의 이라크군을 무력화시켰다. 폭약 대신 전자장 무기를 장착한 토마호크 미사일을 발사해 이라크의 통신 및 레이더 체계를 공격했다. 전자파 폭탄을 사용해 이라크의 발전 시설은 파괴하지 않고 송전 시설만을 무력화시켰다. 전자장 무기는 많은 양의 에너지를 방출하는 무기로서 컴퓨터 네트워크, 전화, 자동차 엔진의 작동을 정지시킬 수 있다. 미국 국방부 장관을 역임한 윌리엄 페리(William J. Perry)는 소프트 킬 전력의 위력까지 고려해 다국적군 대 이라크군의 전력 격차를 1,000 대 1로 평가한 바 있다.

정보화 시대의 도래와 함께 국가사회의 모든 조직·기능·체계들이 첨단 정보 시스템에 크게 의존하고 있어서 정보 보호·마비가 국가안보의 새로운 쟁점이 됐다. 재정·산업·수송·통신·발전소·군대 등 국가사회의 모든 하위 시스템은 유기적으로 연결돼 있어서 정보 시스템이 원활하게 작동돼야만 제 기능을 발휘할 수 있다. 전기 시설이 마비되면 수송 체계에 이상이 생기고 식료품의 유통 체계가 붕괴할 뿐만 아니라 금융 시스템과 기업 활동이 중단돼 결국은 도시 전체가 공황에 빠진다.

특히, 상대방의 정보통신 시스템을 파괴·마비시키면 재정·상업·수송·발전소·군대 등이 차례로 붕괴해 국가 시스템의 모든 기능이 정지되고 사회는 상상할 수 없는 대혼란에 빠지게 된다. 이러한 시스템을 공격하는 데 포탄과 미사일 같은 하드 킬 수단이 필요한 것은 아니다. 고도로 정보화된 국가는 제3의 국가나 단체가 비대칭적 방법과 수단으로 사이버 공간을 공격해 오면 순식간에 마비될 수 있다는 치명적인 취약점을 안고 있다. 전략적 차원의 정보전(Strategic Information Warfare)이 엄청난 위력을 발휘할 수 있다.

정보화 사회의 고도화에 따라 세계 각 국가는 사이버 공간을 둘러싼 전쟁이 치열하게 전개될 가능성에 대비해 전략적 차원에서 정보전 방책을 다각적으로 발전시키고 있다. 사이버 전략·전술에는 상대방의 홈페이지에 침투해 전자 공황 상태를 발생시키는 것, 상대방의 전자·정보 시스템을 파괴 및 마비시키는 것, 상대방의 인터넷 정보를 교란·탈취하는 것 등이 포함된다. 미국은 사이버 정예 용사를 채용해 적이 정보 공격을 감행해 올 때 즉각 반격할 수 있는 태세를 강화하고 있다. 다른 국가들의 정보 네트워크를 자유자재로 침투할 수 있는 통로를 마련하고, 그 침투로 상에는 '부비트랩'을 설치해 적이 사이버 공격을 시도하면 자동으로 폭발돼 적국의 시스템을 마비시킬 수 있도록 한다는 것이다.

중국도 '급소 마비 전략'으로 미국의 아킬레스건을 공격할 수 있는 독침을 발전시키고 있다. 1997년 약 100명 수준의 정예 인력으로 구성된 해커부대를 창설했고, 1999년 10월에는 북경 군구가 역대 최대의 인터넷 공간 전쟁 훈련을 시행한 것으로 알려져 있다. 광주 군구는 1999년 10월 무한대학(武漢大學)과 고급 군 간부 배양 계획을 체결, 우수한 대학생에게 매년 5,000위안화를 지원하고 졸업 후 인터넷 전쟁의 주력으로 활용하는 프로젝트를 발전시킨 것으로 알려져 있다. 일본은 2001년부터 2005년까지 추진된 중기방위력 정비계획에 따라 사이버전 연구에 착수했고, 사이버 테러에 대처하기 위해 사이버 부대를 창설한 것으로 파악된다.[33]

---

33) 김진우·윤진석, "사이버전의 위협과 한계," 한국국방연구원, 『주간국방논단』, 2000. 4. 3, p. 2.

정보화 시대의 전쟁에서는 상대방의 정보통신 체계를 마비시키는 전자·정보 무기뿐만 아니라 대량 살상·파괴 없이도 상대방을 무력화시키는 다양한 방책과 수단들이 속속 발전된다. 미래의 무기로서 인간의 활동을 일시적으로 마비시키는 최면제, 인간의 방향 감각 상실과 구토 및 복통을 일으키는 초저주파 음파 발생 장치, 미사일 내부 기폭장치 안에 있는 고감도 전자부품을 녹이는 극초단파, 컴퓨터·전자통신·레이더·감지장치·전기차폐장치의 작동을 마비시키는 전자기펄스 등이 널리 활용될 수 있다. 유전자 조작에 의한 사이버 전사가 출현하고 적의 미사일 탄두를 불발탄으로 만드는 기술이 개발될 수도 있다.

6. 전투 의사결정의 가속화

정보통신 기술의 혁신적인 발전과 함께 전장에서 시간의 개념이 획기적으로 단축되는 추세이다. 제2차 세계대전 당시 며칠이 소요되던 전투 준비가 몇 시간 걸리고, 몇 시간 걸리던 전투 준비는 몇 분으로, 몇 분 걸리던 전투 준비는 몇 초로 단축된다. 자동화 지휘통제 네트워크 시스템으로 감시·정찰 체계와 타격 체계를 연결(Sensor to Shooter)할 수 있어서 표적의 위치 파악으로부터 추적·식별·타격에 이르는 모든 전투 수행 과정이 고속으로 진행된다. 미리 설치된 소프트웨어를 통해 전투를 전개할 것인지, 전투할 때 사용할 무기체계는 무엇인지, 다시 전투를 전개할 것인지 등의 여부가 아주 신속하게 결정되기 때문에 인간에 의한 의사결정은 사라지게 된다.

존 보이드(John Boyd)는 전장에서의 의사결정 및 시간 개념을 관찰(observe)—상황판단(orient)—의사결정(decision)—행동(action)으로 이어지는 OODA 모델로 설명한다. 전쟁에서 스마트하게 승리하기 위해서는 정보 수집 체계를 통해 상황을 신속하게 관찰해 문제의 본질을 파악하고, 정보 처리 체계를 통해 무엇을 어떻게 할 것인지 대응 방안을 결정하며, 정보 분배 체계를 통해 의도하는 바를 휘하의 부대와 장병들에게 적시에 전달한 후, 가용 자원을 활용해 상대방보다 빠르고 동시적으로 행동을 취할 수 있어야 한다는 것이다.[34] 산업 시대의 전쟁에서 병력의 집중이 가장 중요했다면, 정보화 시대의 전쟁에서는 시간을 효율적으로 사용하는 것이 핵심 관건이다. 전투 의사결정의 시간을 단축하는 것이 전승의 요체이다.

보이드는 모든 합리적 인간은 O−O−D−A를 주기적으로 반복한다고 전제하고, 그 주기를 빠르고 정확하게 지속해서 먼저 완료하는 측이 전쟁에서 승리한다는 논리를 전개한다. 우리 측은 마찰을 유발할 가능성이 있는 요소를 최소화할 필요가 있다는 클라우제비츠의 논리와 상대방의 마찰 요소를 교묘하게 활용하면 전쟁을 유리한 방향으로 유도해 나갈 수 있다는 손자의 논리에 기초해 전장의 불확실성에 적응할 뿐만 아니라 전장 환경을 유리하게 조성해 나가야 전쟁에서 승리할 수 있다는 것이다.

우리 측은 주도권의 장악과 다양한 군사 방책의 동시·통합적 운용을 통해 마찰 요소를 최소화함으로써 O−O−D−A주기를 신속하고 탄력적으로 돌려야 한다. 전투 의사결정과 행동에 걸리는 시간을 획기적으로 단축할 때 상대방의 전쟁 의지가 무기력에 빠진다. 상대방에 대해서는 마찰 요소를 극대화해 O−O−D−A의 순환을 방해할 수 있는 군사 방책을 마련해야 한다. 마찰의 정도가 증가하면 전투 의사결정 및 행동에 걸리는 시간이 크게 지연돼 혼란과 무질서 및 공포에 빠지게 되고, 결국은 물리적 능력과 전쟁 의지가 무

34) Gregory M. Schechtman, Captain, USAF, *Manipulating the OODA Loop: The Overlooked Role of Information Resource Management in Information Warfare*, Thesis Presented to the Faculty of the Graduate School of Logistics and Acquisition Management of the Air Force Institute of Technology, Air University, December 1996, pp. 32−40.

기력하게 된다.

미국 육군참모총장을 역임한 설리반(Gordon R. Sullivan) 대장은 보이드의 OODA 모델을 적용해 전장에서의 시간 단축 추세를 설명한 바 있다. [표 2-1]에서 보듯이, 나폴레옹전쟁 당시 한 계절이 소요되었던 전투 준비 기간이 1991년도의 걸프전에서는 하루로 단축되었고, 미래의 전쟁에서는 적대 행위가 시작된 지 불과 몇 시간 이내에 전투 준비가 완료될 수 있다는 것이다.[35]

전장 운영에서 시간과 속도의 중요성은 '정보-의사결정-행동' 모델로 설명되기도 한다.[36] 보이드의 모델에서 '관찰'과 '상황판단'을 '정보'로 대체한 것이다. 정보가 관찰과 상황판단의 핵심이 된다는 의미이다. 정보-의사결정-행동으로 연결되는 일련의 주기를 신속하게 순환시켜 특정 목표를 달성하는 데 걸리는 시간을 단축하는 것이 전쟁의 승패를 좌우한다는 전제에 기초하고 있다.

[표 2-1] 전장에서의 시간 단축 추세

구 분	나폴레옹 전쟁	남북전쟁	제2차 세계대전	걸프전	미래 전쟁
관 찰	망원경	전보	라디오/무선	거의 실시간	실시간
상황판단	몇 주	며칠	수 시간	몇 분	지속적
의사결정	몇 달	몇 주	며칠	몇 시간	즉시
행 동	한 계절	한 달	일주일	하루	한 시간 내

35) General Gordon R. Sullivan and Colonel James M. Dubik, "War in the Information Age," *Military Review*, April 1994, p. 47.

36) Ajay Singh, "The Revolution in Military Affairs: 4-Dimensional Warfare, *Strategic Analysis*," Vol. XXII, No. 2, May 1998, pp. 172-173.

정보 시스템이 혁신적으로 발전되고 무기체계의 기동성 및 정밀도가 획기적으로 향상됨에 따라 전장의 운영에서 시간은 더욱 압축될 수 있다. 정찰·감시·표적획득(Reconnaissance, Surveillance and Target Acquisition: RSTA)을 위한 센서 체계의 발전은 전장 정보의 수집·처리·분배에 걸리는 시간을 단축하게 할 뿐만 아니라 정확한 상황판단과 신속한 전투 의사결정 및 작전 임무 할당을 보장한다. 무기체계의 기동성 향상은 공격 도달 거리를 대폭 확장함으로써 운반시간의 압축을 가져온다. 타격 수단의 정밀도 향상은 목표물을 파괴하기 위한 공격의 횟수를 감소시킴으로써 단시간 내에 스마트하게 전투를 종료할 수 있도록 한다. 오늘날의 전쟁에서는 먼저 표적을 멀리서 발견하고 장사정 정밀 무기를 발사·명중시킨 후 전투 결과를 평가해 임무를 다시 부여하는 순환 주기를 신속하게 돌릴 수 있어야 최소의 희생 및 파괴로 더욱 스마트하게 승리를 성취할 수 있다.

7. 전쟁 원칙의 변화

과거로부터 군사 이론가들은 복잡한 전쟁 양상을 논리적이고 체계적으로 이해하기 위해 다각적으로 노력해 왔다. 그 대표적 산출물로서 전쟁의 경험과 교훈을 간명한 격언으로 집약시킨 전쟁 원칙이 태어났다. 전쟁 원칙은 전쟁 수행의 기본 원리로서 국가별 또는 육·해·공군별로 다소의 차이는 있지만, 그 근본적 내용은 대체로 유사하며 시대적 변화로부터 비교적 영향을 받지 않았다. 미국 육군은 일찍이 ① 목표(Objective), ② 공세(Offensive), ③ 집중(Mass), ④ 병력절약(Economy of Force), ⑤ 기동(Maneuver), ⑥ 지휘통일(Unity of Command), ⑦ 보안(Security), ⑧ 기습(Surprise), ⑨ 간명성(Simplicity) 등 9가지의 전쟁 원칙을 정립·교리화해 전략적·작전적·전술적 수준의 전투를 수행하면서 최고의 준칙으로 적용해 왔으며,[37] 합동 교

리와 해·공군 교리에서도 전투 수행의 근본 원리로 삼고 있다.[38)]

정보화 시대의 새로운 전쟁 패러다임이 발전함에 따라 전쟁 원칙도 적용 가능성과 적실성을 재검토할 필요가 있다는 지적이 제기됐다. 19~20세기 산업 시대의 전쟁 경험에 기반을 두고 있는 전쟁 원칙은 정보화 시대의 전쟁에서 적용되기 어려운 측면이 있다.[39)] 아직은 기존의 전쟁 원칙이 여전히 유용하다는 논리가 지배적이지만, 그 중점과 차원을 작전·전술적 관점에서 전략적 관점으로 전환해야 한다는 주장이 설득력을 얻는다. 미국 육군의 전쟁 원칙을 정보화 시대의 전쟁 수행 개념 및 양상에 비추어 재조명해 볼 경우, 9개 원칙 중 5개 원칙은 전략적 차원에서 포괄적으로 다시 정립될 필요가 있다는 주장이 있다. 집중보다는 초점(Focus), 병력절약보다는 노력 절약(Economy of Effort), 기동보다는 조화(Orchestration), 지휘통일보다는 노력 통일(Unity of Command), 간명성보다는 명료성(Clarity)이 더욱 적실하고 타당한 의미를 갖게 된다는 것이다.[40)]

전쟁 양상의 변화와 함께 가장 많은 논란이 제기되는 고전적 전쟁 원칙은 '집중'이다. 과거에는 집중의 원칙 아래에서 대규모의 군사력(mass forces)을 축차 연속적 작전(sequential operation) 개념으로 운용했다. 군사력의 집중은 시대적 상황 변화와 관계없이 전 세계

---

37) Walter P. Franz and Harry G. Summers, "Principles of War: An American Genesis," An Occasional Paper from the Strategic Studies Institute, US Army War College, February 20, 1981, p. 3.

38) Joint Pub 3-0, *Doctrine for Joint Operations*(Washington, DC: U. S. Government Printing Office, September 1993), p. A-1.

39) Barry R. Schneider, "Principles of War for the Battlefield of the Future," Barry R. Schneider & Lawrence E. Grinter, eds. *Battlefield of the Future: 21st Century Warfare Issues*, Air War College Studies in National Security, No. 3, 1995.

40) William T. Johnsen and Others, *The Principles of War in the 21st Century: Strategic Considerations*, Strategic Studies Institute, US Army War College, August 1, 1995, pp. 8-19.

군사전략가와 전투원들이 신봉한 근본 원칙이었다. 이제는 그렇지 않다. 광역 전장 감시·정찰 능력이 고도로 발전되고 타격 수단의 정밀도와 치사도 및 사거리가 획기적으로 향상됨에 따라 군사력의 대량 집중은 오히려 전투 효율성을 저하하는 결과를 초래할 수 있다. 비교적 소규모의 정밀 타격으로도 공격의 효과를 충분히 거둘 수 있게 됐다. 대규모의 병력과 부대를 집중시키면 상대측에게 아주 좋은 표적이 될 수 있어서 전투 피해를 감소시키기 위해서도 군사력의 분산 배치가 불가피하다.

[표 2-2]에서 보듯이, 역대 전쟁에서 단위 면적당 병력 밀도가 대폭 감소해 왔다. 군사력이 분산적으로 운용된 것이다. 걸프전에서는 전장 공간 1㎢당 병력 수가 2.34명이었던 것으로 알려져 있다. 나폴레옹전쟁 당시 4,790명, 제1차 세계대전 당시 404명, 제2차 세계대전 당시 36명, 제4차 중동 전쟁(10월 전쟁) 당시 25명보다 비교가 안 될 정도로 감소한 수준이다.[41] 디지털 전장이 완전하게 실현되면 병력의 분산은 더욱 심화할 것이다.

[표 2-2] 병력 분산도의 변화

구 분	고 대	나폴레옹 전쟁	남북전쟁	제1차 세계대전	제2차 세계대전	4차 중동전	걸프전
병력/㎢(명)	100,000	4,790	3,883	404	36	25	2.34

하나의 중요한 의문이 제기될 수 있다. 적의 공격 피해를 감소시킨다는 측면에서는 분산해야 하나 적을 파괴한다는 측면에서는 집중해야 하는 모순이 있다. 그렇다면 군사력을 분산 배치된 위치에서 어떻게 집중시킬 것인가? 산업 시대의 전쟁에서는 각종 화기의

41) 권태영·정춘일, 『선진국방의 지평: 21세기 국방 발전의 비전과 방향』(서울: 을지서적, 1998), pp. 252-253.

사거리가 짧았기 때문에 기동으로 집중의 문제를 해결했다. 정보화 시대의 전쟁에서는 광역 전장 감시·정찰 체계와 장거리 정밀 타격 수단의 발전으로 인해 우리 측의 병력·부대가 소규모 단위로 안전한 후방 지역에 넓게 분산 배치돼 있어도 적의 표적에 모든 전투력을 순간 동시적으로 신속하게 집중시킬 수 있게 됐다. '병력·부대 집중'의 원칙은 '타격 효과 집중'의 원칙으로 대체될 수 있다. 집중의 목적도 적의 영토 점령이나 부대 격멸에서 정보 체계 및 지휘체계의 마비로 전환된다. 전쟁 초기에 적의 군대 자체를 공격하는 것보다 정보 체계를 방해·교란·파괴하는 것이 훨씬 더 효과적이고 중요하다. 적의 정보 체계와 지휘·의사결정 체계를 무력화시키면 모든 작전 체계도 기능 발휘가 불가능하다. 적의 몸체를 마비시키는 전략적 목표를 달성할 수 있는 것이다.

기존의 전쟁 원칙은 새로운 관점에서 재조명·보완·수정될 필요가 있다. 이미 여러 가지 후보 원칙들이 등장하고 있다. 정보 지배(Information Dominance), 동시 종심 공격(Simultaneity & Depth of Attack), 정밀 타격(Precision Targeting), 병렬 전투(Parallel Combat), 조화·협조(Orchestration), 동기화(Synchronization) 등이다. 최근 중국 내 군사 전문가들의 연구에서는 장거리 전투, 원격 전투, 컴퓨터 전투, 마비 전투 등의 새로운 전투 수행 개념이 제시된 것으로 알려져 있다.[42]

---

42) Michael Pillsbury, ed., *Chinese Views of Future Warfare*(Washington, DC: National Defense University Press, March 1997), pp. 393－396.

참고문헌

1. 국문 자료

권태영. "한국의 군사혁신 개념과 접근 전략." 『국방연구』, 제42권 제1호. 1999.6.

---. "신세기 정보사회의 새로운 군사 패러다임". 『국방정책연구』, 제47호(1999, 겨울), 한국국방연구원.

권태영 외 다수. 『21세기 군사혁신과 한국의 국방 비전: 전쟁 패러다임의 변화와 군사 발전』. 한국국방연구원, 1998.8.

권태영·정춘일. 『선진국방의 지평』. 서울: 을지서적, 1998.

김진우·윤진석. "사이버전의 위협과 한계". 한국국방연구원, 『주간국방논단』, 2000. 4. 3.

정춘일. "선진국의 군사혁신과 한국의 군사전략 발전 방향". 한국국제정치학회 발표 논문(미 발간 논문), 1999. 9. 17.

2. 영문 자료

Allard, Kenneth. "Information Warfare and the Challenge to Corporate Culture". Presentation to the Annual Convention of the Electronic Industries Association, Phoenix AZ, October 11, 1995.

Albert, David S. and Others. *Network Centric Warfare: Developing and Leveraging Information Superiority*. Washington, DC: DoD C4ISR Cooperative Research Program, August 1999.

Bartlett, Henry C. and Others. "Force Planning, Military Revolutions and the Tyranny of Technology", *Strategic Review*, Vol. XXIV, 1996.

Clausewitz, Carl Von. edited and translated by Peter Paret and Michael Howard. *On War*. New Jersey: Princeton University Press, 1976.

Doctrine for Joint Operations. Joint Pub 3−0, U.S. Government Printing Office, September 1993.

Fogleman, Ronald R. "Information Operations: The Fifth Dimension of Warfare". in remarks to the Armed Forces Communication−Electronics Association, Washington, DC, April 25, 1995.

Franz, Walter P. and Harry G. Summers. "Principles of War: An American Genesis", An Occasional Paper from the Strategic Studies Institute, US Army War College, February 20, 1981.

Jablonsky, David. "US Military Doctrine and the Revolution in Military Affairs", *Parameters*, Vol. XXIV, Autumn 1994.

Johnsen, William T. and Others, *The Principles of War in the 21st Century: Strategic Considerations*, Strategic Studies Institute, US Army War College, August 1, 1995.

Hallion, Richard P. *Storm Over Iraq: Air Power and the Gulf War.* Smithsonian Institute Press, 1992.

MacGregor, Douglas A. "Future Battle: The Merging Levels of War". *Parameter*, Vol. 22, Winter 1992−93.

Mann, Edward. "One Target, One Bomb: Is the Principle of Mass Dead?". Military Review, September 1993.

Owens, William A. "The Emerging System of Systems". *US Naval Institute Proceedings*. May 1995.

Pillsbury, Michael. *Chinese Views of Future Warfare*. Washington, DC: National Defense University Press, 1997.

Roos, John G. "InfoTec InfoPower", *Armed Forces Journal International*, June 1994.

Schechtman, Gregory M. *Manipulating the OODA Loop: The Overlooked Role of Information Resource Management in Information Warfare.* Thesis Presented to the Faculty of the Graduate School of Logistics and Acquisition Management of the Air Force Institute of Technology, Air University, December 1996.

Schneider, Barry R. "Principles of War for the Battlefield of the

Future", Barry R. Schneider & Lawrence E. Grinter, eds. *Battlefield of the Future: 21st Century Warfare Issues*, Air War College Studies in National Security, No. 3, 1995.

Singh, Ajay. "The Revolution in Military Affairs: 4-Dimensional Warfare". *Strategic Analysis*, Vol. XXII, No. 2, May 1998.

Sullivan, Gordon R. and James M. Dubik. "War in the Information Age". *Military Review*. April 1994.

Warden, John A. "The Enemy as a System". *Air Power Journal*, No. 1. Spring 1995.

제 3 장

미국의 IT 기반 군사혁신 사례와 시사점

제 1 절 정보화 기반 군사혁신의 요체

미국은 1990년대 초 구소련의 붕괴에 따른 냉전 종식과 함께 세계 유일 초강대국으로 부상하면서 새로운 전략 환경에 적합한 군사력 구조를 발전시키기 시작했다. 21세기에도 미국의 세계적 패권을 지속해서 유지하기 위한 군사적 토대를 구축하는 데 목표를 뒀다. 세계 최선두에서 첨단 정보 기술을 군대에 적용해 전쟁 수행 개념과 방식을 근본적으로 바꾸는 군사혁신을 추구했다. 1991년의 걸프전에서 감시정찰 체계와 정밀 유도무기를 정보통신 체계로 연결·통합해 운용하는 네트워크중심전으로 대승을 거둠으로써 군사혁신을 통한 군사력 재구축에 가속도가 붙었다.

정보화 기반 군사혁신의 요체는 실시간으로 정보를 수집·분석·전달·공유함으로써 빠르고 정확한 의사결정을 지원하는 C4ISR 시스템을 구축하는 것이다. 이는 군사작전을 지휘 통제하기 위한 핵심적 체계로서 지휘·통제·통신·컴퓨터 영문자(Command, Control, Communications, Computers)의 4개 머리글자 C와 정보(Intelligence)·감시(Surveillance)·

정찰(Reconnaissance) 영문자의 머리글자를 따서 만든 복합 용어이다. 지휘 체계는 전략적 결정을 내린다. 통제 체계는 부대와 전투 자산을 효율적으로 관리한다. 통신 체계는 실시간으로 정보를 공유하고 명령을 전달한다. 컴퓨터 시스템은 데이터를 처리하고 정보를 분석한다. 정보 체계는 적의 의도·능력·위치에 대한 정보를 수집한다. 감시 체계는 적의 동태와 작전 환경을 지속해서 관찰한다. 정찰 체계는 특정 지역이나 목표에 대한 정보를 획득한다.

요컨대, C4ISR 시스템은 정보화 기반 군사혁신이 추구하는 시스템 복합체계(System of Systems)의 핵심이다. 크게 세 가지 기능을 수행한다. 첫째는 실시간 상황 인식이다. 전장 상황의 정확한 파악으로 신속한 대응을 보장한다. 둘째는 의사결정 지원이다. 명확한 정보를 제공함으로써 최적의 결정을 내릴 수 있도록 지원한다. 셋째는 전투 자산의 통합 운영이다. 전장의 다양한 전투 시스템과 플랫폼 간 정보 및 자원을 공유함으로써 전투력의 통합적 운용과 승수효과 최대화를 보장한다.

미국은 신개념 정밀 타격 무기체계를 개발해 C4ISR 시스템과 결합한 시스템 복합체계로 운용함으로써 걸프전에서 스마트한 전투를 수행했다. 레이저 및 GPS 유도 폭탄과 같은 정밀 유도무기가 위력을 발휘했다. 공격 목표를 구체화하는 능력도 획기적으로 향상됐다. F-117 스텔스 공격기가 세계 최초로 실전 운용됐고, B-2 스텔스 다목적 전략 폭격기도 개발됐다. 무인 항공기(UAV)가 본격적으로 운용돼 군사력의 핵심 요소로 자리를 잡기 시작했다.

새로운 전력 체계의 개발과 전장 운영 개념의 발전에 맞춰 군 조직의 혁신도 모색됐다. 해군의 경우 개별 함정 중심의 독자적 작전을 지양하고 신속하고 유연한 네트워크 중심 작전을 수행하는 방안을 발전시키기 시작했다. 국방 전체 차원에서 합동성이 강화됐다. 합동작전을 통해 각 군의 전투력을 승수효과 최대화 개념으로 활용할 수 있는 군구조 모델이 제시됐다. 육군·해군·공군·해병대 등 각 군 간 유기적 협력의 강화로 통합적이고 효율적인 군사작전을 수행할 수 있도록 군구조를 혁신적으로 개편하는 조치들이 강구됐다.

제2절 육군의 군사혁신 비전

구소련의 해체와 함께 1947년부터 1991년까지 40여 년 동안 지속된 이념적·군사적 대결이 종식됨에 따라 미국 육군은 전략 환경의 근원적 변화에 대비한 임무와 역할의 재정립과 군사력 구조의 전면적 재구축이 불가피했다. 대규모의 군사적 충돌을 수반하는 전면전 대신 국지전, 대테러전, 비대칭전 등에 대비하는 것이 중요해졌다. 냉전 시기의 대규모 군사력은 더 이상 유지될 필요가 없었다.

구소련의 붕괴로 대규모 지상군 위협이 소멸함에 따라 미국 육군은 새로운 임무를 수행할 수 있는 혁신적 군사력 구조를 탐색하기 시작했다. 1991년의 걸프전은 미국 육군에 새로운 군사 체제를 창조할 기회의 창을 열어 줬다. 첨단 정보 기술을 활용하는 디지털 군대의 가능성을 발견한 것이다. 첨단 정보 기술을 활용하는 스마트한 미군이 산업 시대에 머물러 있는 둔중한 이라크군을 상대로 깨끗하게 대승을 거둠으로써 군사혁신의 자신감을 느끼게 됐다.

미국 육군은 '지식 기반 미래 디지털 틀(knowledge-based future digital framework)'이라는 패러다임에 따라 군사혁신 비전을 설계했다. '21세기 육군(FORCE XXI)'과 '차차 세대 육군(Army After Next Project: AANP)'이 그것이다. 21세기 육군은 2010년 이전에 대적하게 될지도 모르는 위협에 능히 대응할 수 있는 미래 육군을 개발하는 데 중점을 뒀다. 차차 세대 육군은 2025년경 미국의 경쟁자로 등장할지도 모르는 새로운 차원의 위협에 대응하기 위한 미래 육군을 연구·발전시키는 데 목표를 뒀다. 정보화 시대의 첨단 기술을 활용해 무기 또는 장비, 작전 개념 및 전술, 조직 구조 및 편성, 교육 및 훈련 등을 혁신하는 데 주력했다.

육군 비전의 요체는 다섯 가지로 요약된다. 첫째는 정보화 전장의 구현이다. 디지털 기술을 활용해 전장의 정보 우위를 확보하는 것이다. 둘째는 네트워크 중심 전투 개념 및 방식의 도입이다. 네트워크를 통해 전투 부대 간 실시간으로 정보를 공유함으로써 작전의 효율성을 향상하는 것이다. 셋째는 모듈화된 부대 구조의 발전이다. 부대 편성을 모듈화해 유연성과 기동성을 강화하는 것이다. 넷째는 첨단 기술의 도입이다. 무인 항공기, 센서 시스템, C4ISR 기술을 적극적으로 도입하는 것이다. 다섯째는 전투 실험 및 피드백이다. 국가훈련센터(National Training Center: NTC)와 같은 훈련 환경에서 새로운 개념과 시스템을 실험하고 결과를 환류시키는 것이다.

이런 방향에 따라 디지털화 부대(Digitized Units)가 편성됐다. 육군 제4보병사단을 21세기 육군 개념을 적용한 디지털화 부대로 선정해 실험을 진행했다. [그림 3-1]에서 보는 바와 같은 첨단 통신 시스템을 구축했다. 예를 들어, 전장에서 아군과 적군을 실시간으로 추적하기 위한 통신 플랫폼으로서 여단급 이하 전투 지휘(Battle Command Brigade and Below: FBCB2) 시스템을 개발·시험했다. 차량 위치 정보를 거의 실시간으로 수집해 전장 상황 인식 능력을 획기적으로 강화하는 것이 목표이다. 차량 정보는 그래픽으로 표시되며, 구두 보고를 수집하는 대신 텍스트 메시지 형식으로 교환된다. 첨단 위치 정보 보고 시스템(Enhanced Position Location Reporting System: EPLRS)과 아군 위치 추적 장치(Blue Force Tracking: BFT)라는 전술 시스템 등 새로운 위성 기반 통신 시스템을 통해 병력 및 전투 자산의 위치를 실시간으로 추적하고 정보를 공유한다.

[그림 3-1] 미국 21세기 육군의 FBCB2 시스템

육군의 군사혁신 비전들은 '디지털 전장' 개념의 구현에 핵심을 뒀다. 전투에 참여하는 모든 전투원이 전장 상황에 대한 지식과 정보를 공유한 상태에서 상호 유기적으로 연결·결합해 전쟁을 수행하는 개념과 방책을 개발하는 것이다. 전투원들이 모든 전장 정보를 공유한 상태에서 첨단 C4I 체계로 전차와 헬기 및 야포 등 가용한 제반 플랫폼을 상호 연결해 전투를 수행할 수 있도록 하는 구상이다. 디지털화 지상 전투원(Digitalized Land Warrior)은 GPS 수신기와 야간 센서 장비를 부착하고, 헬멧 앞쪽의 조그마한 스크린을 통해 모든 정보를 파악하게 되며, 거미줄처럼 구축된 통신망을 통해 후방에 있는 모든 화력 수단을 요청할 수 있다. 전투원들은 열상 탐지경이 부착된 레이저 조준 소총으로 무장하고 적을 발견하는 순간 즉각적으로 정확하게 사격할 수 있다.[43]

디지털 전장 개념의 구현을 위해 혁신적 아이디어들이 개발됐다. 첫째는 신 전격전 부대 편성이다. 코만치 헬기, 무인비행기(UAV), 전술 미사일 타격체계를 상호 연결·결합해 종심 깊은 정찰과 종심 깊은 타격으로 적을 마비시키는 전투 부대를 발전시킨다는

43) Pat Cooper, "Digital Battlefield Rewrites Military Tactics," *Defense News*, June 24–30, 1996, p. 12.

구상이다.

둘째는 분산기지(split-basing) 전투 방법의 개발이다. 전장에 전투 부대를 소규모 팀 단위로 분산 투입하고, 전개된 각 전투팀이 전초기지가 돼 첨단 정보 지원으로 작전 지역 상황을 신속하게 수집·전파하며, 후방에 있는 각종 장거리 정밀 화력 수단을 유도해 표적을 무력화시키는 전투 방법이다.

셋째는 분산 대화형 모의(Distributed Interactive Simulation: DIS) 훈련 방법의 활용이다. 실전 상황과 거의 차이가 없게 묘사된 작전 환경 속에 피·아 전투 부대를 가상적으로 전개하고, 광범위한 지역에 분산된 모든 전투 참여자가 적군과 우군에 대한 제반 정보를 공유·교환하면서 전투를 수행하는 실제와 가까운 모의 훈련 방법이다. 실제의 무기나 장비를 대신할 수 있는 다양한 모의 장치가 이용된다.

미국 육군의 군사혁신 비전은 세 축선으로 추진됐다. 첫째는 육군 교육사령관이 이끄는 '전장 개발축(Joint Venture-Axis)'이다. 작전 부대들을 전면적으로 다시 설계하는 기능을 담당했다. 육군의 모든 전투 및 지원 수단들을 합동 개념에서 결합하는 새로운 전장 운용 개념을 개발했다.

둘째는 육군 참모차장이 이끄는 '제도 발전축(Institutional Army-Axis)'이다. 각종 지원 구조와 제도를 재창출하는 기능을 담당했다. 디지털 전장을 효과적으로 지원하기 위해 비야전 후방 기관들의 기능을 다시 설계했다.

셋째는 '디지털화축(ADO-AXIS)이다. 급속히 발전되고 있는 정보화 기술을 개발·획득해 전장 개발축과 제도 발전축에 결합하는 기능을 담당했다.

'디지털조정실(Army Digitization Office: ADO)'이 정보 기술의 활용 방안을 총체적으로 모색하고 조정시키는 임무를 수행했다. 세 축선의 노력은 '총괄조정단(Umbrella Group Tasks)'에 의해 통합적으로 조정·협조됐다.[44)]

육군은 새롭게 개발한 디지털 전장 개념 및 방책을 실험·검증하기 위해 다각적으로 노력했다. 루이지애나 기동 임무 부대(Louisiana Maneuver Task Forces)가 설치됐고, 실험부대(Experimental Force: EXFOR)가 지정됐다. 전투실험소(Battle Labs)가 가동되고, 전투실험(Battle Lab Warfighting Experiment)이 활발하게 실시됐다.

미국 육군은 2000년대 초반 21세기 전장 환경에 적합한 첨단 무기체계와 네트워크 중심 전투 개념을 실현한다는 목표로 미래전투체계(Future Combat Systems: FCS) 프로그램을 개발하기 시작했다. 육군의 기동성, 생존성, 정보력을 강화하기 위해 네트워크 시스템, 차세대 전투 플랫폼, 개인 전투체계를 모듈형으로 구성하는 계획을 본격적으로 추진했다.

1999년 당시 에릭 신세키(Eric Ken Shinseki) 육군참모총장은 미국육군협회(AUSA) 연설에서 육군변혁(Army Transformation)의 목표를 다음과 같이 천명했다. "우리는 전선 지역에 고정 기지가 없어도 연합작전을 수행할 수 있는 전투력의 조기 투입으로 적을 괴멸시킬 수 있는 새로운 전력이 필요하다. 오늘날 우리의 중무장 전력은 너무 무겁고, 경무장 전력은 지탱할 힘이 부족하다. 우리는 이러한 불균형 구조에 관심을 가져야 한다. 향후 미래전투체계를 갖추면 여단 규모의 전투 부대를 세계 어느 곳이든 96시간 이내에 신속히 배치하고, 사단 규모는 120시간 내 배치하며, 5개 사단도 30일 이내 배치할 수 있게 될 것이다"라고 공표했다.

---

44) Theoder W. Galdi, *Revolution in Military Affairs?: Competing Concepts, Organizational Responses, Outstanding Issues*, CRS Report for Congress, Washington, D. C., December 11, 1995, p. 19의 본문 및 각주 23; LTC Arnwine, "FORCE XXI－America's 21st Century Army Force," CAA Briefing 자료, 1996. 6.

미래전투체계는 원정형 지상 전력 체계이다. 1개 여단 규모의 병력과 장비를 수송기로 원거리의 작전 지역에 단시간 내 이동·배치할 수 있는 신속 전개 시스템이다. 전체 시스템 중 무인 시스템이 종류로는 약 60%, 수량으로는 약 25%를 차지하고 있다는 점에서 유무인 복합 전투 시스템이라고 할 수 있다. C4I 네트워크 기능, 전천후 정찰·감시·표적획득 기능, 정밀 직·간접 타격 기능 등의 복합으로 통합 시너지를 창출하는 네트워크 중심 전력 체계이다. 치사성과 생존성은 당시의 중무장 부대와 같은 수준이지만, 전개성은 수개월이 아닌 수일 이내이고, 지속성은 5일간 작전을 수행할 수 있다.[45]

미래전투체계는 [그림 3-2]에서 보듯이 유인 차량 그룹, 무인기 그룹, 무인 차량 그룹, 무인 체계 그룹으로 구성된다. 4개 그룹은 합동 전술 무선 시스템(Joint Tactical Radio System: JTRS)과 전술 전투원 정보 네트워크(Warfighter Information Network-Tactical: WIN-T) 등으로 연결돼 하나의 체계처럼 운용되는 시스템 복합체계이다.[46]

유인 차량 그룹은 감시정찰 차량, 지휘 통제 차량, 보병전투차량, 직사화기 차량, 곡사화기 차량, 박격포 차량, 구난 정비 차량, 의료 지원 및 후송 차량으로 구성된다. 구난 정비 차량과 의무 지원 차량이 포함돼 있다는 점에서 기존 체계와 차이가 있다.

무인기 그룹은 I·II·III·IV 등급으로 구성된다. I·II 등급은 소대 또는 중대급에서 사용될 감시정찰용 무인기로서 전투원이 도수로 운반할 수 있도록 25파운드 이하로 개발된다. III·IV 등급은 대대급 및 여단급에서 사용될 감시정찰용 무인기이다. 대대급 UAV는 중대급에서 사용되는 II 등급 무인기보다 항속 및 운용 시간이 길고 풍

45) 황치복·황정섭·안광수, "한국군 지상군 미래전투체계(FCS) 구상", 2007년 육군교육사령부 전투발전 용역 과제, pp. 119-137.

46) 권태영 외, 『신개념 무기체계 개념 발전을 고려한 부대 구조 설계 연구』, 2018 ADD 용역연구 결과보고서, 한국전략문제연구소, 2018. 5. 18, pp. 102-104.

속 20~30노트에서 병사 2명이 운용할 수 있다. 여단급 UAV는 대대급에서 사용되는 UAV보다 작전 지역이 넓고 운용 시간이 길며, 센서 체계의 종류도 다양하다.

무인 차량 그룹은 감시정찰과 장갑형 로봇 차량 그룹, 동굴과 빌딩이 밀집한 도시지역 등 전투원의 시야를 가리거나 위험한 지역에서 전투원과 같이 효율적으로 작전할 수 있는 병사용 감시정찰 로봇, 공격과 수송 및 지뢰 제거 등 다목적용으로 사용할 수 있는 다목적 로봇으로 구성된다.

무인 체계 그룹은 무인 지상 센서, 무인 지능 지뢰, 비가시선 발사체로 구성된다. 비가시선 발사체는 항공기나 유·무인 차량을 이용해 적지나 적을 공격하기에 쉬운 지역에 배치할 수 있도록 개발된다. 센서 체계로부터 수신된 공격 표적을 겨냥해 자동으로 발사할 수 있고, 필요할 경우 자폭할 수 있으며, 전투원이 원거리에서 발사할 수도 있다. 무인 지능 지뢰는 항공기나 로봇을 이용해 적의 침투로나 적의 잠복 가능 지역에 배치·운용한다. 원격으로 적을 공격할 수 있고, 필요할 경우 자동으로 적을 식별해 공격할 수도 있다. 무인 지능 지뢰는 작전 지속 일이 30일 정도이며 대체 전원을 사용하면 운용 시간을 50% 늘릴 수 있다.

미래 병사체계는 미래전투체계 프로그램에 포함된 사업은 아니지만 상호 밀접한 관계에 있으므로 포함됐다. 병사체계는 전투원에게 압도적인 작전 능력을 제공하기 위해 통신기와 소총 등 모든 체계를 하나의 체계로 통합해 운용한다. 전투원은 웨어러블 컴퓨터를 통해 자신들이 소지하고 있는 센서 체계와 무기 등을 외부 센서 및 지휘 통제 시스템과 연동해 실시간으로 화력을 집중 및 분산할 수 있다. 무인 전투차량이나 병사체계를 네트워크로 통합해 무장한 전투원과 협동작전을 수행할 수 있다.

미국 육군의 미래전투체계는 매우 야심에 찬 프로젝트였지만 예

[그림 3-2] 미국 육군 미래전투체계(FCS) 구성도

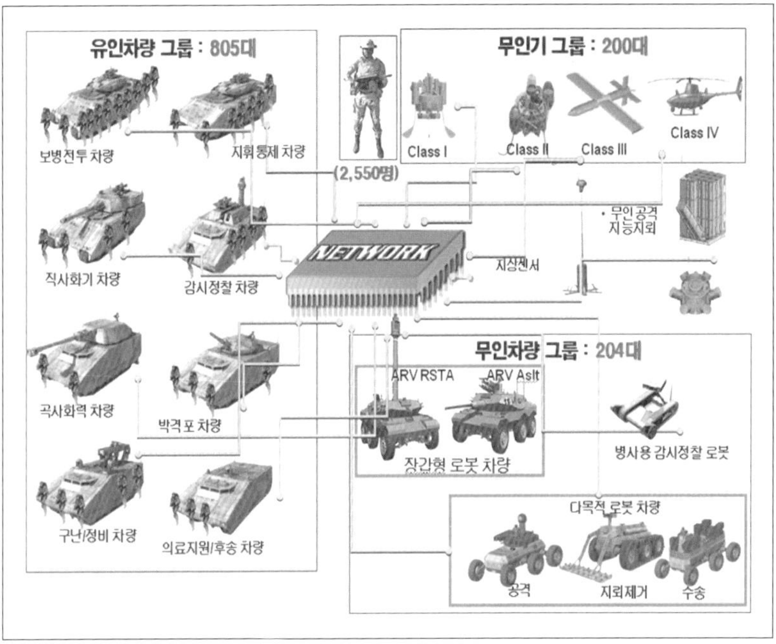

산 문제, 실제 전장과의 부합 문제, 기술적 한계 등으로 2009년 중단됐다. 개발 비용이 과다하고 기술적 난이도가 예상보다 높았다. 이라크와 아프가니스탄 전쟁의 교훈에서 경량화된 플랫폼의 생존성에 문제가 제기된 것도 사업 중단에 영향을 미쳤다. 일부 기술은 당시 실현 가능성이 부족한 것으로 지적됐다.

미래전투체계 프로젝트는 중단됐지만, 기술적 비전은 미국 육군의 현대화 구상에 큰 영향을 미친 것으로 평가되고 있다. 현재 육군 미래사령부(Army Futures Command)는 미래전투체계 개념을 기반으로 차세대 전투 차량 프로그램(Next Generation Combat Vehicle: NGCV), 장거리 정밀 타격 무기(Long Range Precision Fires), 통합 전술 네트워크를 개발하는 것으로 알려졌다. 미래전투체계가 과거의 실패를

바탕으로 현실적이고 진화된 형태로 발전하고 있다.

제3절 해군 및 해병의 군사혁신 비전

미국 해군은 1990년대 초반 냉전 종식 이후 본질적으로 변화된 안보 환경과 신기술 발전에 대비하기 위해 전략적·기술적·조직적 혁신을 추진하기 시작했다. 전략적 혁신으로서 냉전 시대 대양 전개 지향의 해군력 운용 개념을 전력 투사와 연안 작전 중시의 전략 개념으로 전환했다. 1992년 '바다로부터…: 21세기를 지향한 해군 준비(… From the Sea: Preparing the Naval Service for the 21st Century)'라는 비전을 내놓았다.[47] 1994년에는 종전의 비전을 보완해 '바다로부터… 앞으로(Forward … From the Sea)'라는 비전을 발표했다.[48] 연안 지역 작전과 분쟁 예방 및 위기 통제 등에 중점을 두었다. 지역 분쟁과 해상 및 지상 협동작전에서의 해군 역할을 강조했다. 합동성 강화 차원에서 육군·공군·해병대와의 협력을 위한 합동작전 교리도 발전시켰다.

새로운 첨단 기술을 군사적으로 활용하는 기술적 혁신을 추구했다. 정밀 유도무기 기술을 활용해 해군 함정이나 항공기에서의 정확한 타격 능력을 대폭 향상했다. 스텔스 기술을 함정 설계에 도입하기 시작했다. 대표적 사례로 줌왈트급 구축함의 설계에 적용됐다. 첨단 정보 기술을 활용하는 C4ISR 시스템의 발전으로 실시간 정보 공유와 통합적 지휘통제가 가능해짐에 따라 네트워크 중심 작전을 수행할 수 있게 됐다.

---

47) Department of the Navy, … *From the Sea Preparing the Naval Service for the 21st Century*, September 1992.

48) Department of the Navy, *Forward … From the Sea*, Oct 11, 1994.

신형 플랫폼도 개발됐다. 1991년부터 알레이버크(Arleigh Burke)급 구축함이 도입됐다. 스텔스 설계와 이지스 전투체계를 통합해 방공·대함·대잠수함 작전에 대응할 수 있는 다목적 능력을 갖췄다. 1990년대에 시울프(Seawolf)급 공격 잠수함이 배치됐다. 소음의 감소와 함께 작전 능력이 고도화됐다. 항공모함 전력의 현대화가 지속됐으며, 새로운 함재기인 F/A−18E/F 슈퍼호넷이 개발되기 시작했다. 연안 작전이 중시됨에 따라 소규모이면서도 다목적 작전에 적합한 연안 전투 함정(Littoral Combat Ship: LCS)의 설계가 본격적으로 논의됐다.

미사일 전력의 고도화와 신개념 무기의 개발이 추진됐다. 1990년대에 걸쳐 정밀 타격 작전의 핵심 역할을 담당해 온 무기인 토마호크 순항미사일(Tomahawk Land Attack Missile)의 정확성과 사거리가 더욱 개선됐다. SM−2 또는 SM−3 미사일은 함정 이지스 전투체계와 연동돼 방공 및 탄도미사일 방어 능력이 강화됐다. 고에너지 레이저 및 레일건 같은 차세대 무기 기술도 연구가 시작됐다.

네트워크중심전을 수행하기 위한 핵심적 요소로 협동적 교전 능력(Cooperative Engagement Capability: CEC)이라는 개념이 개발됐다. 함정과 항공기 등 모든 플랫폼 간에 센서 데이터를 공유함으로써 실시간으로 위협을 식별하고 대응할 수 있는 작전 방식이 모색됐다. 하나의 플랫폼이 탐지한 표적 정보를 미사일 등 다른 전투 플랫폼에 전달해 최초 탐지한 전투 플랫폼에서 직접 공격하지 않아도 협력을 제공하는 전투 플랫폼이 교전을 수행하는 것이다. 단일 함정의 한계를 초월해 함대 전체의 협력으로 방공 및 타격 능력을 극대화한다.

해상 통합 방어(Maritime Integrated Defense) 개념도 구상됐다. 해상에서 발생할 가능성이 있는 군사적 도발이나 테러 및 불법 행위 등 다양한 위협에 대응하기 위해 민간·군대·정부 기관 등이 협력하는 해상 방어 체계를 구축했다. 대규모 해군 간 충돌보다 비대칭 위협에 초점을 맞췄다. 연안 지역 작전이 중요해졌기 때문에 함대 방어에 더해 지역 안정화와 민간 선박 보호 임무도 중시됐다.

장기적 차원의 군사혁신 방책을 모색하기 위한 해군의 노력은 1990년대 중반 부르다(Admiral Jeremy M. Boorda) 참모총장에 의해 가속화되기 시작했다. 해군의 전쟁 수행 능력, 기술, 전략 및 작전 개념, 전술, 군사 운영 개념 등을 혁신적으로 개선할 방안을 모색하기 위해 해군 전쟁 혁신 특별연구단(Naval Warfare Innovation Task Force)을 설치했다. 미래 해양 전투 환경에서 교전 우위를 확보하기 위해 새로운 기술 및 아이디어를 개발하고, 이를 전투 시스템과 군사 운영 계획에 통합하는 것이 목표이다. 혁신적 기술의 개발·적용을 위한 최첨단 기술 연구, 미래 전투 시뮬레이션을 통한 전략 및 전술 실험, 산학 협력을 통한 새로운 기술 및 아이디어 도입, 새로운 무기체계와 기술을 활용한 실질적 작전 계획 및 전술 개발 등이 주요 과업이다. 1994년 6월부터 1995년 6월까지 1년간의 연구 끝에 해군의 전쟁 수행 개념과 방법 및 수단을 파격적으로 발전시키기 위한 군사혁신 개발 계획을 총장에게 건의했다.

미래 해군의 전쟁 수행 개념 및 방식을 혁신시킬 수 있는 아이디어를 개발하기 위해 소규모 연구팀을 편성·운용할 필요가 있다고 건의됐다. 1단계 임무는 2015년까지 예상되는 전략적·군사적·경제적·정치적 변화 추세를 분석하고 그에 기초해 해군의 전쟁 방식을 변경시킬 수 있는 기술이 무엇인지에 관해 연구하는 것이다. 다양한 아이디어들의 유용성을 검증·판단하기 위해 워게임과 모델링·시뮬레이션을 실시하도록 했다. 첨단개념기술시범사업(Advanced Concept Technology Demonstration Programs)에 3년 동안 매년 최소 1억 달러를 지원해 여러 가지 혁신적 전쟁 수행 개념의 가치를 평가하도록 했다.

군사혁신 비전 개발 계획에 따라 해군대학 내에 해군과 해병의 전문 인력들로 구성된 전략연구단이 설치됐다. 해군의 미래 비전 개발을 선도해 나가는 역할과 책임을 담당했다. 1994년에는 500여 명에 달하는 전문 인력들이 첨단 정보 기술을 전투에 응용하기 위한 다각적이고 효과적인 방안을 연구하는 함대정보전쟁센터(Fleet Information Warfare Center)가 설치됐다. 새로운 군사혁신 아이디어들을 평가하기 위해 함대 전투 실험 등을 시행했다.

해군은 전력이 광범위한 지역에 분산돼 있더라도 센서–지휘소–작전 부대를 네트워크로 연결해 단기간 내에 집중적 전투 효과를 발휘하도록 하는 데 중점을 둔 군사혁신 방책을 개발했다. 인공위성을 이용해 광역 정보 네트워크 시스템을 구축하고 각종 감시 수단과 타격 수단 및 지휘관 등을 연결해 전력 발휘를 획기적으로 향상하는 구상을 발전시켰다. 정보·감시·정찰, C4I, 기동 타격 수단을 복합적으로 결합한 통합 전투체계를 구축하는 것이다. 해군의 전투지휘관들은 확대된 전장의 모든 정보를 신속하게 획득·공유할 수 있게 되고, 이를 활용해 원거리의 표적들을 다양한 타격 수단들(항모, 전함, 잠수함, 화력지원함, 스텔스전함 등)로 정확하게 공격할 수 있게 된다.

미국 해병대는 냉전 종식 이후 최대의 존재 위기에 봉착했다. 해병대의 전통적 역할과 기능인 상륙작전이 막대한 인명 손실을 발생시킬 수 있다는 점에서 사양길에 들어서고 있기 때문이다. 해병은 새로운 전투 방법을 개발하기 위해 다각적으로 노력했다. 대규모 상륙작전은 거의 사라질 것이며, 소규모 전쟁이나 분쟁에 개입하는 전투 양상이 전개될 것으로 상정했다. 소규모 팀의 전투원들을 적진에 광범위하게 분산 침투시키고, 그들이 '인간 센서' 임무를 수행함으로써 아군 후방에 있는 각종 타격 수단을 적의 표적에 유도하도록 한다는 구상을 군사혁신의 핵심 개념으로 발전시켰다.

해병대 사령관이 직접 진두에서 지휘하는 가운데 '바다의 용(Sea Dragon)'이라는 별칭이 붙은 3단계 전투 실험이 5개년 계획으로 추진됐다. 1995년 사령관 전투실험실을 설치해 새로운 전술, 기술, 장비를 실험·적용하고 다양한 아이디어와 시스템을 도입함으로써 전투 준비 태세를 강화하고 미래의 전쟁에 대비하는 것이 요체이다. 중점 분야는 분산 작전, 최첨단 기술 및 장비 도입, 통합 훈련 시행 등이다. 적의 감시에서 벗어나 작전을 수행하기 위해 소규모 단위로 부대를 운영한다. 사이버전과 자동화 시스템 등 최첨단 기술을 활용한다. 실제 전투와 성능 환경에서 통합 전술과 기술을 실험하고 훈련을 시행하며, 실험 결과를 바탕으로 전술과 시스템을 조정한다.

1단계로 '사냥꾼 전투원(Hunter Warrior)' 개념을 개발해 실험을 수행했다. 헬리콥터로 소수의 해병을 기습적으로 적진에 침투시키되, 광범위한 지역에 분산시킨다. 각 전투원은 정찰·통신 위성과 C4I 수단 등에 연결된 인간 센서의 기능을 수행해 적의 활동 및 표적에 각종 타격 수단(함재기, 전폭기, 순항미사일, 전술 미사일, 각종 정밀 유도무기 등)을 유도하는 전투 개념을 실험했다.

2단계는 '도시전투원(Urban Warrior)' 개념을 개발해 실험을 수행했다. 도시 내부 및 부근과 밀집 지형에서의 전투 방법을 실험한 것이다. 1997년부터 2년간 계획으로 진행됐다.

3단계는 '유능한 전투원(Capable Warrior)' 개념을 개발해 실험을 수행했다. 주요 전구급의 전쟁을 조기에 봉쇄 또는 방지하기 위해 작전적 수준의 기민성과 기동성을 활용하는 전투 방법을 실험한 것이다. 실제 군사력과 가상 군사력을 상호 결합해 그 효과를 높일 수 있는 방책을 실험하고 발전시켰다.

이 프로젝트는 후에 21세기 초반의 새로운 전장 환경과 전략적 도전에 대비하기 위해 개발된 군사혁신 계획인 '2030 전력 설계(Force Design 2030)'로 이어졌다. 전통적인 전면전보다는 비대칭 전투, 해양 기반 분쟁, 중거리 미사일 기술 확산 등과 같은 새로운 위협에 대비한다는 구상이다. 특히, 중국의 반접근·지역 거부 전략에 대응하기 위해 기동성과 생존성을 강화하고, 전통적인 대규모 상륙 작전보다는 소규모 다영역 작전을 강조하고 있다.

제4절 공군의 군사혁신 비전

공군은 냉전 종식에 따른 안보 환경의 변화 속에서도 첨단 과학기술의 발전에 힘입어 가장 첨단의 위치에서 군사혁신을 추구했다. 항공·우주 공간을 효과적으로 통제하는 것이 전승의 핵심적 요체가 되고 공중의 정보 수집 수단과 전장 관리 체계가 군사력의 필수적 요소로 두드러졌기 때문이다. 육군과 해군보다 공군의 전투 공간과 작전 범위가 대폭으로 확장됐다. 미국 공군은 임무·역할과 작전 개념을 다시 정립하고 미래 소요 전력 체계를 획기적으로 개발하기 위한 군사혁신 비전과 방책을 발전시켰다.

공군의 군사혁신은 주로 정밀 유도무기, 네트워크중심전, 우주 및 사이버 공간 통제라는 세 가지 축을 중심으로 추진됐다. 우선, 냉전 시기의 군사교리였던 '공지전투(Air Land Battle)' 개념을 네트워크중심전으로 전환했다. 정보·감시·정찰 기술을 활용해 전장 상황을 실시간으로 공유하는 가운데 유도무기 전력을 정밀하게 투사하는 데 중점을 두었다. 걸프전에서의 대승을 통해 군사혁신의 성공 가능성을 발견했다. 1990년대 후반 공군은 우주 공간과 사이버 공간을 새로운 작전 영역으로 정의하기 시작했다. 우주 기반 통신, GPS 기반 항법 시스템, 정찰 위성의 발전에 가속도가 붙었다. 사이버 보안과 네트워크 방어를 위한 혁신적 방책도 개발되기 시작했다.

공군은 냉전 종식 이후의 전략 환경 변화에 대응하기 위해 '공

군과 국가안보: 지구적 도달, 지구적 세력(Air Force and US National Security: Global Reach, Global Power)'이라는 전환기의 비전을 수립했다.[49] 1992년에는 걸프전 당시 공군력의 교훈과 국방예산 감축 가능성 등을 고려해 종전의 비전을 다시 구성하고, '지구적 도달, 지구적 세력: 국가안보에 대한 공군 기여(Global Reach, Global Power: The Evolving Air Force Contribution to National Security)'라는 비전을 발표했다.

1994년에는 '지구적 도달(Global Reach)'과 '지구적 세력(Global Power)'의 개념을 적용해 미국의 전 세계 전진 전략 수행을 위한 공군력 발전 방향을 제시한 '지구적 배치(Global Presence)'라는 비전을 수립했다. 1995년에는 '지구적 도달'과 '지구적 세력'에 선행하는 '지구적 관점(Global View)' 개념을 도입하고, 관련 논문들을 수집·정리한 『우주 계획 2020(*Spacecast 2020*)』이라는 책자를 발표했다.[50]

1996년에는 공군이 미래 군사전략과 기술 발전을 예측하고 그에 대비하기 위한 '공군 2025(Air Force 2025)'라는 연구 프로젝트를 추진했다. 2025년의 잠재적 안보 환경을 이해하고, 미국 공군이 혁신적인 전략·기술·운영 개념을 제안하는 것이 목적이었다. 공군 장교, 학자, 기술 전문가들이 참여해 다양한 시나리오와 잠재적 기술 발전을 분석했다. 인공지능, 우주 기술, 초고속 무기, 사이버전 등의 발전이 공군의 임무 수행에 미치는 영향을 탐구했다. 2025년의 지정학적·경제적·사회적 변화에 대응하기 위한 새로운 전력 구조와 전략을 연구했다. 드론, 무인 항공기, 정보 기술 등 새로운 기술을 활용하는 작전 방식의 도입을 검토했다. 다양한 가상 시나리오를 통해 공군의 대응 전략을 검증했다.[51]

---

49) Department of the Air Force, *THE AIR FORCE AND U.S. NATIONAL SECURITY: GLOBAL REACH—GLOBAL POWER*, June 1990.

50) Air University and Others, *Spacecast 2020*, June 1994.

우주 계획 2020과 공군 2025는 공군의 군사혁신 아이디어와 개발 과정을 전반적으로 반영하고 있다. 우주 계획 2020은 공군대학에 의해 수행된 연구 사업이다. 2020년경을 목표로 새롭게 부상하는 우주 기술을 활용한 공군 혁신 개념과 방책을 다양하게 제시했다. 지구적 관점, 지구적 도달, 지구적 세력을 주요 장(chapter) 제목으로 정하고 여러 전문가의 연구 논문을 수록했다. 다양한 군사혁신 아이디어가 망라돼 있다. 미래 전투원에게 요구되는 정보 체계 창출, 2020년경의 감시·정찰 시스템과 초 GPS(Super Global Positioning System) 개발, 우주 교통 통제 시스템 개발, 우주로 뻗어 나갈 수 있는 각종 수단 발전, 자국 우주 시스템 방호 대책 및 적 우주 시스템 공격 방책 개발, 우주로부터 지상과 대기권의 표적을 공격할 수 있는 초 운동에너지(hyperkinetic energy) 및 지향성 에너지 무기체계 발전 등이다.

공군 2025 연구 프로젝트는 1994년 8월 공군 참모총장이 혁신적 사고로 공군 현대화 계획을 추진하라고 지시함에 따라 착수됐다. 3단계 혁신적 기획 과정이라는 발전 계획에 따라 구체적 연구가 진행됐다. 1단계 촉진(Generation)은 미래의 공군에 혁신적인 충격을 줄 수 있는 아이디어를 개발하고 평가하는 과정이다. 2단계 조사(Investigation)는 1단계에서 식별한 주요 군사혁신 아이디어의 이점을 시험·검증하기 위해 분석, 모의, 워게임, 훈련 등을 실시하는 과정이다. 3단계 통합(Integration)은 다수의 중진 장군이 모인 회의체에서 기초 연구가 필요한 아이디어, 예산을 뒷받침해야 할 아이디어, 장기간에 걸쳐 계속 평가 검토를 해야 할 아이디어를 분류하는 과정이다.

---

51) Lt Col Jack A. Jackson, Jr. and Others, *An Operational Analysis for Air Force 2025: An Application of Value-Focused Thinking to Future Air and Space Capabilities*, May 1996.

1단계 과정은 1995년 8월 공군대학에 의해 착수됐다. 공군 2025라는 비전이 수립됐다. 2025년경 공군이 활용할 공중·우주 공간 개념을 담았다. 우주 계획 2020보다 더 광범위한 분야의 전문가들이 참여해 혁신적 개념과 기술에 관한 여러 논문을 수록했다. 2단계 과정에서는 군사혁신의 주요 아이디어를 과학적 방법을 통해 검증하기 위해 각종의 전투실험소를 설치·운영했다. 무인 비행체, 정보전, 공중 원정군, 우주 능력, 전장 관리 지휘 통제, 전력 방호 등과 관련된 전투실험소를 가동했다.

공군은 주요 군사혁신 아이디어로서 '타격 계획(Project Strike)'을 발전시켰다. 기존의 조직과 작전 개념 및 무기체계 등을 혁신하지 않고 전장의 모든 전투 요소를 네트워크 시스템으로 단순하게 연결·결합해 전투력 발휘를 획기적으로 향상한다는 구상이다. 네트워크 시스템에는 인공위성을 비롯해 공중조기경보통제기, 합동감시표적공격레이더시스템(J-STARS), U-2 첩보기, F-15 전폭기, 무인비행기, 해군 F/A-18 전투기 등이 모두 연결된다. 인공위성으로부터 표적 정보를 직접받아 공대지 미사일을 발사하는 개념의 프로젝트(Talon Sword Project)도 추진됐다. 각종 탐지 수단들을 활용해 가시영역 밖의 표적을 공격하기 위한 타격 수단을 발사시킬 수 있는 항공기를 개발했다.

공군의 대표적 군사혁신 구상은 무인 항공기(Uninhabited Aircraft)의 개발·활용이다. 여러 무인 전투 항공기(Uninhibited Combat Air Vehicle: UCAV)를 네트워킹해 정보를 공유하고 유기적으로 협조하는 가운데 전투를 수행하는 구상을 개발했다. 대형 비행기에 많은 무인 전투 항공기를 탑재해 수송한 후 작전 가능 지역에서 발사시킨다는 것이다. 공군 군사혁신 이론가들은 유인 항공기를 중시하면서도 무인 항공기의 중요성과 필요성을 점차 인식하기 시작했다.

그 이유는 몇 가지로 정리된다. 첫째, 앞으로는 현재보다 기동성과 융통성이 훨씬 뛰어난 항공기가 요구될 것이나 유인 항공기는 인간의 생리적 한계를 극복할 수 없다. 둘째, 유인 항공기는 고가일 뿐만 아니라 조종사의 양성과 유지 비용도 상대적으로 많이 소요된다. 셋째, 유인 항공기는 조종사를 위해 일정한 공간과 안전장치가 필요하므로 소형화하는 데 한계가 있다. 넷째, 적의 방공 능력이 고도화되는 추세 속에서 유인 항공기는 매우 위험한 작전을 수행하는 데 한계가 있다. 무인 항공기의 활용으로 유인 항공기의 취약성을 극복할 수 있을 것이라는 인식이 확산했다.

제5절 합동참모본부의 군사혁신 비전

미국 합동참모본부(Joint Chiefs of Staff: 합참)는 군사전략과 합동작전의 중추 기관으로서 육·해·공군 및 해병대 등 각 군의 군사혁신 노력을 군사전략과 합동작전 차원에서 아우를 수 있는 합동 군사혁신 비전을 적극적으로 발전시켰다. 냉전 종식에 따른 전략 환경 변화에 대응하기 위해 정보 기술 기반 첨단 군사력을 구축하는 데 이정표를 제시하는 청사진을 수립했다. 구소련의 붕괴로 인해 전통적 대규모 전면전 대신 비대칭전, 테러, 지역 분쟁 등 새로운 위협이 두드러짐에 따라 군사전략과 작전 개념도 근본적 수정이 불가피했다. 정보 기술 및 네트워크 기술의 급속한 발전은 군사력의 재구축에 기회의 창을 제공했다. 정보 우위를 활용한 새로운 전쟁 방식의 개발이 가능해진 것이다. 냉전 종식 이후의 국방예산 감소도 중요한 변수가 됐다. 효율적이고 정밀한 군사작전이 요구됐다.

합참 차원의 군사혁신 구상은 합참 차장 오웬스(William A. Owens) 제독이 '시스템 복합체계(System of Systems)'의 개발 필요성을 제안하면서 촉발됐다. 육·해·공군 및 해병대가 각각 저마다 개발하고 있는 미래 전쟁 수행 개념과 군사 시스템은 명칭만 다를 뿐 실제로는 대부분 유사하고 공통성이 많은 것으로 지적됐다. 군별 군사혁신 구상 및 방책들 모두가 정보·감시·정찰, 첨단 C4I, 정밀 유도무기를 활용하는 데 중점을 두고 있다는 것이다.

오웬스 제독은 군별 전투 시스템들을 상호 연결·결합한 복합체계의 개발 필요성을 제기했다. 정보·감시·정찰 체계, C4I 체계, 정밀 유도무기를 상호 연결·결합하면 중첩된 부문에서 새로운 복합체계가 형성되고, 전투력 발휘의 승수효과가 창출된다는 구상이다. 시스템 복합체계가 군별로 개발돼서는 안 된다는 의견을 견지하고 있다. 군별 경쟁 속에서 각종의 전쟁 수행 개념과 군사 시스템이 발전되면 수많은 고가의 무기체계와 장비 및 소프트웨어가 중복될 수밖에 없기 때문이다. 중복 투자와 낭비를 해소하기 위해서는 합참의 합동성 강화가 필수적이라는 것이 오웬스 제독의 지적이다.[52)]

[그림 3-3]에서 보듯이 새로운 시스템 복합체계는 ① 정보·감시·정찰 시스템, ② 첨단 C4I 시스템, ③ 정밀 유도무기 시스템으로 구성되며, 이 3개 시스템을 결합해 하나의 새로운 복합체계(A System of Systems)를 형성하면 중첩 부분에서 새로운 전투 능력이 생성되고, 이에 따라 승수효과가 증폭되는 메가 시스템(mega system)이 탄생할 수 있다는 개념이다.[53)] ① 시스템과 ② 시스템의 연결·결합을 통해 ④ 지배적 전장 인식을 획득한다. ② 시스템과 ③ 시스템의 연결·결합을 통해 ⑤ 임무(표적-타격 수단)를 순간 자동으로 할당한다. ③ 시스템과 ① 시스템의 연결·결합을 통해 ⑥ 정밀무기로 타격한 결과를 실시간으로 평가한다. 이런 일련의 전투 행위 사이클이

52) William A. Owens, "The American Revolution in Military Affairs," *Joint Force Quarterly*, Winter 1995-96; "The Emerging System of Systems," *Proceedings*, May 1995; "The Emerging U.S. System-of-Systems," INSS, National Defense University, *Strategic Forum*, No. 63, February 1996.

53) Admiral Owens, "The American Revolution in Military Affairs," pp. 37-38.

[그림 3-3] 미국의 시스템 복합체계 구조

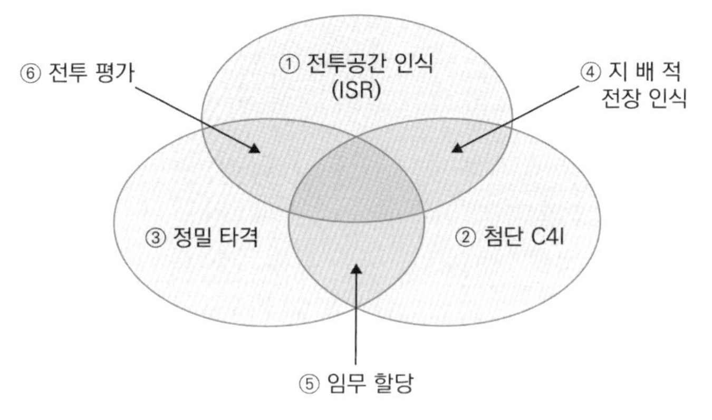

반복되면 과거에는 상상할 수 없었던 전투력 발휘 승수효과를 창출할 수 있다. 미군은 이런 구상에 따라 ISR + C4I + PGMs 복합체계를 전력화함과 더불어 운용 교리를 발전시켜 코소보전과 아프간전 및 이라크전에서 유효성을 확증했다.

육·해·공군이 정보화 시대의 군사혁신 방책을 경쟁적으로 개발하고 오웬스 제독이 합동 차원의 시스템 복합체계 개발 필요성을 제기한 상황에서 샬리카쉬빌리(John M. Shalikashivili) 합참의장은 1996년 5월 '합동 비전 2010(Joint Vision 2010)'을 수립했다.[54] 1994 회계연도 국방수권법에 따라 설치된 '군임무·역할위원회(The Commission on Roles and Missions of the Armed Forces)'의 권고에 의한 것이다. 위원회는 1995년 5월 "현재 각 군이 각각 활발하게 개발하고 있는 미래 군사 비전을 조화시킬 수 있는 중심적 비전을 만들어야 한다"라고 국방부 장관에게 제안했다. 국방부 장관은 그해 8월 합참이 미래 합동 전쟁 비전을 수립해 각 군의 노력을 돕고 비전에 따른 소요

54) Joint Chiefs of Staff, *Joint Vision 2010*, May 1996.

를 충족시킬 것을 지시했다.

합동 비전 2010은 정보 기술에 의해 지휘·통제·정보 능력이 획기적으로 향상됨에 따라 기동·타격·보호·군수 양상이 근본적으로 변모하고 있어서 새로운 작전 개념을 발전시켜야 한다는 점에 기초를 두었다. [그림 3-4]에서 보듯이 합동 전장 운영 개념으로서 지배적 기동(Dominant Maneuver), 정밀 교전(Precision Engagement), 전차원 전투력 보호(Full Dimensional Protection), 초점화 군수지원(Focused Logistics)을 제시했다. 이를 통해 모든 유형의 위협 양상에 지배적으로 대처(Full Spectrum Dominance)할 수 있다는 것이다.

[그림 3-4] 합동 비전 2010의 논리 체계

기초		전장 운영 개념		능력 및 효과
기술 혁신 정보 우월성	⇨	지배적 기동 정밀 교전 전 차원 전투력 보호 초점화 군수지원	⇨	합동작전 강화 집중 효과 극대화 경제적 속전속결

지배적 기동은 광범위하게 분산·전개된 육·해·공·우주군을 동시 일체화시켜 활용함으로써 적 심장부에 대한 군사력의 결정적 행사를 보장하는 것이다. 정밀 교전은 신속한 지휘 통제 역량을 구사해 정밀하게 타격하고 그 결과를 즉시 평가·분석한 후 필요시 다시 정밀하게 타격하는 것이다. 전 차원 전투력 보호는 우리 측 군사력의 자유로운 전개·기동·전투 개입을 보장하는 한편 우리 측 군사력이 적에 의해 손상되지 않도록 다층적 방어체계를 구축하는 것이다. 초점화 군수지원은 전장 정보와 군수·수송 기술을 융합시켜 작전에 필요한 군수 요구를 적시·적량으로 신속하게 지원하는 것이다.

합동 비전 2010은 합동·통합적 리더십과 군사교리 및 교육훈련을 강조한다. 새로운 양상의 전투에서 합동작전을 성공적으로 수행하기 위해서는 리더십의 역량을 꾸준히 개발해야 한다는 것이다. 기술의 이점을 최대한 활용할 수 있다 하더라도 전쟁의 본질적인 속성인 마찰과 안개를 극복하기 위해서는 강력하고 혁신적인 사고를 갖춘 리더십이 중요하기 때문이다. 특히 군 지도층은 각 군의 능력을 충분히 이해하고 활용할 수 있는 능력을 갖춰야 한다. 전쟁 수행의 개념과 방법이 본질적으로 변화됨에 따라 군사교리도 재정립할 필요가 있다는 점도 강조됐다. 새로운 기술과 창조적 아이디어 및 전투력 운용 개념 등 제반 전투 요소가 합동성에 바탕을 둬야 한다는 것이다. 교육훈련도 전투원이 합동·통합 작전을 충분히 수행할 수 있도록 합동 전문성을 강화할 필요가 있다는 것이다.

1990년대의 합동 비전 2010은 2000년대의 '합동 비전 2020'으로 발전됐다.[55] 미국 군대의 지속적인 변혁을 견인하기 위해 합동 비전 2010의 개념 틀을 확장했다. 모든 형태의 분쟁에서 탁월하고 전쟁의 전체 스펙트럼에서 우위를 확보할 수 있는 군사력을 창출하는 것이 목표이다. 정보 우위와 전장 주도권을 넘어 전 영역 우세(Full-Spectrum Dominance)라는 개념이 추가됐다. 정보 우위와 정밀 타격을 모든 전장 영역(육상, 해상, 공중, 우주, 사이버 공간)에서의 주도권 확보로 확대했다. 전장의 전 영역에서 상대를 압도하고, 아군의 자유로운 작전 환경을 조성하는 것이다. 요체는 [그림 3-5]에서 보는 바와 같이 지배적 기동, 정밀 교전, 초점화 군수, 전 차원 보호의 상호 의존적 적용을 통해 전 차원 스펙트럼 지배를 달성하는 것이다. 이를 위해서는 신기술의 끊임없는 도입과 장비의 현대화 및 교체가 필수적이라고 강조됐다. 물질적 우수성만으로는 충분하지 않으며,

55) Joint Chiefs of Staff, *Joint Vision 2020 America's Military: Preparing for Tomorrow*, JFQ, Summer 2000.

기술을 효과적으로 활용하는 교리, 조직, 훈련 및 교육, 리더십 등도 함께 발전돼야 한다고 지적됐다.

[그림 3-5] 합동 비전 2020의 개념 틀

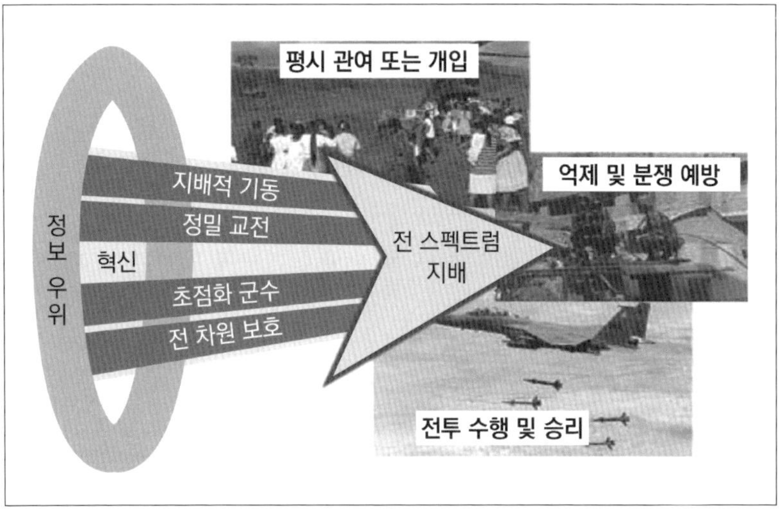

9·11 테러 이후 테러 조직이나 비국가 행위자들과의 갈등이 미국 안보의 핵심 과제로 부상함에 따라 테러, 게릴라전, 사이버 공격 등 비대칭적 위협에 대비한 새로운 작전 개념과 조직 구조를 발전시켰다. 네트워크중심전도 완성했다. 전투 부대, 무기체계, 지휘통제 간의 네트워크 연결을 강화해 작전 효율성과 정확성을 극대화했다. 정보, 물리적 자산, 병력 등을 모두 포함한 다차원 보호 역량을 강화했다. 특히, 사이버 보안 및 핵심 인프라의 방어를 중시했다. 미군 단독 작전뿐만 아니라 나토 및 다른 동맹국들과의 다국적 작전 능력을 통합적으로 발전시켰다. 다국적 협력을 위한 표준화된 지휘 통제 시스템도 구축했다.

제6절 국방부의 군사혁신 정책

미국 국방부는 군사혁신에 대한 기본 정책 방향을 설정하고 각 군의 군사혁신 노력을 종합적 관점에서 조정·협조시키는 위치에 있다. 사회의 군사혁신 잠재력을 군으로 유인하는 역할도 담당한다. 총괄평가국(Office of Net Assessment) 사령탑 임무를 수행했다. 1980년대 말부터 군사혁신의 기본 개념 및 논리 구조를 정립하고 공감대를 형성하기 위한 다각적 활동을 전개해 왔다. 군사혁신의 역사적 사례와 교훈을 분석·평가하기 위한 연구를 선도해 왔다. 각 군의 군사혁신 노력을 조직화하기 위한 활동을 전개했다. 앤드루 마샬(Andrew Marshall) 국장은 새로운 과학기술을 이용할 수 있는 작전 개념과 조직 편성의 지속적인 개발을 강조했다. 군사혁신은 기술 혁신과 연계해 작전 개념과 조직 편성 등도 변혁시켜야만 성취될 수 있다는 것이다.

미국의 국방 전문가들은 군사혁신에 대해 몇 가지 시각과 견해를 표출했다. 첫째, 군사혁신의 핵심 요소는 혁명적으로 발전하고 있는 정보통신 기술이며, 주로 민간 기술에 의해 진전된다. 둘째, 미국은 현재 군사혁신의 초기 단계에 진입해 있으며 아직 작전 개념과 조직 편성의 혁신은 없으나, 공군의 무인 항공기 개발과 해병의 소부대 특수작전 등에서 보듯이 변화의 조짐이 가시적으로 나타나고 있다. 셋째, 육·해·공군별 전투 공간 도달 거리의 확대와 전투 공간 네트워크의 발전에 따른 전투 공간의 중첩으로 인해 군별 구분이 무용화되고 있어서 군 조직의 근본적 변혁이 필요하다. 넷째, 민간 기업들이 정보통신 혁명에 적응하기 위해 정보 흐름에 따라 조직과 운영 체계를 네트워크 중심으로 혁신시키고 있는 상황을 군에서도 주시할 필요가 있다.

국방부는 '4년주기 국방태세 검토(Quadrennial Defense Review: QDR)' 보고서에서 군사혁신에 대한 기본 정책을 공식화했다.[56] 미국이 추구해야 할 국방전략의 기본 개념으로서 국가이익에 유리한 국제 안보 환경의 조성(Shaping), 다양한 위기 및 분쟁 사태에 대한 즉각적 대응(Responding), 미래의 다양한 위협에 대비하기 위한 준비(Preparing)를 제시했다. 미래의 전략 개념을 구현하기 위한 군사혁신이 강조됐다.[57] 장차 미국에 도전해 올 수 있는 세계적 경쟁자 또는 극단적 위협에 대비하기 위해 군사혁신을 추구해야 한다는 것이다. 국방부와 합참 및 각 군이 발전시켜 나가야 할 군사혁신 방책 및 사업을 제시했다.[58]

첫째, 미래에 소요되는 군사 능력을 확보하기 위해 장기적으로 추진해야 할 사항으로서 질적으로 우수한 국방 인력의 확보, 전 세계를 감시할 수 있는 정보 시스템의 발전, 전 세계적인 지휘통신 시스템의 구축, 우주에서의 우위성 유지, 해양·공중을 통제할 수 있는 능력의 구비 등을 적시했다.

둘째, 각 군이 군사혁신의 비전과 방책을 구체화하기 위한 실험을 계속 진행하도록 명시했다. 육군은 30년 앞을 내다보고 작전 개념과 혁신적 전투 수행 능력을 탐색·실험하는 지배적 기동 워게임 및 워크숍을 실시한다. 공군은 미래 관점에서 항공·우주군을 우주·항공군으로 전환하기 위한 개념과 방책을 연구하는 제도적 장기 기획 과정을 추진한다. 해군은 전략연구단에서 미래 전쟁 수행 개념과 방책을 다각적으로 연구·검토한다. 해병대는 미래 전쟁 수행 개념과 혁신적 기술·능력에 대해 연구하는 작전 개념 워게임 및 과학 프로젝트를 진행한다. 국방부 총괄 평가국은 군사교리와 과학기

---

56) U.S. DoD, *The Report of the Quadrennial Defense Review*, May 1997.
57) *Ibid.*, pp. 7–18.
58) *Ibid.*, pp. 39–51.

술 목표의 연결에 주안을 두고 각 군을 지원하기 위한 작전 개념 워게임 계획을 발전시킨다. 국방부 방위고등연구계획국은 전구 급 지휘관에게 레이더 영상 정보를 실시간으로 제공하는 인공위성 체계와 전투원을 인터넷으로 연결하는 상황 인식 체계를 연구·개발한다.

셋째, 현재 진행하고 있는 주요 장기 기획과 사업 계획의 보완 사항을 제시했다. C4ISR을 각 군 공통의 가장 중요한 군사혁신 기간 사업으로 설정해 계획 및 재원 소요를 모두 반영해 주는 한편, 전투 관리 시스템 상호 운용성의 대폭적 향상 필요성을 지적했다. J－STARS의 수량을 축소 조정하고 무인 항공기 감시 체계를 보완·발전시키는 방안도 제시했다. 육군은 현재의 운영 체계를 대폭으로 개선해 군사혁신에 필요한 재원 소요를 충당하고, 디지털 군단을 2006년까지 완성·실전화한다는 목표에 따라 전쟁 수행 방법의 개발에 박차를 가하도록 했다. 전구 탄도미사일 방어체계와 국가 미사일 방어체계 및 순항미사일 방어체계의 구축, 지구적 공중 교통 관리 체계의 발전도 군사혁신 차원에서 보완할 것을 요구했다.

넷째, 비대칭적 도전(Asymmetric Challenges)에 대비하기 위한 방책을 다각적으로 발전시킬 것을 강조했다. 대량파괴 무기 확산 대응 방책, 전력 보호 및 테러 대처 방책, 정보작전 방책 등의 개발을 제시했다.

제7절 함의와 시사점

미국은 냉전 종식 이후 세계 유일 초강대국 위상을 계속 유지하고 새로운 세계질서를 주도적으로 관리하기 위해 막대한 경제력과 첨단 기술력을 바탕으로 새로운 군사혁신을 추구했다. 국방부, 합참,

육·해·공군 및 해병대, 국방연구기관 등이 미래 안보 환경의 불확실한 변화와 전쟁 양상의 획기적 변혁에 대비하기 위해 군사혁신의 비전과 방책을 조직적으로 발전시켰다. 1990년대 초반에는 각 군 차원에서 군사혁신 비전이 개발됐다. 90년대 중반에는 합참 차원에서 군별 비전이 통합 체계화됐다. 군사혁신의 주요 개념과 아이디어들이 모의와 실험 등 과학적 방법에 따라 검증·구체화해 장기 차원의 기획·계획으로 반영됐다.

미국이 추구하고 있는 군사혁신은 새롭게 발전되고 있는 과학기술을 이용해 새로운 전력 체계를 개발하고 그에 상응해 작전 개념과 조직 편성을 획기적으로 변혁시키는 것이 핵심이다. 특히, 혁명적으로 발전하고 있는 첨단 정보 기술을 군사적으로 응용해 센서와 지휘 통제 네트워크 및 타격 수단을 연결·결합한 군사 시스템을 구축함으로써 기존의 전쟁 수행 개념과 전투 방법을 근본적으로 변혁시키는 데 중점을 두었다.

미국의 군사혁신 비전·개념과 개발 과정 및 추진 체계를 종합적으로 분석해 보면 몇 가지 의미 있는 특징과 시사점이 있음을 발견할 수 있다. 첫째, 군사혁신의 바탕을 이루는 핵심적 아이디어가 존재한다. 정보·감시·정찰과 C4I 및 정밀 유도무기의 결합이 미국의 군사혁신 비전·방책에서 바탕을 이루고 있다. 플랫폼 중심의 전투체계가 네트워크 중심의 전투체계로 전환됐다. 정보 기술 주축의 전쟁 시스템을 발전시킨 것이다.

둘째, 군사교리와 과학기술이 불가분의 관계에서 연결된다. 과학기술이 군사혁신의 개념과 비전을 뒷받침하고 있는 원동력으로서 새로운 군사교리 창출의 최대 영향 요인이 되고 있다. 과학기술 능력과 연계된 싸우는 방법의 개발이 매우 중요하다. 미군의 군사혁신 비전과 방책들은 작전 개념을 구현하는 데 필수적으로 요구되는 국방 과학기술 목표를 설정해 놓고 있다. 예를 들어, 지배적 기동이라는 작전 개념을 구현하기 위해서는 신속한 전장 가시화를 가능하게 하는 국방 과학기술 목표가 달성돼야 한다는 것이다.

셋째, 군사혁신의 비전과 방책을 개발·발전시키는 과정에서 창의성과 통제력이 조화를 이룬다. 합동 비전 2010의 경우 육·해·공군 및 해병대의 군사혁신 개척 노력을 통합·체계화하면서도 각 군의 창의성을 인정한다. 각 군은 합동 비전의 포괄적 개념을 모체로 각각 자신의 비전과 개념을 재조정·개발함으로써 조화성과 합동성이 조화를 이룬다. 4년주기 국방태세 검토 보고서도 군사혁신에 관한 포괄적 정책 방향을 제시하면서 합참과 각 군이 각각의 개발 기획·계획과 사업을 지속해서 진행하도록 명시했다.

넷째, 군사혁신의 비전 및 개념의 실현 과정이 구체적으로 설정됐다. 군사혁신의 실현 과정이 정의되고, 각 부서·기관 등의 임무·기능이 명확하게 부여됐다. 실현 과정은 대체로 비전 개발 → 개념 설정 → 대안 비교 평가 → 종합 및 결심 → 정책화·계획화 → 전력화 단계를 거친다. 특히, 군사혁신의 개념과 아이디어들이 워게임, 모의실험, 전투 실험, 작전 연습, 개념 기술시범 등 과학적 방법에 따른 검증을 거쳐 구체화됐다.

다섯째, 군사혁신의 추진 주체가 존재하고 군 수뇌부가 적극적으로 후원했다. 합참과 각 군은 군사혁신의 비전 및 개념을 개발하는 추진 주체들을 유기적으로 구성·조직화함으로써 노력을 체계화하고 실현 가능성을 높였다. 군 수뇌부는 현존 전투준비태세에 무게를 둘 수밖에 없는 형편임에도 불구하고 군사혁신의 연구·개발 및 추진을 적극적으로 지원했다.

미국 내 일각에서는 군사혁신에 대한 부정적 시각도 만만치 않게 제기됐다. 첫째, 새로운 정보 중심의 전쟁이 기존의 다른 전쟁 수행 개념과 전투 방법을 전부 무용화시킬 수는 없다는 점이 강조됐다. 새로운 시스템 복합체계가 완성되더라도 핵무기를 무용화시키거나 대체할 수는 없다는 것이다. 기술적으로 열악한 군대가 최첨단 장비로 무장한 군대와 싸워서 승리한 역사적 사례도 적지 않게 있다는 것이다. 세계적 초강대국인 미국은 한국전쟁에서는 모택동의 인민 전쟁 전략에 의해, 베트남전쟁에서는 보 구엔 지압(Vo Nguyen Giap)의 게릴라전술에 의해 큰 낭패를 본 바가 있는데, 이러한 비대칭적 전쟁 수행 방법이 21세기 정보화 시대에서도 미국에 도전해 올 수 있는 것으로 지적됐다. 미래에도 미국의 상대가 도시를 전장으로 삼고 게릴라 전법을 구사하게 된다면 재래식 근접 전투가 불가피할 수 있다는 주장이 제기됐다.

둘째, 전장의 정보 지배를 거부하거나 파괴·무력화시킬 수 있는 반 정보 수단도 적지 않다는 주장이 제기됐다. 디지털 전장에서 전자기파의 공격을 받으면 시스템 복합체계는 기능이 무력화된다. 적의 해커가 바이러스를 정보망에 침입시키면 군사 시스템의 기능은 순식간에 마비될 수 있다. 인공위성과 미사일을 격추 또는 무능화시킬 수 있는 수단이 다양하게 발전되고 있으며, 각종 정보 기만 방책들도 경쟁적으로 개발되고 있다. 찾기와 숨기기 간의 작용－반작용이 단기간 내에 반복적으로 순환됐던 전쟁 사례에 비춰 볼 때, 정보에 대한 반작용으로 반 정보 방책의 개발이 가일층 강화될 수 있다는 주장이다.

셋째, 정보 기술이 아무리 발전해도 전장의 안개와 마찰은 완전히 제거될 수는 없다는 점이 지적됐다. 각종의 센서와 전장 관리 시스템은 기상 및 지형 조건이 좋은 경우에는 제 기능을 충분히 발휘하지만, 악천후나 험한 지형에서는 완전한 정보 흐름이 사실상 불가능하다는 것이다. 1991년의 걸프전에서도 악천후 기상 조건에서는 항공기가 거의 이륙하지 못한 것으로 지적된다. 나토의 유고 공습에서도 험준한 산악지형으로 인해 첨단 항공 무기체계의 운용과 정보 수집 능력이 제한받았다는 것이다. 우수한 정보 기술로 적의 상황을 완전하게 파악한다고 하더라도 적이 취할 의도와 행동 방책에 대해서는 무지할 수밖에 없으므로 정보 지배를 과신해서는 안 된다는 주장도 있다.

참고문헌

1. 국문 자료

권태영 외. 『신개념 무기체계 개념 발전을 고려한 부대 구조 설계 연구』. ADD 용역연구 결과보고서, 한국전략문제연구소, 2018. 5. 18.

권태영·정춘일. 『미국의 군사혁신 발전 추세』. 한국국방연구원, 1996. 8.

————————. "미국의 군사혁신 추세와 우리 군의 미래 발전 방향", 『한국군사운영분석학회지』, 제22권 제2호, 1996.

정춘일. "미국의 군사혁신 개념과 비전". 『국방연구』, 제42권 제1호, 1999. 6.

황치복·황정섭·안광수, "한국군 지상군 미래전투체계(FCS) 구상". 육군 교육사령부 전투발전 용역 과제, 2007.

2. 영문 자료

Air University and Others. *Spacecast 2020*. June 1994.

Chairman of the Joint Chiefs of Staff. *Joint Vision 2010*. Washington, D.C.: Pentagon, 1997.

Cooper, Pat. "Digital Battlefield Rewrites Military Tactics". *Defense News*, June 24−30, 1996.

Department of the Air Force. *THE AIR FORCE AND U.S. NATIONAL SECURITY: GLOBAL REACH−GLOBAL POWER*. June 1990.

Department of the Navy. … *From the Sea Preparing the Naval Service for the 21st Century*. September 1992.

—————————————. *Forward … From the Sea*. Oct 11, 1994.

Galdi, Theoder W. *Revolution in Military Affairs?: Competing Concepts, Organizational Responses, Outstanding Issues*. CRS Report for Congress, Washington, D. C., December 11, 1995.

Hawkins, Glen R. and James Carafano. *Prelude to Army XXI: U.S. Army Division Design Initiatives and Experiments 1917-1995*. Washington, D.C.: U.S. Army Center for Military History, 1997.

Joint Chiefs of Staff. *Joint Vision 2010*. May 1996.

----------. *Joint Vision 2020 America's Military: Preparing for Tomorrow*. JFQ, Summer 2000.

LTC Arnwine. "FORCE XXI－America's 21st Century Army Force", CAA Briefing, 1996. 6.

Lt Col Jackson, Jack A. Jr. and Others. An Operational Analysis for Air Force 2025: An Application of Value－Focused Thinking to Future Air and Space Capabilities. May 1996.

Office of the Secretary of Defense. *Report of the Quadrennial Defense Review*. May 1997.

Owens, William A. "The American Revolution in Military Affairs". *Joint Force Quarterly*, Winter 1995－96.

---------. "The Emerging System of Systems". *Proceedings*, May 1995.

---------. "The Emerging U.S. System－of－Systems". *Strategic Forum*, No. 63, February 1996, INSS, National Defense University.

Training and Doctrine Command(TRADOC). *Force XXI Operations: A Concept for the Evolution of Full Dimensional Operations for the Strategic Army of the Early Twenty－First Century*. TRADOC Pamphlet 525－5, August 1, 1994.

제 4 장

이스라엘의 군사혁신 사례와 시사점

제 1 절 이스라엘 군사혁신의 의의

중동 지역에서 아랍·이슬람 국가들로 둘러싸인 이스라엘이 생존을 유지할 수 있었던 비결은 한국군에게 시사하는 의미가 매우 소중하다. 이스라엘은 강소국으로 불린다. 외형적 규모는 매우 작으나 국력과 군사력의 질적 수준은 매우 강하다. 특히, 군사 강국이 추구하는 군사혁신을 자신의 특수한 상황과 여건에 적합한 방식으로 달성했다. 독특한 지정학적 생존 환경과 전장의 특성, 그리고 실전적 경험을 반영했다.

이스라엘군은 아랍 국가들과의 여러 차례 전쟁에서 압도적 승리를 거뒀지만, 2006년의 제2차 레바논 전쟁(이스라엘－헤즈볼라 전쟁)을 계기로 기존의 군사 시스템을 전면적으로 혁신했다. 전쟁에서 최종적으로 승리를 달성했는데도 전략적 오판과 작전적 실패로 막대한 물적·인적 피해를 초래함으로써 국민의 손가락질을 받았기 때문이다. 헤즈볼라 무장 세력이 이스라엘 병사 2명을 납치한 사건에 대한 보복으로 이스라엘 육군이 전차를 앞세워 레바논 도시를 공격하면서 전쟁이 시작됐다. 단 할루츠(Dan Halutz) 총참모장(공군 중장)은 공군력만으로도 헤즈볼라 세력을 며칠 안에 끝장낼 수 있다고 과신하며 보복 작전을 개시했다.

이스라엘 공군은 개전 첫날 밤 35분 만에 헤즈볼라의 장거리 로켓 대부분을 파괴했다. 헤즈볼라의 작전 사령부가 있는 지역을 거의 완전히 초토화시켰다. 총참모장은 전쟁이 끝난 것으로 판단하고 총리에게 전쟁에서 승리한 것으로 보고했다. 완전한 오판이었다. 헤즈볼라의 단거리 로켓은 멀쩡하게 생존해 있었고, 곧 이스라엘 북부의 도시들로 날아들기 시작했다. 이스라엘 공군은 쏘고 곧바로 도망가는 헤즈볼라의 단거리 로켓을 찾지 못해서 속수무책이었다. 미리 식별해 놓은 표적들을 공격 개시 첫 4일 만에 모두 파괴했지만 쏘고 도망가는 헤즈볼라의 단거리 로켓을 찾지 못해 허둥댔고, 수많은 전투기를 출격시켰는데도 적의 공격 능력과 의지를 말살하지 못했다.

이스라엘은 결국 지상군을 투입했으나 결과는 실패의 연속이었다. 지상군은 제대로 훈련되지 않은 상태로 투입됐고, 사상자를 최소화하기 위해 매우 소심하게 작전을 수행했으며, 팔레스타인 주민의 봉기에 대응하는 치안 유지 작전만 수행했다. 헤즈볼라의 로켓을 찾아 파괴하는 데 실패했다. 헤즈볼라의 로켓 4,000여 발이 이스라엘 북쪽의 도시들에 떨어져 주민 50여 명이 사망하고 약 2,000명이 상처를 입는 사태가 벌어졌다. 이스라엘 북부 지역은 사실상 마비돼 주민 100만 명이 피난하고, 산업 생산의 40%가 멈췄으며, 경제적 피해가 55억 달러에 달했다. 이스라엘군은 약 17만 발의 포탄을 퍼부었지만, 헤즈볼라의 로켓을 막지 못했다. F-15나 F-16 등 첨단 항공기와 자주포의 수량이 상당하고 무인기를 이용한 감시·정찰 능력의 선구자였는데도 쏘고 도망치는 적을 찾지 못했다.

전쟁의 처참한 실패로 충격에 빠진 이스라엘은 2006년 9월 전쟁의 과정과 결과를 조사하기 위해 ‘위노그래드위원회(Winograd

Commission)'라는 독립 조사위원회를 설치했으며, 2008년 1월 최종 조사 결과를 발표했다. 법조인·군사 전문가·학자들로 구성된 위원회는 군사적 전략의 미흡, 민간인의 피해, 전쟁 목표 달성의 실패 등에 관한 이스라엘 내부의 비판을 수용해 군사적·정치적 의사결정 과정을 평가하고, 전쟁에서 나타난 전반적 문제점과 군사작전의 실패를 초래한 주요 요인을 분석해 개선 방안을 제시했다.[59]

주요 조사 내용은 네 가지이다. 첫째는 전쟁의 준비와 진행 과정에서 이루어진 정치적·군사적 결정의 타당성 여부이다. 둘째는 정보의 수집 및 분석 과정에서의 결함과 실패 여부이다. 셋째는 군의 군사작전 수행 능력과 문제점이다. 넷째는 국민을 보호하기 위한 민간 방호 및 피해 관리 체계의 적절성 여부이다.

최종 보고서는 다음과 같은 주요 내용을 담았다. 첫째, 국가안보에 관한 정치적 의사결정 과정이 체계적이지 않았다. 둘째, 정치 지도자들과 군사 지도자들이 전쟁을 시작하기 전에 충분한 준비와 평가를 하지 않았다. 셋째, 군의 전술과 전략이 효과적이지 않았다. 넷째, 민간인을 보호하는 시스템이 부족했다.

위노그래드위원회의 조사 결과는 이스라엘의 안보 정책과 군사적 접근 방식에 중대한 변화를 불러왔다. 첫째, 군사전략을 재구성하는 계기가 됐다. 군의 훈련 부족, 비효율적 전략, 준비 상태 결함 등이 지적됨에 따라 군사 훈련을 대폭 강화하고, 지상군의 작전 및 전쟁 준비 태세를 재정비했다. 특히, 정보 수집과 분석 시스템을 개선해 정밀하고 신속한 군사작전을 실행할 수 있는 체계를 마련했다.

둘째, 정치적 의사결정 과정을 개선했다. 정치 지도자들의 군사작전 개입 방식에 대한 논의가 촉진됐으며, 중요한 군사적 결정을

59) "English Summary of the Winograd Commission Report", Jan. 30, 2008, *The New York Times*, https://www.nytimes.com/2008/01/30/world/middleeast/

내리기 전에 전문가의 의견과 검토를 반영하도록 했다. 국가안보 문제와 관련된 의사결정 과정의 투명성과 책임성을 높이기 위한 내부 규정과 절차가 도입됐다.

셋째, 민간 방호 체계를 강화했다. 전쟁 당시 이스라엘 북부 지역의 민간인이 심각한 피해를 당한 점을 고려해 민간 방호 기반 시설과 긴급 대응 시스템이 대폭 강화됐다. 후에 아이언돔의 개발과 배치 등 지역 방공 시스템이 구축됐다.

위원회 조사 결과 보고서는 이스라엘 정부와 군 내부에서 책임 소재를 명확히 하고, 리더십의 역할과 한계를 재조명하는 계기가 됐다. 전쟁에서 대규모 군사작전을 개시하기 전 철저한 준비와 명확한 목표 설정이 단기적 승리뿐만 아니라 장기적 안정성을 확보하기 위한 필수 요소임을 확인했다. 현대전에서 정보의 정확성과 신속성이 승패를 좌우하는 핵심 요소라는 사실을 상기시켰다. 군사적 실패의 원인을 진단하고 개선 방향을 제시한 대표 사례로서 국제 안보 및 군사전략 연구의 주요 참고 자료를 제공했다. 국가안보의 복잡성을 이해하고 전쟁의 교훈을 체계적으로 분석해 군사 시스템을 혁신함으로써 향후 군사작전의 실패를 방지하는 데 활용할 수 있는 모범적 사례가 됐다.

위노그래드위원회는 1990년대부터 미국이 추구한 군사혁신의 영향에 주목했다. 군사작전을 위한 첨단 군사 기술과 정보 및 정밀 무기의 이점을 중요하게 봤다. 이스라엘의 고유한 작전 및 사회적 상황을 고려한 군사혁신을 통해 총체적 전투 능력을 향상해야 한다고 인식했다. 군 지휘 체계의 난맥을 지적했다. 적들은 기술적으로 정교한 무기에 접근할 수 있었고, 밀집된 도시 환경에 근거지를 두고 있으며, 소모전을 전개하는 데 초점을 맞춘 비대칭적 보급 체계를 유지했기 때문에 전통적 전투 의사결정이 어려웠다는 점을 지적했다. 사회적 변화가 징집병과 대규모 예비군으로 구성된 이스라엘군의 역할에 영향을 미치고 있다는 점을 중시했다. 사회의 위험 회피 성향이 증가하고 대규모 군사작전에 대한 관용성이 저하됨에 따라 군대의 역할과 예비군의 활용에 부정적 영향이 초래되고 있다는 것이다.[60)]

이스라엘군은 주변에 온통 생존을 위협하는 적대 세력이 포진한 전략 환경 속에서 전쟁을 치르면서 자신만의 고유한 실전적 군사혁신을 성취한 것으로 분석된다. 전쟁에서의 혁혁한 승리를 누릴 겨를도 없이 앞으로 다가올 전쟁을 준비해야 하는 시간의 연속이었다. 군사작전의 성공 이면에는 쓰라린 실패도 있었다. 그럴 때 다음의 승리를 위해 뼈를 깎고 살을 도려내는 혁신을 통해 전투력을 한층 더 강화했다. 국민이 모두 하나가 돼 군의 전투력을 강화하는 데 이바지했다.

이스라엘군은 연속되는 전쟁 속에서 참담한 실패의 고통을 경험하고 교훈을 분석해 혁신을 거듭하며 작은 나라의 소규모 군대이면서도 전투력 면에서는 세계 최강이 됐다. 오늘날에는 최고의 실전 경험과 효율적 작전으로 명성이 높다. 특수 부대들은 세계적으로 뛰어나며 시가전 분야에서는 미군과 러시아군에 이어 세 손가락 안에 들어갈 정도로 숙련돼 있다. 소규모 병력을 최대한 효율적으로 운영하기 위해 육·해·공의 구분 없이 하나의 사령부에서 작전이 이뤄지는 통합군 체제를 유지하고 있다. 이스라엘군의 혁신적이고 강력한 면모는 하마스나 헤즈볼라 무장 세력에 대한 군사작전과 이란에 대한 군사 보복 작전에서 여실히 나타났다.

한국군은 이스라엘군의 전승 경험과 독특한 강점을 벤치마킹할

---

60) Raphael D. Marcus, "The Israeli Revolution in Military Affairs and the Road to the 2006 Lebanon War", Jeffrey Collins, Andrew Futter (eds.), *Reassessing the Revolution in Military Affairs: Transformation, Evolution and Lessons Learnt*, Palgrave Macmillan UK, 2015, pp. 92−111.

필요가 있다. 이스라엘은 세계가 인정하는 강소국으로서 여러 측면에서 한국과 유사하므로 안보·군사적으로 배울 점이 많다. 양국은 모두 1948년 국가를 수립했다. 한국 민족은 일본에 나라를 빼앗겨 식민 통치를 받았고, 이스라엘 민족은 나라 없이 세계를 떠돌며 유랑 생활을 했다. 한국은 절대 우위의 강대국들에 둘러싸인 작은 나라이다. 이스라엘 역시 거대한 아랍·이슬람 국가들에 포위된 작은 나라이다.

한국은 1950년 북한의 남침으로 참혹한 전쟁을 치렀다. 이스라엘은 네 차례의 전면 전쟁을 겪었다. 오늘날에도 양국은 전쟁의 위험성에 노출돼 있다. 한국은 미국과의 공고한 동맹 관계를 유지한다. 이스라엘은 미국과의 공식적 동맹 관계는 없지만 미국으로부터 실질적인 군사 지원을 받는다. 양국은 모두 미국과의 군사협력 속에서 국방력 자강을 추구한다. 양국은 지상의 결전이 불가피해서 지상군의 비중이 높다. 모두 징병제와 예비군 제도를 유지하고 있다.

한국과 이스라엘은 역사와 민족 운명, 지정학적 환경, 전쟁 경험, 군사 체제 면에서 유사성이 있지만 군사전략과 군사력 면에서는 현격한 차이가 있다. 이스라엘은 주변 아랍·이슬람 진영의 위협에 압도적 군사력을 통해 선제·공세적으로 대응하고 있다. 한국은 세계 선진국 수준의 국력 수준에 있는데도 북한의 위협에 수동적으로 대응하기에 바쁘다.

이스라엘은 어떤 국가도 자신의 안보를 보장하지 않는다는 역사적 교훈과 냉엄한 국제 정치 현실에 바탕을 둔 자강 안보전략을 견지한다. 미국으로부터 정치·외교뿐만 아니라 군사적으로도 전폭적 지지와 지원을 받고 있지만 공식적 동맹 관계는 없는 특수한 지위를 유지한다. 이스라엘은 영토가 협소해 전장을 적에게 내줄 수 없는 지정학적 특성을 고려해 방어보다는 선제 공격 개념을 추구한다. 적으로부터 공격을 당하면 혹독한 응징보복을 감행한다. 전쟁 징후를 발견하면 조속히 전장을 적의 영토로 옮긴다. 전쟁 발발 초기 단계부터 속전속결을 추구해 자국의 피해를 최소화한다.

이스라엘은 선제적 전략 개념을 구현하기 위해 적의 전력을 압도할 수 있는 기술 기반 질적 전력 우위를 확보한다. 자신의 전략 환경과 전장 특성에 적합한 필수 무기체계를 선택과 집중 개념으로 개발한다. 무기의 상당 부분을 자체 개발·제조한다. 세계 최강의 미국이 이스라엘의 군사 기술과 무기체계를 벤치마킹하고 연구개발 협력을 진행할 정도이다. 세계 최고 수준의 정보력 및 특수 전력을 보유하고 있다. 적의 공격 징후를 사전에 확실하게 파악하기 위해 독자적 정보 수집 자산을 보유하고 있다. 미국과 영국 수준의 정보·첩보 부대를 운영한다.

제2절 전략 환경과 전략 문화: 군사혁신 동인

1. 전략 환경

이스라엘은 지정학적으로 특수해서 전시와 평시의 구별 없이 전쟁 상황이 국민의 일상이다. 유대민족은 장구한 디아스포라(Diaspora) 시대를 마감하고 1948년 독립 국가를 수립한 이래 전쟁과 무력 분쟁으로 점철됐다. 국가의 생존이 걸린 전면전을 네 차례 치렀다. 수시로 이슬람 무장 집단의 테러 공격을 받고 응징보복 군사작전을 감행했다. 전쟁에 대비하는 일은 지고의 국가 과업이다. 전쟁의 패배는 생존의 상실이기 때문이다. 이스라엘의 군사력은 유대민족의 생존을 보장하는 궁극의 힘이다. 아랍·이슬람 적대 세력을 압도할 수 있는 군사력을 창출하기 위한 군사혁신을 이뤄내는 데 한시라도 소홀히 할 수 없다.

이스라엘을 둘러싼 전략 환경은 절박한 생존을 위한 과감한 응전을 자극하는 도전 요인을 제공한다. 영국 역사학자 토인비(Arnold Joseph Toynbee)의 주장을 빌리면, 유대민족의 이스라엘은 척박하고 위태로운 전략 환경으로부터 오는 도전에 슬기롭고 용맹스럽게 응전해 살아남은 국가이다. 그의 '청어 이야기'에 비춰 보면, 이스라엘은 도전과 응전의 전형적 사례이다. 영국의 북쪽 바다에서 잡은 청어를 먼 거리의 런던까지 싱싱하게 살려서 운반하는 방법에 관한 이야기이다. 대부분 어부가 잡은 청어는 배가 런던에 도착해 보면 거의 다 죽어 있었지만, 한 어부의 청어만은 싱싱하게 산 채로 있었다. 청어를 넣은 통에 메기를 한 마리씩 집어넣은 것이 비책이다. 메기는 청어를 잡아먹어서 청어들은 열심히 헤엄치고 도망을 다녀 도착할 때까지 살아남을 수 있었다. 이스라엘의 생존 환경도 유사하다.

역사란 땅의 성격과 사람들 삶의 내용이 합해져 만들어진 퇴적물이다. 한 나라의 흥망성쇠는 필연적으로 주변 환경과 밀접한 관계를 맺게 마련이다. 이스라엘은 독특한 지리적 특성 때문에 주변국들의 영향을 피할 수 없었다. 이스라엘은 북쪽으로 레바논, 북동쪽으로 시리아, 동쪽으로 요르단, 남서쪽으로 이집트 등 여러 아랍 국가와 접해 있다. 주변 국가들과 이스라엘은 네 차례에 걸쳐 전면전을 치렀다. 헤즈볼라와 하마스 같은 무장 세력과 수시로 무력 충돌이 있었다. 이스라엘과 팔레스타인은 해결의 실마리가 보이지 않는 적대적 공존을 지속하고 있다. 좀 멀리 떨어져 있는 이라크와 이란도 이스라엘을 위협하고 있다. 이라크는 서방국들과의 전쟁을 치르면서 이스라엘을 향해 미사일 공격을 감행한 바 있다. 이란은 서방국들에 맞서면서 이스라엘을 위협하고 있다.

이스라엘은 거대한 아랍·이슬람 바다(海)로 둘러싸인 작은 섬에 비유될 만큼 조그만 국가이며 지정학적으로 매우 취약한 생존 환경 속에 있다. 인접한 4개 국가의 경우 이스라엘보다 총면적은 18배,

총인구는 13배나 된다. 이스라엘은 국토의 크기가 매우 작아 군사적으로 작전 종심이 매우 짧고 작전 지역이 아주 협소하므로 작전에 한 번 실패하면 국가 존립 자체가 순식간에 위태롭게 된다. 작은 섬이 바닷속에 묻히는 결과가 초래되는 것이다. 이러한 전략 환경에서 군은 이스라엘의 생존 그 자체를 의미하는 절대적 존재와 다름없다. 군으로서는 아주 불리한 전략 환경 속에서 절박한 생존을 지킬 수 있는 역량을 창출하기 위한 군사혁신을 성취하는 것이 기본 사명과 과업일 수밖에 없다.

2. 전략 문화

전략 문화는 국가사회의 구성원들 사이에 공유된 신념과 일치된 행위 양상으로 정의할 수 있다. 전략 문화를 이루는 요소들은 공통적 경험과 서사로부터 생성된다. 집단적 정체성과 타집단과의 관계를 형성한다. 결국은 안보 목표를 달성하기 위한 적절한 목적과 수단을 결정한다. 이스라엘의 전략 문화는 고유한 특징을 지닌다. [그림 4-1]에서 보는 바와 같이, 안보 정향(security orientation), 갈등 정향(conflict orientation), 평화 정향(peace orientation) 전략 문화가 복합된 것으로 설명된다.[61]

안보 정향 전략 문화는 이스라엘이 인접 아랍 국가들 속에서 생존하기 위해서는 싸울 수밖에 없으며, 이스라엘 군대의 패배는 곧 유대인들의 절멸이라는 신념에 뿌리를 내리고 있다. 이스라엘 군대가 절대적·영속적인 우위를 유지하는 것이 패배를 방지하기 위한 최우선 방도라고 확신한다. 이스라엘의 국민은 남녀를 불문하고 모두가

61) Gregory F. Giles, "Continuity and Change in Israeli's Strategic Culture", Prepared for Defense Threat Reduction Agency, Advanced Systems and Concepts Office, SAIC, pp. 5-7.

국가를 위해 군 복무를 이행하는 것이 최고 의무라고 인식한다. 군 복무의 특성을 결정하는 국가의 권위를 절대적인 것으로 지지한다.

[그림 4-1] 이스라엘 전략 문화의 개념적 구성도

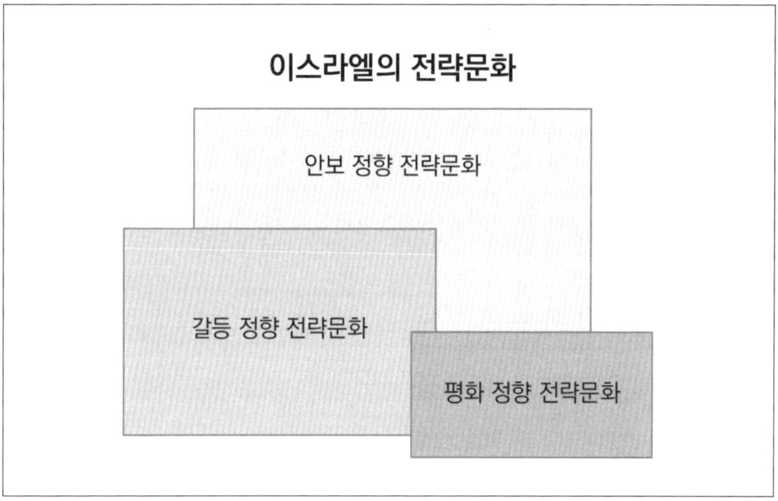

갈등 정향 전략 문화는 이스라엘-아랍 분쟁이 역사적 반유대주의의 화신이라고 가정한다. 주변 국가들과 함께 평화적으로 정착하는 것은 예측할 수 있는 미래에는 기대하기 어렵다고 인식한다. 현실주의적 관점에서 힘과 군사력이 서로 다른 민족적·종족적·종교적 집단과의 관계를 유리하게 이끌고 갈 수 있는 유일한 요소라고 간주한다. 간헐적으로 전쟁을 수행하는 것은 불가피하며 반드시 승리해야 한다고 주장한다. 집단적 또는 사적 목적은 전쟁 승리의 목적에 부수적인 것에 불과하다.

평화 정향 전략 문화는 갈등 정향 전략 문화와 정반대이다. 이스라엘-아랍 분쟁은 과거의 유대인 박해와 관련이 없으므로 협상으로 해결할 수 있는 분쟁이라고 주장한다. 토지, 시장, 경계선, 물 등과 같은 물질적 이해관계의 관점에서 분쟁을 이해한다. 평화와 안보는 타협할 수 있다고 본다. 평화가 민주주의 발전과 경제적 성장 및 문화적 향상에 이르는 길이라고 주장한다. 국가와 사회는 종교와 종족 및 인종에 따른 차별 없이 보편적 시민의 토대를 만들어야 한다는 견해를 펼친다. 국가는 안보와 복지 및 인권을 제공하고, 시민은 국가의 법을 준수하고 군 복무를 수행하며 합당한 세금을 납부함으로써 국가와 시민은 교호작용을 해야 한다고 강조한다.

세 가지 전략 문화는 인식과 주장의 차이는 있지만 이스라엘의 안전보장을 중시한다는 점에서 공통점이 있다. 이스라엘의 생존에 대한 실질적 위협을 인식하고 있으며, 군대가 생존의 중심이라는 사실을 인정한다. 심지어 평화 정향의 지지자들도 이스라엘의 핵 능력을 국가의 궁극적 보호 수단으로 인정한다. 유대인들은 처절한 시련과 쓰라린 고통의 역사적 경험을 공유하고 있고, 주변 아랍 국가들로부터 생존을 위협받는 전략 환경에 처해 있어서 그 누구도 국가안보를 경시할 수 없다.

이스라엘은 유대민족이 약 2000년 동안 나라 없이 온갖 학대와 치욕을 당하면서 방랑 생활을 하다가 1948년 건국한 신생국이다. 처절한 디아스포라 역사와 절박한 생존 위협에 대한 서사를 가지고 있다. 국가 지도층과 국민은 역사적 인식에 기초해 국가안보 이익과 목표를 설정하고 군사전략을 수립한다. 아픈 역사를 반복하지 않고 역사적 상실을 회복하는 것이 국가적 사명이 된다. 역사적 상실의 회복은 국가의 핵심 이익으로서 국가의 생존과 국민의 안위를 지키고 국력을 신장시키는 것이다. 외부 위협으로부터의 국토 수호는 사활적 국가이익이기 때문에 압도적 군사력의 확보가 필수적이다. 아랍 국가들의 위협에 대처하지 못하고 전쟁에서 패배하는 것은 유대민족과 이스라엘 국가의 상실을 의미한다. 이스라엘군은 이러한 전략 문화에 뿌리를 내리고 있어서 전쟁에서 승리해야 한다는 자발적 동기가 강하다. 싸우는 것밖에는 다른 선택이 없다는 정신 무장이 확고하다.

이스라엘은 특수한 지정학적 환경, 인구의 한계, 국토의 협소, 국가자원의 제한 등을 고려해 최소 손실의 깨끗한 전쟁을 추구한다. 적의 영토 진입은 상상도 할 수 없다. 전쟁에서 승리하더라도 많은 인명이 희생되고 커다란 물적 피해가 발생하면 국민이 용서하지 않는다. 1948년 아랍 국가를 상대로 한 독립 전쟁에서 당시 인구의 1%가 전사하는 대가를 치르고 국가를 수립해서 상무 정신이 강하다. 군대가 국가를 만들었고, 군대가 국민 속에 있으며, 군대가 가장 신뢰성 있는 국가 수호자이므로 군과 국민은 일체로 인식된다.

이스라엘은 인구와 병력이 턱없이 적어서 민·군 동체 개념의 시민군이 발전했다. 세계에서 가장 뛰어난 동원 체제로 아랍 국가들과의 전쟁에서 승리를 거뒀다. 군 복무는 국가사회 생활의 중요한 일부이다. 국민은 남·여를 불문하고 고등학교 졸업 후 18세가 되면 의무적으로 입대해야 한다. 남자는 3년, 여자는 2년 동안 현역으로 근무하며, 51세까지(미혼 여성은 24세) 예비역으로 복무한다. '시민 생활을 하는 현역', '귀가해 있는 현역' 개념에 따라 국방 임무를 수행한다. 군과 사회는 동체이기 때문에 군이 병사의 문화·사회적 요구에 부응하는 것은 당연한 책무이다. 군은 교육 배경이 미흡한 병사들에게 훌륭한 교육기관이다. 새로 이민해 온 병사들에게는 히브리어를 배우고 사회에 동화할 기회를 준다. 군은 사회 구성원들을 동질화시키고 시민 정신을 일체화해 국방을 넘어 경제와 사회 및 일상생활의 기본을 확립하는 구심적 존재이다.

이스라엘은 자조적 안보·국방 의식이 매우 강하다. 아랍 국가들로 둘러싸인 전략 환경에서 생존하기 위해서는 강력한 군사력이 절대적으로 중요하다는 데 전 국민이 합의한다. 약소국이 생존하기 위해서는 강대국과의 동맹도 고려할 수 있지만, 동맹은 상황적 이해에 따라 변동될 수 있어서 전혀 믿을 수 없다는 인식도 널리 퍼져 있다. 이스라엘 지도층은 자국이 매우 소국이기 때문에 강력한 보호자가 필요하다고 생각한 바도 있었다. 구소련을 견제하기 위해 미국과의 안보 협력관계를 형성하고자 시도했고, 무기를 획득하기 위해 프랑스와의 협력관계를 모색하기도 했다.

궁극적으로 이스라엘이 선택한 것은 자강 안보 노선이다. 인구가 적고 국토가 협소하며 종심이 매우 짧을 뿐만 아니라 3면이 아랍 국가들에 의해 포위된 상황에서는 선제 공격과 단기 속결전만이 행동의 자유를 보장할 수 있다고 판단했다. 이스라엘군이 동맹에 묶여 있으면 상황 적시적 행동이 불가능하고 외세의 간섭을 피할 수 없을 것이라는 점을 우려했다.

이스라엘은 타국의 군대가 직접 이스라엘 땅에 파견돼 전투에 참여하는 연합 방위 전략을 거부했다. 자체의 힘만을 신뢰하고 그 힘으로 생존을 보장하는 자강 안보전략을 견지했다. 미국으로부터 정치·외교적 지지를 받을 뿐만 아니라 군사적으로도 많은 지원을 받고 있지만 공식적 동맹은 없는 특수한 지위를 유지하고 있다. 어떠한 도전과 위협에 대해서도 단독으로 대응할 수 있는 압도적 방위력을 확보하는 길을 걸었다. 언제 군사적으로 개입할 것인가, 어느 정도까지 개입할 것인가, 군사력을 어떻게 사용할 것인가 등을 면밀하게 검토하고 이스라엘 특유의 군사전략과 군사력 사용 원칙을 발전시켰다.

제3절 군사혁신의 핵심 역량과 현황

1. 전력 체계 혁신

이스라엘은 작은 나라이지만 세계적으로 최강 수준의 군사력을 보유하고 있다. 상비병력은 겨우 18만 명 수준이지만 주변 아랍 국가들을 압도하는 군사 강국으로 군림하고 있다. 정예 군대와 아울러 세계 최첨단 수준의 전력 체계를 보유하고 있다. 자체의 힘으로 생존을 보장하기 위해 군사혁신 차원에서 첨단 과학기술이 접목된 무기와 장비를 발전시킨 결과이다. '국방은 그 누구도 대신할 수 없다', '안보의 최종 책임자는 자신이다'라는 원칙을 세우고, 핵심 무기를 스스로 만들어 자립 국방을 실현한다. 무기·장비의 조달을 외국에 의존하면 국제 정치 역학의 돌연한 변화가 발생할 때 안보가 위태로워질 수 있다고 판단한다.

1967년의 제3차 중동전쟁(일명 6일 전쟁)을 계기로 프랑스가 이스라엘에 대해 무기 금수조치를 감행한 것은 해외 무기 의존의 위험성을 자각시키는 충격적 사건이었다. 프랑스와 이스라엘은 이스라엘의 독립국 수립 이후 줄곧 동맹 관계를 강화했다. 국가 정상 간에 우호 정신을 다짐하며 긴밀한 군사 협력 관계를 발전시켰다. 양국 간 군사 협력에는 군사 장비와 전투기의 공급, 심지어는 핵무기 개발 협력에 대한 비밀 계약까지도 포함됐던 것으로 알려져 있다. 이러던 프랑스가 돌변했다. 프랑스는 아랍 국가들과의 친선 관계를 강화할 정치·외교적 목적으로 이스라엘의 이집트 공격을 반대했지만, 이스라엘이 선제 공격을 결행하자 군사 협력 관계를 끊어버렸다. 프랑스제 무기에 의존하던 이스라엘은 무기 자립의 절박함을 뼛속 깊이 체감했다.

이스라엘은 프랑스의 무기 금수조치를 계기로 독자적인 기술 축적과 함께 미국 등 해외 방위산업 기업들과의 전략적 제휴를 통해 첨단 무기체계를 개발하기 시작했다. 자국의 여러 가지 제한성과 문제점들을 면밀하게 분석·검토하고 매우 제한된 재원으로 최적의 전력 체계를 개발했다. 다수의 아랍 대국이 연합 전선을 형성해 생존을 위협하는 특수한 전략 환경에 적합한 무기체계를 선정했다. 국토가 협소해서 조금의 땅도 내어줄 수 없는 전장의 특성을 고려했다. 적대국들과 근접해 있어서 언제든 기습적으로 국가의 전략적 중심이 공격받을 수 있는 전략적 취약성을 반영했다. 인구가 겨우 800만 명 정도에 불과해서 상비병력이 위협에 대비하는 데 아주 부족하다는 점도 고려했다. 결국 선택과 집중의 전력 증강 전략으로 최적의 필수 무기체계를 확보했다.

오늘날 이스라엘은 양적으로 작지만 질적으로는 세계적 군사 강국에 못지않은 막강한 군사력을 보유하고 있다. 2023년 기준으로 총 169,500명의 상비병력을 유지하고 있다. 적대 세력과 지상으로 인접해 있어서 육군이 126,000명으로 대부분을 차지하고, 공군은 34,000명, 해군은 9,500명이다. 병력의 규모는 작지만 세계 최고 수준의 전략형 전력을 보유하고 있다. 우주 전력으로서 10대의 위성을 운용한다. 정보·감시·정찰 위성 7대, 아모스 통신위성 3대이다. 핵탄두를 운반할 수 있는 수단으로서 폭격기, 중거리 탄도 미사일(Intermediate Range Ballistic Missile: IRBM), 지상 공격 순항 미사일(Land Attack Cruise Missile: LACM) 탑재 돌핀급 재래식 공격잠수함을 운용한다. 적의 공중·미사일 공격에 대응하기 위한 전술 탄도 미사일(Anti-Tactical Ballistic Missile: ATBM)을 배치했다. Arrow 2, 아이언돔, 패트리엇-2, 데이비드 슬링 등 다층적 미사일 방어 체계를 운용한다. 각종 레이더와 센서 체계, 전자전 장비, 무인 항공기 등 최첨단 기술이 접목된 무기체계도 개발했다.

이스라엘은 생존 위협을 거부하기 위한 궁극의 무기로서 핵무기를 보유한 것으로 알려져 있다. 핵무기 보유와 규모에 대한 명확한 정보는 없지만, 다양한 국제적 보고서와 전문가들의 분석에 따르면 1960년대부터 개발했을 가능성이 높다. 핵무기 보유 사실을 부인하지도 시인하지도 않는(Neither Confirm Nor Deny: NCND) 모호성 정책을 견지한다. 미국과학자연합(Federation of American Scientists)의 추정에 따르면, 2020년 9월 기준으로 90개의 핵탄두를 비축해 놓고 있다.[62] 영국의 제인스 그룹 군사 전문가들의 판단에 따르면, 영국과 비슷한 수준인 300개의 핵탄두를 보유하고 있으며, 대부분은 조립하지 않은 채 며칠 만에 조립할 수 있는 상태로 보관한다. 영국 국제전략문제연구소(IISS)는 탄도 미사일에 탑재할 수 있는 핵탄두 수를 200개로 추산한다. 미국의 핵확산 반대 비정부기구인 핵위협이니셔티브(NTI) 역시 200개의 핵탄두를 보유한 것으로 추정한다.[63] 욤 키푸르 전쟁 당시 골다 메이어 총리는 전세가 불리해지자 핵탄두의 조립을 명령했던 것으로 알려져 있다.[64]

이스라엘은 선제 공격을 감행할 수 있는 능력을 기반으로 한 적극 방위 전략을 구사한다. 세계적 수준의 첨단 미사일을 운용한다. [표 4-1]에서 보듯이, 다양한 유형의 탄도 미사일과 순항 미사일을 보유하고 있다.

[표 4-1] 이스라엘의 주요 미사일 현황

명칭	분류	사거리(㎞)	탄두	상태
Jericho 3	대륙간탄도미사일(ICBM)	4,800~15,000	MIRV 핵탄두	운용
Jericho 2	중거리 탄도미사일(IRBM)	7,600	핵탄두	운용
LORA	단거리 탄도미사일(SRBM)	250	재래식 탄두	운용
Delilah	지상 공격 순항 미사일(LACM)	250~300	재래식 탄두	운용

이스라엘은 자신의 전략적 중심을 겨냥하는 원거리의 전략적 위협을 억제하기 위해 전략형 탄도 미사일을 실전 운용한다. Jericho

62) Hans M. Kristensen and Matt Korda, “Status of World Nuclear Forces”, Federation of American Scientists, https://fas.org/issues/nuclear-weapons/
63) “이스라엘의 핵무기 개발”, 『위키백과』, https://ko.wikipedia.org/wiki/
64) “이스라엘의 핵 개발”, 『나무위키』, https://namu.wiki/w/

계열의 미사일이다. Jericho 3는 대륙간탄도미사일(ICBM)로서 2008년 실전 배치된 것으로 추정된다. 발사 중량이 30톤인 3단계 고체연료 로켓을 사용한다. 탄두 중량은 1,000~1,300kg이다. 1개의 750kg 핵탄두 또는 2~3개의 MIRV 핵탄두를 탑재한다. 사거리는 4,800~15,000km이지만, 가장 가벼운 350kg 중량의 핵탄두를 탑재하면 사거리가 훨씬 늘어난다. 사일로, 트럭, 열차에서 발사한다. Jericho 2는 2단계 고체연료 로켓으로 추진되는 중거리 탄도미사일(IRBM)이다. 최대 사거리는 7,600km이다. 사일로와 트럭에서 발사한다. 500~1,000kg 중량의 탄두를 탑재한다. 1메가톤급 핵탄두를 운반할 수 있다.

[그림 4-2]에서 보는 바와 같이, 이스라엘이 Jericho 2 미사일과 F-15I 폭격기 및 무인 폭격기 등을 이용해 이란의 핵시설을 정밀 공격하는 공습 시나리오가 제기된 바 있다.[65)]

[그림 4-2] 이스라엘의 이란 핵시설 공습 시나리오

65) "공격한다면 … 예리코 2 미사일로 핵시설 폭격", 『중앙일보』, 2012년 2월 4일, https://news.joins.com/article/

이스라엘군은 적의 종심을 타격할 수 있는 단거리 정밀 미사일도 운용한다. 미국의 육군 전술 미사일 시스템(Army Tactical Missile System: ATACMS)과 유사한 LORA 미사일을 사용한다. 1단계 고체연료 단거리 탄도미사일로서 사정거리 250㎞, 탄두 중량 400~600㎏이다. 지상이나 해상의 목표물을 정밀하게 타격하기 위해 Delilah 미사일을 운용한다. 공대지용, 지대지용, 대 레이더용 순항 미사일이다. 사정거리 250~300㎞이다. 1990년대부터 전술기 탑재 공대지 순항 미사일로 운용됐다. Delilah-GL형이라는 지대지 순항 미사일로 개량되기도 했다.

[표 4-2]에서 보듯이, 이스라엘은 주변국의 다양한 공중·미사일 공격 위협에 대응할 수 있는 맞춤형 전략적·전술적 방어 전력체계를 운용하고 있다. 영토가 작고 인구가 특정 방면에 밀집돼 있어서 핵·미사일과 같은 전략적 무기에 태생적으로 취약하기 때문이다. 전·평시가 따로 없이 항상 주변국 및 무장 단체들의 탄도 미사일과 로켓 및 드론 공격에 노출돼 있다. 단 한 번의 공격으로 인명과 재산이 막대한 피해를 당할 수밖에 없다. 공격 세력이 아주 가까

[표 4-2] 이스라엘의 주요 공중·미사일 방어 체계

무기 구분	주요 기능
Arrow 탄도탄 요격 미사일 (Arrow ABM)	이스라엘산 THAAD 미사일로서 성층권에서 적의 탄도 미사일과 위성을 요격·파괴
아이언돔 (Iron Dome)	전천후 이동식 방공시스템(C-RAM)으로서 사거리 4~70㎞의 단거리 로켓과 포탄을 차단·파괴
데이비드 슬링 (David's Sling)	패트리엇 후속 미사일방어 체계로서 70~250㎞ 거리의 로켓포, 탄도 미사일, 전투기를 요격·파괴
아이언 빔 (Iron Beam)	아이언돔의 미사일을 고출력 레이저로 교체한 공중 방어 체계로서 로켓, 박격포, 드론 등을 요격

이 있어서 조기경보의 여유가 거의 없다. 공격 대상 지역과 목표가 무차별적이므로 다양한 방어 체계의 구축이 절실하다. 공격 무기가 다양하므로 방어 수단을 다각적으로 모색해야만 한다.

이스라엘군은 적대 세력의 공격 특성과 대응의 긴박성을 고려해 전략적 방어 차원의 미사일 방어 체계와 전술적 방어 차원의 로켓 방어 체계를 다층적으로 운용한다. 이란과 이슬람 무장 세력에 의한 공중·미사일 위협에 대응하기 위해 다층적 방어 체계를 가동하는 실제 발사 훈련을 시행한 바 있다. 지중해 상공에서 이뤄졌다. 무인기에서 방출된 목표물과 장거리 탄도미사일을 요격하는 능력을 시험했다. 장거리 미사일을 요격하는 Arrow 방어 체계, 중거리 미사일을 격추하는 데이비드 슬링 방어 체계, 팔레스타인 가자 지구에서 날아오는 단거리 미사일과 로켓포를 파괴하는 아이언돔 방어 체계를 총동원한 통합 훈련을 시행했다. 모든 시험에서 목표물 전부를 성공적으로 파괴한 것으로 평가됐다.[66]

이스라엘은 1991년 걸프전에서 패트리엇 미사일로 이라크가 발사한 스커드 미사일을 요격하는 데 실패하자 미국의 재정적 지원을 받아 미사일 방어 체계를 자체적으로 개발하기 시작했다. 2000년 3월 이스라엘형 사드(THAAD) 미사일로 불리는 Arrow 탄도탄 요격 미사일(Arrow ABM) 시스템이 지중해 연안에 있는 팔마힘 공군기지에 실전 배치됐다. 이어서 Arrow 2 미사일 시스템이 개발됐다. 이스라엘 공군과 미국 미사일방어국은 2009년 4월 18번째 실험을 했다. 팔마힘 공군기지에서 미사일을 발사해 이란의 샤하브 3 미사일과 같게 제작된 블루 스패로(Blue Sparrow) 미사일[67]을 정확하게 요격

66) "이스라엘, 이란 위협에 대응 미사일 실제 발사 통합 훈련 감행", 『NEWSIS』, 2020년 12월 16일, https://newsis.com/view/

67) 블루 스패로 미사일은 라파엘사에서 만든 모의 스커드-C/D 미사일이다. F-15 전투기에서 발사된다. 북한의 노동 1 미사일 또는 이란의 사하브-3 미사일과 탄도 궤적, 속도, 레이다 영상, 열추적 영상을 같게 구현할 수 있어

했다.[68] 1개 포대는 4~8개의 이동식 미사일 발사대로 구성된다. 1개의 발사대에는 6개의 발사관이 있다.

이스라엘과 미국은 2008년부터 Arrow 3 미사일 시스템을 공동으로 개발하기 시작했다. 사거리 2,400㎞의 외기권 초음속 대탄도탄 미사일이다. 위성 공격 무기로도 사용한다. 대량 살상 탄두를 탑재한 탄도 미사일을 고도 100㎞ 이상에서 요격할 수 있다. 구축함에서도 발사한다. 1개 포대는 일제 사격한 5발 이상의 탄도 미사일을 30초 안에 요격할 수 있다. 적의 탄도 미사일이 날아올 우주 상공으로 발사한다. 탄도 미사일의 비행 궤도가 정확하게 식별되면 궤도를 수정해 직격 파괴(hit to kill) 방식으로 목표물을 명중시킨다. 목표물 탐지·추적 거리가 한층 긴 그린파인 레이다 블록-C도 함께 개발됐다. 『제인스 디펜스 위클리』에 따르면, 2017년 1월 Arrow 3 미사일 포대가 운영을 개시했다. 1개 포대는 4개의 발사대와 24발의 미사일로 구성된다. 1개의 발사대에는 6발의 미사일이 탑재된다.

이스라엘은 하마스나 헤즈볼라와 같은 무장 단체에 의한 로켓포 또는 박격포 공격을 막기 위해 전천후 이동식 방공시스템(Counter Rocket, Artillery, Mortar: C-RAM)인 아이언돔 시스템을 운용하고 있다. 2006년 제2차 레바논 전쟁 동안 헤즈볼라 무장 단체는 약 4천 개의 로켓을 이스라엘 북부 지역으로 발사했다. 44명의 주민이 사망하고, 25만 명의 주민이 다른 지역으로 이주했다. 2000~2008년 기간 가자 지구로부터 약 4천 개의 로켓과 4천 개의 박격포 탄이 이스라엘 남쪽의 인구 밀집 지역에 무차별적으로 발사됐다. 약 100만 명의 이스라엘 주민이 로켓포 사정거리 안에서 살아야 했다. 이스

서 미사일 방어의 실전적 테스트에 사용되고 있다.

68) "Israel tests modified Arrow 2 ABM and new Green Pine radar", domain-b.com, 07 April 2009, https://www.domain-b.com/aero/mil_avi/miss_muni/

라엘군은 2007년부터 미국의 재정적 지원을 받아 '철의 지붕'으로 불리는 아이언돔을 개발하기 시작했다. 2011년 3월 작전 배치가 결정됐다.

아이언돔은 4~70㎞의 거리에서 발사된 단거리 로켓과 포탄을 민간인 거주 지역 낙하 전에 파괴한다. 이동식 차량 발사대에는 20발의 타미르 요격 미사일이 탑재된다. 2011년 4월 7일 처음으로 가자지구에서 발사된 BM-21 다연장 로켓포(러시아제)를 성공적으로 요격한 바 있다.[69] 2012년 3월 10일 자 『예루살렘 포스트』지에 따르면, 아이언돔이 가자지구에서 발사돼 거주 지역에 떨어질 것으로 예상된 로켓의 90%를 격추했다.[70]

아이언돔의 요격 성공률은 논란이 있다. 이스라엘군은 명중률이 90%에 달하는 것으로 주장하지만, 2018년 11월 하마스가 발사한 박격포와 로켓포 370발 중 60발만이 격추된 것으로 알려져 있다. 요격 성공률이 30~40%에 불과한 것이다. 2019년에는 하마스가 발사한 690발의 미사일 중 240발만을 방어한 것으로 지적됐다. 하마스는 새로운 전략으로 아이언돔 시스템을 뚫었다고 주장했다. 이스라엘군의 주장에 따르면, 아이언돔의 요격 성공률은 86%대이며, 60% 정도는 무인 지역에 낙하해 아예 요격을 시도하지 않는다.[71]

이스라엘은 장거리 Arrow 미사일과 단거리 아이언돔 미사일의 요격 영역 사이를 담당하는 중거리 요격 미사일 시스템으로 데이비드 슬링(David's Sling, 다윗의 돌팔매)을 2014년 실전 배치했다. '마술 지팡이'로도 불린다. 이스라엘과 미국의 방산업체가 합작 개발한 사거리 70~250km의 차세대 패트리엇 미사일이다. 적의 미사일과 로

69) "Iron Dome Successfully Intercepts Gaza Rocket for First Time", *HAARETZ*, 08.04.2011, https://www.haaretz.com/

70) "Iron Dome ups its interception rate to over 90%", *The Jerusalem Post*, March 10, 2012, https://www.jpost.com/Defense/

71) "아이언돔", 『나무위키』, https://namu.wiki/

켓포를 전천후로 요격한다. 레바논 내 헤즈볼라 무장 단체나 시리아 등이 발사하는 탄도 미사일은 물론 더 먼 거리에서 날아오는 저고도 순항 미사일도 요격한다. 아이언돔과 함께 운용하면 이란이 개발하고 시리아, 하마스, 헤즈볼라 등이 함께 보유하고 있는 파즈르-5 미사일, 시리아의 M-600 탄도 미사일, 시리아가 러시아에서 도입한 야혼트(Yakhont) 초음속 대함 순항미사일까지 막을 수 있다.

이스라엘군은 아이언돔의 약점을 보완해 단거리 공중 위협에 대한 대응 능력을 한층 강화하기 위해 아이언돔의 레이저 버전으로 차세대 대공방어 체계인 아이언빔을 개발해 시험하며 실전 배치를 추진하고 있다. 이는 100㎾의 고에너지 레이저 빔(High Energy Laser: HEL)을 쏘아 최대 7㎞ 거리의 미사일부터 로켓과 드론 등을 적은 비용으로 요격할 수 있도록 설계된 신개념 무기로서 차세대 게임체인저로 주목받는다. 다만 표적이 완전히 파괴되기 전까지 레이저로 표적을 계속 추적해야 하므로 동시 요격할 수 있는 표적의 숫자를 정확히 예측할 수 없다는 문제가 존재하지만, 레이저의 출력을 150㎾ 수준까지 높이거나 레이저를 에너지 손실 없이 8~10㎞ 이상 거리까지 투사하는 등 여러 보완 기술이 등장하고 있어서 그런 문제는 조만간 해결될 수 있을 것으로 전망된다.

아이언빔 시스템의 개발은 아이언돔을 대체하는 것이 아니라 보완하는 방안을 마련한 것이다. 아이언돔 시스템에서 레이더 시스템과 통제시스템 등 다른 시스템은 그대로 사용하고 미사일 시스템을 고출력 레이저 시스템으로 교체했다. 트럭에 탑재된 2대의 레이저 발사 장비가 2개의 빔을 발사해 1개의 목표에 집중적으로 조사해 요격한다. 소형 항공기나 무인기, 로켓포, 박격포, 포탄 등을 4~5초마다 하나씩 격추할 수 있다. 출력을 현재의 수십㎾에서 10배 이상 증강하면 수십㎞ 밖의 탄도 미사일도 파괴할 수 있을 것으로 예상된다. 요격 거리는 7㎞에 불과하지만, 요격 1회에 드는 비용은 1달러도 안 된다. 아이언돔 시스템의 결함이었던 가성비가 완전히 해결됨을 의미한다.

이스라엘 국방부는 2024년 10월 가자 지구 전쟁 당시 시험용 레이저 무기를 사용해 헤즈볼라 무장 집단의 드론 수십 대를 격추했다고 밝힌 바 있다. 2025년 말 정식으로 실전에 배치한다는 계획을 세워놓고 있었지만, 하마스와 헤즈볼라 등 무장 집단들과 전투를 치르면서 개발과 시험이 가속됐다. 2025년 5월 말 현재 최종 시험을 진행하고 있으며, 문제가 없으면 2025년 말에는 정규 작전 배치 단계에 돌입할 예정이다. '라이트빔(Lite Beam)'이라는 소형 경량 모델도 개발돼 한층 기동성 높은 단거리 방어용으로 이미 일부 부대에 투입돼 운용중인 알려져 있다.

이스라엘은 국토가 협소하고 도시와 인구가 지중해 연안에 밀집된 가운데 위협 세력이 근접해 있어서 적의 기습적 공격을 신속하게 경보할 수 있는 정보 전력 체계가 필수적이다. 이에 따라 세계 최첨단의 우주 감시·정찰 무기체계를 개발했다. 핵심 우주 기술 분야에서 세계 최고가 되도록 투자했다. 정찰용 인공위성과 레이더 등 분야에서 세계 최고의 기술을 확보하기 위해 노력했다. 샤빗(Shavit) 발사체로 소형 위성(무게 100kg 내외의 위성)을 우주로 쏘아 올렸다. 무게 대비 성능을 고려한 자신만의 특수한 방식으로 발사체와 위성 시스템을 개발했다. 샤빗은 Jericho 2 중거리 탄도미사일을 개조해 제작한 것이다. 우주로 쏘아 올릴 수 있는 무게가 정해져 있는 고체 연료 발사체여서 위성 시스템도 그 한계에 맞춰 개발할 수밖에 없었다. 결국은 소형 위성의 성능을 고도화하는 데 집중했다. 소형 위성은 저비용으로 지구·우주 관측 및 통신 서비스 등 중·대형 위성의 역할을 상당 부분 대신할 수 있고, 중궤도·정지궤도 위성보다 지구와 가까이에 있어서 데이터 송수신 지연 시간이 짧다는 것이 장점이다.

샤빗 발사체는 1988년 처음 개발 당시 탑재 중량이 100kg 정도여서 이후 7년 동안 개발한 위성 대부분이 100kg에 맞춰졌다. 1995년 탑재 중량 200kg의 샤빗 1 발사체가 개발됐다. 2007년에는 탑재 중량 300kg의 샤빗 2 발사체가 나왔다. 샤빗 발사체의 탑재 중량에 맞춰 최대한 가볍고 성능이 뛰어난 위성을 쏘아 올리는 노력을 반복했다. 그 결과 위성의 중량을 줄이면서도 모든 첨단 기술을 집약해 성능을 높이는 소형화 기술을 극한까지 발전시켰다. 샤빗 발사체는 소형 정찰 위성(Ofeq 계열)을 우주 궤도에 쏘아 올렸다. 소형 위성인데도 기상 조건과 주야 관계없이 영상을 획득할 수 있는 레이더(SAR) 시스템과 낮 시간대에 영상을 획득할 수 있는 광학(EO) 시스템을 탑재했다.

이스라엘은 다른 국가들이 따라 하기 힘든 최첨단 위성 기술 개발 성과를 바탕으로 2008년 1월 TecSAR(Ofeq-9)라는 SAR 전용 정찰 위성을 처음으로 우주 공간에 쏘아 올렸다. 인도의 우주 센터에서 PSLV-CA 발사체를 이용했다. 우주 공간에 올라간 다음 우산처럼 레이더 날개를 펴는 독특한 구조로 독자 개발됐다. 같은 성능을 가진 해외의 SAR에 비해 무게가 월등히 가볍다. 어두운 밤이나 구름이 잔뜩 낀 흐린 날에도 지상을 정밀하게 촬영한 고화질 영상을 제공한다. X-band 레이더 시스템으로 10cm급 해상도의 영상을 확보할 수 있다. 전략적으로 이란의 핵무기 프로그램과 군사적 활동에 대한 정보를 수집하는 데 운용된다.

이스라엘은 2000년대 초부터 광학 카메라를 탑재한 지구관측위성(EROS)을 개발했다. EROS-A(2000년 발사, 해상도 1.9m, 무게 250kg)와 EROS-B(2006년 발사, 해상도 0.7m, 무게 350kg)의 후속으로 2012년 0.5~2m급 해상도의 EROS-C(무게 350kg)를 우주 공간에 올려놓았다.[72] 감시·정찰 위성과 함께 AMOS 계열의 통신위성도 운용한다. 2008년 AMOS-3을 발사한 데 이어 2013년 무게 4.3톤의

AMOS-4를 카자흐스탄 소재 러시아 우주 발사 시설에서 쏘아 올렸다. 유럽, 중동, 미국 동부, 아프리카, 러시아, 동남아시아에 통신 서비스를 제공한다.

이스라엘은 특수한 전략 환경과 전장 특성에 최적화된 신개념 무기체계를 운용한다. 트로피(Trophy) 능동 방어 시스템(Active Protection System: APS)이 대표적 사례이다. 2009년부터 기갑 부대에 실전 배치됐다. 메르카바 전차 등 기갑 전투차량에 장착돼 날아오는 로켓포나 미사일을 수많은 금속 파편으로 요격한다. 요격탄의 비산 범위가 매우 좁아서 차량을 보호하는 보병들의 피해를 최소화할 수 있다. 거의 모든 종류의 대전차 미사일이나 로켓포를 방어할 수 있다. 여러 방향에서 동시에 날아오는 표적을 요격한다. 차량이 정지중일 때와 이동중일 때 모두 요격 임무를 수행할 수 있다.

장갑차처럼 경장갑을 가진 차량에 탑재하는 트로피 라이트(Trophy Light)도 2007년 공개됐다. 미국 육군도 2017년부터 M1A2 에이브럼스 전차를 포함한 주력 기갑 장비들에 실전에서 성능이 입증된 이스라엘제 트로피 시스템을 도입했다.[73] 이스라엘의 한 대형 방산업체는 120밀리 날개안정분리철갑탄, 대전차 미사일, 무반동총 등을 탐지하고 방어할 수 있는 아이언 피스트(Iron Fist)라는 능동방어 시스템을 개발한 것으로 파악된다.

이스라엘은 무인 무기체계의 원조로서 오늘날 세계 최고 수준의 기술력을 확보한 것으로 평가된다. 주변국들과 빈번하게 전쟁을 치르면서 원거리 관측의 중요성을 인식했다. 1982년 레바논 전쟁 시 스카우트 무인기를 최초로 투입했다. 현재 다양한 종류·유형·용도

72) "인공위성, 세계 위성 탑재 광학 카메라 현황", 『대덕밸리이야기』, 2012년 6월 5일, https://daedeokvalley.tistory.com/

73) "美 주력 전차 에이브럼스, 대전차무기 안 두렵다", 『한국경제TV』, 2017년 6월 8일, https://www.wowtv.co.kr/NewsCenter/News/

의 첨단 무인기를 운용한다. 세계적 첨단 무인기를 제작하는 업체만 7~8개가 있다. 다양한 정찰용 무인기와 공격용 무인기를 생산하며 세계 50개 이상의 국가에 수출한다. 무인기는 육상과 해상을 동시에 정찰할 수 있고 임무 전환이 쉽다. 미사일 발사 및 타격 플랫폼으로 사용할 수 있다. 바다에서는 무인 수상정(USV)을 운용한다. 연안·항만·도서 근해에서 감시정찰, 대테러, 부대 보호 등을 목적으로 개발됐다. 기관총, 유탄 발사기, 스파이크(Spike) 미사일을 탑재한다. 작전 지역 감시정찰, 적 유인, 원격 화력 지원 등 다양한 전술적 용도의 무인 지상 차량(UGVs)도 운용한다.

이스라엘은 절박한 생존 의식, 자조 자강 의지가 담긴 방위산업, 창의적 연구개발이 뒷받침돼서 자국만의 독특한 장점이 있는 첨단 무기체계를 확보할 수 있었다. 1967년 6일 전쟁 후 프랑스가 무기 금수조치를 감행함에 따라 자강 국방의 중요성을 절감했다. 그때부터 해외 기업과의 전략적 제휴를 통해 첨단 기술을 축적하기 시작했다. 방산 선진국들이 소홀히 하는 틈새 시장을 개척하는 선택과 집중 전략을 구사했다. 소형 위성, 레이더, 통신·C4I 시스템, 전자·컴퓨터 장비, 사격통제 장비, 정밀 유도무기, 무인 무기체계 등 광범위한 분야에 걸쳐 세계 정상의 기술력을 확보하고 있다. 주변 아랍국들과 비교하면 적어도 한 세대 앞선 최첨단 기술 집약형 무기·장비를 보유하고 있다. 항공기나 전차와 같은 완제품보다는 통신 장비, 소프트웨어, 레이더 등과 같은 부품 개발에 집중했다. 기존 장비의 성능 개량과 체계 통합 능력도 탁월하다.

2. 전장 운영 개념 혁신

이스라엘군은 주변 아랍국들과 전면전을 네 차례에 걸쳐 치르고 이슬람 무장 단체들의 빈번한 공격을 받으며 자신만의 독특한 전장 운영 개념을 발전시켜 적용했다. 이스라엘 특색의 최첨단 무기체계와 장비를 운용해 적의 공격을 최단 시간·최소 손실 원칙에서 격퇴하는 전장 운영 개념을 부단히 개발했다. 군사전략과 전쟁 기획은 영토가 협소해 전장을 조금도 적에게 내줄 수 없는 지리적 특성을 고려해 방어보다는 선제 공격을 추구한다. 평시 군사적 도발과 공격을 당하면 혹독한 응징보복을 감행한다. 전쟁의 징후를 발견하면 선제 공격 차원에서 조속히 전장을 적의 영토로 옮긴다. 전쟁이 발발하면 초기부터 속전속결을 추구해 피해를 최소화한다.

이스라엘군의 군사전략은 선제 공격과 적 영토로의 전장 이전이 본질이다. 선제 공격은 이스라엘과 아랍국 간 전쟁 지속 능력의 불균형성, 국제사회의 조기 종전 강요 가능성, 전쟁의 장기화와 확전 가능성 등 복합적 상황을 고려해 전쟁을 빠르게 끝내는 데 목적이 있다. 지리·전략적 취약성과 상비병력의 부족도 선제 공격 감행의 중요한 요인이다. 전략적 종심의 여유가 거의 없고, 동원 병력에 의존해야 해서 적의 공격을 흡수할 방어력이 충분하지 않다. 적 영토로의 전장 이전은 전쟁이 발발하면 결전 장소를 적의 영토로 옮김으로써 자신의 국토와 국민 피해를 예방하는 데 목적이 있다. 이스라엘은 적대 세력으로 포위돼 있어서 종심이 거의 없다. 인구가 지중해 연안 도시에 집중돼 있어서 영토 내에서 전투가 벌어지면 중요 국가 기반 시설과 산업시설이 일거에 파괴되고 엄청난 인명 손실이 발생한다. 대규모 피해를 감당할 수 없다. 취약성과 위험성을 최소화하기 위해 전쟁 초기 전장을 적의 영토로 이전하는 공세적 전략 개념을 채택한 것이다.

이스라엘의 공세적 속전속결 전쟁 개념은 1967년의 제3차 중동전쟁에서 모습과 특성을 드러냈다. 이집트, 요르단, 시리아, 레바논을 상대로 한 전쟁에서 6일 만에 속전속결로 승리를 거둬 초유의 최단기 전쟁 종결 역사를 남겼다. 1967년 6월 5일 새벽 이스라엘 공군 전투기들은 레이더 기지의 교대 시간을 틈타 사막에서 초저공으로 비행하며 이집트 방공망을 우회해 주요 공군기지들로 침투하는데 성공했다. 아랍 연합군 중 최대 전력을 보유한 이집트의 주요 공군기지들을 거의 같은 시간에 기습적으로 폭격했다. 약 3시간에 걸쳐 이집트 공군의 450여 대 항공기 중 300여 대를 파괴했다. 공군기지와 레이더 기지 등을 초토로 만들었다. 이집트 공군력의 80%를 격파했다.[74] 연속해서 이스라엘 공군 전투기들은 이집트군을 무력화했다.

이집트 군부는 전황을 지켜보고 극도의 충격과 혼란에 빠졌다. 이집트의 한 전투기 조종사는 당시의 느낌을 실감나게 소개했다. "최초 1진의 공격이 끝나고 30초도 안 돼 2진의 공격대가 기지 상공에 나타났다. 우리는 엄폐된 곳을 찾아 주변 사막을 정신없이 달렸다. 이스라엘 공군 전투기들은 공격을 멈추고 유유히 기지 상공을 선회했다. 2진의 조종사들은 기지가 다 파괴됐고, 더 이상 공격할 목표가 남아 있지 않은 사실이 믿기지 않은 듯했다. 그들에게는 살아 있는 우리 조종사들만이 남은 목표였다. 권총을 유일한 호신 무기로 지닌 우리가 이스라엘 전투기들의 유일한 목표였다는 것은 슬픈 코미디이다. 첨단 장비를 갖춘 최신에 전투기의 조종사들이 권총 하나에 의지한 채 목숨을 건지기 위해 여기저기 뛰어다녔다는 것은 듣기에도 민망한 모습이다. 2진의 공격 전투기는 기지 상공 도착 5분 후 사라졌다. 정적이 주변 사막과 파괴된 기지에 감돌았다. 우리 전투기와 기지 시설이 불타는 소리만 들려올 따름이었다. 이스라엘 공군기들은 최고의 방법으로 임무를 완수했다. 100%의 우리 측 손실과 0%의 이스라엘 측 손실이 이러한 사실을 말해준다."[75]

---

74) "제3차 중동전쟁", 『나무위키』, 2020년 12월 10일, https://namu.wiki/w/
75) "이스라엘 공군의 총력 기습－전투기 200기 대 출격(3)". 『울프독의 War History』, https://mnd－nara.tistory.com/

이스라엘군은 선제 공격으로 제공권을 장악한 후 지상전에 돌입했다. 이집트, 요르단, 시리아로 진격해 20,700㎢에 불과하던 영토를 순식간에 68,600㎢로 3.3배 늘렸다. 이집트 영토이던 시나이 반도와 가자 지구, 요르단령이던 동예루살렘을 포함한 서안 지역, 시리아의 골란고원이 장악됐다. 아랍 연합군의 주축인 요르단, 이집트, 시리아가 차례로 휴전을 받아들여서 전쟁은 6월 11일 개전 6일 만에 종결됐다. 이스라엘군 사망자는 1,000명 이하였고, 아랍 연합군 사망자는 20,000명 이상이었다.[76)]

이스라엘은 6일 전쟁에서 정보력을 기반으로 항공 전력과 기갑 전력을 체계적으로 결합한 새로운 전격전을 수행했다.[77)] 적의 침략 기도와 활동을 조기에 파악한 다음 선제적 공격 작전으로 주도권을 장악하고 적의 영토를 주전장으로 삼아 단기간에 결정적으로 승리를 거뒀다. 아랍 국가들이 연합해 대응했지만, 이스라엘군은 전략적으로 포위된 내선 상의 위치를 이점으로 활용해 선제 공격으로 신속하게 각개 격파했다. 2개 이상의 정면에서 동시적으로 전쟁을 수행하지 않는 전략을 택했다.

이스라엘군은 탁월한 정보력, 우월한 공군력, 우수한 기갑 전력을 체계적으로 결합해 전력의 승수효과를 극대화했다. 뛰어난 정보력으로 이집트 공군 전투기가 아침 초계 비행을 마치고 기지로 귀환하는 시간을 정확히 탐지하고 공격 개시 시간을 결정했다. 최선의 방어는 이집트 카이로 상공에 달려 있다고 인식하고, 사전 모의를 통해 치밀한 작전계획을 수립한 다음, 최첨단 공군력으로 6시간 이내에 이집트 공군력을 완전히 괴멸시켰다. 지상전의 개시와 함께 이

---

76) "제3차 중동전쟁", 『위키백과』, https://ko.wikipedia.org/wiki/
77) 신 전격전은 제2차 세계대전 당시 독일군이 프랑스 마지노 요새의 돌파를 위해 구사한 전격전 교리를 이스라엘의 작전 상황에 적합하게 적용한 전술을 말한다.

스라엘 기갑 부대들은 28시간 만에 시나이 반도의 이집트 주력군을 격멸했다.

이스라엘은 제4차 중동전쟁(10월 전쟁, Yom Kippur 전쟁)을 계기로 전력 체계의 복합 운용 방안을 발전시켰다. 이집트와 시리아는 1973년 10월 6일 이스라엘의 욤 키푸르 날(속죄의 날)을 틈타 기습적 공격과 함께 전쟁을 일으켰다. 개전 초기 이집트군은 신속하게 이스라엘 공군과 기갑 부대를 제압하고 수에즈 운하를 넘어 시나이 반도의 거점들을 장악했다. 시리아군은 휴전선을 돌파해 골란고원을 공격하고 이스라엘의 문전까지 진군했다. 개전 4일 후 이스라엘군은 전열을 정비해 대대적인 반격에 나섰다. 시리아 전선에서 과감한 역공을 통한 공세 이전으로 주도권을 장악하고 골란고원을 탈환했다. 이집트 전선에서도 역공해 요르단강 서안 지구를 다시 점령했다. 10월 22일 전쟁 당사자가 유엔 안전보장이사회의 정전 요구 결의안을 수용함으로써 16일 만에 전쟁은 끝났다.

이스라엘은 초전의 패배로 참담한 치욕을 감내해야 했다. 정부와 군의 전반적 폐단을 진단하고 성찰하며 새로운 혁신 방안을 도출했다. 적에 대한 정보력의 미흡, 지상군 각 병종 간 협조의 부적절, 전방 작전 부대에 대한 군수 조달 체계의 미흡, 여단급 이상 작전 부대 지휘관의 경험 부족 등이 주요 문제점으로 도출됐다. 이에 따라 특수 중앙 훈련기지를 설치하고 연합 작전 교리에 입각한 광범위한 훈련을 강화했다. 아랍 연합군의 대공 무기로 많은 전술 항공기가 격추됐다는 점을 교훈 삼아 정찰·통제·타격 복합 개념의 항공력 운용 방안을 창출했다. 조기경보통제기, 원격 조종 무인 정찰기, 첨단 전투기를 결합해 복합적으로 운용한다.[78]

이스라엘군은 그동안의 실전 경험을 토대로 제한된 지리적 공간

78) 권태영·심경욱, 『작지만 강한 '전투형' 이스라엘군』, 한국전략문제연구소, 2011년 6월, p. 16.

과 지속되는 위협 등 전략적 환경에 적합한 독특하고 효율적인 통합 항공력 운용 개념을 개발해 작전을 수행한다. 효율적이고 유연한 전력 투사로 방어와 억제 전략의 연계 결합을 보장한다. 이는 세계적으로도 혁신적인 군사작전 모델로 평가받는다.

이스라엘 공군은 통합 지휘통제 시스템을 기반으로 한 네트워크 중심 작전(Network Centric Operations: NCO)을 적용한다. 이스라엘 공군은 실시간 정보 공유와 신속한 의사결정을 위해 모든 공중 작전의 계획과 실행을 중앙화된 체제로 운영한다. 지상·해상·공중 전력 간의 밀접한 협력으로 모든 작전이 통합적으로 이루어진다.

다차원 정보 우위 확보를 최우선으로 중시한다. 무인 항공기와 정찰 위성을 활용해 실시간으로 정보를 수집하며, 적의 움직임과 잠재적 위협을 즉각 감지한다. 신호정보(SIGINT), 인간정보(HUMINT), 전자정보(ELINT) 등 다양한 정보 수집 체계를 통합해 정밀 타격의 기초를 제공한다.

최첨단 정밀 타격 능력을 운용한다. 정밀 유도무기를 통해 적의 핵심 인프라와 고위험 표적을 선택적으로 타격한다. 적의 방공망을 무력화하고 지상군의 진격을 지원하기 위해 빠르고 효과적인 공중 타격이 이루어진다.

공중 전력과 지상 전력을 유기적으로 통합한 작전을 효과적으로 수행한다. 지상군의 요청에 따라 즉각적인 근접항공지원(CAS)이 제공된다. 전투 중 실시간으로 정보를 공유해 작전 중 돌발 상황에 신속히 대응한다.

방어와 예방적 억제(Preemptive Deterrence)의 조화를 추구한다. 잠재적 위협을 사전에 무력화하기 위해 선제 공격 개념을 적극적으로 활용한다. 적국의 미사일 발사대, 무기 창고, 지휘통제 시설 등을 정밀 타격해 전쟁 발발 이전에 상대방의 전력을 약화하거나 제거한다. 아이언돔, 데이비드 슬링, Arrow 미사일 등으로 구성된 다층 공중·미사일 방어 체계로 적의 미사일과 드론 공격을 방어한다. 방어 체계와 공격 작전을 결합해 잠재적 적국에 대한 억지력을 유지한다.

유연하고 민첩한 작전 대응을 중시한다. 이스라엘 공군은 높은 민첩성을 자랑하며, 짧은 준비시간 내에 다양한 임무를 수행할 수 있다. 적응성과 기동력을 극대화하기 위해 소규모의 다기능 부대를 운영한다.

최신 첨단 기술을 활용한다. 인공지능을 기반으로 한 작전계획 수립, 표적 식별·탐지, 위협 평가를 통해 작전의 속도와 정확도를 극대화한다. 인공지능은 수백 개의 표적 중 우선순위를 자동으로 정하고, 최적의 공격 경로와 타이밍을 제안한다. 이에 따라 공군은 복잡하고 동적인 전장 환경에서 더 빠르고 효과적인 결정을 내릴 수 있다. F－35I 스텔스 전투기와 및 첨단 무인 항공기 플랫폼의 도입 등으로 항공력의 질적 우위를 유지한다. 정찰용, 공격용, 물류용 등 다양한 용도와 형태의 드론을 활용한다. 드론은 비용 효율적이고 위험이 적으면서도 높은 작전 효율성을 제공하며, 정밀 타격과 실시간 정보 제공에 중요한 역할을 담당한다.

첨단 지휘통제 시스템과 네트워크 중심 작전 수행 능력을 기반으로 다영역 작전(Multi－Domain Operations: MDO)을 수행한다. 공중·지상·해상·사이버·전자기스펙트럼 공간을 통합한 다영역 작전을 통해 적의 통신망과 방공 체계를 무력화하고 전방위적으로 전력을 투사한다. 전자전 부대는 적의 레이더와 무기 시스템을 방해하거나 오작동하게 만들어 공중전의 우위를 지원한다.

이스라엘군의 통합 항공력 운용 개념은 앞으로도 혁신과 발전을 지속할 것으로 전망된다. 완전 자율 무기 시스템을 개발할 것이다. 인공지능과 자율화 기술을 이용해 드론, 전투기, 미사일을 한층 고도화할 것이다. 우주 전력을 확대할 것이다. 군사 위성과 우주 기술을 활용해 정보 수집과 통신 능력을 강화할 것이다. 레이저 기반의 방공 체계와 공격 시스템을 개발해 기존의 방공 체계를 보완할 것이다.

이스라엘은 1982년 6월 팔레스타인 무장 세력을 축출하기 위해 레바논을 공격한 '갈릴리 평화 작전(Operation Peace for Galilee)'에 새로 발전시킨 통합 항공력 운용 개념을 적용했다. 3년에 걸쳐 레바논 베카 계곡에 주둔해 있는 시리아군 기지를 파괴하고 팔레스타인 게릴라들을 소탕했다. 1단계로 무장 단체를 베이루트에서 소탕했고, 2단계로 대테러전을 수행했다. 원격 조종 무인기를 이용해 베카 계곡의 대공 무기 주파수를 탐지하고 전자 방해 공격을 시행했다. E-2 Hawkeye 조기경보통제기가 공중 지휘통제를 담당했다. F-15와 F-16 편대군이 제공권을 장악하고 지상 표적을 타격했다. 시스템 복합체계 기반 전장 운영 개념을 실전에서 구현했다. 2021년의 가자지구 하마스 공습 작전에서 이스라엘 공군은 정밀 타격으로 하마스의 터널 네트워크와 로켓 발사 시설을 무력화했다. 드론과 인공지능 기술을 활용해 표적을 탐지하고 정확한 시간에 효과적으로 타격했다.

3. 군 구조 및 부대 편성 혁신

이스라엘군은 병력의 제한, 지리·전략적 특수성, 실전 경험 및 교훈, 전력 운용의 효과성, 새로운 전장 운영 개념 등을 종합적으로 고려해 자신만의 특수한 군 구조와 부대 체계를 발전시켰다. 소규모의 상비병력과 예비병력으로 자신보다 절대적으로 규모가 큰 주변 위협 세력에 대응할 수 있는 군사력 구조를 구축했다. 전략적 억제와 공세적 방어 임무를 수행하는 동시에 대테러 응징보복을 감행하기 위해서는 병력 자원과 첨단 전력 체계를 효과적으로 결합한 군 구조와 부대 편성이 긴요하다. [그림 4-3]에서 보는 바와 같이, 육군·공군·해군이 하나의 통합 지휘 체계 속에서 운영된다.

총참모본부가 최고 지휘기구로 육군·공군·해군의 모든 작전 및 전략 계획을 조정한다. 총참모장이 군의 최고 사령관으로 국방부 장관과 총리의 직속 지휘를 받는다. 전력의 집중적·협조적 운용성을 고도화하고 군사작전의 융통성·신속성을 보장하기 위해 지상군의 지역별 사령부와 민방위사령부를 직접 지휘하고, 지상군·공군·해군 사령관을 통합적으로 지휘한다.

[그림 4-3] 이스라엘의 군 구조 및 부대 편성

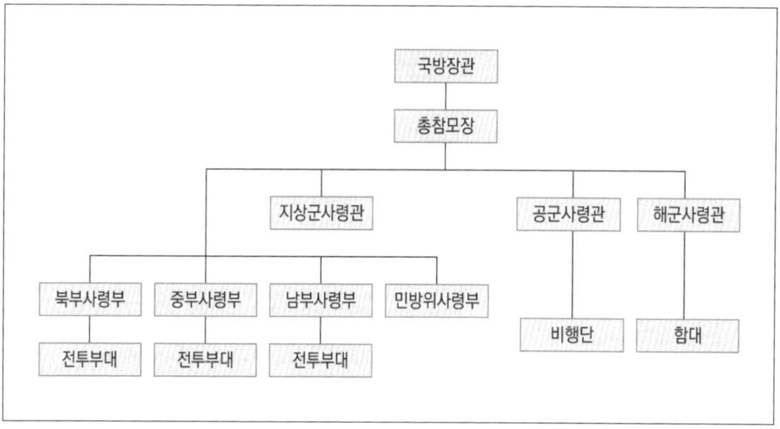

지상군 사령관은 독자적 작전 지휘권이 없고, 기갑·보병·포병·공병·공수 부대의 훈련·교리와 장비 개발에 대해 책임진다. 공군·해군 사령관은 총참모장의 지휘를 받아 3군 통합 작전에 참여하는 동시에 독자적 작전과 전력 증강, 그리고 교육훈련을 관장한다. 총참모장이 군의 모든 작전 능력과 요소들을 통합하고 있으나, 각급 제대의 작전 재량권을 최대한 보장한다. 현지 부대 지휘관이 전장의 실전 상황을 가장 잘 숙지하고 있다고 판단하고 작전 지휘권을 과감하게 위임해서 책임성·적극성·융통성을 최대한 발휘하도록 한다.

이스라엘군은 주변 위협, 전장 환경, 전략적 임무와 목표, 국토의 지리적 특성, 작전 개념 등을 종합적으로 반영해 부대를 발전시킨다. 국가와 국민의 생존권을 절대적으로 수호하기 위해 전략 부대와 전략 방어 부대를 편성했다. 핵탄두를 탑재할 수 있는 Jericho 3 대륙간탄도미사일과 Jericho 2 중거리 탄도미사일로 무장한 미사일 부대를 운영한다. 적의 공중·미사일 공격에 대응하기 위해 Arrow 2 및 3 포대, 아이언돔 포대, 패트리엇-2 포대, 데이비드 슬링 포대를 편성했다.

이스라엘은 국토의 수호와 주민의 보호가 국가안보의 최고 목표이므로 지상군의 역할이 매우 중요하다. 총병력의 70% 이상이 지상군이다. 지상군 부대는 본토 지역과 점령 영토(시나이 반도, 골란고원, 요르단강 서안 지구 등)에 배치돼 있으며, 주요 역할별로 편성됐다. 북부·중부·남부 지역 사령부로 구성됐다. 예하에 지역 군단과 기갑사단 및 보병사단 등이 있다. 역할 성분별로 다양한 전투 기능을 수행하는 전술 제대를 발전시켰다. 기동 부대로서 종심 정찰 대대, 기갑 여단, 기계화 보병 여단, 종심 기계화 보병 대대, 종심 보병 대대 등을 편성했다. 특수작전 부대로서 특수전 대대와 특수전 여단을 편성했다. 공중 기동 부대로서 공수 여단을 두고 있다. 전투지원 부대로서 포병 여단, 공병 대대, 폭발물 처리 중대, 화생방 대대, 정보 여단, 신호정보반 등을 편성했다. 특이하게 지상군에 항공 전력 운용 부대가 없다. 통합 군제 아래서 총참모장이 공중 작전과 유기적으로 협조·통합해 지상 작전의 수행을 지휘하기 때문이다.

이스라엘 공군은 병력이 소규모지만 선제 공격과 응징보복 작전의 주력을 담당한다. 중동 지역에서 가장 강력한 공중 전력을 보유하고 있다. 지상전과 해상전 수행 시 공중·우주 협력을 제공한다. 공군 군사령관 예하에 비행단이 편성돼 있다. 주요 역할별로 비행 중대를 두었다. 주요 제대는 공중 전투 및 지상 공격 중대, 대잠 초계 중대, 전자전 중대, 공중조기경보통제 중대, 공격 및 수송 헬기 중대, 공중급유 및 수송 중대, 정보감시정찰 UAV 중대 등이다. 해군은 지중해와 홍해에서 해상 방어 임무를 수행한다. 해군 사령관 예하에 별도의 부대가 편성돼 있지 않다. 함정 자체가 부대 단위이다. 핵무기를 탑재할 수 있는 돌핀급 잠수함과 사르급 콜벳함이 주력이다.

4. 비대칭적 군사 방책 창출

이스라엘군은 규모가 작으면서도 다목적 임무를 수행해야 한다. 주변 아랍국들로부터의 전쟁 위협이 상존할 뿐만 아니라 무장 단체에 의한 테러가 끊이지 않는 전략 환경에서 국토를 수호하고 주민 안전을 보장해야 한다. 주변 아랍국들에 비해 국토·인구·자원 등의 측면에서 절대적으로 열세하다는 것이 문제이다. 이에 따라 본질적 불리함을 극복하고 전쟁에서 승리할 수 있는 비대칭적 방책을 창의적으로 발전시키는 것이 최대 과업이다. 이스라엘만의 고유한 특장점을 이용한 군사혁신이 요구된다.

이스라엘군은 아랍국들의 양적 군사력 우세를 무력화할 수 있는 전력 체계와 전략·작전 개념을 발전시켰다. 첨단 기술 기반의 질적 군사력으로 아랍국들의 양적 우세를 상쇄하는 방안을 모색했다. 전쟁 억제의 최후 수단으로 핵 능력을 보유하고 중·장거리 탄도 미사일을 개발했다. 적의 내부를 샅샅이 들여다볼 수 있는 정보 자산들을 운용한다. 적의 미사일, 로켓포, 야포, 전차포, 드론 등을 요격·파괴할 수 있는 세계 최고 수준의 다층적 방어 체계를 운용한다. 공격이 최선의 방어라는 관점에서 선제 공격을 작전 개념의 기본으로 삼는다. 탁월한 정보력을 기반으로 항공 전력과 지상 기동 전력을 복합적으로 운용하는 신 전격전 교리도 적용한다.

이스라엘군은 적의 기습 공격을 예방하고 선제 공격을 성공적으로 수행하기 위해 세계 최고 수준의 정보 부대를 운영한다. 전쟁에서 승리하더라도 정보력의 부족으로 초전에 승기를 잡지 못하면 엄청난 피해가 발생할 수 있다고 판단한다. 피포위 강박 관념을 벗어날 수 없는 이스라엘은 첨단 정보 기술을 활용한 첩보 역량을 강화한다. 정보력이 최선의 안전장치라고 인식한다.

이스라엘군은 첩보 부대로 8200부대(Unit 8200)를 운영한다. 프랑스 대외안보총국(DGSE), 미국 국가안전보장국(NSA), 영국 정보통신본부(GCHQ)와 함께 세계 4대 도·감청 기관으로 손꼽힌다. 신호정보를 수집하고 암호를 해독하는 임무를 수행한다. 데이터 과학자, 하드웨어·소프트웨어 엔지니어, 코드 작성자 등 최고의 엘리트들이 근무한다. 적군의 무선 전화, 이메일, 비행 항로 전자신호 등을 분석한다. 정보의 바다에서 유용한 정보를 골라내 잠재 위험을 파악함으로써 선제 대응을 지원하는 것이다. 2007년 이스라엘 공군 F-15 전투기가 시리아 핵시설을 공습할 때 8200부대가 시리아 방공망을 사이버 공격으로 마비시켜 전투기의 안전을 확보했다. 2010년 이란 나탄즈 핵시설 제어 시스템이 스턱스넷(Stuxnet)이라는 컴퓨터 바이러스에 감염돼 원심분리기가 멈춰 섰을 때 8200부대가 정보전을 수행한 것으로 추정했다.

이스라엘군은 위성 영상 분석을 전담하는 9900부대를 운영한다. 무인 항공기(드론)와 인공위성에서 전송하는 지형 사진을 분석해 군사 정보를 추출하는 것이 주된 임무이다. 지리 공간 데이터, 위성 이미지, 고고도 감시 이미지를 분석한다. 8200부대가 지상의 '귀'라면 9900부대는 하늘의 '눈'이라고 불린다. 군 복무 면제 및 군 복무 불가 대상에 해당하는 자폐증 장애인을 부대 요원으로 활용한다. 2013년부터 자폐증을 앓는 사람이 자원해서 입대한다. 자폐증 환자는 사회성이 떨어지나 분야를 가리지 않고 집중적으로 파고들며 전력을 다하려는 의지가 강하고 특정 분야에서 천재성을 발휘하는 장점을 활용했다.

이스라엘군은 사막 순찰과 땅굴 탐지 등을 위해 베두인(Bedouin)으로 구성된 특수 정찰 부대를 운영한다. 베두인은 중동의 사막에서 유목 생활을 하는 아랍인을 말한다. 유대인이 아니다. 이스라엘 내에는 동남부의 네게브 사막에 약 13만 명, 북중부 지역에 6만 명 정도의 베두인이 거주하는 것으로 추정된다. 베두인 정찰대는 국경 지대의 수색 임무를 수행한다. 국경 지대의 침투 흔적을 찾기 위해 사막을 돌아다닌다. 팔레스타인 무장 단체의 근거지이자 네게브 사막과 연결된 가자 지구의 외곽 정찰도 맡고 있다. 무장 단체가 땅굴 등을 이용해 이스라엘의 분리 장벽이나 철조망을 뚫고 침투하지 못하도록 방어한다. 베두인 정찰대원들은 국경 지역 주민들과의 접촉과 소통이 쉬우므로 마을을 조사해 침투한 적을 찾아내기도 한다.

이스라엘군은 비대칭적 군사혁신을 창의적으로 개발하기 위해 최고 과학기술 영재를 육성하는 탈피오트(Talpiot) 제도를 운용한다. 1973년 이집트와 시리아의 기습 공격으로 시작된 욤 키푸르 전쟁이 계기가 됐다. 이 전쟁에서 이스라엘군은 심대한 타격을 입음으로써 씻을 수 없는 오점과 치유할 수 없는 상처를 남겼다. 탈피오트 제도는 수치스럽고 불행한 상황을 되풀이하지 않기 위해 관성의 틀을 깨는 돌파구로서 탄생했다. 탈피오트는 끝까지 파고들어 최고의 경지에 오른다는 뜻의 히브리어로 성취의 정점을 의미한다. 탈피오트 제도로 육성한 엘리트 과학기술 인재들은 군에서는 군사혁신의 첨병이었고, 국가적 차원에서는 기술혁신의 개척자였다.

탈피오트 제도는 전국의 고등학교 졸업자 중 최고 엘리트 인재를 선발해 군인으로 육성한다. 지원자들은 IQ가 높아야 한다. 상위 5%의 지성, 창의력, 집중력과 안정적인 성격을 가진 인재를 찾는다. 연구소 근무자들, 국방부 근무자와 군 지휘관, 상위 연구기관 과학

기술자들과 지속적인 소통을 할 수 있어야 한다. 조국을 향한 애국심과 부대에서 생존하고자 하는 강한 의지를 가진 인물이어야만 한다.[79] 선발된 인재들은 입대와 동시에 히브리대학교 자연과학대학에 입학해 학사 과정 4년의 기간을 3년 만에 졸업한다. 군복을 입고 수업을 받는다. 상식을 초월하는 사고력을 키우기 위해 고강도의 문제 해결식 교육을 받는다. 방학 기간에는 군사 훈련을 받는다. 졸업하면 이학 학사 학위를 받고 중위로 임관한다. 적성에 따라 8200부대 등 핵심 부대나 모사드(Mossad) 등 국가정보기관에서 최소 5년 동안 복무한다. 전장에 직접 투입되지 않고 신무기 연구개발이나 작전 구상과 같은 기술 지원 임무를 수행한다.

탈피오트 제도의 목표는 전쟁 방식 자체를 완전히 새롭게 재편하는 것이다. 군사적 역량 위에 과학적 역량을 결합한 군사혁신을 통해 세계 어느 군대도 감히 넘볼 수 없는 군대를 발전시킨다. 엄청난 지식을 축적하고 응용해 어느 나라도 이스라엘에 물리적 공격을 가해 오지 못하도록 하기 위한 가공할 무기를 개발한다. 비슷비슷한 무기로 치열하게 경쟁하는 레드오션 방위 체계를 넘어 그 누구도 경쟁이 될 수 없는 블루오션 방위 체계를 지향한다. 무기와 기술의 아이디어, 디자인, 개량 등에 대해 엄청난 제안을 한다. 아랍국들의 군대보다 앞서는 정도가 아닌 압도적으로 우월한 무기체계를 개발하는 데 이바지한다.

이스라엘군은 군사 선진국보다도 한 걸음 앞서는 기술을 개발하는 데 탈피오트 출신 과학기술 엘리트 군인들을 최대한 활용했다. 해군 함정 전자전 시스템의 개발이 가장 대표적인 사례이다. 이스라엘 해군 함정이 바다, 해안, 공중에서 발사돼 다가오는 미사일을 회피·기만하는 전자 방어시스템 기술을 연구했다. 새로운 레이더 기

79) 제이슨 게위츠 지음, 윤세문 외 옮김, 『이스라엘 탈피오트의 비밀: 최고 중의 최고 엘리트 조직』(서울: 알에이치코리아, 2018), p. 54.

술과 미사일 요격 시스템, 적의 통신 감청을 막을 수 있는 암호화 기술과 통신 비밀 유지 방법, 육·해·공군이 정보전에서 압도적 우위를 점할 수 있는 기술 등을 개발하는 데도 이바지했다. 탈피오트 출신 인재들은 군에서 갈고닦은 역량을 산업 분야로 가지고 나가 전 세계를 무대로 수천억 달러 규모의 경제적 부가가치를 만들어 내는 주역이 됐다. 군사 기술이 새로운 상품으로 바뀌어 국내총생산의 증가에 이바지한다. 인터넷 보안 방화벽, 내시경 캡슐 필캠, 자율주행 드론, 해수의 담수화, 원자력 안전 등에서 군사 기술이 엄청난 성과를 냈다.

제4절 한국군에 주는 시사점

강소국 이스라엘의 군사력과 실전 경험은 한국군에게 시사하는 바가 크다. 한국과 이스라엘은 모두 지정학적으로 주변에 거대한 국가들이 포진한 전략 환경 속에서 생존을 유지하고 번영을 이룩해야 한다. 이스라엘군은 인접한 적대 세력(이집트, 시리아, 요르단, 레바논, 이슬람무장단체)의 직접적 공격 위협과 원거리 적대국(이란, 이라크)의 전략적 위협에 동시적으로 대비해야 한다. 한국군은 북한에 의한 당면 위협에 대응하는 동시에 주변 불확실성 위협에 대비해야 한다. 이스라엘군은 실전 속에서 자신만의 특유한 군사력을 발전시켜 자신보다 훨씬 큰 군사력을 물리치고 혁혁한 승리를 거뒀다. 이에 이스라엘의 안보전략과 군사력은 한국의 안보·국방 기관과 학계에서 중요한 관심사였다. 이스라엘군은 한국군의 롤 모델이 되기에 충분하다.

한국군은 이스라엘군의 특장점을 참고해 작지만 강한 기술 강군을 발전시켜야 할 것이다. 첫째, 이스라엘의 자강 국방전략을 참고할 필요가 있다. 이스라엘은 어떤 국가도 자신의 안보를 보장해 주지 않는다는 역사적 교훈과 냉엄한 국제 정치 현실에 바탕을 둔 국방 노선을 견지한다. 미국으로부터 정치·외교뿐만 아니라 군사적으로도 전폭적인 지지와 지원을 받고 있지만 공식적 동맹 관계는 없는 특수한 지위를 유지한다. 한국은 미국과의 동맹을 공고하게 유지하면서도 전략적 상황과 정치·사회적 여건에 따른 변화 가능성에 대비해야 한다. 북한 위협에 대처한 한반도 방위 동맹은 점차 역내 세력균형 차원의 지역 안보 동맹으로 전환될 가능성이 크다. 이미 이런 방향으로 한·미 동맹의 현대화가 모색되고 있다. 한국군은 연합방위체제의 변화 가능성에 대비해 미국에 의존하고 있는 전략형 전력을 독자적으로 개발·확보하는 것이 중요하다.

둘째, 이스라엘의 군사전략 및 전쟁 기획을 한국적 상황에 적용할 수 있는 방안을 모색할 필요가 있다. 이스라엘군은 영토가 협소해 전장을 적에게 내줄 수 없는 지리적 특성을 고려해 수세적 방어보다는 선제 공격을 추구한다. 전쟁을 통해 아랍국들로부터 본토의 3배나 되는 영토를 획득했기 때문에 평상시에도 무장 테러 공격이 끊이지 않는다. 이스라엘군은 전쟁 징후를 포착하면 선제 공격 차원에서 조속히 전장을 적의 영토로 옮기고 전쟁 발발 초기 단계부터 속전속결을 추구함으로써 자국의 피해를 최소화한다. 평상시 이슬람 무장 테러단체로부터 공격을 당하면 혹독한 응징보복을 감행한다. 한국군은 북한이 핵무기를 지렛대로 군사적 도발을 자행할 징후를 포착하면 선제 공격을 감행할 방안을 모색할 필요가 있다. 주변국이 도서 및 국경 문제 등을 이유로 국지 제한전을 일으키면 상대의 전략적 중심을 압박하며 영토 밖에서 전쟁을 수행할 수 있어야 한다.

셋째, 이스라엘의 군사 기획과 군사력 건설 방식을 본받을 필요가 있다. 이스라엘은 위협의 인식과 평가, 전쟁 개념과 군사전략, 군사력 건설이 밀접하게 연결되는 군사 기획 순환고리를 유지한다. 대체로 국가들은 국가 재정을 배분할 때 경제·산업적 고려가 우선한다. 군사전략적 판단을 반영한 국방 재원은 제한받는 경우가 있다. 이스라엘은 군사 기획의 순환고리를 국가 차원에서 중시한다. 위협 평가와 군사전략에 기초한 군사력 건설을 보장한다. 이스라엘군은 군사력의 양적 충분성이 아니라 기술적 압도성을 추구한다. 전략 환경과 전장 특성에 적합한 필수 핵심 무기체계를 선택과 집중 개념으로 확보한다. 한국군도 이스라엘식 군사 기획 접근 방법을 철저히 적용하고 국가 차원의 적극적 지원을 보장받아야 한다.

넷째, 이스라엘군의 창의적 군사혁신 방책을 참고할 필요가 있다. 이스라엘은 자신보다 훨씬 거대한 아랍국들과 전쟁을 수행해야 하므로 비대칭적 전력과 전법을 발전시켰다. 전략적 억제를 위한 핵무기 및 중·장거리 탄도 미사일, 적의 미사일·로켓포·야포·전차포를 파괴하기 위한 다층적 공중·미사일 방어 체계, 적의 공격 징후를 사전에 파악하기 위한 정보 자산, 적의 전략적 군사시설과 방공무기를 무력화하기 위한 사이버·전자전 전력 등을 보유하고 있다. 실전 경험을 토대로 전력 체계의 복합 운용 방안과 신 전격전 교리를 개발했다. 이스라엘 공군은 정찰－통제－타격 복합 개념의 항공력 운용 방안을 창출했다. 탈피오트 제도를 통해 비대칭적 특수 군사 방책과 독창적 무기체계를 개발하기 위한 최고 과학기술 엘리트 인재를 육성한다. 이러한 군사 방책들은 북한의 비대칭적 전략무기 위협에 직면해 있는 한국군에게 유익한 참고가 될 수 있다. 특히, 북한의 핵·미사일 전력을 무력화시킬 수 있는 비대칭적 방책과 수단을 개발할 필요가 있다.

한국은 이스라엘에 비하면 상대적으로 대국이라 할 수 있다. 이스라엘보다 인구 6.1배, 국토 11배, 경제력 4.5배이다. 군사비는 2.1배, 상비병력은 3.7배이다. 이스라엘은 한국보다 훨씬 불리한데도 세계가 주목하는 군사혁신을 성취했다. 세계 최고·최강의 군사력을 보유한 미국도 이스라엘의 군사 기술과 무기체계에 주목한다. 미국과 이스라엘은 무기체계의 공동 개발을 추진하기도 한다. 이스라엘이 보유하고 있는 군사력을 한반도에 그대로 옮겨 놓는다고 가정한다면, 대북 전쟁 억제는 물론 미래 주변 불확실성 위험에 대비하는 데도 유리하지 않을까 생각해 볼 필요가 있다. 한국은 북한을 압도하는 군사력을 만들어 낼 수 없는 것일까? 절대 우위의 강대국들 속에서 생존을 보장할 수 있는 군사력을 창출할 수 없는 것일까? 한국도 강한 의지로 비상한 노력을 기울이면 이스라엘에 못지않은 군사혁신을 성취할 수 있다. 이스라엘의 안보의식, 방위 체제, 군 구조 및 지휘 체계, 군사전략, 무기체계, 방산기술 등은 한국의 군사력 발전에 훌륭한 안내자가 될 수 있다.

참고문헌

1. 국문 자료

권태영·심경욱. 『작지만 강한 '전투형' 이스라엘군』. 한국전략문제연구소, 2011년 6월.

노석조. 『강한 이스라엘 군대의 비밀』. 서울: 메디치미디어, 2018.

이동훈 옮김, 앤드루 크레피네비치·배리 와츠 지음. 『제국의 전략가』. 경기도 파주: 살림출판사, 2019.

제이슨 게위츠 지음, 윤세문 외 옮김. 『이스라엘 탈피오트의 비밀: 최고 중의 최고 엘리트 조직』. 서울: 알에이치코리아, 2018.

2. 인터넷 자료

"공격한다면 … 예리코 2 미사일로 핵시설 폭격". 『중앙일보』, 2012년 2월 4일, https://news.joins.com/article/

"군사용 드론 최강국 이스라엘, 세계 50개국에 수출". dongA.com, 2016년 12월 1일, https://www.donga.com/news/It/article/all/

美 주력 전차 에이브럼스, 대전차무기 안 두렵다". 『한국경제TV』, 2017년 6월 8일, https://www.wowtv.co.kr/NewsCenter/News/

"시진핑 '세계는 군사혁명 중…軍 혁신해야'". 『연합뉴스』, 2014년 8월 31일, https://www.yna.co.kr/view/

"이스라엘 공군의 총력 기습-전투기 200기 대출격(3)". 『울프독의 War History』, https://mnd-nara.tistory.com/

"이스라엘, 이란 위협에 대응 미사일 실제 발사 통합 훈련 감행". 『NEWSIS』, 2020년 12월 16일, https://newsis.com/view/

"이스라엘, 中에 통신위성 3기 판매". 『매일경제』, 2002년 1월 17일, https://www.mk.co.kr/news/home/view/

"인공위성, 세계 위성 탑재 광학카메라 현황". 『대덕밸리이야기』, 2012년

6월 5일, https://daedeokvalley.tistory.com/
"English Summary of the Winograd Commission Report". Jan. 30, 2008, *The New York Times*, https://www.nytimes.com/2008/01/30/world/middleeast/
"Iron Dome Successfully Intercepts Gaza Rocket for First Time". *HAARETZ*, 08.04.2011, https://www.haaretz.com/
"Iron Dome ups its interception rate to over 90%". *The Jerusalem Post*, March 10, 2012, https://www.jpost.com/Defense/
"Israel tests modified Arrow 2 ABM and new Green Pine radar". domain-b.com, 07 April 2009, https://www.domain-b.com/aero/mil_avi/
"Israel unveils 'breakthrough' laser defense system". *Jewish News Syndicate*, December 18, 2020, https://www.jns.org/
Kristensen, Hans M. and Matt Korda. "Status of World Nuclear Forces". Federation of American Scientists, https://fas.org/issues/nuclear-weapons/
Marcus, Raphael D. "The Israeli Revolution in Military Affairs and the Road to the 2006 Lebanon War", Jeffrey Collins & Andrew Futter eds., *Reassessing the Revolution in Military Affairs: Transformation, Evolution and Lessons Learnt*. Palgrave Macmillan UK, 2015. https://link.springer.com/

제 2 부

4차 산업혁명과 군사혁신

제 5 장

4차 산업혁명과 군사혁신 4.0

제 1 절 4차 산업혁명 기술 기반 군사혁신의 모색

군사혁신은 새롭게 부상하는 첨단 과학기술을 활용한 불연속적·혁명적 변화를 추구하며 시대의 전환에 따라 진화한다. 생물 집단이 여러 세대를 거치면서 변화를 축적해 집단 전체의 특성을 변화시키고 나아가 새로운 종을 탄생시키는 자연 현상과 유사하다. 인간의 세계에서 변하지 않는 것은 없으며 모든 사물과 사회 현상은 지속적인 변화의 과정을 겪는다. 인간의 문명은 시대마다 크고 작은 변화가 누적돼 점진적으로 변화하기도 하고 혁명적으로 바뀌기도 한다. 전쟁과 군사 분야도 마찬가지이다. 새로운 첨단 과학기술의 등장에 따라 전쟁·군사 패러다임도 지속해서 전환되며, 군사혁신의 과정이 진화된다.

인류가 3차 산업혁명에 이어 4차 산업혁명이라는 새로운 문명을 개척함에 따라 전쟁·군사 분야도 패러다임의 전환이 모색되고 있다. 4차 산업혁명을 견인하는 첨단 과학기술을 활용하는 새로운 차원의 군사혁신, 이른바 군사혁신 4.0 방책이 개발되고 있다. 미래학자 앨빈 토플러(Alvin Toffler)는 전쟁의 방법은 부(wealth)의 창출 방법을 반영했고, 반전쟁(anti-war, 평화)의 방법은 전쟁의 방법을 반영한다고 주장한 바 있다.[1)] 새로운 과학기술의 급속한 발전에 기인한 문명 패러다임의 전환이 전쟁과 평화의 방식을 송두리째 바꾸어 놓는다는 것이다.

[표 5-1]에서 보듯이, 인류는 역사적으로 새로운 동력원의 등장과 생산 수단의 변화에서 비롯된 산업혁명과 그에 따른 문명사적 변혁을 여러 차례 경험했다. 1차 산업혁명은 1780년대에 증기기관이 동력원으로 등장하면서 수공업 생산 수단을 기계화 생산 수단으로 전환한 혁명이다. 인간의 단순 노동력에 의한 생산을 기계에 의한 생산으로 바꾼 것이다. 2차 산업혁명은 1870년대에 전기 에너지가 보급돼 컨베이어 생산 라인이 구축되고 제품을 대량으로 생산할 수

[표 5-1] 산업혁명과 문명 패러다임 전환

구분	1차 산업혁명 (18세기)	2차 산업혁명 (19~20세기 초)	3차 산업혁명 (20세기 후반)	4차 산업혁명 (21세기 초반)
특징	증기기관 기반 기계화 혁명	전기 에너지 기반 대량 생산 혁명	정보 기술 기반 디지털 혁명	사물인터넷·빅데이터 기반 초연결·초지능 혁명
영향	수공업 시대가 증기기관에 의해 작동되는 기계가 제품을 생산하는 기계화 시대로 전환	전기와 생산 조립 공정의 출현으로 대량 생산 체제 구축	반도체와 컴퓨터, 인터넷 혁명으로 정보의 생성·가공·공유를 가능하게 하는 정보화 시대 개막	인간·사물·공간의 초연결 및 자동화·지능화로 디지털·물리적·생물학적 영역의 경계가 사라지는 기술 융합 시대 개막

1) Alvin and Heide Toffler, *War and Anti-War: Survival at the Dawn of the 21st Century* (Boston, New York, Toronto, London: Little, Brown & Company, 1993), p. 3.

있는 혁명이다. 3차 산업혁명은 1970년대 이후 반도체·컴퓨터의 급속한 발전과 인터넷의 보편화에 따른 정보화 혁명이다.

이제 인류는 또 한 번의 산업혁명을 경험하고 있다. 4차 산업혁명이다. 하드웨어가 아닌 소프트웨어 기술의 혁신적 발달에 기인한 스마트 혁명이 가속화되고 있다. 3차 산업혁명이 생산과 소비 및 유통 등 경제·산업 시스템의 디지털화를 가져왔다면, 4차 산업혁명은 생산 방식은 물론 제품 자체가 지능을 갖는 수준의 파괴적 변화를 초래하고 있다.

4차 산업혁명은 3차 산업혁명과는 차원이 다른 만큼 기존 삶의 방식을 근본적으로 바꿔놓고 있다. 세계경제포럼의 슈밥(Klaus Schwab) 회장은 4차 산업혁명이 눈사태나 쓰나미처럼 몰려오고 있다고 강조한 바 있다. 1·2·3차 산업혁명은 사람들이 일을 쉽게 할 수 있도록 생산 수단을 바꿨지만, 4차 산업혁명의 경우 사물인터넷, 빅데이터, 인공지능, 로봇, 자율주행 등 여러 기술 혁신이 통합돼 상호 연결됨으로써 생산 시스템에 파격적인 변화가 일어난다는 점에서 기존 산업과 차이가 있다. 슈밥에 따르면, 4차 산업혁명은 3차 산업혁명의 연장이라고 생각할 수 없으며 단순한 디지털화에 국한되는 것이 아니라는 것이다.

인류 문명 패러다임이 전환되면 전쟁·군사 분야도 쓰나미처럼 밀려오는 파장을 피할 수 없다. 인류의 역사를 돌아보면, 혁신적 차원에서 전쟁·군사 패러다임을 발전시킨 국가는 그렇지 못한 국가와 전쟁을 벌일 때 항상 승리했다는 사실을 교훈으로 보여주고 있다. 혁혁한 전승을 거둔 국가들은 새로운 기술 주도의 군사 능력과 전술을 개발했다. 기술의 발전이 전쟁의 성격과 방식에 중대한 변혁을 가져온 군사혁신을 탄생시켰다.

새로운 기술을 활용해 전투 시스템을 혁신적으로 창출함으로써 기존의 전쟁 패러다임을 진부하게 만든 경우가 많다. 기술이 군사혁신의 필요·충분조건이 되는 것은 아니다. 정치·경제·사회·지정학적 조건들도 기술적 조건과 함께 새로운 전쟁·군사 패러다임의 발전에 중요한 요인으로 작용했다.

미국의 저명한 군사 분야 사학자인 맥스 부트(Max Boot)는 지난 500년에 걸쳐 발생한 화약 혁명, 제1차 산업혁명, 제2차 산업혁명, 정보혁명 등 네 가지의 대변혁이 전쟁의 양상에 미친 영향을 분석하면서 다음과 같은 주제를 제기했다.[2)]

첫째, 기술 자체만으로는 압도적인 군사적 우위를 점하기 어려우며, 전술과 조직, 훈련, 리더십 등 효과적인 관리체계도 함께 발전돼야 한다.

둘째, 군사혁신을 적극 수용하고 이용했던 나라들은 역사의 승리자가 됐지만, 그에 뒤처졌던 나라들은 대부분 약소국으로 전락하거나 역사의 뒤안길로 사라졌다.

셋째, 자신이 가진 군사적 능력과 한계를 알고 실현 불가능한 프로젝트에 쓸데없이 군사력을 낭비하는 우를 범하지 않는 지혜가 필요하다.

넷째, 최상의 전략과 전술 및 기술을 보유하고 있는 군대에도 무한한 우위는 제공되지 않으며, 경쟁자들 역시 혁신을 추구한다.

다섯째, 혁신은 점점 더 빠른 속도로 진행됐다. 화약 혁명은 결실을 거두는데 최소 200년이나 걸렸지만, 1차 산업혁명은 150년, 2차 산업혁명은 40년, 정보혁명은 불과 30년 걸렸다. 변화의 속도를 따라잡는 것이 더욱더 어려워지고 그만큼 뒤처질 위험성도 커서 시행착오를 겪을 여유가 없다.

---

2) 맥스 부트 지음, 송대범 외 옮김, 『전쟁이 만든 신세계: 전쟁, 테크놀로지 그리고 역사의 진로』(서울: 플래닛미디어, 2008), pp. 61－62.

제2절 4차 산업혁명의 본질과 방향성

4차 산업혁명이라 불리는 거대한 디지털 지능화 문명에 대한 공식적 논의가 2016년 1월 세계경제포럼에서 시작됐다. 슈밥 회장은 디지털 기기와 물리적 환경의 융합으로 펼쳐지는 4차 산업혁명의 거대한 시대가 개막되었음을 선언했다. 4차 산업혁명을 3차 산업혁명 기반 디지털과 바이오산업 및 물리학 등의 경계를 융합하는 기술혁명으로 정의했다.[3)]

전문가 일각에는 4차 산업혁명에 대한 논의의 진원지가 독일이라는 주장도 있다. 독일에서 컴퓨터 기반의 자동화와 함께 시작된 3차 산업혁명을 새롭게 정의하면서 4차 산업혁명이라는 용어를 사용했다는 것이다. 컴퓨터 기반의 자동화보다 더 심대한 생산 방식의 변화가 사물인터넷과 사이버-물리시스템을 기반으로 발생했는데, 이것이 4차 산업혁명이라고 주장한다. 독일의 경우에는 제조업 경쟁력의 강화와 스마트 서비스 및 디지털 전환에 집중했기 때문에 4차 산업혁명이라는 용어보다 '산업 4.0'이라는 용어를 주로 사용했다.[4)]

4차 산업혁명은 일반적으로 첨단 과학기술과 정보통신 기술이 다양한 산업들과 결합해 그동안 볼 수 없었던 새로운 형태의 제품과 서비스 및 비즈니스를 만들어 내는 현상을 말한다. 세상의 만물로부터 무한대의 데이터가 수집·저장되고, 무한대의 정보가 클라우드를 통해 접속되며, 모든 인간과 사물이 초대용량 유·무선 네트워크를 통해 상호 연결되고 있다. 인공지능과 로봇, 사물인터넷, 빅데

3) 클라우스 슈밥 지음, 송경진 옮김, 『클라우스 슈밥의 제4차 산업혁명』(서울: 메가스터디, 2016), pp. 12-13.
4) 김은 외, 『4차 산업혁명과 제조업의 귀환』(서울: 클라우드나인, 2017), pp. 4-5.

이터, 클라우딩, 3D 프린팅, 자율주행 자동차, 나노 기술, 바이오 기술, 재료공학, 에너지 저장 기술 등 광대한 분야에서 새롭게 부상하는 과학기술의 융합이 새로운 차원의 산업혁명을 견인하고 있다. 이에 따라 인간 개개인의 삶과 일하는 방식, 사회적 가치와 존재 양식뿐만 아니라, 인간관계, 기업 운영 방식과 사업 모델, 정부 위상과 역할, 국제관계 등 전 분야에 걸쳐 혁명적 변화가 가속화되고 있다.

4차 산업혁명은 세 줄기의 방향으로 진행된다.[5] 첫째의 방향은 현실 물리적 세계(physical world)의 디지털화와 네트워크화이다. 사물인터넷이 지능화 기술을 만나 만물의 수평적 연결성이 지수함수적으로 확장되는 초연결 디지털 생태계가 생성된다.

둘째의 방향은 초연결된 만물로부터 산출되는 빅데이터의 분석과 해석이다. 인공지능의 급속한 진화로 판단을 고도화하고 자율 제어를 할 수 있음에 따라 수직적 지능성이 지수함수적으로 강화되는 인공지능 디지털 생태계가 생성된다.

셋째의 방향은 현실 세계와 사이버 세계의 상호 관련성이 심화한 사이버-물리 복합 시스템(Cyber Physical System: CPS)의 운용을 통해 미래의 불확실성을 감소시키고 합리성을 높이는 예측 가능성이 증가한다. 인간이 하드웨어와 소프트웨어 및 인공지능으로 구성된 디지털 두뇌 시스템을 통해 클라우드 시스템에 축적·저장된 빅데이터에서 의미 있는 정보를 추출·분석·해석해 활용한다.

4차 산업혁명을 견인하는 핵심적 원리는 초연결성(Hyperconnectivity)과 초지능성(Superintelligence)이다. 초연결성은 컴퓨팅과 통신의 대상이 사람과 사람을 넘어 사람·사물·공간으로 확장되는 것이다. 사물인터넷 및 5G 통신과 같은 기술을 통해 사람과 사물이 실시간으로 연결되고 데이터의 공유가 이루어진다. 모든 기기와 서비스가 상

5) 하원규 외, 『제4차 산업혁명』(서울: ㈜콘텐츠하다, 2015), pp. 16-17.

호작용하며 새로운 가치를 창출한다. 초지능성은 초연결성을 지닌 인터넷과 이동통신 플랫폼을 기반으로 사이버–물리시스템과 인공지능을 활용해 사회 시스템 간의 상호작용을 심화하는 것이다.[6] 인공지능으로 대량의 데이터를 수집·분석해 개인화된 서비스와 효율적인 의사결정을 지원한다. 데이터 기반 혁신적 비즈니스 모델이 등장한다.

2010년대 말에는 수백억 개의 기기가 통신 시스템으로 연결된 사물인터넷 생태계가 조성되고, 2020년대 이후에는 수천억 개의 장치나 센서가 통신 시스템으로 초연결된 만물 인터넷 생태계가 형성될 것으로 전망되고 있다. 인간과 수백억 개의 스마트디바이스가 초연결된 생태계에서는 막대한 빅데이터를 신속하게 처리하고 가치 있는 서비스를 창출하기 위해 인공지능에 의한 분석력이 요구된다. 물리적 세계의 모든 인간 행위와 사물 상태가 디지털 데이터로 전환돼 사이버 시스템의 클라우드에 축적되고, 인공지능의 분석으로 의미 있는 정보·지식으로 산출돼 현실 세계로 환류되는 사이버–물리시스템이 발전된다.

4차 산업혁명의 또 다른 특징은 자동화 및 디지털화의 촉진이다. 로봇공학, 3D 프린팅, 드론 기술 등을 활용해 생산성과 효율성이 대폭 향상된다. 제조업에서 스마트 팩토리가 도입된다. 디지털 플랫폼을 통해 다양한 서비스가 제공되는 플랫폼 경제가 발전된다. 생산자와 소비자를 직접 연결해 중간 단계를 최소화함으로써 효율성을 극대화한다. 융합과 혁신도 가속화된다. 생명공학, 나노 기술, 에너지 기술 등이 결합해 신제품 및 서비스가 만들어짐으로써 기존의 산업 경계를 허물고 새로운 시장을 창출한다. 일부 직업이 사라지고 새로운 직업이 등장하는 등 일자리 구조도 바뀐다. 기술 윤리,

---

6) 위의 책, p. 97.

개인정보 보호, 디지털 격차와 같은 새로운 사회적 문제가 발생한다.

제3절 4차 산업혁명 시대의 과학기술 발전 추세

미국의 컴퓨터과학자이며 발명가이자 미래학자인 레이 커즈와일(Ray Kurzweil)은 21세기 전반부에 유전학 혁명, 나노 기술 혁명, 로봇공학 혁명이 꼬리를 물고 중첩돼 발생함으로써 기술적 특이점(Technological Singularity)의 시대가 시작될 것으로 전망했다.[7] 기술적 특이점은 인공지능이 인간의 지능을 초월하는 시점을 의미한다. 이 시점 이후에는 기술 발전이 폭발적으로 가속화돼 인간의 예측 능력을 뛰어넘는 변화를 불러올 것이라는 가설이다.

유전공학 혁명은 정보 기술과 생물학의 융합이다. 지금은 유전학의 초기 단계로서 생명이 간직한 정보 처리 과정을 이해함으로써 인체의 생물학을 재편하는 법을 익히고 있는 수준이지만, 질병을 근절하고 인간의 잠재력을 극적으로 넓히며 수명을 놀랍도록 연장하는 법을 배우고 있다. 비윤리적이기 때문에 문제가 될 것으로 보이는 인간 복제까지 가능할 것으로 보는 한편 생물학 바이러스 무기라는 새로운 위협도 양산할 것으로 전망한다.

나노 기술 혁명은 정보 기술과 물리적 세계의 융합이다. 생물학의 한계를 넘게 해줄 기술이다. DNA 기반 기술을 성공적으로 미세조정하게 돼 분자와 원자 수준에서 물질을 조작할 수 있게 되면 엄청난 기술이 된다. 나노 기술을 이용해 인간의 신체와 두뇌, 인간이 살고 있는 세상을 분자 단위로 재설계하고 재구축할 수 있을 것으로 예상한다.

---

7) 레이 커즈와일 저, 김명남·장시형 옮김, 『특이점이 온다.』(경기도 파주: 김영사, 2019), pp. 277－410.

로봇공학 혁명은 인공지능과 로봇의 융합이다. 강 인공지능(Strong AI)은 인간처럼 다재다능하다. 인간의 지능을 본받았지만, 한층 강력하게 재설계될 인간 수준 로봇들이 등장할 것으로 전망한다. 지능은 제대로 발달하기만 한다면 자기 앞에 놓인 어떤 장애물이라도 쉽게 내다보고 극복할 수 있을 정도로 똑똑해진다는 것이다.

커즈와일은 이런 세 가지 혁명이 단계적으로 펼쳐지면 인류 문명은 생물학을 넘어서는 순간을 맞이할 것이라고 주장한다. 유전공학을 통해 생물학의 원리를 파악하고, 나노 기술을 통해 그 원리들을 자유자재로 조작하면, 인간은 물질적으로 신이나 다름없는 존재가 되는데, 강 인공지능이 결정적 역할을 한다는 것이다. 인간의 지적 수준에 버금가는 인공지능이 등장하게 되면 인간을 넘어서는 인공지능이 등장하는 건 필연적이며, 인류 문명은 생물학적 인간들의 손아귀를 벗어날 수밖에 없다고 강조한다.

2016년 스위스 다보스에서 개최된 세계 경제 포럼에서 클라우스 슈밥은 4차 산업혁명을 견인하는 네 분야의 기술을 제시했다. 확대되는 디지털 기술 분야로 새로운 컴퓨팅 기술, 블록체인과 분산원장 기술, 사물인터넷 기술 등이다. 격변하는 물리적 관점의 기술 분야로 인공지능, 로봇공학, 첨단 소재, 적층 가공(3D/4D 프린팅) 등이다. 인간과 직접 연관 있는 기술 분야로 생명공학, 신경 기술, 가상현실과 증강현실 등이다. 지구적 차원의 환경 관련 기술 분야로 에너지 확보·저장·전송 기술, 지구공학, 우주기술 등이다.[8]

4차 산업혁명 시대의 도래와 함께 인류 사회 전반을 변혁시킬 핵심적 기술은 인공지능이라 할 수 있다. 인공지능은 약 인공지능(Weak AI)에서 기술의 고도화가 진척됨에 따라 강 인공지능으로 고도화될 것으로 전망되고 있다. 강 인공지능은 미래 핵심 기술들과

---

8) 클라우스 슈밥 지음, 김민주·이엽 옮김, 『클라우스 슈밥의 제4차 산업혁명 더 넥스트』(서울: 메가스터디, 2018), pp. 108－111.

결합해 인간의 삶과 사회 전반을 새롭게 변혁시킬 것이다. 군사 분야에서도 마찬가지일 것이다.

인공지능과 결합해 성능과 효과의 획기적 향상이 가능한 핵심 기술은 센서－행위자(Sensor to Actor) 순환(loop) 모델로 설명될 수 있다. 센서와 행위자 간의 상호작용을 통해 시스템이 환경에 적응하고 원하는 작업을 수행하는 것을 말한다. 온도 센서, 압력 센서, 카메라 등 센서는 주변 환경에서 데이터를 측정하는 임무를 수행한다. 센서로부터 입력된 데이터는 제어기(Controller)로 처리돼 특정 명령으로 생성된다. 머신러닝 모델 등 제어 알고리즘이 사용된다. 모터나 로봇 팔 등 행위자는 제어기의 명령에 따라 물리적 작업을 수행한다. 이 모델은 실시간성, 자동화, 적응성이 주요 특징이다. 센서 데이터가 즉각적으로 처리돼 행위자가 반응한다. 사람의 개입 없이 반복 작업이 수행된다. 환경 변화에 따라 시스템 동작이 조정된다.

센서－행위자 순환 모델은 스마트 팩토리, 자율주행 자동차, 의료기기 등 다양한 분야에서 사용된다. 스마트 팩토리에서 센서는 기계의 상태(온도, 압력, 진동 등)를 측정하고, 제어기는 기계 과열 시 경고를 보내거나 자동으로 가동을 중지하며, 행위자는 냉각 시스템을 작동시키거나 로봇 팔로 부품을 이동시킨다. 자율주행 자동차에서 카메라와 라이다 등 센서는 차선, 장애물, 보행자 등을 감지하고, 제어기는 최적의 경로 계산과 가속·제동·조향을 제어하며, 행위자는 핸들, 가속 페달, 브레이크를 작동시킨다. 의료기기에서 센서는 심박수·혈압·체온 등을 지속해서 측정하고, 제어기는 이상 징후 감지 시 의료진에게 알림을 전송하며, 행위자는 약물 투여기(자동 주사기)를 작동시킨다.

센서－행위자 순환 모델은 인공지능 및 머신러닝 기술과 결합해 지능적 자율 시스템을 구성한다. 과거의 데이터를 학습해 미래의 상태를 예측한다. 환경 변화에 따라 자동으로 제어 알고리즘을 수정한다. 여러 센서의 데이터를 통합해 더 정확한 의사결정을 내린다. 모델의 완전한 작동을 위해서는 몇 가지의 도전적 과제가 해결돼야 할 것으로 지적된다. 첫째, 센서 데이터의 양이 많을수록 실시간으로 처리하기 위한 고도의 컴퓨팅 성능이 필요하다. 둘째, 센서의 오작동이 우려된다. 센서가 잘못된 데이터를 제공하면 시스템 전체가 잘못 동작할 수 있다. 셋째, 사물인터넷과 같이 네트워크에 의존하는 경우 연결 문제로 인해 루프가 끊길 위험이 있다. 넷째, 외부 침입으로 인해 행위자가 오작동을 일으킬 수 있다.

센서–행위자 순환은 접촉(Contact), 전송(Conduit), 함축(Contain), 함유(Content), 맥락(Context), 제어(Control)로 이어지는 활동 요소로 구성된다. 접촉 요소는 각종 물리적 현상 및 운동량과 생명 정보 등을 측정할 수 있는 센서를 포함한다. 기술적 특이점 시대에 인간 신체와 관련된 정보를 획득·분석해 이용하기 위해서는 분자생물학을 비롯한 생명과학 및 생명 기술을 아우르는 합성 생체 기술공학과의 협력이 필수적이다. 인간에게서는 기능이 약화하였거나 퇴화한 기능이 동물에게는 발전돼 유용한 정보를 제공할 수 있어서 생체모방 기술도 필요하다.

전송 요소는 각종 센서에서 채집한 정보를 저장 공간으로 나르는 전송 체계인 통신망이 필요하다. 인간과 인간, 인간과 사물, 사물과 사물 간의 연결이 강화돼 정보가 대량으로 실시간 전달될 수 있는 초연결 네트워크 기술이 결합돼야 한다. 정보가 외부의 의도적 방해나 자연적 재해 등으로 인해 차단되거나 왜곡되든가 예기치 못한 내부적 원인으로부터 전송되지 못할 경우를 대비하는 신호 처리 기술인 사이버 보안 및 회복 기술도 필요하다.

함축 및 함유 요소는 전송된 대량 정보를 효율적으로 저장·분류·검색·추출할 수 있는 클라우드 컴퓨팅과 데이터 처리 기술인 빅데이터 기술이 필요하다.

맥락 요소는 저장된 정보로부터 실시간으로 필요한 지식을 얻어낸다. 지능이 인간의 뇌에서 어떻게 작동하는지를 규명하는 뇌과학과 신경 기술이 필수적이다. 대용량의 빅데이터에서 실시간으로 최적해를 찾는 경우의 수 문제를 풀기 위해서는 양자 기술이 필요하다. 양자 터널링을 이용한 양자 컴퓨터와 해킹의 위험 없이 전송할 수 있는 양자 암호화 및 양자 통신 기술이 필수적이다.

제어 요소는 자체 센서나 외부 정보를 이용해 자율 의사결정 및 자동 제어를 수행한다. 플랫폼 및 구조 기술인 로봇 기술과 결합할 필요가 있다.

4차 산업혁명 시대의 핵심 기술은 센서－액터 순환 과정의 원활한 작동을 보장하는 데 필수적인 기술을 말하며, 인공지능을 만나 지능적 자율화가 촉진된다. 로봇 기술은 외부 환경을 인식하고, 상황을 판단하며, 자율적으로 행동하는 똑똑한 기계를 구성하는 기술이다. 인공지능을 탑재하거나 네트워크로 연동돼 인간이 수행하기에 위험하거나 어렵고 지루한 반복 노동을 대신하기에 적합하다. 인구 감소와 고령화, 생명 존중 사상의 증대, 4D 업무 회피 등에 따라 산업, 가사, 병원 업무에서 널리 적용될 수 있다. 군사용으로는 유무인 복합전에 필요한 전투 로봇, 첩보 로봇, 지뢰 제거 로봇, 정찰 드론봇, 재난 드론봇, 화물 드론봇, 군집 로봇(swarm bot), 스워머 노이드(swarmanoid), 군수지원 로봇 등으로 용도가 획기적으로 확장될 것이다.

합성 생체 기술 및 생명과학 기술은 생물학, 분자생물학 등 생명과학, 유전공학, 예측수학 모델링, 전기·전자·컴퓨터 등을 결합해 인간의 신진대사를 증강한다. 생명공학 및 생명과학은 사람들의 정서적인 반응을 자극하고 유기체를 다루기 때문에 불확실성이 높지만 정밀 의료, 농업, 바이오 소재 등을 통해 사회를 변화시킬 수 있다. 바이오 소재 생산은 의료 및 식품 등 관련 산업뿐만 아니라 미생물 유전자 변형을 통해 화학물질을 생산하는 모든 산업에 활용될 수 있다. 군사용으로는 미래 병사용 웨어러블 센서, 생물 무기 대응 바이오 마커와 진단·백신, 생체모방 플랫폼 등으로 이용될 수 있을 것으로 추정된다.

초연결 네트워크 기술은 각종 센서와 통신 기능을 갖춘 사물들을 연결해 상호 협력적으로 정보를 수집·생산·처리하고 지능적 관계를 형성하는 사물들을 상호 결합한다. 사물인터넷, 빅데이터, 클라우드 컴퓨팅, 모바일 통신, 저궤도 군집 위성 등을 연결한다. 군사용으로 전략, 작전, 전술, 유무인 복합 전투체계 등 모든 작전 영역에서 양적 능력의 획기적 도약을 가져올 수 있다.

양자 기술은 양자의 물리학적 성질(중첩, 얽힘, 터널링, 불확정성 등)을 이용해 양자 통신, 양자 암호화, 양자 컴퓨팅, 양자 센서에 활용된다. 양자 컴퓨팅을 통해 극히 빠른 병렬 연산을 요구하는 최적화 문제 및 암호 해제가 가능하므로 강 인공지능의 진화에 적용될 수 있다. 양자 통신은 해킹할 수 없는 특성이 있다. 군사용으로 해킹할 수 없는 통신체계를 유지할 수 있어서 군사 보안에 유용하다.

사이버 보안 및 회복 기술은 디지털 시스템을 근간으로 하는 초연결 사회에 필수적이다. 유·무선 네트워크 연결망은 사이버 공격에 취약하므로 강건한 방어 기술과 신속한 회복 기술이 절대적으로 필요하다. 단순한 개인 해커와 범죄 조직뿐만 아니라 국가 규모의 해킹 기술 개발이 가속적으로 이루어지고 있다. 군사용 사이버 보안 문제가 사이버 전자전, 사이버 공격 능동 대응 시스템, 네트워크 기반 전투 플랫폼 사이버 보호 등에 적용될 것이다.

신경 기술(뇌과학)은 뇌가 어떻게 작동하는지를 이해할 수 있게 도와주고, 인간의 의식과 행동에 영향을 줄 수 있다. 신경 기술은 세 가지 측면에서 중요하다. 첫째, 뇌를 읽고 영향을 주는 능력은 가치 창출을 위한 새로운 산업과 체계를 이끌 것이다. 둘째, 새로운 형태의 인지 컴퓨팅과 머신러닝 알고리즘의 발전을 통해 다른 산업 분야의 혁신을 유도한다. 셋째, 인간이라는 시스템의 운영에 영향을 줌으로써 인간의 자연적 진화를 초월할 수 있도록 한다. 군사 분야에서 뇌-기계 인터페이스, 워리어 플랫폼, 텔레파시 통신 등에 활용될 수 있다.

생체모방 기술은 지구 생명체를 모방해 현재 인류가 직면한 기술·환경·사회·경제의 제반 난제를 해결하는 데 이용될 수 있다. 생체가 사용하고 있는 물체들을 분석하고 작동 원리를 파악해 인간의 생활을 윤택하게 만드는 기술로서 생체모방 로봇, 군집 행동, 생체모방 군집 건축 등에 사용될 수 있다.

디지털 트윈 기술은 현실 세계의 기계나 장비 및 사물 등을 컴퓨터 속 가상 세계에 구현한 기술이다. 다양한 모의시험을 통해 자산 최적화, 돌발 사고 최소화, 생산성 향상 등 설계부터 제조 및 서비스에 이른 전 과정에서 효율성을 높이는 데 사용된다. 군사 분야에서 워게임, 각종 M&S, 스마트 지휘통제, 스마트 군수지원 등에 적용할 수 있다.

빅데이터 기술은 기존의 관리 및 분석 체계로는 감당할 수 없을 정도의 거대한 데이터의 집합을 지칭한다. 대규모 데이터와 관련된 기술 및 도구(수집, 저장, 검색, 공유, 분석, 시각화 등)도 빅데이터 범주에 포함된다. 스마트 팩토리, 사물인터넷, 모바일 금융, 개인 의료 정보, 번역 및 검색 등에 활용된다.

제4절 군사기술혁명의 가속화와 신개념 무기체계 출현

3차 산업혁명에 이어 4차 산업혁명을 견인하는 첨단 과학기술이 인류 문명 패러다임의 전환과 함께 군사 분야에도 본격적으로 도입되면서 전쟁 방식과 수단을 송두리째 바꿔놓는 군사기술혁명(Military Technical Revolution: MTR)이 가속화되고 있다. 4차 산업혁명의 가속화를 견인하는 인공지능, 빅데이터, 사물인터넷, 블록체인, 클라우드 컴퓨팅, 로봇공학, 5G 네트워크, 바이오 기술, 3D 프린팅 등의 신기술을 기반으로 군사 분야에서도 디지털 전환(Digital Transformation: DX)을 넘어 인공지능 전환(AI Transformation: AX)이 진행됨과 아울러 군사전략, 전술, 무기체계의 근본적 변혁이 초래되고 있다.

군사기술혁명은 군사혁신의 바탕과 중심이다. 인류 역사에서 군사 기술은 항상 전쟁의 승패를 가르는 군사력과 무기체계 발전의 핵심 동력이었다. 군사기술혁명을 이룬 나라가 언제나 패권을 장악했다. 15세기까지 세계질서를 주도했던 중국과 몽골은 군사기술혁명을 통해 군사력의 획기적 발전을 이룬 서양 국가들과의 전쟁에서 패함으로써 역사의 뒤안길로 밀려났다. 근대에서 현대에 이르기까지 군사기술혁명은 국가들의 흥망성쇠와 직결됐다. 20세기 이후 과학기술 패권을 주도해 온 미국도 첨단 기술은 대부분 군사 기술로부터 온 것이다.

오늘날의 군사력도 군사기술혁명이 판가름한다. 민간 과학기술의 혁신적 성과에 군사적 목적과 요구가 반영된 군사기술혁명이 발생할 때 진정한 군사혁신이 이뤄진다. 인류는 지금 문명의 전환과 함께 새로운 과학기술 패권 시대를 맞고 있다. 과학기술 혁명을 먼저 성취한 국가가 세계를 지배하는 시대가 온 것이다. 미국과 중국의 과학기술 패권 경쟁으로 기술 냉전 시대로 치닫고 있으며, 다른 선진국들도 첨단 기술을 확보하기 위해 잰걸음을 보인다.

새로운 과학기술의 발달과 함께 새로운 군사기술혁명이 끊이지 않고 출현하고 있다. 지난 3차 산업혁명에 이어 4차 산업혁명이 본격화하고 21세기 중반에 차세대 산업혁명이 개척되면 새로운 군사기술혁명이 창출됨과 더불어 전쟁·군사 패러다임도 혁명적인 변화가 불가피할 것이다. 새로운 문명이 기존 문명의 사회질서를 전면적으로 붕괴시키고 새로운 사회를 형성하면, 군사 분야도 근본적으로 변화될 수밖에 없을 것이다.

향후 차세대 산업혁명을 견인하는 첨단 기술을 활용하는 새로운 차원의 군사기술혁명이 출현할 것으로 전망된다. 기술의 연속적이고 중첩된 진화와 신기술의 등장이라는 관점에서 볼 때 두 가지 양상으로 발현될 가능성이 크다. 하나는 4차 산업혁명 시대의 군사기술혁명이 차세대 산업혁명 시대의 새로운 첨단 기술을 만나 더욱 고도화되는 것이다. 다른 하나는 전혀 새로운 군사기술혁명이 탄생하는 것이다. 차세대 군사기술혁명은 이러한 두 가지 양상이 복합적 승수효과를 창출하게 될 것이다.

차세대 군사기술혁명은 기하급수적으로 발전한 다양한 첨단 과학기술들을 활용함으로써 전쟁의 판도를 뒤엎을 수 있는 신개념의 무기체계를 창출할 것이다. 레이 커즈와일에 의하면, 인공지능, 컴퓨터, 생명과학, 나노기술, 로봇공학 등 모든 분야의 과학기술이 기하급수적으로 진화해 스스로 이전보다 훨씬 더 우수한 과학기술을 만들어 낸다. 기술의 진화 속도가 본질적으로 가속화되는 수확 가속의 법칙(The Law of Accelerating Return)이 있기 때문이다. 하나의 중요한 기술적 발명이 다른 기술적 발명과 연결됨으로써 다음의 중요한 발명이 탄생하기까지의 기간이 단축된다는 것이다.[9] 군사기술혁명에도 기술의 기하급수적 진화 원칙과 수확 가속의 법칙이 적용될 수 있다.

3차 산업혁명 시대를 이은 4차 산업혁명 시대의 과학기술 및 군사 기술 발전 추세, 차세대 산업혁명 시대의 과학기술 및 군사 기술 발전 전망, 주요 군사 선진국들의 첨단 무기체계 개발 동향 등을 종

9) 사이토 가즈노리 지음, 이정환 옮김, 『AI가 인간을 초월하면 어떻게 될까?』(서울: 이퍼블릭, 2018), pp. 23−34.

합해 보면, 다수의 군사기술혁명이 가속적으로 창출될 것으로 전망된다. 이전과의 불연속과 단절이라는 관점에서 보면 군사기술혁명은 새로운 첨단 기술을 활용한 신개념 무기체계의 등장과 함께 종전까지 전쟁 수행의 핵심 역량을 제공하였던 무기체계들이 진부화·소멸하는 것을 의미한다. 지속성과 향상이라는 관점에서 보면 군사기술혁명은 종전의 핵심 전력 체계가 새로운 첨단 기술을 만나 그 전투력 발휘 성능이 획기적으로 발전되는 것을 말한다.

앞으로의 군사기술혁명은 이러한 두 가지 의미가 다 포함될 것이다. 수확 가속의 법칙이 군사기술혁명에도 적용되기 때문이다. 군사기술혁명은 무기체계 하나하나가 혁명적으로 발전되는 현상을 일컫는 개념이 아니다. 첨단 군사 기술과 전략·전술 개념이 밀접하게 결합해 전투력 발휘가 극적으로 증폭되는 현상이 군사기술혁명이다. 군사기술혁명은 전쟁 개념과 방식, 전장 운영 개념, 전력 체계의 기능과 역할 등을 망라하는 집합적 개념이다.

1. 초광역·초정밀·고해상도 정보감시정찰(ISR) 무기체계 혁명

위성 시스템, 드론 및 무인 항공기, 첨단 센서, 인공지능 기반 분석 및 자동화, 초고속 데이터 통신 등의 신기술을 군사적으로 활용하면서 지상·해상·공중·우주까지 다영역에 걸친 광범위한 공간을 정찰하고 고해상도 영상을 획득함으로써 정확하고 신뢰성 높은 정보를 수집할 수 있는 정보·감시·정찰 무기체계가 발전되고 있다. 정보(Intelligence)는 수집된 데이터를 분석해 유용한 정보로 가공하는 활동이다. 감시(Surveillance)는 특정 지역이나 목표를 지속해서 관찰하는 활동이다. 정찰(Reconnaissance)은 특정 목적과 임무를 위해 적의 위치·동태·병력·지형 등을 탐색하고 중요한 정보를 수집하는 활동이다.

저궤도·중궤도·정지궤도 위성으로 구성된 다중 궤도 위성 감시·정찰 체계는 SAR와 EO/IR 센서에 의해 고해상도 영상 정보를 획득한다. 다양한 무인 항공기와 군집 드론이 넓은 지역을 동시에 감시하는 데 이용된다. 적의 탐지를 피하는 스텔스 드론도 운용된다. 첨단 센서 및 인공지능 기반 데이터 분석 기술을 이용해 목표를 정확하게 식별·추적한다. 머신러닝 인공지능 기술을 활용해 대규모 데이터에서 이상 징후를 자동으로 탐지한다. 광통신 기술을 적용한 초고속 데이터 통신을 활용함으로써 위성과 지상 간 실시간 데이터 전송이 가능하다. 6G 통신 기술을 활용하면 대용량 데이터 처리 속도를 획기적으로 향상할 수 있다. 객체 인식 및 행동 예측 기술을 사용함으로써 정찰의 효율성을 극대화할 수 있다.

정보의 우위는 전쟁 승리의 요체이다. 적시적이고 정확한 정보는 실시간 속도 지휘통제를 통한 교전 우위 확보와 적의 공격 징후 조기 포착을 통한 선제적 방어 달성의 필수적 요소이다. 군사 선진국들은 다양한 첨단 감시정찰 수단을 확보하기 위해 막대한 자원을 투입한다. 미국의 경우 통신, 위치·항법, 기상·항해, 감시·정찰, 전자·신호, 우주감시, 조기경보 등을 위한 다양한 위성을 운용하고 있다. 미사일 방어와 우주전 수행을 위해 우주 기반 적외선 감시 체계(Space-Based Infrared System: SBIRS)도 배치했다. 고고도 공중에서는 광역을 감시하고 이동 표적을 식별하기 위해 고해상도 SAR와 EO/IR 센서를 탑재한 정찰 자산을 운용한다. 저고도 공중에서는 중·소형 및 초소형의 무인 정찰 항공기를 운용한다. 지표면에는 병력이나 차량의 이동을 탐지하기 위해 음향, 진동, 자기감응 등의 센서가 내장된 정찰 수단을 배치해 놓고 있다.

인공위성의 해상도와 표적 탐지율이 혁신적으로 향상되고 있다. 우주 감시 체계는 우주에 떠다니는 10cm 이상의 물체 약 1만 7,000

개를 확인·감시하고 있다. 무인 정찰·공격기의 카메라는 6만 피트 상공에서 우유 팩 크기의 물체를 식별할 수 있다. 적외선 감시장치는 60km 밖에 있는 인체의 열을 감지할 수 있다. 현재 운용되고 있는 X-band 레이더는 해상도가 이론상 15cm이다. 앞으로 개발되는 밀리미터파(mm Wave) 레이더는 해상도가 6cm 이하인 것으로 파악된다.

나노 기술을 활용한 극초소형 센서 시스템이 출현할 전망이다. 미국 국방부 산하 방위고등연구계획국(DARPA)은 새나 벌보다도 작은 이른바 '스마트 먼지'를 개발하는 것으로 알려져 있다. 겨우 핀 끝 정도 크기의 센서 시스템 수백만 개를 적진에 떨어뜨려 매우 정밀하게 정찰함으로써 나노 무기의 유포 등 공격 임무의 성공적 수행을 뒷받침할 수 있을 것이다. 감지 방식은 열 감지나 전자기 영상을 활용할 수 있고 DNA를 확인하는 방법도 이용할 수 있다. 적 주요 요인의 위치를 확인하고 은폐된 무기의 위치를 알아내기 위해 스마트 먼지를 보이지 않는 스파이처럼 운용할 수 있다. 적진에 침입시켜 ㎠ 수준으로 샅샅이 탐색하면 사람이든 무기든 쉽게 찾아낼 수 있을 것이다. 필요할 때는 적진의 표적을 파괴하는 임무도 수행할 수 있다.

2. 초장거리·극한 속도·초정밀 무기체계 혁명

정밀 유도 기술과 장거리 타격 능력의 발전에 따른 미사일 혁명이 전통적 전쟁 방식과 군사력 균형에 심대한 변화를 초래하고 있다. 미사일이 과거 단순 투사 방식에서 벗어나 GPS, 레이더, 레이저 등의 유도 시스템을 활용함으로써 정확도가 획기적으로 향상됐다. 지구 반대편까지도 극초음속 속도로 공격할 수 있는 대륙간탄도미사일(ICBM)과 순항미사일이 발전되고 있다. 미사일은 상대적으로 저렴한 비용으로 적의 항공모함과 방공 시스템 등 고가의 군사 자산을 위협할 수 있어서 비대칭 전력으로 활용된다. 특히, 핵무기를 탑재·운반하는 수단으로 사용되며, 국가 간 억제력 경쟁의 중심에 있다. 잠수함, 항공기, 차량, 이동식 발사대 등 다양한 플랫폼에서 발사될 수 있으므로 전략적 유연성을 제공한다.

극초음속 미사일은 마하 5 이상의 속도로 1시간 이내에 전지구적 목표를 타격할 수 있는 능력을 보유한 차세대 정밀 타격 미사일이다. 러시아와 중국이 먼저 개발하자 미국도 서둘러 패스트 트랙으로 개발을 시작했다. 미국 공군은 B-52H 전략폭격기에 AGM-183A(ARRW) 극초음속 무기를 장착해 성공적으로 시험한 것으로 알려져 있다. 극초음속 무기는 속도가 빠르고 저고도로 비행하며 회피기동 능력을 갖추고 있어서 현재 기술로는 막을 방도가 없는 것으로 지적된다.

극초음속 무기는 두 종류이다. 하나는 극초음속 활공 비행체(Hypersonic Glide Vehicle: HGV)이다. 탄도미사일처럼 초기 추진력으로 마하 5~20 정도의 속도를 내다가 비행체가 추진체와 분리돼 활강하는 방식이다. 비행체에는 재래식 또는 핵탄두가 장착된다. 다른 하나는 고체연료 또는 스크램 제트엔진으로 비행기처럼 날아가는 극초음속 미사일이다. 미국 방위고등연구계획국이 개발하는 스크램제트엔진을 활용한 공기흡입형 극초음속 미사일은 마하 13까지 속도를 낼 수 있는 것으로 알려져 있다.

극초음속 무기는 발사된 뒤 고도와 방향을 불규칙적으로 바꾸고 극한 속도로 비행하기 때문에 레이더로 탐지하기가 어렵고 탐지한다고 해도 요격할 시간적 여유가 없다. 극초음속 무기가 인공지능 기술과 결합하면 30기 이상이 서로 표적 정보를 공유하면서 임무를 분담해 타격할 수 있을 것으로 예측된다. 일단 개발이 끝나면 생산 단가가 탄도미사일보다 상대적으로 저렴할 것이기 때문에 전쟁이 극초음속 무기를 보유한 국가의 일방적 게임으로 끝날 수도 있을 것이다.

2020년 3월 13일 미국 의회연구소는 세계 주요 국가들의 극초음속 무기 개발·배치 및 대응 현황을 분석한 보고서를 발표했다.[10] 미국은 2000년대 초반부터 재래식 신속 글로벌 타격 계획을 추진해 왔다. 극초음속 활공 비행체와 극초음속 순항미사일로 구분해 개발하고 있다. 육군의 재래식 신속 타격(Conventional Prompt Strike: CPS) 무기, 해군의 장거리 극초음속 무기(Long Range Hypersonic Weapon: LRHW), 공군의 AGM-183 공중 발사 신속 대응 무기(Air-launched Rapid Response Weapon: ARRW), 국방부 방위고등연구계획국의 극초음속 공기흡입 활공 무기(Hypersonic Air-breathing Weapon Concept: HAWC) 등이다. 공군은 2010년 방위고등연구계획국이 개발한 팰콘 극초음속 비행체 HTV 2(Falcon Hypersonic Technology Vehicle 2)의 시험 비행에 성공한 바 있다. 비행체는 로켓에 실려 대기권 위의 우주 공간으로 올라간 뒤 분리돼 대기권으로 재진입하면서 목표를 향해 극초음속으로 낙하한다. 최고 속도는 마하 20을 넘는다.

미국 육군과 해군은 공동으로 '다크 이글(Dark Eagle)'로 명명된 장거리 극초음속 활공무기를 개발하고 있으며, 2024년 12월 최종 시험 발사에 성공한 것으로 알려져 있다. 사격지휘소와 이동형 발사대 및 완성형 발사체 등 시스템 전반의 신속 전개, 유기적 연동, 정상 작동, 표적 타격 등 제반 기능을 검증했으며, 머지않아 전투용 적합 판정이 승인될 전망이다. 핵탄두를 장착하지 않는 초정밀 장거리 공격용 무기이다. 공통 극초음속 활공체(Common Hypersonic Glide Body: C-HGB)를 가속 및 상승시켜 음속의 5배에서 최대 17배 속도로 3,000㎞ 이상의 원거리 표적을 타격할 수 있으며, 최대 4,000㎞

10) "Defense Primer: Hypersonic Boost-Glide Weapons", Congressional Research Service, March 13, 2020.

거리의 표적도 공격할 수 있는 것으로 추정되고 있다. 예측 불가능한 극초음속 활공 비행 방식 때문에 현존하는 미사일 방어 체계로는 요격할 수 없다.

러시아는 2021년 아방가르드 HGV를 대륙간탄도미사일에 탑재했고, 2023년부터 3M22 Tsirkon HGV를 Yasen급 핵잠수함에 탑재한 것으로 알려져 있다. Kh-47M2 Kinzhal을 이미 Tu-22M3 백파이어 전략폭격기와 Su-34 및 MiG-31 전투기에 탑재한 것으로 파악되고 있다. 중국은 DF-ZF HGV, Xing Kong-2(Starry Sky-2) 핵 HGV, DF-17 HGV를 실전 배치한 것으로 알려져 있다. 인도, 프랑스, 독일, 일본도 극초음속 무기를 개발하고 있다.

선진 군사 강국들은 극초음속 무기를 탐지·요격할 수 있는 극초음속 미사일 방어체계를 개발하고 있다. 미국은 러시아와 중국의 각종 극초음속 HGV와 순항미사일 공격에 대비해 THAAD 방어체계를 중심으로 한 극초음속 미사일 방어체계를 구축하는 것으로 알려져 있다. 국방부 미사일방어국이 주도해 2018년부터 극초음속 미사일 방어체계의 개발을 추진했다. 21세기 중반이 되면 극초음속 무기는 비행 속도의 가속적 발전으로 극한 속도 무기로 바뀔 것으로 전망된다. 극한 속도로 비행하는 무기는 1시간 이내에 지구 반대편에 도달함은 물론, 요격을 피하고 정밀하게 공격한 후 또 다른 임무 수행을 위해 귀환할 수 있다는 주장도 있다.

3. 우주전 무기체계 혁명

전장 공간이 지상·해상·공중에 이어 우주로 확장되면서 우주전이 지상전·해상전·공중전처럼 본격적으로 개척되고 있다. 다양한 첨단 우주 무기가 전쟁의 판도를 바꿔놓을 것으로 예상된다. 이미 우주 무기 경쟁이 본격화했다. 우주 무기는 우주 공간에서 군사적 목적으로 사용되는 장비와 기술을 모두 포함한다. 지구 궤도, 달, 심우주에서 사용될 수 있다. 대표적인 우주 무기는 위성 공격 무기이다. 특정 위성을 직접 공격해 파괴하는 위성 요격 미사일(Anti-Satellite: ASAT), 위성을 교란하거나 통신을 방해하는 전자전 장비, 적의 위성을 포획하거나 기능을 마비시키는 로봇 팔이나 드론과 같은 위성 포획 무기 등이 있다.

우주에서 강력한 레이저를 사용해 적의 위성을 파괴·무력화할 수 있고, 에너지 무기를 통해 특정 우주 표적을 정밀 타격할 수도 있다. 극초음속 무기를 발사하는 플랫폼처럼 우주에 배치된 군사 위성이나 무기 플랫폼을 기반으로 지상 또는 궤도 표적을 공격할 수 있다. 대기권과 우주를 넘나드는 극초음속 무기는 기존의 방공망을 회피할 수 있다. 미래에는 우주에서 작전 수행이 가능한 함선이 개발될 가능성이 있다. 위성 시스템에 대한 사이버 공격이 감행될 수 있을 것이다. 인공지능을 이용한 자율 무기 시스템도 우주전 수단이 될 수 있을 것이다.

전쟁의 승리를 위해서는 지휘관이 전쟁에 대한 완벽한 지식을 갖춰야 한다. 전쟁터의 지휘와 통제는 적이 무엇을 하고 있고 아군을 어떻게 배치해야 할 것인지에 대한 지식과 결합해야 한다. 우주는 전장에 대한 완벽한 지식을 토대로 지휘통제를 실시간으로 수행할 수 있는 군사기지를 제공한다. 이미 우주는 전 세계 국가들의 정찰위성으로 초만원이다. 미국의 우주 기반 센서는 전략적 목표를 파악하고 공습이나 순항미사일을 요청할 수 있다. 지구 표면으로부터 다층에 구축된 우주 플랫폼에서는 무인 로봇 무기체계와 유인 무기체계가 지·해상에서의 적 공격을 피해 자유롭고 안전하게 작전을 수행할 수 있다. 자신의 우주 기반 시스템은 방어하고 상대의 우주 시스템은 파괴하는 공·방전이 벌어지게 될 전망이다.

우주 전투단이 전쟁을 수행할 수도 있을 것으로 전망되고 있다.

우주 시스템을 방호하기 위해 중세 갑옷과 비슷한 장갑을 두르거나 적의 공격을 기만해 빗나가도록 한다. 자체 미사일이나 고에너지 빔 무기 등으로 적의 무기체계를 파괴한다. 항공모함 전투단이 구축함과 잠수함 등 다른 선박들의 호위를 받는 것처럼 중요한 위성은 여러 방어 위성에 의해 보호를 받는다. 방어 위성들은 적이 발사한 레이저빔을 차단하고 적이 운용하는 위성을 공격하는 등 다양한 임무를 수행한다.

위성이 대 위성 무기 임무를 수행할 수 있을 것이다. 소형 위성이라도 큰 위성을 가릴 수 있고, 전시에는 파괴하거나 무력화할 수 있다. '킬러 위성'이나 '자살 폭격기'로 사용되는 것이다. 그외에도 적의 위성을 무력화하는 다양한 방법이 있을 수 있다. 표적 위성의 정보 송신을 방해할 수 있다. 레이저나 스프레이 페인트로 감지를 불가능하게 할 수 있다. 번개와 비슷한 초음파 에너지 폭발로 전자기기를 파괴할 수 있다. 위성을 조금씩 밀어내 지정된 궤도를 이탈시킬 수도 있다.

달 기지를 기반으로 한 우주전이 전개될 수도 있을 것이다. 정지궤도보다 달 표면이 더 중요해진다. 유럽우주국은 달에 '문 빌리지(Moon Village)'라는 이름의 기지를 건설하는 프로젝트 로드맵을 밝혔다. 달 기지에 2030년 6~10명 규모의 과학자·기술자·엔지니어들로 구성된 개척단을 보내고, 상주 인력을 2040년에 100명으로, 2050년에 1천 명 안팎으로 늘린다는 것이다. 달의 얼음을 물로 녹여 자원으로 활용하고 달 기지의 여러 시설물과 도구들은 3D 프린터로 현지에서 직접 제작해 조달한다. 3D 프린팅 재료로는 달에 있는 현무암이 거론되고 있다.[11]

달 표면에 군사기지를 구축하면 대기에 의해 방해를 받지 않고

---

11) "20년 후에는 달에 거주한다", *The Science Times*, 2018년 10월 12일, https://www. sciencetimes.co.kr/news/

지구 표면과 우주에서 발생하는 어떤 전투도 관찰할 수 있는 안전한 플랫폼이 될 수 있다. 달에서 발사된 무기가 지구에 도달하는 데는 긴 시간이 걸리고 며칠이 걸릴 수도 있지만, 신호는 우주 시설을 파괴하기 위해 접근하는 헌터 킬러 위성에 수초면 도달한다. 미래에는 우주전이 저궤도 및 정지궤도 우주를 넘어 달 표면을 장악하는 양상으로 전개될 것으로 전망되고 있다.

우주를 비행하고 있는 미사일을 직접 타격하는 우주전이 전개될 수 있을 것이다. 탄도미사일은 발사되면 상공을 가로질러 높이 상승해 대기권 밖 우주 공간까지 나가 최고점을 찍고, 다시 대기권에 진입해 지상의 목표 지점으로 떨어진다. 미국, 러시아, 중국, 이스라엘 등이 우주 비행중인 탄도미사일을 요격하는 기술을 보유한 것으로 알려져 있다. 탄도미사일은 우주까지 올랐다가 포물선 궤도를 그리며 자유낙하를 하는 방식이기 때문에 경로를 예측해 요격하기가 비교적 쉽다. 요격 방식은 고속으로 날아가 탄도미사일에 직접 충돌해 파괴한다. 우주 공간에서 미사일과 분리된 뒤 적외선으로 탄도미사일을 추적하고 궤도 및 자세 제어용 로켓을 이용해 탄도미사일과 충돌해 요격한다. 저궤도 위성을 요격하는 무기로도 개량할 수 있다. 위성은 직접 요격뿐만 아니라 자기장이나 전기장을 이용해 무력화할 수도 있다. 전기 및 전자 시스템을 무력화시키는 전자기펄스(EMP) 폭탄을 이용한다.

미국은 2025년 도널드 트럼프 2기 행정부가 출범하면서 이스라엘의 '아이언돔(Iron Dome)'에서 영감을 받아 자국의 본토를 포함한 동맹국들을 탄도미사일, 극초음속 미사일, 순항미사일, 드론 등 다양한 위협으로부터 방호하기 위해 '골든돔(Golden Dome)'이라는 차세대 우주 기반 미사일 방어체계의 구축을 추진하고 있다. 수백 개의 저궤도 위성을 활용해 실시간으로 위협을 탐지하고, 요격 위성을 통해 목표물을 무력화하는 체계를 구축한다. 레이저 무기와 미사일 요격체 및 전자기파 등 다양한 수단을 통해 발사 직후의 적 목표물을 우주에서 직접 제거한다. 인공지능을 활용한 위협 탐지·분석과 궤도 예측 및 요격 타이밍 계산, 위성 간 레이저 통신을 통해 빠르고 정확하게 대응한다. 1980년대 로널드 레이건 전 대통령이 추진했던 '전략방위구상(Strategic Defense Initiative: SDI), 일명 '스타워즈 계획'의 현대판으로 불린다.

미국의 로널드 레이건 행정부는 40여 년 전인 1983년 3월 소련의 대륙간탄도미사일 공격을 우주에 기반을 둔 방어 시스템으로 요격함으로써 자국의 본토를 방어한다는 구상을 발표했다. 주요 시스템과 기술은 우주에 배치된 레이저 무기와 위성 요격 미사일, 지상기반 레이더 및 추적 시스템, 입자 빔 무기 등 첨단 물리학 기술 등이다. 기존의 상호확증파괴(Mutual Assured Destruction: MAD) 기반 억제전략 개념에서 벗어나 능동적 미사일 방어 전략 개념을 도입한 것이다. 소련은 미국이 전략방위구상을 구축하면 자신의 핵억지력이 무력화될 수 있다는 점에 주목했고, 그에 대응하기 위해서는 막대한 경제적 부담이 불가피할 것으로 우려했다. 기술적 한계와 비용 문제, 냉전의 종식 등으로 인해 완전히 실현되지는 못했으나, 이후 우주와 첨단 정보 기술을 융합한 미사일 방어체계의 혁신적 발전에 기반을 제공했다.

공상과학 영화에 등장하는 우주 무기가 현실로 등장할 수도 있다. 미국은 1980년대에 '신의 지팡이(Rods from God)'라고 불리는 인공위성 무기를 계획한 바 있다. 공군은 '초고속 지팡이 묶음(Hypervelocity Rod Bundles)'이라는 명칭을 사용했다. 인공위성에서 무거운 물체를 낙하시켜 운동에너지로 지상의 목표 지점을 파괴하는 슈퍼 폭탄이다. 가늘고 긴 텅스텐 기둥을 수백 킬로미터 상공에서 발사해 지상에 충돌시키면 순간 속도가 음속의 32배에 달하며 지하 아주 깊은 곳까지 뚫고 들어갈 수 있다. 전신주 크기의 탄화텅스텐 기둥이 위성궤도에서 떨어져 지면을 강타하면 얼마나 큰 피해를 주고 얼마나 깊은 곳까지 관통할지 상상할 수도 없다.

우주 기반 운동에너지 무기는 극한 속도로 낙하하기 때문에 탐지할 수 없다. 위성궤도 상에서 지표면까지 도달하는 데는 초당 11km로 약 15분 걸리며, 초고속으로 움직이는 물체는 요격은 커녕 일반적 방공망 수준으로는 포착조차 불가능하다. 위성궤도의 물체는 광학 식별이 곤란하므로 포구를 약간만 위장하더라도 발사 순간을 파악하는 건 불가능하다. 위성의 위치 자체는 대 우주 레이더로 탐지할 수 있지만 발사 순간을 놓친다는 것은 목표를 추격할 수 없는 것이나 마찬가지이다. 공격에 대비할 시간과 수단이 거의 없는 것이다.

위성궤도의 물체는 현행 무기체계로는 요격이 불가능에 가깝고, 요격한다 해도 핵탄두로 증발시키지 않는 이상 요격 시점에서 운동에너지 자체가 상당해 잔해 자체의 파괴력을 무시할 수 없다. 현재의 미사일 방어체계는 수평으로 날아가는 미사일을 요격하기 위해 개발된 것으로 수직 낙하하는 표적을 요격하기 어렵다. 신의 지팡이 무기는 연료가 없고 병기로서의 위력도 탄두가 아닌 순수한 운동에너지에서 나오는 것이어서 대응이 어렵다. 지면에 텅스텐 막대가 도달함과 동시에 운동에너지로 인해 지표면이 플라즈마 상태로 기화해 상당한 위력으로 폭발하지만, 기폭 과정에서 방사능이 방출되는 핵무기와 달리 그냥 온전히 폭발만 일으킨다. 적의 지하 시설을 타격하는 효과적 수단이 될 수 있다.

미래에는 우주 기반 사령부가 운영될 수도 있을 것이다. 미국은 우주의 우위를 활용해 지구상의 지배력을 강화하는 방안으로 정지궤도에 우주 기반 사령부를 구축한다는 구상을 발전시킨 것으로 알려져 있다. 극초음속 항공 시스템을 구축하고 우주 기반 사령부가 통제한다는 것이다. 지휘 및 통제 시설이 우주에 설치된다. 우주에서 작전 임무를 수행하고 전투 시스템을 유지할 수 있는 수십~수백 명 수용 규모의 대형 플랫폼이 운용되는 것이다. 첨단 자재로 구성되며 다중 선체이기 때문에 레이저나 고에너지빔이 파괴하지 못한다. 아주 원거리에서 다가오는 물체를 확인할 수 있는 센서 시스템이 장착돼 있고, 자신을 위협하는 모든 대상을 파괴할 수 있는 발사체와 에너지빔으로 중무장한다.

우주에서 영상을 획득해 일련의 위성을 통해 지구로 전송하고 명령을 극초음속 무기체계로 전달하는 우주 기반 지휘통제 시스템도 발전될 수 있을 것이다. 지상에서의 지휘통제는 연결 지점이 많아 단절될 가능성이 크고 통신이 방해받을 뿐만 아니라 지휘통제 시스템 자체가 공격받을 수 있지만, 우주에 있는 지휘통제 시스템은 통신이 방해받을 가능성이 작고 안정성과 생존 가능성이 확보될 수 있다. 우주에서 지상 기지의 극초음속 미사일을 지휘 및 통제해 아주 원거리에 있는 해안의 선박이나 지상의 탱크를 순식간에 명중시킬 수 있다. 엄청난 파괴력과 빠른 속도로 지구에 있는 목표를 타격할 수 있는 우주 미사일도 개발될 가능성이 있다.

4. 무인 자율 무기체계 혁명

인공지능 및 머신러닝, 센서, 통신 및 네트워크, 사이버 보안 등 첨단 신기술의 군사적 활용으로 인간의 직접적 개입 없이 스스로 목표를 탐지·추적·선택하고 공격할 수 있는 무인 자율 무기체계(Autonomous Weapon Systems: AWS)가 발전되고 있다. 인공지능은 주변 환경을 분석하고 스스로 의사결정을 내리는 데 핵심적 임무를 수행한다. 딥러닝 기술을 통해 목표를 식별하거나 전술적 판단을 내린다. 첨단 레이더, 적외선 카메라, 음파 탐지기 등 다양한 센서는 자율성을 높이는 데 필수적이다. 5G와 위성통신을 사용하는 초고속 통신망은 무기 시스템 간 데이터 교환을 보장한다. 자율 무기체계는 사이버 공격에 취약할 수 있으므로 보안을 강화하기 위한 기술적 조치가 필요하다.

무기체계는 일반적으로 목표물을 탐색·탐지하는 센서, 목표물과의 교전 여부를 결정하는 의사결정 체계, 목표물을 공격하는 수단으로 구성된다. [그림 5-1]에서 보듯이, 무인 자율 무기체계는 이러한 시스템들이 미리 프로그래밍된 규칙이나 인공지능 알고리즘을 통해 인간 운용자의 명령 없이 스스로 작동하도록 설계돼 있다. 관리형 자율 무기체계에서 완전 자율 무기체계로 진화할 것으로 전망되고 있다. 관리형 자율 무기체계는 작동시키면 목표물 탐색 및 탐지, 교전 결정, 공격을 스스로 수행하지만, 필요시 인간이 개입한다. 완전 자율 무기체계는 활성화되면 목표물 탐색 및 탐지, 교전 결정, 공격을 스스로 수행하며, 어떤 상황에서도 인간은 개입할 수 없다.[12]

[그림 5-1] 자율 무기체계의 구분

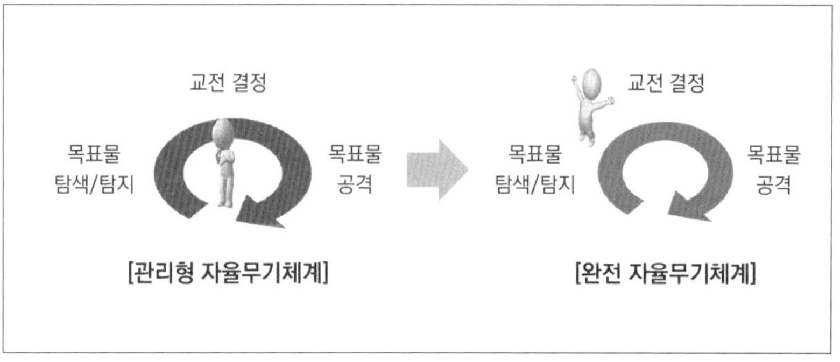

무인 무기체계는 드론, 지상 로봇, 해상 및 수중 로봇 등 다양한 플랫폼으로 구현된다. 목표를 정밀하게 탐지하고 타격할 수 있다.

12) 폴 샤레 지음, 박선령 옮김, 『새로운 전쟁: 인공지능과 로봇은 전쟁을 어떻게 바꿀 것인가?』(서울: 로크미디어, 2021), pp. 74-83.

전투 성능 및 효과가 이미 실전에서 검증됐다. 러시아-우크라이나 전쟁에서 드론이 혁혁한 전공을 거두고 있다. 미국이 선두 자리를 지키고 있는 가운데 이스라엘을 비롯한 40여 개 국가들이 그 뒤를 따르고 있는 것으로 파악된다. 미국은 2003년 이라크 전쟁에 여섯 종류의 무인 항공기를 실전 운용했다. 공군의 프레데터(MQ-1 Predator)와 글로벌호크(RQ-4 Global Hawk), 육군의 헌터(Hunter)와 섀도(Shadow), 해병대의 파이오니아(Pioneer)와 드래곤 아이(Dragon Eye) 등이다.

무인 항공기는 처음 등장하였을 당시에는 주로 감시·정찰에 특화되었으나 곧이어 전투용으로 투입되고 무인 전투기(Unmanned Combat Aerial Vehicle: UCAV)가 개발되기 시작했다. MQ-1 프레데터(Predator)는 감시·정찰용으로 운용되었으나, MQ-1C 워리어(Warrior)는 헬파이어 미사일을 탑재했다. MQ-9 리퍼(Reaper)는 JDAM이나 재래식 폭탄까지 장착한다. 보잉사는 정보·감시·정찰, 대공방어망 제압용 지상 공격, 전자전, 헌터 킬러(Hunter Killer), 자율 공중 급유(autonomous aerial refueling) 등의 임무를 수행하는 '팬텀 레이(Phantom Ray)'라는 차세대 다목적 무인 전투기를 개발했다. 노스롭 그루먼사는 해군의 요구에 따라 X-47B 무인 전투기를 개발했다. 공격 기능을 갖춘 회전익 무인 항공기도 개발됐다. 미국 해군과 해병대는 파이어 스카우트(Fire Scout)라는 무인 헬리콥터를 운용했다.

중국과 러시아도 무인 항공기 개발에 박차를 가하고 있다. 중국은 2018년 11월 6일 광둥(廣東)성 주하이(珠海)에서 개막한 중국국제항공우주박람회에서 신형 스텔스 무인 항공기 '자이훙(CH 7)'의 실물 크기 모형을 처음 공개한 바 있다. 미국의 최신예 무인 항공기에 바싹 가까이 다가가는 성능을 가진 것으로 평가됐다. 최고 시속 920㎞로 비행할 수 있다. 10~13㎞ 고도를 비행하기 때문에 대부분 방공미사일을 피할 수 있다. 작전 반경이 약 2,000㎞에 달한다. 러시아군은 3종의 첨단 무인 항공기 전력화 계획을 추진했다. 중고도용 오리온(Orion), 고고도용 알티우스(Altius), 제트엔진을 탑재하고 스텔스 성능을 갖춘 종심 타격용 S-70 오크호트니크(Okhotnik) 등이다.

앞으로는 신개념 핵 추진 무인 항공기가 출현할 가능성도 있는 것으로 거론된다. 드론이 핵연료를 사용하면 성능과 운용 방식을 획기적으로 개선할 수 있다. 한 번 이륙해 수개월 동안 비행할 수 있어서 장거리·장시간 작전이 어려웠던 기존 드론의 한계를 일거에 극복할 수 있다. 중간 급유를 위해 필요한 드론 기지 수를 줄일 수 있다. 무기와 감시·통신 장비를 더 많이 실을 수 있어서 파괴력과 정찰 능력이 획기적으로 개선된다. 핵 드론에 대한 우려도 제기된다. 추락할 때 방사능 오염 가능성이 있고 테러리스트 손에 들어가 무기로 악용될 수도 있다는 것이다.[13]

작전 지속성의 획기적 강화를 위한 군수지원 무인 항공기가 개발되고 있다. 비행중인 무인 항공기에 연료를 공급하는 무인 공중급유기와 전투 지역의 부대에 군수품을 공수하는 수직 이착륙 무인화물기가 개발된다. 지상관제소 조종사들의 통제로 운항하는 MQ-25 스팅레이(Stingray)라는 무인 공중급유기가 개발되고 있는 것으로 알려져 있다. 무인 공중급유기는 전투기의 항속거리를 늘리는 것은 물론 공중전의 양상까지 바꿀 수 있다. 무인기는 실질적인 국제 규범이 없어서 공중 급유가 어려웠던 적의 영공까지 깊숙이 침투할 수 있고, 장시간 공중에 머물러도 조종사의 피로도를 걱정할 필요가 없다. 조종석을 없애고 그 공간까지 연료를 탑재할 수 있어서 기체의 크기를 줄일 수 있는 것도 큰 장점이다.

수직 이착륙이 가능한 화물 드론도 개발되고 있다. 2018년 1월 보잉사는 무인 전기 수직 이착륙(eVTOL) 화물기(Cargo Air Vehicle:

13) "한 번 뜨면 수개월 비행… 美, 核 드론(무인 정찰·폭격기) 개발 추진", 『chosun.com』, 2012년 4월 4일, http://news.chosun.com/site/data/html_dir/

CAV)의 첫 비행 시험을 성공적으로 마쳤다고 밝혔다. 초대형 슈퍼드론으로서 한 번에 화물을 500파운드(약 227㎏)까지 나를 수 있으며, 길이 4.57m, 폭 5.49m, 높이 1.22m, 무게 747파운드(약 339㎏)이다. 자율 화물 운송 및 배달의 새로운 가능성이 열리는 것이다. 보잉사는 초대형 무인 항공기와 무인 우주선을 본격 개발한다는 계획도 밝혔다. 민간에서 개발되는 신개념 대형 무인 항공기는 군의 요구 성능을 추가하면 군수물자 수송 작전에 매우 긴요하게 활용될 수 있다.

4차 산업혁명을 견인하는 첨단 기술의 가속적 발전과 함께 무인 항공기는 드론이라는 이름으로 광범위하게 사용되고 있다. 드론은 무인 비행 장치로 사람이 탑승하지 않고 원격 조종으로 비행한다. 때에 따라 사전에 입력된 프로그램 경로에 따라 자동으로 비행한다. 드론에는 인공지능, 사물인터넷, 센서, 3D 프린팅 등의 첨단 기술이 모두 적용된다. 초연결 기술과 초지능 기술이 적용된 사이버-물리 시스템을 기반으로 혁신적 발전을 거듭하고 있다. 5G 통신 기술을 넘어 6G 통신 기술이 발전하면 드론이 수집한 데이터를 끊김이 없이 실시간으로 전송할 수 있어서 초연결성은 더욱 강화될 것이다.

인공지능이 드론에 적용되면 자율적 비행과 임무 수행이 가능하다. 자율 지능형 네트워크 시스템 기술을 적용한 자기 조직적 소형 드론 떼가 전장에 등장할 수 있을 것이다. 드론 떼는 인간이 난공불락의 공중·우주 인터넷을 이용해 통제하는 바에 따라 자유롭게 움직일 것이다. 군집 지능에 의해 수많은 개별 드론은 각각 단순한 규칙만 따르지만, 전체는 곤충 무리처럼 군집을 형성한다. 미국 국방부 방위고등연구계획국은 120대의 군사용 로봇에 곤충의 군집 행동을 모방한 자기 조직적 군집 지능 원리를 적용하는 연구를 진행한 바 있다.

이스라엘의 엑스텐드(XTEND)라는 드론 기술 기업은 2024년 12

월 미국 국방부 비정규전기술지원국(Irregular Warfare Technical Support Directorate: IWTSD)과 ‘정밀타격 실내외 드론 시스템’을 생산·배치하기 위한 계약을 체결했다. 이 드론은 목표물 주변을 비행하다가 공격하는 순회탄(loitering munition) 플랫폼으로 승인을 받았다. 인공지능이 목표물을 자동으로 인식하고 추적해 정밀 타격을 수행하기 때문에 조종사의 숙련도에 좌우되지 않고 정확한 성능을 일관되게 발휘할 수 있다. 도시와 야외의 복잡한 환경에서 신속하게 작전을 수행할 수 있도록 설계됐으며, 작전 수행 중 위험을 줄임과 동시에 성공률을 높이는 데 초점을 맞췄다. 건물 내부나 지하 등 좁고 복잡한 공간에서도 자유롭게 비행하며 작전 임무를 수행할 수 있다는 점이 특장점이다.[14)]

지상의 무인 로봇차량은 무인 항공기만큼 광범위하게 활용되지는 않으나 앞으로 많은 임무를 수행할 수 있을 것이다. 이라크 전쟁과 아프가니스탄 전쟁에서 미국 육군과 해병대는 숨어있는 적과 설치된 폭발물을 찾기 위해 팩봇(Packbot), 마틸다(Matilda), 안드로스(Andros), 스워즈(Swords)라는 이름을 가진 로봇으로 터널, 동굴, 빌딩 등을 수색했다. 굴착기만큼 큰 것이 있고, 배낭에 붙여 전투원이 가지고 다니는 작은 것도 있다.

로봇들은 궤도나 바퀴로 움직이고, 물갈퀴로 장애물을 넘고 계단을 오른다. 카메라와 적외선 센서로 창문을 들여다보고 동굴을 훑어본다. 화학제품의 냄새를 맡고 심지어 작은 지반 침투 레이더를 작동시킨다. 지상 로봇은 주로 정찰을 위해 사용됐으나 무기를 장착하기 시작했다. 탈론(Talon)은 폭발물 처리를 목적으로 설계된 2피트 6인치(약 76.2㎝) 크기의 로봇으로 모형 전차처럼 생겼다. 비디오 스크린과 조이스틱을 사용해 원격 조종한다. 기관총과 수류탄 발사기

14) “실내외 정밀타격 AI 드론 플랫폼 ‘엑스텐드’… 美 국방부에 AI 드론 공급한다”, 『인공지능신문』, 2024년 12월 23일, https://www.aitimes.kr/news/

를 탑재한다.

무인 지상 차량도 빠르게 발전하고 있다. 미국 국방부는 다목적 병참 장비 차량(Multifunction Logistics and Equipment Vehicle: MULE)과 같은 지상 로봇을 개발하고 있다. 2.5톤 트럭으로 전장에 군수품을 나르거나 후방으로 부상자를 나르는 무인 지상 차량이다. 5톤 정도의 소형 전차로서 미사일이나 체인건(Chaingun)을 탑재한 무장 로봇차량(Armed Robotic Vehicle)과 무기와 센서를 장착한 병사 무인 지상 차량(Soldier Unmanned Ground Vehicle: SUGV)도 발전되고 있다. 전투원들이 훨씬 더 무거운 짐을 나를 수 있고 훨씬 더 빠르게 움직일 수 있으며 한번 도약해 높지 않은 빌딩을 뛰어넘을 수 있는 자가 충전 외골격(robotic suit)도 개발된다. 전투 지역, 위험·오염 지역, 접근 곤란 지역에서 보급 지원과 환자 구출 및 후송 등의 임무를 수행할 수 있는 무인 수송차량과 무인 구조차량이 발전되고 있다.

해양에서도 다양한 임무를 수행하는 무인 무기체계가 개발되고 있다. 함정 탑재용 무인 항공기와 함께 무인 수상정과 무인 잠수정이 발전되고 있다. 해양 무인 무기체계는 대부분 바다 위를 항해하지만, 게처럼 해저를 기어다니고 대잠수함전, 기뢰 제거, 해저 지도 제작, 연안 해역 감시 등과 같은 다양한 임무를 수행할 수 있다. 해상 무인 무기의 경우 해상 및 수중 감시, 적 수상·수중 세력 공격, 기뢰 탐색 및 제거, 통합 항만 방호 등에 활용된다. 유인 플랫폼이 접근하기 어려운 위험 해역에서는 무인 장비를 운용함으로써 유인 수상함과 유인 잠수함 및 유인 항공기의 주요 임무를 대행한다.

적의 기뢰 부설 의도를 감시하기 위해 무인 정찰기가 운용된다. 연안의 기뢰를 제거하고 함대 작전 영역을 탐색·확인해 대기뢰전 임무 시간을 단축하기 위해 무인 수상정을 운용한다. 소해함 탑재 무인 소해정과 무인 기뢰 탐색 잠수정을 이용해 주요 항만 접근로 상의 기뢰를 탐지한다. 상륙작전 시에는 잠수함 탑재 무인 정찰 잠수정을 이용해 상륙작전 해역 및 해저 지형·수중 장애물 등 해양 정보를 수집한다. 주요 항만 및 상륙작전 지역의 기뢰를 탐색하기 위해 무인 정찰기와 무인 정찰 헬기가 운용된다.

세계적 군사 강국 간에 해양 무인 무기체계 개발 경쟁이 치열하게 전개되고 있다. 미국 해군은 중국의 반접근·지역 거부(Anti-Access/Area Denial: A2AD) 전략에 맞서 무인 함정의 확보에 박차를 가하고 있다. 최전선에서 운용할 대형 무인 수상함(Large Unmanned Surface Vehicle: LUSV)과 초대형 무인 잠수정(Extra Large Unmanned Undersea Vehicle: XLUUV)을 개발하고 있다. LUSV는 만재 2,000t으로 대함·대잠수함·대공용 무기체계를 모듈형으로 탑재할 수 있다. 수직발사대에 대함미사일 SM-2, 탄도미사일 요격용 SM-3, 지상 타격용 미사일 토마호크, 로켓형 대잠 어뢰 등을 장착한다. 원격 무기고로서 유무인 복합 무기체계로 운용된다. XLUUV는 만재 50t으로 바닷속에서 무인 자동 항법으로 항해한다. 핵추진 공격잠수함과 기타 잠수함이 함께 운용된다. 기뢰 제거와 수상함 및 지상 표적 타격을 위해 어뢰·대함미사일·토마호크 미사일 등을 장착한다.

러시아는 '포세이돈(Poseidon)'이라는 대륙간 전략핵 무인 수중 드론과 신형 핵 추진 전략잠수함 벨고로드(Belgorod)의 진수 및 시험 운항에 돌입한 것으로 파악된다. 적의 해군과 연안 도시에 대해 최대 200메가톤의 열핵 코발트 폭탄을 투하해 방사선 쓰나미를 일으킬 수 있다. 잠수함 발사 탄도미사일 크기의 두 배이다. 일반 중형급 어뢰 크기의 30배에 달한다. 벨고로드 잠수함은 24,000톤급(크기 178m)으로서 6기의 포세이돈 수중 드론을 탑재할 수 있다.

미국의 2018년도 핵태세 검토 보고서에 따르면, 러시아는 대륙간·핵무기·핵 발전·수중 자율 어뢰로 지칭한 신무기를 개발하고 있다. 러시아 해군은 2019년 1월 북부 함대 2척과 태평양 함대 2척 등 최소 4척의 잠수함에 배치할 포세이돈 전략핵 수중 무인 드론을

30기 조달한다는 계획을 발표한 바 있다. 2월에는 푸틴이 수중 드론 테스트의 핵심 단계 완료를 선언했다. 포세이돈은 오스카급 핵잠수함에 4기까지 탑재해 이동 발사가 가능하다. 해저의 특수 상자에서 무기한 보관할 수 있다.

5. 초지능 무기체계 혁명

초지능 무기체계는 인공지능 기술과 첨단 무기 기술이 결합한 시스템으로서 자율적인 판단과 학습을 통해 기존 무기체계보다 정교하고 효과적으로 목표를 달성할 수 있는 차세대 무기들을 의미한다. 고도화된 인공지능을 기반으로 개발돼 보통의 무기체계와는 차원이 다르다. 자율성을 갖는다. 인간의 개입 없이도 상황을 분석하고 최적의 결정을 내릴 수 있다. 정확성이 높다. 인공지능 기술을 활용함으로써 목표 식별, 상황 인지, 타격 정밀도가 기존 무기에 비해 탁월하다. 학습 능력을 갖춘다. 데이터를 활용해 성능을 지속해서 개선하고, 예측과 대응 능력을 강화한다.

초지능 무기체계의 범주는 광범위하다. 인간의 명령 없이 스스로 목표를 탐지·추적·공격할 수 있는 자율 무기, 인공지능을 기반으로 네트워크와 시스템을 마비시키는 초지능 사이버 공격 기술, 인공지능을 사용해 심리전과 여론 조작 및 대규모 선전 공작을 수행하는 초지능 정보전 무기, 인공지능을 이용해 파괴력을 최적화한 초지능 물리적 공격 무기, 인공지능을 활용해 기존 생화학 무기를 설계·최적화한 초지능 생화학 무기, 지구 상공에서 목표를 공격하는 초지능 기반 우주 및 궤도 무기, 인공지능 자체가 새로운 무기를 설계하거나 기존 무기를 혁신적으로 업그레이드하는 인공지능 무기체계 설계 시스템 등 모두를 포함한다.

무인 드론·로봇, 사이버 방어·공격 시스템, 감시·정찰 장비, 위성 기반 감시·타격 시스템 등 다양한 무기체계가 더욱 고도화되는 인공지능 기술을 활용함으로써 초지능성이 강화될 것이다. 현재 일부 초지능 무기체계는 실험적 단계에 있으며, 미국·중국·러시아 등 군사 강국들이 적극적으로 개발하면서 실전 배치를 준비하고 있다. 향후 수십 년에 걸쳐 점진적으로 초지능 무기체계가 기존 무기체계를 대체할 것으로 전망된다.

초지능(Superintelligence)이란 강 인공지능이 지능 폭발을 일으켜 만들어 낼 궁극의 지능을 의미한다. 강 인공지능이란 어떤 문제에 대해 인간처럼 사고하고 학습·추리·적응·논증함으로써 특정 문제를 스스로 해결할 수 있는 인공지능을 말한다. 앞으로 인공지능은 스스로 연쇄적 개량을 통해 더욱더 고도화됨으로써 인간의 지능 수준을 월등히 뛰어넘는 수준으로 발전할 것으로 전망되고 있다.

기계적 능력의 근본적 속성상 하나의 강 인공지능은 곧 수많은 강 인공지능을 만들어 낼 것이고, 그 인공지능들은 자체의 설계를 터득하고 개량함으로써 자신보다 지능적으로 훨씬 탁월한 인공지능으로 빠르게 진화할 것이다. 진화 주기가 무한히 반복되고, 주기마다 더욱 지능적인 인공지능이 탄생할 것이다. 주기에 걸리는 시간도 단축된다. 순식간의 지능 폭발로 인해 강 인공지능은 더 이상 인간이 분석하기 어려운 기이한 단계로 발전하게 되며 결국은 초지능이 된다.

맥스 테그마크(Max Tegmark) MIT공대 교수는 범용 인공지능(Artificial General Intelligence: AGI)[15]이 새로운 지적 생명을 탄생시킬

15) 범용 인공지능이 무엇인지에 대한 정의는 아직 확고하게 정립되지 않았으나 대체로 인간처럼 다양한 업무를 동시에 수행하면서 스스로 알아서 해결책을 찾아나가는 시스템으로 이해된다. 그 이전 단계의 인공지능은 한정된 범위에서 특정 업무를 수행하는 협용 인공지능(Artificial Narrow Intelligence: ANI)이다. 오늘날 활용되는 인공지능은 협용 인공지능으로서 번역 기능을 수행하는 인공지능, 얼굴 인식 기능을 수행하는 인공지능, 무인 자동차 기능을 수행

것으로 예측하고, '생명 3.0(Life 3.0)'으로 설명하고 있다. 생명은 자신의 복잡성을 유지하고 복제할 수 있는 일련의 과정을 의미한다. '생명 1.0(LIFE 1.0)'은 단세포 생물처럼 하드웨어와 소프트웨어 모두 스스로 설계할 수 없는 단계의 생명이다. '생명 2.0(LIFE 2.0)'은 인간처럼 소프트웨어를 스스로 설계할 수 있는 단계의 생명이다. '생명 3.0(LIFE 3.0)'은 인공지능처럼 하드웨어와 소프트웨어 모두를 스스로 설계할 수 있어 끊임없이 자기 자신을 업그레이드할 수 있는 새로운 생명 형태이다.

인류는 이제까지 하드웨어와 소프트웨어 모두 진화의 과정을 통해 발전할 수밖에 없었던 생명 1.0 시대를 지나 소프트웨어를 설계하면서 문명을 발달시킨 생명 2.0 시대를 이룩했다. 앞으로 범용 인공지능의 가속적 발전으로 자기 자신을 끊임없이 업그레이드하면서 능력을 향상하는 생명 3.0 시대를 개척할 것이다. 미래의 인류 사회는 지금과는 전혀 다른 체제로 전환될 수밖에 없으며, 정치·법률·군사·산업·경제·노동 등의 분야에서 가히 생각할 수 없는 혁명적 변화가 초래될 것이다.[16)]

범용 인공지능은 커즈와일의 강 인공지능보다는 약한 것으로 볼 수 있다. 강 인공지능은 인간의 뇌 모델에 기반을 둔 것으로 설명된다. 뇌의 스캔 및 영상화할 수 있는 기술과 도구들이 가속적으로 발전해 뉴런 등의 신경 물질들을 탐지·분석할 수 있게 되면 인간 뇌의 전 영역을 모방하는 상세한 모델을 만들 수 있고, 이를 통해 협용 인공지능을 강 인공지능으로 발전시킬 수 있다는 것이다. 인간 뇌의 전 영역을 역으로 분석해 인간 지능의 작동 원리를 알아내고, 그 원리를 인간 뇌와 비슷한 용량의 연산 플랫폼에 입력한다. 뇌의

하는 인공지능 등이 그 예이다.

16) 맥스 테그마크 저, 백우진 역, 『LIFE 3.0: 인공지능이 열어갈 인류와 생명의 미래』(서울: 동아시아, 2017).

역 분석에서 얻은 도구들, 뇌를 통해 간접적으로 얻은 통찰들, 다년간의 인공지능 연구에서 얻은 지식 등을 종합적으로 활용하면 강 인공지능을 만들어 낼 수 있다는 주장이다.

강 인공지능은 학습의 속도가 인간보다 훨씬 빠르므로 인간 지능을 초월하게 된다. 인간이 몇십 년 걸려 배울 수 있는 기초적 소양과 지식을 기계는 아주 짧은 시간에 습득할 수 있다. 기계 지능(비생물학적 지능) 끼리끼리는 학습한 지식 패턴을 쉽게 공유할 수 있어서 하나의 인공지능만 학습하면 다른 인공지능도 학습하는 것과 마찬가지이다. 컴퓨터 하나가 음성을 인식하면 학습된 음성 패턴을 음성 인식 소프트웨어로 만들어 수많은 컴퓨터에 다 공유시킬 수 있다. 뇌 역분석 모델 기반 학습으로 인간의 언어와 지식을 상당 부분 습득한 기계는 지능 폭발의 과정을 거쳐 튜링 테스트(Turing Test)[17]를 통과할 것으로 전망된다. 기계가 인간 지능의 융통성, 미묘함, 유연함을 거의 그대로 모방하게 된다.[18]

오늘날 인공지능이 과학기술의 핵심 키워드가 돼 있지만 그 수준은 약 인공지능에 머물러 있다. 기계가 인간 지능과 동등한 작업을 할 수 있는 영역이 증가하고 있을 뿐이다. 오직 인간만이 할 수 있는 일은 점점 더 줄어들고 있다. 약 인공지능은 기계가 인간과 비슷한 수준으로 세상을 인식하고 정보를 조합하며 이해하는 정도의 인공지능이다. 미리 정의된 규칙의 집합을 이용해 지능을 흉내 내는 컴퓨터 프로그램이기 때문에 어떤 문제를 실제로 사고하거나 해결할 수는 없다. 약 인공지능은 일상생활에서 쉽게 접할 수 있다. 심전도 진단, 얼굴 인식, 미사일 유도, 바둑 두기, 주식 추천하기, 재즈 즉흥 연주, 영문 번역 등이 그 예이다. 산업 분야의 스마트 팩토리

---

17) 튜링 테스트는 기계가 인간과 얼마나 비슷하게 대화할 수 있는지를 기준으로 기계에 지능이 있는지를 판별하는 것을 말한다.

18) 김영남 외 옮김, 앞의 책, pp. 401－403.

도 약 인공지능 적용 사례이다. 공장 내 설비와 기계에 설치된 센서를 통해 데이터가 실시간으로 수집·분석돼 작업장 내 모든 상황이 일목요연하게 보이고, 이를 분석해 목적된 바에 따라 모든 설비가 제어된다.

전쟁 및 군사 분야에서 강 인공지능이 전략·전술적 필요에 따라 각종 물리적 전투 수단들과 결합하면 기존 전장의 모습을 통째로 바꾸는 신개념 무기체계 혁명이 발생할 것으로 전망된다. 인공지능의 무기화가 급속하게 추진되면서 기계가 스스로 전장을 누비는 날이 가까워지고 있다. 초지능 무기체계 혁명은 강 인공지능이 발현되는 시기에 성취될 수 있을 것이다. 향후 물리적 전투 시스템이 약 인공지능을 만나 점차 가속적 발전을 거듭할 것으로 예상된다. 물리적 전투 시스템 자체는 지속해서 개선될 것이나 폭발적 도약은 한계가 있다.

오늘날 세계적 군사 강국들은 약 인공지능 기반 무기체계의 개발을 둘러싼 군비 경쟁을 벌이는 것으로 보인다.[19] 초보적 단계의 인공지능 무기체계가 본격적으로 개발되기 시작한 것이다. 무기체계에 기계학습(Machine Learning) 기술을 적용하는 수준이다. 기계학습은 별도 프로그래밍 없이 스스로 학습할 수 있는 능력을 컴퓨터에 부여한다. 지도 학습(Supervised Learning), 자율 학습(Unsupervised Learning), 증강 학습(Reinforcement Learning)이 있다. 지도 학습은 입·출력 쌍으로 된 훈련 데이터로부터 입·출력 간의 함수를 학습한다. 자율 학습은 데이터의 무리 짓기(clustering) 또는 일관된 해석을 도출한다. 증강 학습은 계속된 행동으로 얻은 보상으로부터 올바른 행동을 학습한다. 증강 학습 관련 기술이 가장 활발하게 연구되고 있으며, 최근에는 신경망을 기반으로 하는 딥러닝 기계학습 기술이 주목받

---

19) "인공지능 무기 경쟁 … '핵무기보다 싸고 더 위험', 『ChosunBiz』, 2017년 8월 6일, https://biz.chosun.com/site/data/html_dir/

고 있다.

딥러닝 기술은 인간의 인지를 기반으로 수행되는 업무를 컴퓨터가 방대한 양의 데이터를 통해 학습해 대신 처리하거나 의사결정에 도움을 주는 등 일의 효율을 높이는 최첨단 기술이다. 기초 업무 지원뿐만 아니라 업무 지시 및 감독, 제조업의 자동화 공정 등 다양한 분야에 활용된다. 인간의 능력을 확장하고 올바른 의사결정을 지원하는 인지 컴퓨팅(Cognitive Computing) 기술도 개발되고 있다. 최근 인간과 같이 사랑과 감정 및 마음을 지닌 로봇을 개발하기 위해 인간 뇌 피질의 구조와 작동 원리를 모사하는 연구가 진행되고 있다. 미국과 유럽 선진국들에서는 범국가적 차원의 뇌 연구 프로그램에 대규모 자원이 투입되고 있는 것으로 파악된다.[20]

세계 최고 군사 강국인 미국은 기술적 절대 우위를 통해 군사력의 압도적 우세를 유지한다는 전략 기조로 인공지능 무기의 개발에 속도를 내고 있다. 국방부 산하 '국방과학위원회'는 미군이 인공지능 분야의 군비 경쟁에서 뒤처질 수 있다고 경고한 바 있다. 중국과 러시아 등의 국가들이 무기 시스템에 인공지능 기능을 적극 채택하려는 움직임을 보이고 있으나 미군은 그에 대응할 수 있는 체제가 미흡하다는 것이다.[21] 인공지능의 군사적 활용에 대한 필요성과 중요성이 강화되는 상황에서 미국 국방부는 2019년 2월 정보 수집 활동에서부터 군용기와 선박 수리에 이르기까지 군사 분야에서 인공지능 활용의 가속화를 촉구하는 보고서를 발표했다. 중국과 러시아 등

---

20) "인지 컴퓨팅이 인공지능의 미래", 『동아사이언스』, 2016년 3월 17일, http://m.dongascience.donga.com/; 배창석, "인공지능 및 인지 컴퓨팅 기술 동향", 『주간 기술 동향』, 2016년 3월 23일, https://docsplayer. org/; 윤장우, "뇌과학 기반 인지 컴퓨팅 기술 동향 및 발전 전망", 『주간 기술 동향』, 2016년 5월 4일, file:///C:/ Users/choon/.

21) "미국, 인공지능 무기 경쟁에서 뒤처질 수 있다", 『로봇 신문』, 2016년 8월 29일, http://m.irobotnews.com/news/

다른 국가들이 군사적 사용을 위해 인공지능 분야에 상당한 투자를 하고 있으므로 미국은 기술적 우위를 빼앗기기 전에 관련 기술 발전에 신속하게 나서야 한다는 것이다.22)

미국 방위고등연구계획국은 인공지능 기반 차세대 전투기 전자전 체계를 연구하는 것으로 알려져 있다. 러시아와 중국의 레이더 성능 강화에 인공지능으로 작동하는 신형 전자전 체계로 대응한다는 전략을 추진하고 있다. 새로운 전자전 체계는 인공지능을 활용해 실시간으로 적 레이더 활동을 파악하고 새로운 방해 신호 프로파일을 생성하는 등 감지·파악·대응 등의 전 과정이 연속으로 진행된다. 기존의 전투 항공기 전투체계는 새로운 종류의 레이더 신호에 따라 방해 신호 프로파일을 통합해 작전 비행 계획을 수립하기 때문에 상당히 긴 시간이 걸린다. 미래의 항공기는 전장에서 실시간으로 획득한 새로운 레이더 위협에 대응해 방해 신호를 보내기 때문에 시간이 거의 소요되지 않는다. 신형 인공지능 기반 전자전 체계가 도입되면 시간과 비용의 절감은 물론 조종사의 인명도 구할 수 있을 것으로 기대된다.23)

미국 공군은 2030년경까지 5세대 F-35 전투기를 뛰어넘는 6세대 전투기를 선보인다는 계획에 따라 어떤 기술을 적용할지, 어떤 능력을 갖추게 될지 등 초기 개발 개념 및 계획을 논의하면서 인공지능 기술을 적용할 것으로 알려져 있다. 조종사의 개입 없이 데이터를 분류하고 위협을 분석하도록 한다는 구상이다. 필요할 때만 조종사가 탑승해 조종하고 평상시에는 무인 조종이 가능한 선택 탑승(Optional Manning) 개념도 6세대 전투기의 주요 특징이다.24)

---

22) "미 국방부, 군사 분야 인공지능 기술 강화해야", 『VoA』, 2019년 2월 13일, https://www.voakorea.com/world/us/

23) "미국 인공지능 활용, 중·러 레이더 대응 전략 추진", 『이야기 속 방위산업』, 방위사업청, 2016년 6월 23일, https://blog.naver.com/

24) "美, 벌써부터 6세대 전투기 개발 착수…F-35기 능가", 『연합뉴스』, 2017년

최근 미국 해군은 하푼 미사일을 대체할 신형 장거리 대함미사일(Long Range Anti-Ship Missile: LRASM)에 인공지능 기능을 채용한 것으로 알려져 있다. 적 함정을 목표로 날아가다가 공격 목표를 변경하거나 요격 미사일을 회피해야 할 때 인공지능을 활용해 실시간으로 비행 방향과 속도를 조절할 수 있다는 것이다.[25] 미국은 자율비행 능력을 갖춘 대규모 드론 무기의 시험 비행에도 성공한 것으로 파악된다. 인공지능형 드론의 개발이 성공적으로 이루어지고 있다.

인공지능과 불가분의 관계에 있는 대표적 분야는 로봇이다. 인공지능 로봇이 탄생하기도 전에 벌써 그 위험성을 경고하는 목소리가 커지고 있다. 2017년 8월 21일자 주요 외신 보도들에 따르면, 116명의 로봇 전문가가 유엔에 살상용 로봇 개발을 막아달라는 서신을 전달했다. 그들은 '제3의 전쟁 혁명'을 예고하면서, 치명적 자율 무기(Lethal Autonomous Weapons Systems: LAWS)가 재앙을 몰고 올 판도라의 상자가 되고 있다고 주장했다.[26] 살상용 로봇은 전장에서 적군을 살상할 수 있는 인공지능 로봇이다. 국제 인권감시기구는 살상용 로봇을 인간의 의지 없이 공격하는 무기라고 정의한다. 감정 없이 기계적 판단에 의해서만 움직이는 로봇이다.

군사용 로봇은 많은 전문가가 우려하는 살상용 로봇과는 다른 차원에서 개발된다. 미국은 인공지능 로봇이 아닌 지능 확장(Intelligence Augmentation)형 로봇을 개발한다. 인간이 최종 판단과 결정의 주체가 되고 기계적 장치나 알고리즘으로 인간에게 도움을 주는 로봇들을 발전시키고 있다. 폭발물 제거, 물자 보급, 기지 방호, 정찰용 로

12월 18일, https://www.yna.co.kr/view/

25) "인공지능 무기 경쟁… 핵무기보다 싸고 더 위험", 『ChosunBiz』, 2017년 8월 6일, https://biz.chosun.com/site/data/html_dir/

26) "'킬러 로봇' 어디까지 왔나?", 『The Science Times』, 2017년 8월 22일, https://www.sciencetimes.co.kr/news/

봇들이 그러한 예이다. 군 지도자들은 로봇에게 인간의 생명을 결정하는 권한을 주어서는 안 된다는 견해를 견지한다.

러시아는 적국의 방어 레이더망을 실시간으로 탐지하고 데이터를 분석하면서 스스로 방향·고도·속도를 바꾸고 목표물을 골라 파괴할 수 있는 장거리 인공지능 미사일을 개발하는 것으로 알려져 있다. 발사된 후 비행 도중 목표물을 바꾸는 미사일은 새로운 것이 없지만 목표물을 스스로 설정하고 독자적 판단으로 자율 비행하는 인공지능 미사일은 차원이 다른 위력을 가진 무기이다.

러시아의 대표적 방위산업체인 '아르멘 이사키안'은 2017년 1월 무인 항공기용 인공지능 소프트웨어를 개발하고 있으며, 가까운 미래에 상호 연락하면서 자율 판단에 따라 임무를 수행하는 인공지능 미사일과 드론 및 로봇이 출현할 것이라고 주장한 바 있다.[27] 러시아는 스텔스 탐지도 가능한 머신러닝 기반 테라헤르츠(THz) 레이더를 개발하고 있으며, 미사일 공격 경보 시스템의 레이더 스테이션에 인공지능을 적용하는 계획을 완료하였을 것으로 추정된다. 각 레이더 스테이션마다 데이터 센터 수준의 컴퓨팅 기능, 빅데이터 분석 기능, 인공지능 머신러닝 기능을 구현한 것이다. 머신러닝은 비행 방향과 함께 탐지 물체의 특성 및 유형을 식별하는 속도를 크게 향상한다.[28]

중국군은 시진핑 국가주석이 2017년 10월 중국 공산당 제19차 당 대회에서 경제·사회·군사 영역의 인공 지능화를 공식화한 이후 인공지능의 군사화에 박차를 가하기 시작했다. 인공지능, 빅데이터, 바이오 기술, 나노 기술 등에 기반을 둔 무기 개발, 작전 교리 개발,

27) "인공지능 무기 경쟁… 핵무기보다 싸고 더 위험", 『ChosunBiz』, 2017년 8월 6일, https://biz.chosun.com/site/data/html_dir/

28) "인공지능으로 무장하는… 러시아 미사일 공격 경보시스템 '레이더 스테이션', 『인공지능신문』, 2020년 2월 1일, http://www.aitimes.kr/news/

인재 양성, 부대 편제 개편 등을 군 현대화의 핵심 요소로 인식한다. 인공지능 기술이 전쟁의 승패를 결정할 것이라는 분석에 따른 것이다. 전쟁의 속성이 정보 우세에 따라 승패가 결정되는 정보화 전쟁에서 지능 우세가 승패를 좌우하는 스마트 전쟁으로 전환되고 있다고 판단한다.

중국군은 제해권 및 제공권과 같은 범주로 제지권(制智权) 개념을 추가하고 인공지능을 군사력 발전의 핵심 과제로 설정했다. 인공지능 기술을 활용한 첨단 무기의 개발에 그치지 않고 인공지능을 군사전략이나 작전에도 적극적으로 활용하고 있다. 그 예로서 인공지능을 활용한 알고리즘 게임을 개발했다. 미래전에서 인공지능 알고리즘을 통해 전장의 상황을 빠르고 정확하게 이해하고 전투의 최적화 방법을 혁신함으로써 결국은 '전쟁 전 승리'라는 궁극적인 전쟁 목표를 달성할 수 있다는 것이다.[29)]

중국은 미래의 지능화전에 대비하고 미국과의 군사력 경쟁에서 밀리지 않기 위해 인공지능 무기의 개발 역량을 강화하고 있다. 자가 학습하는 인공지능 칩을 탑재한 잠수함부터 사람의 혈관에도 침투가 가능한 초소형 로봇에 이르기까지 치명적인 인공지능 무기를 개발하는 것으로 알려져 있다. 인공지능 무기 개발의 경쟁력을 강화하기 위해 도전 및 창의 정신이 왕성한 청소년 인재들을 양성하고 있기도 하다.

중국군은 인지과학 기술을 포함한 첨단 과학기술 연구 개발 역량을 고도화하면서 싸우지 않고 적을 굴복시킬 수 있는 군대 양성에 박차를 가하고 있다는 분석도 있다. 미국 '신미국안보센터'의 엘사 카니아(Elsa Kania) 선임연구원은 미국 국방대학교 정기 간행물 『프리즘(*Prism*)』에 기고한 글을 통해 중국군이 인지과학 연구를 통

29) "중국의 '인공지능 군사화' 박차", 『The Science Times』, 2019년 5월 7일, https://www.sciencetimes.co.kr/news/

해 어떻게 군사력을 증강하고 있는지 설명했다. 중국군은 1990년대 이후 정보화 전략에 따라 지휘·통제·통신·컴퓨터와 정보·감시·정찰을 통합한 C4ISR 시스템을 성공적으로 개발해 사이버전·전자전·심리전 등 다방면의 정보작전 능력을 극대화한 데 이어 정보전에서 지능화전으로 점차 전환하고 있다고 분석한다.

중국군은 인지과학을 통한 정신·인지 지배와 지능 지배를 추구하고 있다. 인간 뇌 작동 원리를 모방해 개발한 지능이 인공지능의 기술적 한계를 극복할 수 있는 중요한 방법이며, 군사 기술과 장비의 발전을 견인할 수 있다는 것이다. 중국 국방과학기술대학 인지과학 기초 연구팀의 연구 결과에 의하면, 뇌파를 해석한 코트를 이용해 외부 기기의 동작을 제어하고 외부 신호로 신경세포를 자극하는 기술인 뇌-컴퓨터 인터페이스(Brain-Computer Interface: BCI) 기술을 활용함으로써 뇌파 센서로 로봇을 조종하고 차량을 운전하거나 컴퓨터를 조작할 수 있다.[30)]

초지능 무기체계 혁명은 강 인공지능의 군사적 활용이 본격화할 때 발현될 수 있을 것이다. 인공지능은 기계에 탑재된 알고리즘이기 때문에 인간의 목적과 의지에 따라 적용돼야 의미가 있고 발전될 수 있다. 공상과학 영화나 소설에서 인간과 기계의 결합을 설정하고 스스로 판단해 움직이는 인공지능 무기를 출현시키고 있으나 언제 실현될 수 있을 것인지는 불확실하다. 아직은 약 인공지능의 군사적 활용이 시작되는 수준이다. 미국을 비롯한 러시아와 중국 등 세계적 군사 강국들은 약 인공지능을 무기체계에 적용하는 이른바 무기체계의 지능화를 위한 다양한 프로젝트를 추진하는 가운데 장기적 관점에서 강 인공지능의 군사적 적용 방안을 연구·개발하고 있는 모습이다.

30) “中, 인지과학과 생명공학 활용해 군사력 증강”, 『비아이 뉴스』, 2020년 3월 8일, https://www.beinews.net/news/

6. 비운동 에너지 무기체계 혁명

초연결·초지능 기술의 가속적 발전으로 전자 시스템과 소프트웨어 알고리즘이 탑재된 첨단 자율·지능 무기가 전장의 주역이 되고 있다. 물리적 파괴보다 기능적 무력화를 목표로 하는 무기체계가 중요해지고 있다. 이제까지는 전쟁에서 인명 살상과 물리적 파괴가 주된 목적이어서 운동 에너지 무기(Kinetic Energy Weapon: KEW)의 역할이 중요했다. 화학적 작용제로부터 얻은 운동 에너지로 탄두를 이동시켜 표적을 공격하는 무기가 주류를 이루었다. 목표물에 탄두를 직접 충돌시켜 파괴력을 최대화해야 하므로 탄두 속도의 극대화를 통한 강력한 운동 에너지가 절대적으로 필요했다.

비운동 에너지 무기(Non-Kinetic Energy Weapon: NKEW)는 인명 살상의 억제와 기능적 무력화를 지향하며, 직접적인 충격이나 폭발보다는 에너지 전달로 효과를 발휘한다. 주로 레이저, 전자기파, 마이크로파, 음파를 활용한다. 레이저 무기는 고출력 레이저로 목표물을 소각하거나 방해한다. 고속으로 날아오는 미사일, 드론, 박격포탄을 정밀하게 요격하는 데 사용된다. 전자기파(Electromagnetic Pulse: EMP) 무기는 강력한 전자기펄스를 발생시켜 전자기기를 무력화한다. 마이크로파(High-Power Microwave: HPM) 무기는 고출력 마이크로파를 사용해 전자기기를 파괴한다. EMP 및 HPM 무기는 적의 통신 및 레이더 시스템을 무력화하거나 전자 시스템을 영구적으로 훼손해 적의 작전을 방해하는 데 유용하다. 음파 무기(Sonic or Acoustic Weapons)는 강력한 저주파 또는 고주파 음파를 사용해 인간이나 장비를 방해한다. 군중 통제나 인원 억제와 같은 비살상 목적에 적합하다.

비운동 에너지 무기는 운동 에너지 무기에 비해 여러 가지 장점을 가지고 있다. 물리적 탄약을 거의 필요로 하지 않는다. 발사 속도가 빠르고 정밀한 공격이 가능하다. 비접촉식으로 공격할 수 있고 부수적 피해가 제한적이다. 단점을 극복해야 하는 문제도 있다. 대기 조건에 영향을 받는다. 특히 레이저 무기가 그렇다. 에너지 공급 및 유지 기술이 필요하다. 초기 개발 및 운영 비용이 많이 든다. 앞으로 에너지 전달 효율성과 출력 증가 기술이 발전하면 더욱 강력하고 신뢰성 있는 무기가 개발될 것으로 전망된다. 소형화 기술이 발전하면 휴대용이나 이동식 형태로 보급이 확대될 수 있다.

비운동 에너지 무기의 주류는 지향성 에너지 무기(Directed Energy Weapon: DEW)라고 할 수 있다. 전자기파나 입자 빔을 한 곳에 집중시켜 고출력을 생성해 표적에 발사함으로써 표적을 파괴하거나 무력화시킨다. 레이저빔, 전자빔, 고출력 마이크로웨이브, 입자 빔, 플라즈마 무기체계 등이다. 극도로 빠른 빛의 속도로 표적의 국소를 30cm 이하의 빔 크기로 정밀하게 타격할 수 있는 특장점이 있다. 강력한 에너지빔을 표적의 특정 지점에 가하면 수초 이내에 무력화된다. 목표의 운동 상태에 따른 예상 조준이나 지구 중력의 영향을 받지 않는다. 대량 발사와 다중 표적 연속 요격이 가능하다. 단위 발사당 비용이 매우 저렴하다. 공격용과 방어용으로 동시 사용이 가능하다. 기존 운동 에너지 방식의 재래식 무기와 전혀 다른 새로운 차원의 무기체계로서 전장 운영 개념을 획기적으로 전환할 수 있는 잠재력을 가지고 있다.

비운동 에너지는 달리 말하면 고출력 에너지이다. 레이저와 전자기파 및 플라즈마 등의 에너지를 고출력으로 발생시키는 것이 핵심이다. 레이저는 복사의 유도 방출에 의한 빛의 증폭으로 만들어진 강력하고 분산되지 않으며 멀리 전달되는 단색광을 말한다. 단일 파장 동위 상의 빛으로서 일직선으로 뻗어가는 특성이 있어서 군사적으로 표적을 식별하거나 미사일 등의 무기를 유도하는 데 사용된다. 고에너지 레이저는 직접 타격 무기를 대체해 미사일이나 비행체 등의 요격에도 사용된다. 화학 레이저, 광결정 고체 레이저, 광섬유 레이저, 알칼리 레이저, 자유전자 레이저 등으로 구분된다.

전자기파는 핵 폭발로 발생하는 전자기 충격파이다. 감마선 광자가 대기 중으로 확산하면서 원자핵에서 전자가 방출되고, 강력한 전기장과 자기장이 형성된다. 강력한 전자기파는 전자회로에서 전류가 돼 과전류를 발생시킴으로써 각종 전자 시스템을 무력화시킨다. 첨단 전자 시스템은 반도체 집적회로 기술의 발달로 날로 소형화되기 때문에 전자기파에 취약할 수밖에 없다. 첨단 전자 시스템들을 채용한 무기체계는 전자기파에 의한 공격을 받으면 순식간에 무력화될 수 있다.

군사 강국들은 전쟁 양상을 바꿀 신개념 무기로서 EMP 무기를 개발하고 있다. 핵 폭발 시 방출되는 막대한 전자기파를 이용하는 핵 EMP(Nuclear EMP: NEMP) 무기와 전자기파를 기계적으로 방출하는 장치를 통해 핵 폭발 없이 유사한 효과를 거두는 비핵 EMP(Non-Nuclear: NNEMP) 무기로 구분된다. 핵 EMP 무기는 광범위한 영향을 미치고 통제할 수 없어서 아군에게도 큰 피해를 줄 수 있다. 비핵 EMP 무기는 그러한 위험 없이 효과적으로 사용할 수 있는 장점이 있어서 여러 국가가 미래의 핵심 무기체계로 개발하고 있다.

플라즈마란 제4의 물질 상태라고 알려진 물질의 형태이다. 강력한 전기장이나 열원으로 가열돼 기체 상태를 뛰어넘어 전자, 중성입자, 이온 등 입자들로 나누어진 상태를 말한다. 전자는 열을 받아 원자로부터 자유로워지면 끝이기 때문에 어떤 원소든 플라즈마 상태가 될 수 있다. 전자는 탈출하면서 전기 현상의 근원인 전하를 띠게 된다. 이 전하를 전자기장으로 가두거나 특정 방향으로 가속할 수 있다. 열을 가진 플라즈마를 전자기장으로 가두는 것이 토카막(tokamak)[31]이며, 전하를 특정 방향으로 가속하는 방법을 이용한 것이 우주선 등에 쓰이는 이온 엔진이다.

플라즈마는 대기 중에서 방사되므로 직진성을 부여하기 위한 연구가 진행되고 있다. 플라즈마에서 발생한 입자 빔을 인공위성에 탑재해 지구상의 목표를 타격하는 방안이 연구된 바 있다. 미국의 경우 플라즈마를 이용한 고섬광 발생 탄과 우주용 입자 무기 등 미래형 특수 무기 개념을 제안 및 특허 등록했다. 아직 실전 배치 수준에는 이르지 못한 것으로 알려져 있다. 러시아는 비행기 주위를 플라즈마 공기로 에워싸 레이더파를 아예 없애는 방식을 적용한 플라즈마 스텔스기 개발을 완료했다고 발표한 바 있다.[32]

가까운 미래에 레이저 무기 개발 각축전이 새로운 양상의 군비경쟁을 초래할 것으로 전망된다. 전통적 군사 강대국인 미국과 러시아뿐 아니라 독일과 이스라엘도 레이저 무기의 전력화에 성공한 것으로 알려져 있다. 군사 굴기에 나선 중국의 레이저 무기화도 상당한 수준이다. 레이저 무기는 더 이상 개념이나 계획에 머물러 있지 않고 실전화가 빨라지는 모습이다. 레이저 광선으로 비행기나 미사일을 격추하는 장면이 공상과학 영화에나 등장하는 것이 아니라 실제 상황으로 벌어지는 시대에 들어서고 있다.

레이저 무기 개발 경쟁이 또 다른 신형 무기 개발을 부추기고 있다. 전 세계가 강력한 레이저 무기 개발을 위해 분투하는 사이에 미국 국방부는 전투용 레이저를 파괴할 무기로서 역 고에너지 레이저 무기(Counter-HELW)를 개발하는 것으로 알려졌다.[33] 탱크가 대

31) 토카막은 플라즈마를 가두기 위해 자기장을 이용하는 도넛형 장치이다. 가둔 플라즈마를 안정시키기 위해서는 자기장뿐만 아니라 내부에 전류가 흐르게 해야 하며, 플라즈마가 벗어나지 않게 하기 위한 또 다른 자기장이 필요하다. 자기장을 이용해 플라즈마를 가두는 많은 장치 중 토카막이 핵융합 발전의 최적 장치로 활용되고 있다.

32) "러시아 '플라스마 스텔스기' F-22도 두려워할 비장의 무기", 『중앙SUNDAY』, 2011년 5월 29일, https://news.joins.com/article/

33) "눈 깜짝할 새 드론 잡는 '레이저 무기' 개발 경쟁", 『한국일보』, 2019년 12월 5일, https://www.hankookilbo.com/News/Read/

전차 미사일을 출현시켰고, 미사일이 요격 미사일을 탄생시켰듯이, 레이저 무기도 언젠가는 역 레이저 무기라는 적수와 마주하게 될 수 있는 것이다.

미국 공군연구소는 전투기용 고에너지 레이저 무기로서 방호용 레이저 무기를 개발하고 있다. 자체 방어 고에너지 레이저 실증기 사업의 일환으로 고출력 광섬유 레이저를 개발하는 것으로 알려져 있다.[34] 중국도 미국에 맞서 전투기에 탑재할 레이저 무기를 개발하고 있다. 중국군의 무기·장비 구매 사이트인 '전군 무기 장비 구매 정보망'에 공중 레이저 공격체와 레이저 공격 플랫폼을 위한 통제 소프트웨어 모듈과 관련된 구매 계획이 탑재된 바 있다. 중국 관영 매체 『글로벌타임스』는 공중 레이저 무기가 적군이 발사한 미사일을 요격하거나 공중전에서 적군 전투기를 격추하는 데 사용될 수 있는 것으로 분석했다.[35]

미국 해상전투센터(Naval Surface Warfare Center)는 2010년부터 무인 항공기 대응용 레이저 근거리 무기체계(Close-in Weapon System: CIWS)를 개발해 온 것으로 알려져 있다. 32㎾급 레이저 무기를 함정에 탑재해 2㎞ 범위에 있는 무인기나 소형 선박 등을 타격한다는 것이다. 미국 해군은 강습 상륙함 포틀랜드 호에 탑재된 레이저 무기체계에서 고출력 레이저를 발사해 비행 중인 드론을 파괴하는 시험에 성공한 것으로 파악된다.[36] 일본도 고출력 레이저를 북한 탄도미사일의 요격에 활용하는 방안을 본격적으로 강구하고 있다. 북한이 탄도미사일을 발사하려는 사전 징후를 포착해 대기하고 있다가

---

34) 국방기술품질원, 『4차 산업혁명과 연계한 미래 국방 기술』, 2017년 12월, p. 354.
35) "中 공군, 전투기 탑재할 레이저 무기 개발한다", 『연합뉴스』, 2020년 1월 8일, https://www.yna.co.kr/view/
36) "미 해군, 레이저 무기 시험 성공…'하늘 나는 비행기 격추'", 『MK』, 2020년 5월 23일, https://www.mk.co.kr/news/politics/view/

발사 직후 상승 단계에서 고출력 레이저를 조준해 무력화하고 파괴할 수 있는 새로운 시스템을 개발하는 것이다. 자위대 항공기나 함선에 탑재할 계획이다.[37)]

적의 미사일, 로켓포, 대포, 박격포 등을 공중에서 요격할 수 있는 전술 고에너지 레이저(Tactical High Energy Laser: THEL) 무기도 활발하게 개발돼 전장에서 운용되고 있다. 미국과 이스라엘은 1996년 7월 18일 레이저 무기를 공동으로 개발하는 협약을 맺었다. 이스라엘군은 2000년 6월 6일 미국 뉴멕시코주의 화이트 샌드 미사일 사격장에서 고에너지 레이저를 발사해 날아오는 카투사 로켓포를 정확히 파괴하는 시험에 성공했다. 미국은 고기동성 대형 전술 트럭에 탑재된 고에너지 레이저 이동 실증기에서 10㎾ 고출력 레이저를 발사해 박격포탄과 무인 항공기를 무력화하는 시연을 마쳤다.

이스라엘은 아이언돔 로켓 방어 포대가 요격하기 어려운 소규모 단거리 로켓·야포·박격포탄 등을 효과적으로 격추할 수 있는 레이저 방공 무기체계로서 아이언빔(Iron Beam)을 개발하고 있다. 광섬유 레이저 빔을 이용해 7㎞ 거리 내에서 탄도를 가진 로켓이나 미사일을 요격할 수 있다. 이동식 감시·추적 시스템에 의해 신호를 받아 공중 표적을 5초 이내에 파괴한다.

신개념 비운동 에너지 무기는 EMP탄이다. 가공할 6세대 무기가 될 것으로 예상된다. 복잡한 첨단 전자 시스템이 탑재된 수많은 국가사회 기반 시설과 군 방어체계를 순식간에 무너뜨릴 수 있다는 점에서 대량 파괴 무기로 분류되기도 한다. 미국 의회가 2018년 7월 공개한 '핵 EMP 공격 시나리오와 복합 무기 사이버 전쟁'이라는 연구 보고서에 따르면, 핵무기가 폭발하면 매우 빠르게 확산하는 강력한 감마선과 그 밖의 방사선이 공기 중의 산소 및 질소 원자와 상호

37) "日 '레이저로 北 미사일 요격하겠다'… 새 공격 무기 개발 우려도", 『중앙일보』, 2017년 9월 3일, https://news.joins.com/article/

작용해 극도로 강력한 전자기 충격파를 발생시키며, 이 충격파가 폭발 반경 내의 모든 전기·전자 기기를 무력화시킨다. 전력망, 컴퓨터 시스템, 전자 시스템 등이 모두 무기능·무력화되는 블랙아웃 전쟁이 벌어지는 것이다.

EMP탄은 폭발의 범위가 광대하므로 정확하게 투하할 필요가 없다. 30㎞ 상공에서 폭발할 때 폭발 반경이 지상 약 600㎞에 달한다. 서울 상공에서 폭발하면 한반도 전체가 피해를 당하는 영향권인 셈이다. 400㎞ 상공에서 폭발하면 반경은 2,200㎞에 이른다. 뉴욕에서 샌프란시스코까지의 지역을 뒤덮을 만하다. 사이버－물리 시스템의 불능화로 각종 전자 제어 시스템이 작동을 멈추면 폭발과 화재가 발생할 수 있다. 화학공장이 폭발하면 생성된 유독성 구름이 공기, 물, 토양을 오염시키고 생태 환경을 파괴한다. 원자로의 비상 전원이 모두 소모돼 폭발하면 주변 지역까지 방사능 구름 기둥이 확산한다.

미국은 2003년 이라크전에서 EMP탄을 실제 전장에 사용한 적이 있다. 개전 첫날 이라크군의 주요 지휘·통제·통신·정보 시스템과 모든 전자 장비를 무력화해 전장에서 주도권을 확보하기 위한 용도로 EMP탄을 사용했다.[38] 국방기술품질원이 발간한 『국방과학기술조사서』에 따르면, 미국은 합동 공대지 장거리 미사일의 사거리 연장 개량형인 JASSM－ER에 탑재하는 EMP탄을 개발했다. B－52 전략폭격기에서 발사하는 AGM－86 공중 발사 순항미사일을 변형 제작한 마이크로파 발생 장치를 개발하는 '대전자 고출력 극초단파 첨단 미사일 사업(CHAMP)'의 후속으로 진행됐다.[39]

---

38) 김충남·최종호 공저, 『미국의 21세기 전쟁』(서울: 도서 출판 오름, 2018), p. 170.

39) "미국, EMP탄 개발 완료, 2030년 실전 배치", 『문화일보』, 2020년 1월 31일, http://www.munhwa.com/news/

최근 속도가 매우 빠른 소형 군사용 드론을 파괴·무력화하기 위한 효과적 방책으로서 고출력 마이크로파(HPM) 무기가 본격적으로 개발되고 있다. 마이크로파는 1GHz에서 30GHz까지의 주파수를 가지는 전자기파를 말한다. HPM 무기는 미사일을 비롯한 첨단 무기체계의 지능화·자동화·무인화된 부품만을 선별해 빛의 속도로 파괴하거나 오작동을 초래함으로써 순식간에 무력화시킨다. 재래식 요격 미사일이나 레이저 무기는 목표물을 정밀하게 추적하기 위해 고성능 레이더가 필요하나, HPM 무기는 저성능 레이더를 사용하더라도 요격할 수 있고 반복적으로 사용할 수 있다. 미국과 러시아 및 중국을 비롯한 군사 강국들은 20~30년 전부터 HPM 무기를 미래전의 핵심 무기로 집중하여 개발해 왔다. 전력화되면 기존의 미사일 또는 항공기 방어 개념에 획기적인 변화가 초래될 전망이다.[40)]

인공지능 기술이 적용된 자율적 기계가 세상을 지배하는 초지능 시대의 전쟁에서는 대량 살상·파괴를 지향하는 운동 에너지 무기체계보다 비상살·불능화를 지향하는 비운동 에너지 무기체계가 훨씬 유용하게 활용될 것이다. 비운동 에너지 무기체계로 운동 에너지 무기체계를 저비용으로 순식간에 파괴·무력화하는 전쟁이 추구될 것이다. 운동 에너지 무기체계는 한번 발사하면 소모되지만, 비운동 에너지 무기체계는 반복 지속적 발사가 가능하다는 장점이 있다. 비운동 에너지 무기체계는 앞으로 혁신적 발전이 거듭되고, 비운동 에너지 무기체계를 파괴·무력화하는 역 비운동 에너지 무기체계를 증강하는 새로운 개념의 군비 경쟁이 격화될 것으로 전망된다.

---

40) 국방부 국방개혁위원회 군사혁신단, 『한국적 군사혁신의 비전과 방책』(서울: 국방부, 2003), p. 148.

7. 사이버전 무기 혁명

정보 기술과 인공지능 기술의 융복합 발전과 함께 새로운 방식과 양상의 사이버전이 전개되고 있다. 정보 기술은 데이터를 생성·처리·저장·교환 및 보호하는 데 사용된다. 네트워킹, 소프트웨어 개발, 데이터베이스 관리, 클라우드 컴퓨팅, 정보 보안의 핵심 기술로서 기업 운영의 효율성을 향상하고, 데이터 기반 의사결정을 지원하며, 디지털 전환을 촉진한다. 인공지능은 인간의 학습·추론과 문제 해결 능력을 모방하는 머신러닝, 딥러닝, 자연어 처리, 컴퓨터 비전 기술이다. 제조, 건강관리, 금융, 사회기반시설, 국방 등 모든 분야의 필수적 핵심 기술이 되고 있다. 정보 기술은 사이버 공간의 기반을 제공한다. 인공지능 기술은 정보 기술과 결합해 데이터를 분석하고 사이버 공간에 대한 공격을 예측하거나 방어 시스템을 강화하는 데 활용된다. 사이버 공간이 지상·해상·공중·우주의 물리적 공간에 이어 새로운 전장 영역이 됨에 따라 사이버전이 본격화됐다.

[그림 5-2]에서 보듯이, 오늘날 국가 통치 시스템, 에너지 핵심 시스템, 사회 기반 시스템, 국민 생활 편익 시스템, 군사 시스템 등 국가를 유기적으로 구성하는 모든 하위 시스템은 고도로 정보·지능화돼 있으므로 다양한 사이버 공격 위험에 노출될 수밖에 없다.

통수 시스템은 국가의 리더십과 지휘구조 및 의사결정 중심으로서 무력화되면 국가 전체 시스템이 대혼란에 빠질 수 있다. 에너지 핵심 시스템은 전력, 유류, 급수 등 필수 자원 공급망으로서 붕괴하면 국가를 유지할 수 없으며 전쟁 지속 능력도 약화한다. 사회 기반 시스템은 철도, 항만, 공항, 운송, 산업시설 등 국가의 물리적 기반으로서 마비되면 물적 지원 체계가 지탱될 수 없다. 식량 공급망, 급수 체계, 금융망, 병원 시설 등 국민 생활 편익 시스템이 마비되면 사회적 대혼란이 야기될 수 있다. 감시정찰, 지휘통제 네트워크,

타격 수단 등 군사 시스템이 불능화되면 적의 침략을 막는 전투력이 제공될 수 없다.

[그림 5-2] 사이버 전략적 동심원 모델

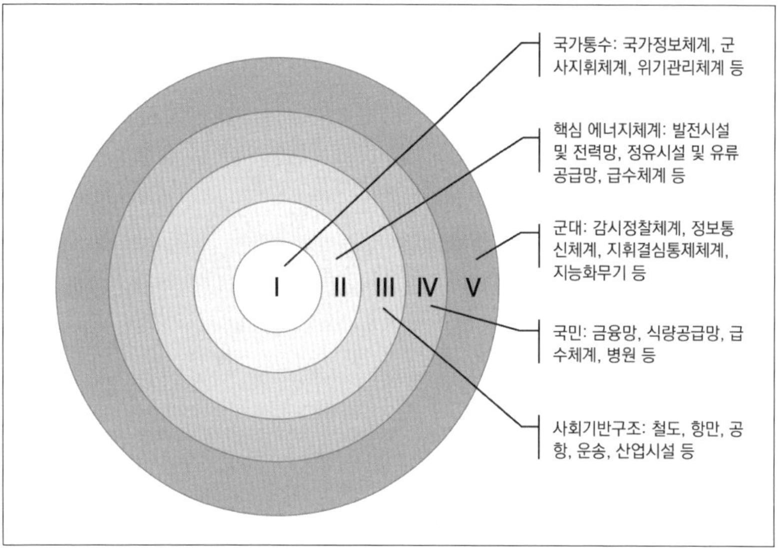

이제 사이버 공간에서 공방전을 벌이는 사이버전은 피할 수 없는 대세이며, 사이버 무기가 보편화되고 있다. 상대의 정보 시스템, 네트워크, 국가사회기반시설을 무력화하거나 파괴하기 위한 디지털 도구와 기술이 혁신적으로 발전되고 있다. 이에는 악성 소프트웨어(바이러스, 웜, 랜섬웨어 등), 해킹 기법, 서비스 거부 공격(DDoS), 스파이웨어 등이 포함된다. 사이버 무기는 소규모 집단이나 개인이 대규모 조직이나 국가를 공격할 수 있다는 점에서 비대칭적이다. 비용이 적게 들고 접근성이 좋아 전통적 전쟁보다 효율적이다. 은밀성과 익명성이 있다. 사이버 공격은 흔적을 남기지 않기 때문에 출처를 추적하기 어려우며, 공격자의 신원을 감출 수 있으므로 책임을 회피할 수 있다. 파괴력의 확장성이 뛰어나다. 물리적 피해뿐만 아니라 경제적·심리적·사회적 혼란을 일으킬 수 있다.

세계 대부분 국가가 사이버전에 본격적으로 대비하면서 사이버 군사력이 강화되는 추세이다. 정부 기관과 군대 및 국가와 연계된 해커 집단이 정치적·경제적·군사적 목적을 달성하기 위해 사이버 공간에서 방어 및 공격 활동을 강화하고 있다. 사이버 방어는 외부 공격으로부터 국가의 정보 및 네트워크를 보호하는 것이다. 국가 기반 시설을 보호하는 데 중점을 두고 침입 탐지 시스템, 방화벽, 암호화 기술 등이 사용된다. 사이버 공격은 적국의 네트워크나 시스템을 교란하거나 무력화하는 것이다. 해킹, 데이터 삭제, 시스템 장애 유발 등을 위한 기술이 활용된다. 사이버 공간에서 군사적 목적으로 사용하기 위한 능력과 자원도 적극적으로 개발되고 있다. 정보 보호, 네트워크 방어, 사이버 공격 수행 등이 전쟁과 군사의 핵심 요소로 자리 잡고 있다. 적국의 사이버 활동을 감시하고 정보를 수집해 전략적으로 활용하기 위한 시스템과 기술이 발전되고 있다. 신호 정보, 전자 감시 기술 등이 사용된다.

군사 강국들은 전문 사이버 군대를 육성하고, 사이버전 기반을 강화하는 데 막대한 투자를 진행하는 것으로 알려져 있다. 미국, 중국, 러시아는 세계에서 가장 강력한 사이버 군사력을 갖추고 있는 것으로 평가되고 있다. 미국은 세계 최고 수준의 사이버 군사력을 구축해 놓고 있다. 사이버사령부를 통해 세계 최고 수준의 공격 및 방어 능력을 기반으로 합동작전을 수행하고 있다. 세계 최고 글로벌 기술 기업들과의 협력으로 기술 혁신과 정보 공유를 강화하고 있다. 국가안보국이 사이버 보안 및 정보 수집에서 핵심적 임무를 수행한다.

중국은 대규모 인력과 국가 주도 기술 개발을 통해 사이버 능력을 획기적으로 성장시키고 있다. 인민해방군 사이버 부대와 국가안보위원회 등이 사이버 작전을 주도하고 있다. 사이버 스파이 및 정보 수집 활동에서 두각을 드러내고 있다. 국내 거대 기술 기업들과의 연계를 통해 군민 융합 사이버 능력을 강화하고 있다. 러시아는 정보 조작 및 해킹 능력에서 강점을 보인다. 국가 정보 기관이 사이버 작전을 주도한다. 랜섬웨어를 통한 공격을 빈번하게 자행하고, 정보를 왜곡하는 등 다양한 사이버 전술을 사용한다. 하이브리드 전쟁 수행 능력이 세계 최고 수준인 것으로 알려져 있다.

앞으로 사이버 무기는 사이버 공간이 한층 중요해지고 첨단 기술의 개발과 국가 간 경쟁의 심화로 더욱 영향력이 커지고 정교하게 발전될 것으로 전망된다. 인공지능, 머신러닝, 양자컴퓨터와 같은 최신 첨단 기술과 결합해 지속해서 혁신됨과 더불어 위력과 사용범위가 더욱 확대될 것이다. 특히, 인공지능 및 머신러닝 기술을 활용한 해킹 도구와 공격 기술은 방어 시스템을 우회하거나 취약점 탐지 및 분석을 자동화함으로써 사이버전 양상을 획기적으로 변화시킬 것이다. 양자 기술의 발전도 사이버전에 심대한 영향을 미칠 것으로 예상된다. 사이버 공격과 방어 모두에서 새로운 도구를 제공할 수 있다. 공자로서 양자컴퓨터는 기존의 암호체계를 쉽게 해독할 수 있어서 적의 사이버 보안 체계를 수월하게 무력화할 수 있다. 방자로서 양자컴퓨터는 네트워크 전송량 감시와 침입 탐지 등 사이버전에 필요한 대규모 데이터 분석을 획기적으로 가속할 수 있다.

8. 초인간 전투원 혁명

자유민주주의 사회에서는 인간의 생명 존중이 윤리의 절대적 가치이기 때문에 전장에서 전투원의 생존 가능성 및 안전성 확보가 필수적 고려 요소이다. 전쟁을 수행하는 과정에서 전투원의 살상이 과도하면 화려한 승리를 거두더라도 국민의 엄중한 손가락질을 받을 것이 분명하다. 인구의 지속적 감소로 최소 필수적 병역 자원조차도 확보하기 어려워지면 전투원은 생존 가능성 및 안정성을 보장받으면서 전투 임무를 수행할 수 있어야 할 것이다. 군사 선진국들은 첨단 과학기술을 활용한 전투원체계를 개발하고 있다. 인간 전투원이 '무기체계(Warrior as a System: WaaS)'로 발전되는 것이다. 전투원이 화포나 전차 등과 같은 단위 무기체계로서 다른 전투체계와 연동 운용될 수 있을 것이다.

미국은 국방부 산하 방위고등연구계획국 주도로 신개념 전투원 체계를 개발하고 있다.[41] 전장에서 전투원의 보호와 부상 치료를 위한 다각적 방법들이 모색되고 있다. 생물학 기술을 이용해 세균뿐만 아니라 총탄으로부터도 전투원을 보호할 방안이 연구되고 있다. 전투원이 총탄을 맞았을 때 통증을 완화하는 통증 백신을 개발하고 있다. 통증 백신을 접종받은 전투원은 처음 총탄을 맞았을 때는 충격을 느끼지만, 시간이 흐르면서 통증이 사라지고 염증과 부기가 상당히 완화된다. 신체에서 분비되는 천연 화학물질을 활용해 출혈을 막고 의지력으로 상처를 봉합하는 방안도 연구되고 있다. 올챙이의 재생 능력을 이용해 인간의 잃어버린 팔과 다리를 다시 자랄 수 있게 하는 방안도 연구되고 있다.

초인간적 능력과 초지능을 가진 전투원을 개발하기 위한 연구도 진행되고 있다. 폭발적 힘과 강한 인내심을 가진 전투원을 만들기 위한 세포 조율(cellular tuning) 연구가 이루어지고 있다. 잠을 자지 않고도 1주일을 버텨낼 수 있는 전투원을 만들기 위해 뇌의 일부분을 이용하고 또 다른 일부분은 쉬게 할 수 있는 고래와 돌고래의 유전자 배열 복제에 관한 연구도 진행되고 있다. 아무것도 먹지 않고도 여러 날을 지낼 수 있는 전투원을 만들기 위한 방안을 찾기 위해 신체에 저장된 지방으로 생명을 유지하게 하는 유전자 배열에 관해

41) 맥스 부트 지음, 송대범·한태영 옮김, 『전쟁이 만든 신세계: 전쟁, 테크놀로지 그리고 역사의 진로』(서울: 플랫미디어, 2007), pp. 861-862.

서도 연구되고 있다. 초지능을 보유한 전사를 만들기 위해 마이크로 칩을 뇌 속에 심어 인지 능력을 향상하는 방법도 연구되고 있다. 앞으로 어떤 신체적·생리학적·인지적 제약도 없는 초인간적 전사들이 전장의 주역이 될 수 있을 것으로 전망된다.

인류는 기술을 이용해 타고난 수명을 연장해 왔다. 약물이나 영양보충제를 활용해 인체의 건강이 획기적으로 개선됐다. 병에 걸려 있는 신체 기관은 비생물학적 기기로 교체될 수 있는 단계에 도달했다. 엉덩이, 무릎, 어깨, 팔꿈치, 손목, 턱, 이빨, 피부, 동맥, 정맥, 심장 판막, 팔, 다리, 발, 손가락, 발가락 등을 대신할 기기들이 이용된다. 심장처럼 좀 더 복잡한 기관을 대체할 수 있는 기술도 속속 개발된다. 몸과 뇌의 작동 원리가 적용된 기기들도 개발된다. 이제까지의 '버전 1.0 인체'와 전혀 다른 개념의 '버전 2.0 인체'가 제시되기도 한다.[42] 나노봇을 이용해 인체의 장기를 보강하고 치료하며 교체하는 포스트휴먼(posthuman)이 탄생할 것이라는 예측이다.

인공지능을 구현한 인공 신피질로 광역 통신이 가능한 보조 뇌가 출현한다. 바이오 센서로 색깔과 질감을 바꾸고 태양 빛으로부터 보호되는 스마트 피부가 만들어진다. 나노봇 감지기가 소화기나 혈류에 투입돼 영양소를 정확하게 분석하고 연산해 실시간으로 개인마다의 무선망을 통해 추가로 필요한 영양소를 주문하는 신호를 보낸다. 바이오 마이크로 기계가 혈류를 타고 돌아다니면서 지능적으로 병원체를 몰아내고 정확한 진단을 통해 최적의 처방을 제공한다. 나노 기기가 파킨슨병에 걸린 환자의 뇌에 도파민을 정확히 전달하고, 혈우병 환자에게 혈액 응고 물질을 주입하며, 종양 발생 지점에 암 치료제를 전달한다. 나노 탐침 기기가 신경질환을 앓는 환자의 전기적 활동을 정밀하게 감시하고 뇌의 특정 지점으로 약물을 전달

42) 김명남 외 옮김, 앞의 책, pp. 416-427.

한다. 미세 스크루 추진 기기가 작은 종양 지점에 약물을 배달한다. 작은 턱과 이빨 같은 것이 있는 미세 기계가 세포를 물었다 놓았다 하면서 DNA나 단백질, 약물 같은 물질들을 세포에 이식한다.

인체의 혈관을 돌며 산소와 영양분을 공급함으로써 생명을 유지하는 혈액의 재설계 프로그램이 진행된다. 나노 기술을 이용해 혈액을 역 분석함으로써 적혈구, 혈소판, 백혈구를 재설계하는 것이다. 로봇 적혈구가 산소화 임무를 최적으로 수행한다. 인공호흡 세포를 사용하면 몇 시간이고 산소 없이 버틸 수 있다. 산소의 저장과 운반을 수백 또는 수천 배 효과적으로 할 수 있는 것이다. 미크론 규모의 인공 혈소판은 기존의 혈소판보다 천배 이상 빠르게 항상성을 유지한다. 미생물 포식자 세포라는 나노봇은 백혈구를 대체할 물질로서 기존의 항생 물질보다 수백 배 빠르게 감염 물질을 파괴하는 소프트웨어를 장착하며 모든 종류의 박테리아, 바이러스, 균류 감염, 심지어 암에 적용할 수 있다.

인체의 심장을 인공심장으로 교체하는 기술이 발달하고, 아예 심장을 없애는 방법도 연구되고 있다. 스스로 움직이는 혈구 나노봇을 통해 피가 저절로 흐르게 되면 막대한 압력을 내뿜는 심장이라는 중앙 펌프는 필요 없게 된다. 나노봇은 혈액에 넣었다 빼는 기법이 완성되면 끊임없이 교체할 수 있다. 유사 혈관계 역할을 하는 나노봇은 액체 매질 없이 직접 영양분과 세포들을 운반하고 혈관계 자체를 대체한다. 탁월한 산화 능력을 갖춘 인공호흡 세포 나노봇은 산화와 동시에 이산화탄소까지 제거하기 때문에 폐를 대체할 수 있다. 인공 호르몬 장기가 생산된다. 피부밑에 이식하는 인공 췌장은 혈당 수치를 확인한 뒤 필요한 만큼 인슐린을 내보내며, 컴퓨터 프로그램을 활용해 호르몬을 분비해서 혈당을 조절하는 핵심 역할을 하는 생물학적 췌도세포와 같은 기능을 수행한다. 지능적 생체 자기제어 나노봇은 호르몬을 비롯한 여타 물질들의 농도를 감시하며 균형을 맞춰준다.

'버전 3.0 인체'가 탄생할 것으로 예측된다. '버전 2.0 인체'의 경험을 발판 삼아 인체의 하부구조들을 총체적으로 개량한다. 분자 나노 기술 조립법을 활용하면 육체의 미세한 부분까지 순간적으로 바꿀 수 있다. 생명공학 기술을 이용해 유전자와 신진대사 과정을 재편함으로써 질병과 노화를 방지한다. 게놈 연구, 유전 정보학, 유전자 치료, 질병 및 노화 예방 의약품 설계, 치료용 복제 등을 통해 세포나 조직 및 장기를 회춘시킨다. 수명의 연장이 점점 더 급속하게 늘어난다. 질병에 의한 인체의 의학적 문제를 50% 정도만 막아도 기대 수명이 150년까지 늘어나며, 90%를 막는다면 그보다 100년이 연장되고, 99%를 막는다면 천년을 넘길 수 있다는 것이다. 생명공학과 나노 기술을 본격적으로 활용하면 모든 의학적 사망 원인이 극복될 수 있다. 다양한 나노봇들의 활용으로 인체가 생물학적 존재에서 비 생물학적 존재로 바뀌면 스스로 자신을 백업할 수 있어서 모든 사망 원인이 사라지게 된다.

인간 지능이 폭발적으로 발현할 것으로 예측된다. 나노봇을 이용해 인간의 생물학적 지능과 기계의 비생물학적 지능을 융합함으로써 인간의 마음을 확장한다. 100조 개에 달하는 개재뉴런의 기능에 나노봇을 이용하면 초고속 뉴런 통신이 가능하다.[43] 패턴 인식 능력, 기억력, 사고력이 획기적으로 향상되고 비생물학적 지능과 직접 소통한다. 인간의 생물학적 뇌가 처리할 수 있는 연산 능력은 한계가 있으나, 비생물학적 지능의 처리 용량은 기하급수적으로 증가해 생물학적 지능을 뛰어넘을 수 있다. 생물학적 뇌에 나노봇을 집

43) 뉴런(neuron, 신경세포)은 신경계와 신경조직을 구성하는 기본 세포이다. 개재뉴런은 중추 신경계의 뉴런과 뉴런 중간에서 흥분 전도를 중계하는 뉴런이다. 신경계의 모든 작용은 시냅스(연접) 구조를 통해 뉴런과 뉴런이 통신함으로써 이루어진다. 뉴런은 나트륨과 칼륨 등의 이온 통로로 전기적 신호를 전달한다. 인간 대뇌 피질에만 약 100억 개의 뉴런이 존재한다.

어넣는 수준을 넘어 수십억 배 강력한 비생물학적 지능이 발현된다. 비생물학적 지능도 인간-기계 문명에서 비롯되었고 인간 지능의 역 분석 설계에 기반을 두고 있으므로 인간의 범주에 속한다.

생물학적 지능과 비생물학적 지능이 합쳐지면 사고의 방법과 구조가 바뀌고 인간의 마음이 무한히 확장될 수 있다. 비생물학적 지능이 사고 처리 과정의 대부분을 담당하면 인간은 뇌신경 영역이라는 기초 구조의 제약을 초월한다. 광범위하게 분포한 지능적 나노봇들이 뇌 기능을 보강해 기억력을 높여주고, 감각과 패턴 인식 및 인지 능력을 향상한다. 나노봇들은 서로 소통하기 때문에 신경의 새로운 연결을 만들어 내고, 생물학적 신경망과 비생물학적 신경망을 연결한다. 생물학적 신경망에 비생물학적 망을 덧씌우고, 다른 비생물학적 지능과 쉽게 결합한다. 나노봇들은 수술 없이 혈관에 주입돼 자유롭게 분포되기 때문에 뇌 어디에서나 제약 없이 사용된다.[44)]

인간 뇌의 비생물학적 지능 혁명에 힘입어 마음 인터넷(Internet of Minds) 시대가 개막될 것으로 예측된다. 인간이 오감을 사용하지 않고 생각이나 감정을 주고받는 텔레파시로 의사소통하는 시대가 열린다.[45)] 신경공학의 발달로 뉴런에 뇌의 활동을 기록하고 뉴런의 정보를 무선 신호로 바꿔 뇌 밖으로 송신하는 장치가 개발된다. 무선 신호를 신경 정보로 변환하는 수신 장치가 뉴런에 삽입된다. 뇌에서 뇌로 정보를 전달하는 무선텔레파시(radiotelepathy) 통신 방식이 출현한다. 스스로 제어할 수 있는 기계 장치와 인간이 결합한 사이보그(Cyborg)들이 네트워크를 통해 생각 신호(thought signal)만으로 뇌에서 뇌로 정보를 전달한다.

무선텔레파시를 실현하기 위해서는 한 인간의 생각이 다른 인간의 몸을 통해 행동으로 옮겨지도록 하는 뇌-기계 인터페이스(Brain-

---

44) 김명남 외, 앞의 책, pp. 435-437.
45) 이인식, "마음 인터넷", 『나라 경제』, 2014년 9월호, KDI 경제정보센터.

Machine Interface: BMI) 기술이 필요하다. 앞으로 인간의 뇌와 각종 기계 장치가 연결된 네트워크가 실현될 것이며, 인간은 생각만으로 제어되는 아바타를 통해 접근할 수 없거나 위험한 환경에서 필요한 임무를 수행할 수 있을 것으로 전망되고 있다. BMI 기술의 발전에 따라 사람의 뇌끼리 연결돼 말하지 않고 생각만으로 소통하는 뇌-뇌 인터페이스(Brain-Brain Interface: BBI) 시대가 도래한다는 것이다. BBI가 연결된 뇌 네트(Brain Net)가 실현되면 개별적 인간을 정의하던 신체적 경계가 느슨해지거나 소멸할 수 있다. 집단적 마음 융합(mind meld)이 발생해 인류가 상상조차 하기 어려운 놀라운 세계가 펼쳐진다.

미국 국방부 방위고등연구계획국은 '마음 이론(Theory of Mind)'을 적용해 인간처럼 다른 사람의 의도와 인지 상태를 이해하고 상호작용할 수 있는 인공지능을 개발하고 있다. 인공지능 시스템이 인간의 의도, 감정, 신념 등 마음 상태를 추론하는 기술을 발전시키는 데 목표를 두고 있다. 예를 들어, '성공적 팀을 위한 인공 소셜 인텔리전스(Artificial Social Intelligence for Successful Teams: ASIST)' 프로그램은 인공지능이 팀 내 개인의 행동·의도·감정 등을 이해하도록 하는 데 중점을 두고 있다. 팀 구성원이 스트레스를 받거나 혼란스러워하면 인공지능이 인식하고 적절히 대응하도록 지원한다. '설명형 인공지능(Explainable AI: XAI) 프로그램은 인공지능이 단순히 인간의 행동을 이해하는 데 그치지 않고, 인간과 상호작용할 때 의도나 결정을 잘 설명하는 데 목표를 두고 있다. 인간은 인공지능 시스템의 판단을 잘 이해하고 신뢰할 수 있다. 사회적·인지적 네트워크(Social and Cognitive Networks: SCN) 프로그램은 인공지능 시스템이 인간 팀원과 효율적으로 협력할 수 있는 능력을 개발하는 데 중점을 두고 있다. '기계 상식(Machine Common Sense: MCS)' 프로그램은 인공지능 시스템이 인간처럼 상식적이고 직관적인 사고를 갖도록 하는 데 초점을 맞추고 있다. 인간의 사고 과정을 이해하고 합리적으로 예측할 수 있는 인공지능 능력을 연구한다. 마음 이론을 다영역 전장 관리 분야에 응용하면 인공지능이 지휘관의 의도를 이해하고 전투 상황에서 적절한 전략을 제안하거나 지원할 수 있다.

유전학과 나노 기술 및 로봇공학 기술의 중첩·폭발적 발전과 함께 사이보그형 인간이 탄생하면 전장의 전투원도 혁명적으로 바뀔 수밖에 없을 것이다. 아직은 첨단 정보 기술을 전투원에게 접목하는 개인전투체계 개발 프로그램이 진행되는 단계에 있다. 전투원을 무기체계의 한 부분으로서 소부대 전술 네트워크와 연동해 효과적으로 전투 임무를 수행할 수 있도록 지휘통제, 치명성, 생존 가능성, 임무 지속성 및 기동성을 획기적으로 향상하고 있다. 전투원의 몸에는 첨단 전자 통신 장비, 센서, 화기, 방호 장비 등이 통합적으로 탑재된다. 소부대 전투원들은 네트워크 중심 작전 환경 아래에서 센서-슈터 기능을 수행할 수 있다.

미국을 비롯한 주요 선진국들은 홀로그램 고글 헬멧, 야간 투시 보병용 전투 피복, 첨단 개인 장비 시스템 등 최첨단 기술을 이용해 전투원을 '아이언맨'으로 만드는 방안을 개발하고 있다.[46] 인공지능, 가상현실 및 증강현실 기술, 차세대 무기 등을 전투원과 결합하는 계획이 추진되고 있다. '퓨처 포스 워리어(Future Force Warrior)' 플랫폼에 초소구경 개인화기, 초소형 유도무기, 일체형 헬멧, 입체 영상, 위성통신, 통역 기능, 동력 공급 장치 등 최첨단 기술이 적용된다. 가상현실 및 증강현실 안경 홀로렌즈를 도입해 야간 투시 및 열 감지가 가능한 '통합 시각 증강 시스템'을 발전시킨다. 홀로렌즈는 헤드셋 안의 초소형 컴퓨터와 센서를 활용한다. 차세대 분대 화기와 통합 시각 증강 시스템이 결합하면 아이언맨의 초기 형태가 된다.

---

46) "5G 시대, '아이언맨' 군인 등장", 『The Science Times』, 2019년 7월 4일, https://www.sciencetimes.co.kr/news/

프랑스의 '펠린(FELIN)'과 독일의 '글라디우스(idZ-ES Gladius)'도 유사한 수준의 전투원 플랫폼이다.

미래의 초인간 전투원은 지칠 줄 모르는 강인한 체력과 험난한 상황도 견디는 인내력을 갖추게 될 것이다. 부상을 스스로 치료해 회복하는 자기 조직적 능력을 보유한다. 망막 디스플레이나 신경망에 직접 연결된 기기를 통해 전장 공통작전상황도를 공유하고 공유정보를 수신한다. 평상시에는 매우 유연하지만, 압력을 받으면 즉각 단단해져서 무엇으로도 뚫지 못하는 신물질로 외부 근육을 만든다. 무거운 장비를 운송하거나 조작할 수 있는 물리적 힘을 주는 근골격이 탄생한다. 자기 조직적 분산형 통신망 속에서 민첩하게 전투를 수행한다. 통신망 일부가 훼손되면 정보는 알아서 그 부분을 에둘러 간다. 마음 인터넷이 실현되면 생각만으로 소통하고 지능화된 전투 장비들을 제어할 수 있다.

제5절 군사혁신 4.0의 개척과 발전: 미국의 3차 상쇄전략

새로운 첨단 과학기술이 견인하는 군사기술혁명은 새로운 군사전략과 전장 운영 방식 및 조직 재구조화를 요구하는 군사혁신으로 확장된다. 전장에서 기술적 우위를 달성하는 것뿐만 아니라 첨단 무기체계를 효과적으로 통합·운용해 승수효과를 최대화하는 능력이 군사적 경쟁의 핵심이 된다. 군사기술혁명과 군사혁신은 상호 연관돼 있지만 초점과 범위에서 차이가 있다. 군사기술혁명은 새로운 기술의 발전에 따라 무기체계와 군사작전 및 전술이 획기적으로 변화돼 전쟁의 성격이나 양상이 근본적으로 바뀌는 과정을 말한다.

군사기술혁명은 핵무기, 레이더, GPS, 드론, 인공지능 등 기술의 발전에서 혁신이 비롯된다. 항공기의 등장으로 인해 공중전 개념이 생겼듯이 새로운 기술이 전장의 구조와 전투 방식을 바꿔놓는다. 사이버전 기술 등 특정 기술은 약소국이 강대국을 상대로 비대칭적 이점을 얻는 데 활용될 수 있다. 기술 발전의 속도에 따라 군사기술혁명의 주기가 점점 짧아지고 있다. 20세기 초 항공기와 전차가 등장했다. 냉전 시기에는 핵무기와 대륙간탄도미사일이 출현했다. 21세기에 접어들어 사이버 무기, 인공지능 무기, 자율 무기체계가 발전되고 있다.

군사혁신은 기술적 혁신을 넘어 새로운 작전 개념 및 방식, 전술, 조직 및 제도를 통해 군대의 역량과 전력구조를 변혁시키는 과정이다. 기술적 요소뿐만 아니라 조직적 요소와 전략적 요소에도 중점을 두는 종합적 접근을 중시한다. 군대는 새로운 기술을 활용해 작전 개념을 발전시키고 기존 조직 구조를 혁신하는 등 적응력이 있어야 한다. 국가 간 군사적 경쟁이나 국제적 안보 질서 변화가 군사혁신을 촉진한다. 단기간의 변화가 아닌 장기적인 발전을 목표로 한다. 군사기술혁명은 군사혁신 일부를 형성하며, 기술 혁신이 군사혁신을 촉발하는 경우가 많다. 예를 들어, 드론과 같은 신기술은 군사작전 수행 시 새로운 전술과 조직적 변화를 요구한다.

4차 산업혁명 시대를 맞이해 새로운 군사기술혁명의 태동과 함께 초연결 지능화 전쟁 패러다임이 발전됨에 따라 새로운 차원의 군사혁신이 추구되고 있다. 세계 최선두 국가는 3차 산업혁명 시대와 마찬가지로 미국이다. 미국은 1990년대 초반 이후 3차 산업혁명 시대의 정보 기술 기반 군사혁신(군사혁신 3.0)을 개척한 데 이어, 4차 산업혁명 시대의 지능·정보 기술 기반 군사혁신(군사혁신 4.0)에 박차를 가하고 있다. 20~30년 후에도 중국과 러시아 등 잠재적 군사 위협 세력을 압도할 수 있는 군사력을 창출한다는 것이다. 세계 어떤 국가보다도 압도적 우위에 있는 기술 분야를 한층 발전시켜 경쟁국들을 멀찍이 따돌리겠다는 의도와 야망을 담고 있다.

오바마 행정부 당시 헤이글(Charles Timothy Chuck Hagel) 국방부 장관은 '국방혁신구상(Defense Innovation Initiative)'으로서 전쟁·군사 판도를 일거에 바꾸는 3차 상쇄전략(Third Offset Strategy)을 공식화했다.[47] 상쇄전략이란 이제까지 자신만이 보유해 온 첨단 기술을 경쟁국도 보유하게 되고 오히려 수적으로 우위를 차지할 때를 대비해 새로운 기술적 혁신을 달성하고 신개념 전쟁 방식을 창출함으로써 수적 우위를 기술적 우위로 상쇄시키는 것을 말한다. 이런 전략적 인식에는 자신만이 보유해 온 첨단 기술이 잠재적 위협 세력에게 확산해 군사력 우위가 급속히 붕괴하고 있다는 우려가 깔려 있다.

헤이글 국방부 장관은 미국이 향후 20~30년 동안 중국과 러시아보다 압도적 우세를 유지할 수 있는 기술로서 로봇, 자율 시스템, 소형화, 빅데이터, 3D 프린팅 등을 제시했다. 로봇에 인공지능을 탑재해 스스로 상황을 평가하고 의사결정할 수 있으면 인간의 육체적 노동뿐만 아니라 정신적 노동도 경감시켜 줄 수 있다. 기계(로봇)가 인간(전투원)을 대체하는 능력이 향상될수록 전투력 발휘 수준이 높아지고 인건비를 절감할 수 있다.

무기체계의 탄두, 센서, 전자부품 등을 소형화하고 비용도 더욱 줄여야 소모성 소형 자율 무기들을 많이 확보해 벌 떼처럼 유연하고 신속하게 운용할 수 있다. 빅데이터 분석 기술을 활용하면 모든 전장 정보를 인간의 개입 없이 용도에 적합하게 걸러낼 수 있고, 시간 압박을 심하게 받는 인간 정보 분석가들에게 징후를 알리는 패턴들을 제공할 수 있다. 개별 전함이나 지상군 부대들은 장거리 보급 지원 라인에서 기다릴 것이 아니라, 3D 프린터로 필요한 수리 부속품들을 맞춤형으로 직접 제조해서 사용할 수 있다.

---

47) Reagan National Defense Forum Keynote, As Delivered by Secretary of Defense Chuck Hagel, Ronald Reagan Presidential Library, November 15, 2014, https://dod.defense.gov/News/Speeches/Speech-View/Article/

3차 상쇄전략은 로버트 워크(Robert O. Work) 부장관에 의해 구체적 방책이 마련됐다. 요체는 미국이 세계 최첨단의 인공지능과 자율 기술을 활용해 '합동 인간-기계 전투 네트워크'를 구축하면 중국과 러시아 등 대규모 강대국들에 대응하는 압도적 재래식 억제력을 확보할 수 있다는 것이다. 5대 핵심 기술도 함께 제시됐다.[48]

첫째는 학습하는 기계(Learning Machine) 기술이다. 사이버 공격, 전자전 공격, 우주 시스템과 미사일의 공격에 대응한 작전을 수행하기 위해 스스로 학습해 대응할 수 있는 기계를 개발해야 한다는 것이다.

둘째는 인간과 기계의 협동(Human-Machine Collaboration) 기술이다. 기계가 인간의 신속하고 적절한 결심을 도와주는 기술이다.

셋째는 기계 보조 작전 활동(Machine Assisted Human Operations) 기술이다. 인간이 효과적으로 작전을 수행할 수 있도록 보조해 주는 기술이다.

넷째는 인간-기계 전투 조합(Human-Machine Combat Teaming) 기술이다. 각종 로봇 및 기계들과 인간 전투원이 하나의 전투 임무팀을 편성해 작전 임무를 수행할 수 있도록 하는 기술이다.

다섯째는 자율 무기(Autonomous Weapon) 기술이다. 각종 지상기동 무기에 자율 무기 기술을 적용하고, 공중과 해상 무기체계에도 무인 자동 항해와 자동 임무 수행 기술을 적용해야 한다는 것이다.

'전략예산분석연구소'는 4차 산업혁명 시대의 초연결 지능화 복합 전력 체계로서 전 지구적 감시-타격 네트워크(Global Surveillance and Strike Network) 체계를 제시하는 보고서를 발간한 바 있다.[49] 전

48) "Work: Human-Machine Teaming Represent Defense Technology Future," U.S. DoD, November 8, 2015, https://dod.defense.gov/News/Article/

49) Robert Martinage, *Toward a New Offset Strategy: Exploiting U.S. Long-Term Advantages to Restore U.S. Global Power Projection Capability*, CSBA(Center for Strategic Budgetary Analysis), 2014, p. 49.

세계의 광범한 지역에 산재해 있는 정보·감시·정찰 체계와 통신네트워크 시스템 및 정밀 타격 능력 등 지·해·공·우주·사이버 전장 영역의 가용 자산을 모두 결합·운용하면 어느 곳에서 위협이 발생하더라고 즉각적으로 타격할 수 있다는 구상이다.

새롭게 부상하는 첨단 기술들을 효과적으로 활용해 강건한 초연결 지능화 네트워크 체계를 구축하고, 5차원 전장 영역에 분산 배치된 다양한 스텔스 장거리 유인 체계들과 자율 무인 체계들을 긴밀하게 연결해, 다수의 작전선을 동시 병렬적으로 운용함으로써 매우 빠른 속도로 작전을 수행할 수 있다. 3차 상쇄전략을 구현하는 데 활용할 수 있는 5대 기술 분야로서 무인 작전, 장거리 공중 작전, 저 탐지(Low Observable) 공중 작전, 수중전, 복합 시스템 공학 및 통합 등을 제시했다.

전략 환경과 군사 위협이 전략 목표·임무의 설정과 군사 대응 개념·방책의 선택에 영향을 미친다면, 전쟁 양상의 변화는 군사 대응 능력의 발전에 직결된다. 전쟁 양상은 과학기술의 발달을 반영한다. 군사 강국들은 새로운 첨단 과학기술을 활용해 신개념의 첨단 전력 체계를 개발하고 그에 적합한 전장 운영 개념과 조직 구조를 파격적으로 발전시키는 군사혁신을 추구한다. 군사혁신의 도전은 피할 수 없는 과업이다. 시대에 뒤진 군사력은 덩치만 크고 최첨단의 군사력 앞에서 무기력할 수밖에 없다. 최근의 전쟁 사례에서 산업화 시대의 군대는 정보화 시대의 군대 앞에서 속절없이 패배하는 모습을 지켜봤다. 마찬가지로 정보화 시대에 머물러 있는 군대는 첨단 지능화된 군대 앞에서 무력할 수밖에 없을 것이다. 첨단 과학기술은 끊임없이 발전을 거듭할 것이기 때문에 군사혁신도 멈춤 없이 진화돼야 할 것이다.

참고문헌

1. 국문 자료

권태영 외 다수. 『21세기 군사혁신과 한국의 국방 비전: 전쟁 패러다임의 변화와 군사 발전』. 서울: 한국국방연구원. 1998.

권태영·노훈. 『21세기 군사혁신과 미래전: 이론과 실상, 그리고 우리의 선택』. 경기도: 법문사, 2008.

국방기술품질원. 『4차 산업혁명과 연계한 미래 국방 기술』. 2017년 12월,

권태영·정춘일. “군사기술혁명(MTR)과 한국의 군사 발전.” 『국방논집』. 한국국방연구원, 1995 가을.

김은 외. 『4차 산업혁명과 제조업의 귀환』. 서울: 클라우드나인, 2017.

김인숙·남유선 지음. 『4차 산업혁명, 새로운 미래의 물결』. 서울: 호이테북스, 2016.

김진호 지음. 『빅데이터가 만드는 제4차 산업혁명: 개인과 기업은 어떻게 대응할 것인가?』. 서울: 북카라반, 2016.

김충남·최종호. 『미국의 21세기 전쟁』. 서울: 도서출판 오름, 2018.

레이 커즈와일 저, 김명남·장시형 옮김. 『특이점이 온다』. 경기도 파주: 김영사, 2019.

맥스 부트 지음, 송대범·한태영 옮김. 『전쟁이 만든 신세계: 전쟁, 테크놀로지 그리고 역사의 진로』. 서울: 도서출판 플래닛미디어, 2007.

맥스 테그마크 저, 백우진 역. 『LIFE 3.0: 인공지능이 열어갈 인류와 생명의 미래』. 서울: 동아시아, 2017.

미래전략정책연구원 지음. 『10년 후 4차 산업혁명의 미래: 전 세계를 뒤흔드는 위기와 기회』. 경기도: 일상이상, 2017.

사이토 가즈노리 지음, 이정환 옮김. 『AI가 인간을 초월하면 어떻게 될까?』. 서울: 이퍼블릭, 2018.

이인식. “마음 인터넷”. 『나라 경제』, 2014년 9월호, KDI 경제정보센터.

임일. 『기술혁명의 안쪽을 들여다보는 통찰의 시선 4차 산업혁명 인사이트』. 경기도: 더메이커, 2016.

정춘일. "군사기술혁명과 한국 군사 발전". 『국방논집』, 31호, 한국국방연구원, 1995.

---. "미국의 군사혁신 개념과 비전." 『국방연구』. 제42권 제1호, 국방대학원 안보문제연구소, 1999.6.

최기출(역), Bill Owens(저). 『미래전에 있어서 불확실성 제거』. 서울: 21세기군사연구소, 2001.

최윤식 · 최현식 지음. 『제4의 물결이 온다: 4차 산업혁명, 부의 기회를 잡아라』. 서울: 지식노마드, 2017.

클라우스 슈밥 지음, 송경진 옮김. 『클라우스 슈밥의 제4차 산업혁명』. 서울: 새로운현재, 2016.

클라우스 슈밥 외 26명 지음, <포린어페어스> 엮음, 김진희 · 손용수 · 최시영 옮김. 『4차 산업혁명의 충격: 과학기술혁명이 몰고 올 기회와 위협』. 서울: 흐름출판, 2016.

타일러 코웬 지음, 신승미 옮김. 『4차 산업혁명: 강력한 인간의 시대 - 누가 기계와의 경쟁에서 살아남을 것인가?』. 서울: ㈜이퍼블릭, 2017.

폴 샤레 지음, 박선령 옮김. 『새로운 전쟁: 인공지능과 로봇은 전쟁을 어떻게 바꿀 것인가』. 서울: 로크미디어, 2021.

한국경제TV 산업팀 지음. 『4차 산업혁명: 세상을 바꾸는 14가지 미래 기술』. 서울: ㈜지식노마드, 2016.

하원규 · 최남희 지음. 『제4차 산업혁명: 초연결 초지능 사회로의 스마트한 진화, 새로운 혁명이 온다!』. 서울: 콘텐츠하다, 2015.

2. 영문 자료

Erickson, John. *The Military-Technical Revolution: Its Impact on Strategy and Foreign Policy*. New York: F. A. Praeger, 1966.

Martinage, Robert. *Toward a New Offset Strategy: Exploiting U.S. Long-Term Advantages to Restore U.S. Global Power Projection Capability*, CSBA.

Mazarr, Michael J. *The Revolution in Military Affairs: A Framework*

for Defense Planning. US Army War College. June 10, 1994.
―――――――――. *The Military Technical Revolution: A Structural Framework*. Washington, D.C.: Center for Strategic and International Studies, March 1993.
Owens, William A. "The Emerging System of Systems". *US Naval Institute Proceedings*. May 1995.
Singh, Ajay. "The Revolution in Military Affairs: 4-Dimensional Warfare". *Strategic Analysis*, Vol. XXII, No. 2, May 1998.
Schwab, Klaus. "The Fourth Industrial Revolution: what it means, how to respond". https://www.weforum.org/agenda/2016/01/14.
U.S. Department of Defense. Office of Force Transformation. *The Implementation of Network Centric Warfare*. 2004.
Warden, John A. "The Enemy as a System". *Air Power Journal*. No. 1. Spring 1995.
Welch, Thomas J. "Technology and Warfare". Keith Thomas. ed. *The Revolution in Military Affairs: Warfare in the Information Age*. Canberra: Australian Defense Studies Centre, 1997.

3. 인터넷 자료

"눈 깜짝할 새 드론 잡는 '레이저 무기' 개발 경쟁". 『한국일보』, 2019년 12월 5일, https://www.hankookilbo.com/News/Read/
"러시아 '플라스마 스텔스기' F-22도 두려워할 비장의 무기". 『중앙 SUNDAY』, 2011년 5월 29일, https://news.joins.com/article/
"미국, EMP탄 개발 완료, 2030년 실전 배치". 『문화일보』, 2020년 1월 31일, http://www.munhwa.com/news/
"미 국방부, 군사 분야 인공지능 기술 강화해야". 『VoA』, 2019년 2월 13일, https://www.voakorea.com/world/us/
"美, 벌써부터 6세대 전투기 개발 착수…F-35기 능가". 『연합뉴스』, 2017년 12월 18일, https://www.yna.co.kr/view/
"미국 인공지능 활용, 중·러 레이더 대응 전략 추진". 『이야기 속 방위산업』, 방위사업청, 2016년 6월 23일, https://blog.naver.com/dapapr/

"미국, 인공지능 무기 경쟁에서 뒤쳐질 수 있다". 『로봇신문』, 2016년 8월 29일, http://m.irobotnews.com/news/

"미 해군, 레이저 무기 시험 성공…'하늘 나는 비행기 격추'". 『MK』, 2020년 5월 23일, https://www.mk.co.kr/news/politics/view/

배창석, "인공지능 및 인지 컴퓨팅 기술 동향", 『주간기술동향』, 2016년 3월 23일., https://docsplayer.org/

"실내외 정밀 타격 AI 드론 플랫폼 '엑스텐드'… 美 국방부에 AI 드론 공급한다". 『인공지능신문』, 2024년 12월 23일, https://www.aitimes.kr/news/

윤장우, "뇌과학 기반 인지컴퓨팅 기술 동향 및 발전 전망". 『주간기술동향』, 2016년 5월 4일, file:///C:/ Users/choon/

"인공지능으로 무장하는… 러시아 미사일 공격 경보시스템 '레이더 스테이션'. 『인공지능신문』, 2020년 2월 1일, http://www.aitimes.kr/news/

"인공지능 무기 경쟁 … 핵무기보다 싸고 더 위험". 『ChosunBiz』, 2017년 8월 6일, https://biz.chosun.com/site/data/html_dir/

인지 컴퓨팅이 인공지능의 미래". 『동아사이언스』, 2016년 3월 17일, http://m.dongascience.donga.com/

"日 '레이저로 北 미사일 요격하겠다.'… 새 공격 무기 개발 우려도". 『중앙일보』, 2017년 9월 3일, https://news.joins.com/article/

"中 공군, 전투기 탑재할 레이저 무기 개발한다". 『연합뉴스』, 2020년 1월 8일, https://www.yna.co.kr/view/

"中, 인지과학과 생명공학 활용해 군사력 증강". 『비아이 뉴스』, 2020년 3월 8일, https://www.beinews.net/news/

"중국의 '인공지능 군사화' 박차". 『The Science Times』, 2019년 5월 7일,https://www.sciencetimes.co.kr/news/

"'킬러 로봇' 어디까지 왔나?". 『The Science Times』, 2017년 8월 22일, https://www.sciencetimes.co.kr/news/

"5G 시대, '아이언맨' 군인 등장". 『The Science Times』, 2019년 7월 4일, https://www.sciencetimes.co.kr/news/

"20년 후에는 달에 거주한다". 『The Science Times』, 2018년 10월 12일,

https://www. sciencetimes.co.kr/news/
"한 번 뜨면 수개월 비행… 美, 核 드론(무인 정찰·폭격기) 개발 추진". 『chosun.com』, 2012년 4월 4일, http://news.chosun.com/site/data/html_dir/
"Defense Primer: Hypersonic Boost-Glide Weapons". Congressional Research Service, March 13, 2020.
Reagan National Defense Forum Keynote, As Delivered by Secretary of Defense Chuck Hagel, Ronald Reagan Presidential Library. November 15, 2014, https://dod.defense.gov/News/Speeches/Speech-View/Article/
"Work: Human-Machine Teaming Represent Defense Technology Future." U.S. DoD, November 8, 2015, https://dod.defense.gov/ News/Article/

제 6 장

한국형 군사혁신 4.0의 주요 과업

제 1 절 초연결·초지능 시대의 전쟁 양상

인류 문명이 정보·지식 중심의 3차 산업혁명 패러다임에서 초연결·초지능 중심의 4차 산업혁명 패러다임으로 전환됨에 따라 전쟁 양상의 파격적 변화와 함께 군사력 구조도 혁신되고 있다. 클라우스 슈밥 세계경제포럼 회장은 4차 산업혁명을 디지털, 바이오, 물리학 등이 경계를 허물고 융합하는 기술 혁명으로 정의했다. 4차 산업혁명은 3차 산업혁명의 연장선상에서 새로운 첨단 과학기술이 융합돼 발현되고 있다. 무인 자율, 3D 프린팅, 로봇공학, 인공지능, 신소재, 사물인터넷, 빅데이터, 합성 생물학, 유전자 편집 등 물리학·디지털·생물학 분야의 모든 과학기술 및 지식·정보 분야에 걸쳐 미증유의 빠른 속도와 거센 힘으로 혁신이 진행되고 있다.

인류의 역사를 반추해 보면, 인류 문명의 전환은 전쟁·군사 분야에서도 혁명적 변화를 불러왔음을 발견할 수 있다. [표 6-1]에서 보듯이, 과학기술의 급속한 발전으로 인해 문명 패러다임이 전환되면 전쟁과 군사 분야도 쓰나미처럼 밀려오는 파장을 피할 수 없다.

전쟁의 역사는 혁신적 차원에서 군사 패러다임을 발전시킨 국가는 그렇지 못한 국가와 전쟁을 벌일 때 항상 승리했다는 사실을 교훈으로 보여주고 있다. 혁혁한 전승을 성취한 국가들은 대부분 새로운 기술 주도의 군사 능력을 개발했으며, 기술의 발전이 전쟁의 성격과 방식에 중대한 변혁을 가져왔다.

[표 6-1] 문명의 발전과 전쟁·군사 패러다임의 전환

사회 변화	농업 사회	산업 사회	정보화 사회	초지능 사회
전쟁 양상	육체·백병전	기계·화학전	정보·지식전	데이터·지능화전
전장 공간	1차원: 지상	3차원: 지상·해상·공중	5차원: 3차원+우주· 사이버	6차원: 5차원+전자기 스펙트럼
지휘 구조	장수 중심 구조	수직적 계층 구조	수평적 네트워크 구조	초공간 네트워크 구조
전력 구조	병력 집약형	자산 집약형	정보 집약형	지능 집약형
전투 형태	선형	선형·비선형 (대부대, 집중)	비선형 (소부대, 분산)	비선형·불규칙형 (소부대, 개인, 분산)
파괴·피해	노획, 포로	대량 파괴·살상	정밀 파괴, 소량 피해	정밀 파괴, 마비, 무피해

1. 초연결·초지능 사회의 발전

오늘날 물리적 사물들이 인터넷에 연결돼 데이터를 주고받으면서 상호작용을 하는 만물 인터넷(Internet of Everything: IoE) 생태계가 급속하게 발전됨에 따라 이른바 초연결·초지능 사회가 형성되고 있다. 스마트폰, 가전제품, 자동차, 센서 등 다양한 기기들이 네트워크를 통해 연결돼 데이터를 효율적으로 활용하고 자동으로 제어한다. 초연결성(Hyperconnectivity)과 초지능성(Superintelligence)이 촉진

되고 있다. 세상의 모든 물리적 사물은 인터넷으로 초연결되고 인공지능 기술과 만나 점점 똑똑해지는 초지능 유기체로 변신한다.

초연결·초지능 사회는 정보 및 네트워크, 빅데이터, 사물인터넷, 인공지능 등의 기술이 긴밀하게 연결돼 개인·조직·사물 간의 상호작용이 강화된 사회를 의미한다. 사람, 사물, 공간, 데이터가 하나의 네트워크로 연결된다. 사물인터넷과 초고속 통신망이 연결을 지원한다. 다양한 기기와 플랫폼에서 실시간으로 데이터가 생성되고 교환된다. 인공지능이 인간의 지능을 넘어서는 수준으로 발전해 문제 해결 능력과 분석 능력을 획기적으로 향상하게 시킨다. 방대한 데이터를 분석해 통찰력을 제공하고, 예측과 의사결정이 자동화된다.

초연결·초지능 기술의 고도화에 따라 자율주행차와 지능형 공장 등 스스로 판단하고 행동하는 지능적 시스템이 발전된다. 이에 따라 스마트 제조, 디지털 건강관리, 스마트 시티 등 다양한 분야에서 효과성과 효율성이 획기적으로 증가한다. 맞춤형 서비스, 스마트홈, 개인화된 교육 등과 같이 삶의 질이 향상된다. 다만, 개인정보 유출과 사생활 침해, 디지털 격차 심화, 기술 의존도 증가로 인한 인간성 약화, 일자리 감소로 인한 사회적 불평등 확대 등 새로운 윤리적 문제가 발생할 수 있다.

초연결과 초지능은 사물인터넷, 클라우드, 빅데이터, 모바일, 인공지능 등의 기술이 복합된 사이버-물리 시스템(Cyber Physical System: CPS)에 의해 발현된다. 가상 세계와 물리적 실체가 연동된다. 객체들은 주변의 물리적 세계 및 그에 실시간으로 연동된 프로세스들과 연결돼 있다. 이런 연결을 통해 인터넷에서 무한한 데이터로의 접근이 가능해지고, 그 데이터를 처리해 서비스를 사용하거나 제공한다. 물리적 객체들을 제어하는 상호 협동하는 컴퓨팅 요소들로 이루어진 시스템이다. 가상의 영역에서 이루어지는 컴퓨팅, 통신, 제어를 실제 물리적 세계와 통합한다.

사이버-물리 시스템은 컴퓨팅 기술, 네트워크, 물리적 프로세스들이 함께 연동돼 일하는 기능에 기반을 둔다. 내장형 컴퓨터와 네트워크는 물리적인 프로세스들을 모니터링하고 제어한다. 물리적 프로세스로부터 생성된 데이터는 컴퓨팅에 영향을 미치며 피드백 루프를 형성한다. 현실 세계에서 일어나고 있는 다양한 상황을 센서로 정량화해 측정한다. 데이터 마이닝 및 빅데이터 분석과 인공지능의 활용으로 현실 세계를 최적으로 모형화해 경험과 직감이 아닌 객관적 방법을 통해 실제 현상을 분석·예측한다. 액추에이터(actuator)를 통해 현실 세계로 피드백시킨다. 사이버-물리 시스템=내장형 시스템(스마트 센서 및 액추에이터 포함)+디지털 네트워크+자율적 판단에 의한 제어와 기계학습(인공지능 포함)으로 도식화될 수 있다.[50)]

2. 초연결·초지능 시대의 전쟁 양상

세상 만물의 초연결성 확장과 초지능성 심화로 인해 그동안 인류가 경험하지 못한 새로운 문명이 열리고 있다. 국가·사회 시스템과 경제·산업 구조가 근본적으로 혁신되고 있다. 국가 간 관계와 국제 안보 및 전쟁 양상도 근원적 변화를 피할 수 없다. 새로운 산업혁명의 본격화와 함께 국가의 생존과 번영이 물리적 생태계를 넘어 사이버·디지털 생태계와 전자기스펙트럼 생태계의 복합 그물망으로부터 심대한 영향을 받을 수밖에 없다. 이에 따라 국가안보의 영역이 확장되고 있다. 물리적 생태계를 방호해야 함은 물론 확장되는 새로운 생태계도 지켜야 한다.

초연결·초지능화된 국가는 사이버·전자기스펙트럼 공격이 가장 심각한 안보 위협이 될 것이다. 사이버·전자기스펙트럼 영역이 과

50) 김은 외 다수 지음, 『4차 산업혁명과 제조업의 귀환』(서울: 클라우드나인, 2017), pp. 236-238.

거의 육지·바다·하늘처럼 전쟁의 무대가 된다. 지능화 센서와 정보통신 네트워크, 의사결정 시스템이 방해·교란과 파괴의 대상이다. 사이버·전자기스펙트럼 영역에서는 전쟁의 문턱이 낮아지고, 전쟁과 평화의 구분이 모호해진다. 군사 시스템에서부터 에너지원, 전력망, 보건 시설, 교통관리 시설, 급수 시설 등 민간 기반 시설에 연결된 네트워크가 해킹당하거나 공격을 받을 위험이 크다. 과거에는 특정 적대 국가의 침략을 저지 내지 분쇄하는 것이 국가안보의 궁극적 목표였으나, 이제는 해커와 테러리스트, 범죄자, 실체가 뚜렷하지 않은 적에 대해서도 대처해야 한다.

이제까지와는 차원이 다른 첨단 과학기술을 활용한 다양한 신개념 무기와 군용품이 전쟁을 수행하는 데 활용되고 있다. 드론과 자율 무기가 가장 많은 주목을 받고 있다. 드론은 하늘을 나는 로봇이다. 자율 무기는 로봇 기술이 인공지능과 결합한 형태로 인간의 조종 없이 자동으로 운용된다. 웨어러블 기기는 극심한 스트레스를 받는 군인의 건강 증진에 활용될 수 있다. 외골격 기기는 아주 무거운 물체를 쉽게 들어 올릴 수 있도록 도와줘 전투력을 향상한다. 3D 프린팅 기술을 사용하면 전쟁터에서 필요한 무기나 장비 부품을 디지털 이미지로 전송받아 현장에서 조달할 수 있는 재료로 제조함으로써 군수 공급망을 혁신적으로 변화시킨다. 나노 기술은 초경량 이동식 무기의 생산과 똑똑하고 정밀한 첨단 무기의 개발에 활용될 수 있으며, 자기 복제와 증식을 할 수 있는 시스템을 만드는 데도 사용될 수 있다. 첨단 디지털 미디어 기술은 심리전 능력을 강화하는 데 이용된다.[51)]

이제까지는 상상조차 할 수 없었던 새로운 기술과 무기체계가 발전하면서 전쟁의 본질, 작전 개념, 조직 편성, 교육훈련, 리더십,

---

51) 클라우스 슈밥 지음, 송경진 옮김, 『클라우스 슈밥의 제4차 산업혁명』(서울: 메가스터디, 2016), pp. 144－146.

군수지원 등 전쟁·군사 패러다임에 혁명적 변화가 초래되고 있다. 미국을 비롯한 선진국들은 1990년대부터 첨단 정보통신 기술이 견인하는 3차 산업혁명에 대비한 군사혁신을 야심 차게 추진해 온 바 있다. 이제 초연결·초지능 기반 4차 산업혁명이 가속화됨에 따라 또 다른 전쟁 패러다임 혁명(Revolution in Warfare Paradigm)이 발생하고 있다.

4차 산업혁명의 가속화를 견인하고 있는 핵심 기술들은 기존의 사회를 송두리째 부수고 새로운 사회를 다시 형성하듯이 전쟁의 특성에도 본질적 변혁을 초래하고 있다.[52] 전쟁은 적대감 충동의 충돌이자 양자 간의 극렬한 폭력 행위라는 본질적 성격은 변하지 않지만, 전쟁 수행의 방식과 수단은 사회의 진화적 발전에 따라 전환이 불가피하다. 4차 산업혁명 기술들의 융합 시너지가 다양한 여러 방식으로 전장의 형상을 바꿔놓고 있다.[53]

첫째, 우주와 사이버가 새로운 전장 영역으로 부상됐다. 이 두 영역의 경우는 전시 운용 경험, 교훈적 기록 및 역사적 전투 사례, 전쟁 수행 방법의 선례가 없다. 우주와 사이버 영역에서의 전투는 전통적인 지상·해상·공중 영역에서 운용되는 전투력을 방해 내지 약화할 수 있다. 정찰·감시와 통신 및 각종 전투지원 시스템이 우주의 위성과 컴퓨터 네트워크에 의존하고 있기 때문이다.

둘째, 인공지능, 빅데이터, 머신러닝, 무인 자율, 로봇 등의 기술

52) '세계경제포럼'은 전쟁 양상 변화를 10가지 흐름으로 정리했다. ① 전쟁 수행의 용이성, ② 살상 속도의 가속화, ③ 불안과 불확실성에 의한 위험 증대, ④ 억제 및 선제의 모호성 심화, ⑤ 군비경쟁의 통제 곤란, ⑥ 분쟁 행위자의 광범위한 확산, ⑦ 회색 지대의 발생, ⑧ 도덕적 경계의 혼란, ⑨ 분쟁 영역의 확장, ⑩ 물리적 가능성의 실현성 증가 등이다. Anja Kaspersen, Espen Barth Eide, Philip Shetler-Jones, "10 trends for the future of warfare", https://www.weforum.org/agenda/2016/11/

53) David Barno and Nora Bensahel, "War in the Fourth Industrial Revolution", June 19, 2018, STRATEGIC OUTPOST, WAR ON THE ROCKS, https://warontherocks.com/ 2018/06/

이 군사작전의 수행에 고도의 탁월한 이점을 제공한다. 전쟁 당사자들은 새로운 기술들을 군사적으로 활용하기 위한 치열한 경쟁을 벌이게 된다. 특히, 인공지능 기술을 활용하는 군사작전은 아주 빠른 속도로 전개될 것이기 때문에 효과적으로 대응하기 위해서는 의사결정에서 인간을 배제할 수밖에 없다. 지능을 갖춘 기계들은 자체의 의사결정으로 인간을 살상할 수 있다는 점에서 도덕적으로 위험성이 있으나 미래 전장에서의 생존과 승리를 위해서는 필수적으로 운용될 것이다.

셋째, '대량(mass)'과 '방어(defense)'가 중요해지고 있다. 정보화 기반 전쟁에서는 대량보다 정밀이 중시됐다. 정밀 유도무기를 사용하는 소규모 부대가 최소의 물자로 성공적인 전투를 수행할 수 있었다. 3D 프린터에 의한 적층 가공 기술 등을 활용하게 되면 전투능력을 저렴하게 대량으로 획득할 수 있어서 정밀과 공격보다 대량과 방어가 더 유리하다는 것이다. 스마트한 고가 첨단 무기체계를 소규모로 운용하는 것보다 군집적 파괴력을 갖춘 저가의 자율 드론을 대량으로 운용하는 것이 유리하다. 대량의 군집 무기들을 운용하면 전장 영역을 사용하는 것보다 훨씬 쉽게 전장 영역을 거부할 수 있다.

넷째, 신개념의 고도 첨단 기술 무기들이 출현하고 있다. 세계적 군사 강국들은 새로운 차원의 군사적 우위를 차지하기 위해 레일건, 지향성 에너지 무기, 초고속 발사체, 극초음속 미사일 등 혁신적인 신개념 무기체계를 개발하는 데 박차를 가하고 있다. 신개념 무기들은 기존의 군사력 균형을 파괴하고 새로운 차원의 군비 경쟁을 초래할 수도 있다.

다섯째, 알려지지 않은 요인(x－factor)이 잠재해 있다. 4차 산업혁명 시대의 전쟁은 누구도 정확하고 명확하게 규정하거나 예측할 수 없는 불확실하고 가변적인 요인들이 내재해 있다. 비밀 기술을 활용한 무기들이 전장의 역학 구조와 형상을 전혀 예측하지 못한 방향으로 바꿔놓을 수 있다. 새로 등장한 무기들이 기존의 무기들을 무력화시킬 것이며, 일방적으로 전승을 거둘 수 있는 기습적 능력을 제공할 수도 있다.

제2절 교차 영역 승수효과 기반 전력 운용 개념 발전

사물인터넷 혁명, 디지털 혁명, 빅데이터 혁명, 인공지능 혁명, 신소재 혁명, 로봇 혁명 등 새로운 첨단 기술 혁명의 융복합적 발생으로 인해 전쟁 수행 방식과 수단이 파격적으로 바뀌고 있다. 거시적으로 보면, 3차 산업혁명 시대에 발전된 네트워크중심전(Network Centric Warfare: NCW)을 넘어 초연결·초지능 기반 결정중심전(Decision Centric Warfare: DCW)이 구현될 것이다. 지상·해상·공중·우주의 물리적 영역과 사이버·전자기스펙트럼의 비물리적 영역이 효과 기반의 전투력 발휘 차원에서 통합될 수 있는 것이다. 6차원 전장 영역을 초연결함으로써 전투력의 통합적 승수효과를 극대화할 수 있다.

세계 최선두에서 미래전 패러다임을 개척하고 있는 미국은 초연결·초지능 전력 체계의 발전을 토대로 새로운 작전 방식을 정립했다. [그림 6-1]에서 보듯이, '교차 영역 승수효과(Cross Domain Synergy: CDS)' 원리를 적용해 기존 전투력 운용 영역의 경계를 넘어 다영역을 교차 통합적으로 활용함으로써 전투력 발휘 승수효과를 최대화하기 위한 전장 운영 방책을 발전시키고 있다. 지상·해상·공중·우주·사이버·전자기스펙트럼 등 다영역 간 교차 통합을 통해 전투력 발휘의 효과를 획기적으로 상승시킨다는 것이다. 본래 승수효과란 분산 상태에 있는 집단이나 개인이 서로 적응해 유기적으로 통합돼 가는 것을 의미한다. 둘 이상의 독립 개체 각각이 만들어 내는 결과를 단순하게 합하는 것보다 통합의 과정을 통해 더 바람직하고 중대한 결과를 창출한다. 다영역 작전의 핵심 요소로서 각 전장 영역을 유기적으로 통합해 보완적으로 운영함으로써 전투 성과를 최대화하는 것이 목표이다.

[그림 6-1] 교차 영역 승수효과 기반 다영역 전장 운영 개념

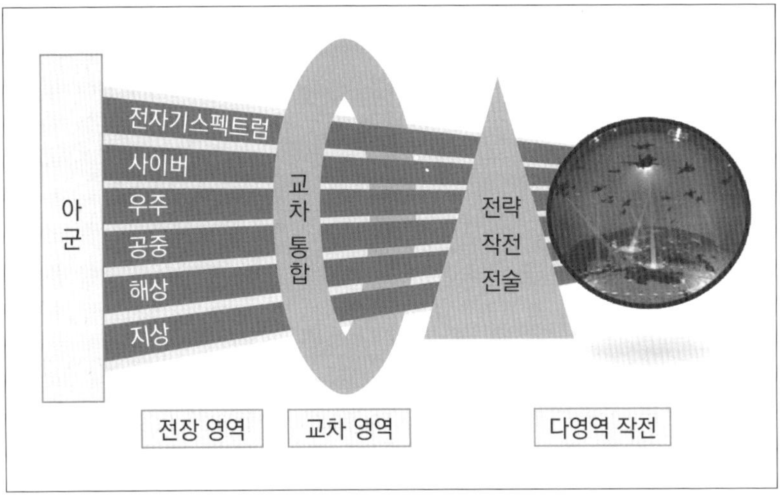

지상 영역은 전통적 전투의 중심 무대로서 지상군의 방어 및 공격 작전, 기지 건설 및 점령 등 군사 활동이 전개된다. 해상 영역은 해군의 해상 및 수중 작전, 해상 물류, 항구 통제 및 해양 교통 보호 등의 군사 활동이 전개된다. 공중 영역은 공군의 공중 및 우주 작전, 정찰, 항공 우위 확보, 지상 및 해상 부대 지원 등의 군사 활동이 전개된다. 우주 영역은 인공위성, GPS, 통신 및 정보 제공을 포함한 우주 자산 활용, 지상·해상·공중 작전 지원 등의 군사 활동이 전개된다. 사이버 영역은 정보 수집 및 전파, 네트워크 방어 및 공격, 적의 통신 방해 등의 군사 활동이 전개된다. 전자기스펙트럼 영역은 주파수의 안전한 관리를 통해 작전 효율성을 극대화하는 한편,

전자기파를 이용해 적의 통신과 레이더 신호 교란 등 전자적 능력을 방해하는 군사 활동이 전개된다. 이 모든 영역을 상호 유기적으로 연결·통합 운영해 적의 취약점을 여러 방면에서 동시에 공략할 수 있어야 전투력의 승수효과가 최대화된다.

우주 영역에서 위성이 전장을 감시·정찰하고, 사이버 영역에서 정보를 실시간으로 수집·분석 및 전송하면, 지상·해상·공중 부대는 이러한 지원을 바탕으로 합동 작전을 실행한다. 전자기스펙트럼 영역에서 적의 통신 시스템과 레이더를 방해하거나 무력화함과 동시에 사이버 공간에서 적의 네트워크를 침투·교란한다. 공군이 공중 폭격으로 적의 방공망을 제거하거나 제공권을 장악해 적진 방어선을 무너뜨리면, 지상군은 그 틈을 이용해 탱크와 보병으로 적 지역을 신속히 점령한다. 우주 영역의 GPS 및 통신 위성을 통해 지상·해상·공중 부대의 작전을 실시간으로 연결하고, 전자전 기술을 활용해 적의 통신이나 위성과 전자 방어 시스템을 방해·마비시킨다. 사이버 공격으로 적의 방공 시스템, 통신망, 전력망 등을 마비시키면, 지상군과 공군이 그 틈을 이용해 적을 공격한다.

교차 영역 승수효과 기반 전장 운영 개념을 실현하기 위해서는 최우선으로 통합적 C4ISR 시스템을 구축해야 한다. 모든 전장 영역을 아우르는 실시간 의사소통과 정보 공유를 보장함으로써 전장 상황을 종합적으로 파악하고 신속하게 결정을 내릴 수 있도록 지원해야 하는 것이다. 미군의 경우 전장의 모든 영역을 연결해 데이터를 실시간으로 통합·분석하고 이를 기반으로 신속한 의사결정을 지원하는 시스템으로서 합동 전영역 지휘통제(JADC2) 시스템을 발전시키고 있다. 요체는 모든 영역에서 적보다 우월한 정보 수집·분석·전파 능력을 확보함으로써 정보 우위와 결정 우위를 달성하는 것이다.

그 밖에도 다양한 준비가 필요하다. 다양한 형태의 군대 간 기술적·전술적 상호 운용성을 보장하는 것이 매우 긴요하다. 기술적 측면에서 통신 프로토콜, 데이터 형식, 무기체계의 호환성이 향상돼야 할 것이다. 전술적 측면에서 공동 작전 계획 및 실행 방법의 표준화가 필수적이다. 적응력 있는 전략과 전술의 개발도 필요하다. 교차 영역 작전은 적의 동태에 따라 신속하게 전략과 전술을 수정하는 유연성을 요구한다. 한 영역이 방해받는 경우 다른 영역에서 보완할 수 있는 대안이 마련돼야 한다. 전장 각 영역 간의 원활한 협력을 위해서는 병력과 자원을 통합적으로 운영하기 위한 교육과 훈련이 필요하다. 전통적 영역의 군(육군, 해군, 공군) 병력과 신흥 영역(우주, 사이버, 전자기스펙트럼)의 전문 병력이 협력하는 방법에 숙달해야 할 것이다.

미국은 교차 영역 승수효과를 전장 운영의 중심적 개념으로 설정했다.[54] 지상·해상·공중·우주·사이버·전자기스펙트럼 영역에서 작전을 수행하는 전투 부대가 서로 다른 전장 영역에 자신의 전투력을 단순히 부가해 주는 것을 넘어 다른 전장 영역의 취약점을 상쇄하고 효과를 보완적으로 증진해 주는 방안을 모색하는 것이다. 전통적으로 무기체계들은 통신이나 유효 사거리의 제한을 고려해 해당 군이나 조직을 중심으로 운용됨으로써 상대방의 공격에 취약할 뿐만 아니라 적을 집중적으로 공격할 수도 없었다. 교차 영역 승수효과 기반 작전은 분야별 전투 조직과 관계없이 각 전장 영역으로 널리 분산 배치된 개별 무기체계들을 더욱 유기적으로 통합 운용하는 데 목적이 있다.

미국 국방부는 2012년 1월 적의 반접근·지역 거부 위협에 대응

---

54) *Cross-Domain Synergy in Joint Operations*, U.S. Joint Chiefs of Staff, January 2016; William O. Odom and Christopher D. Hayes, "Cross-Domain Synergy: Advancing Jointness,"*Joint Force Quarterly*, vol. 73, October 2014, pp. 123-128.

하기 위한 새로운 작전 개념을 담은 『합동 작전적 접근 개념(*Joint Operational Access Concept: JOAC*)』을 발간했다. 여기서 교차 영역 승수효과를 최대화하기 위한 중점 노력 사항이 다음과 같이 제시됐다.[55)]

첫째, 더욱더 낮은 하위 제대에서 작전 능력과 행동을 통합함으로써 작전 수행 과정에서 순간적으로 포착되는 국지적 기회를 이용해 결정적 작전 속도를 확보하는 데 이바지할 수 있다.

둘째, 전통적 작전 영역인 지상·해상·공중에 새로운 작전 영역인 우주와 사이버를 통합 운용함으로써 작전의 융통성을 제고한다.

셋째, 합동 작전의 고유한 특성인 작전 영역 간의 비대칭적 이점을 더욱 창의적으로 구현한다. 아군의 항공력으로 적군의 대함 무기체계를 공격하거나 아군의 지상군으로 적군의 방공무기 등 해·공군 위협 세력을 무력화시킬 수 있어야 한다. 사이버 작전을 통해 적의 우주 기반 체계를 마비시킬 수도 있어야 한다.

넷째, 전투력을 접적 지역으로 전개할 경우나 이미 전개된 전투력을 운용할 때 우주나 사이버 영역을 이용해 외부에서 지원함과 동시에 역으로 작전 지역에 이미 전개된 전력들이 그 외부의 전투력을 지원하기 위해 적의 주요 핵심 시설을 무력화시키는 등 영역을 교차하는 작전 활동을 전개한다.

다섯째, 국내의 각종 관련 기관과 동맹국의 능력을 폭넓게 활용해 승수효과를 상승시킨다. 작전을 수행할 때보다 세분된 전투 관련 주체들이 다양한 영역에서 교차 활동을 통해 협력을 추구해야 한다.

2012년 9월에는 그동안 합동 작전에 적용해 온 합동 승수효과 개념을 교차 영역 승수효과 개념으로 전환하는 내용을 담은 『합동 작전 기준 개념』이 발간됐다.[56)] 2016년 10월에는 교차 영역 승수효

---

55) Joint Chiefs of Staff, *Joint Operational Access Concept (JOAC)*, Version 1.0, January 2012.

과를 최대화하기 위한 전장 운영 개념을 담은 『국제 공역에서의 접근·기동을 위한 합동 개념』이 공개됐다.[57] 해양·공중·우주·사이버 등 주요 전장에서 미국의 해·공군 원거리 투사 능력에 기반을 둔 제해권과 제공권이 중국과 러시아 등 군사기술 경쟁국들의 해·공군 전력 및 반접근·지역 거부 전력 강화로 위협받는 상황에서 어떻게 싸울 것인가에 대한 새로운 개념이 제시됐다. 육군·해병대를 비롯한 지상군 전력도 역 반접근·지역 거부(Counter-A2AD) 차원에서 해양·공중·우주·사이버 영역에서의 작전에 이바지해야 한다는 것이다.

새롭게 발전된 합동 작전은 세 단계로 진행된다. 1단계에서는 전자·사이버전을 비롯한 비운동 에너지 무기로 적의 전력 운용 능력을 약화한다. 적의 군사적 공격 행동이 임박한 것으로 판단되면 사이버·전자전 공격을 통해 적의 국가 및 군의 정보통신 네트워크 시스템을 마비시켜 군사 행동을 차단하고 확전을 억제한다. 발사의 왼편(Left of Launch)을 중시한다. 적 미사일의 준비-발사-상승-하강 단계 중 발사 왼쪽의 준비 단계에서 공격 작전을 교란·마비시키는 것이다.

2단계에서는 대규모 첨단 정밀 타격 수단들을 이용해 적의 공격을 막아내고 신속하게 방어를 공세로 전환해 적의 주요 전력을 파괴한다. 다양한 감시·정찰 자산과 각종 요격 수단을 네트워크로 연결·결합해 실시간 동시적으로 운용한다. 최첨단 전투기, 첨단 무인항공기, 장거리 정밀 타격 미사일 등으로 적의 핵심 전력을 완전하

---

56) U.S. Joint Chief of Staff, *Capstone Concept for Joint Operations: Joint Force 2020*, 10 September 2012.

57) Michael E. Hutchens, William D. Dries, Jason C. Perdew, Vincent D. Bryant, and Kerry E. Moores, "Joint Concept for Access and Maneuver in the Global Commons: A New Joint Operational Concept", *Joint Forces Quarterly*, vol. 84, 2017.

게 파괴한다.

3단계에서는 지·해·공의 합동 기동 작전을 통해 전장의 통제권을 확보한다. 육군·해병대 중심의 지상 기동 전력을 적의 핵심 거점에 진입시키는 작전을 감행한다. 궁극적으로 적의 전쟁 수행 의지를 말살한다.

[그림 6-2]에서 보듯이, 미국 육군은 합동 접근·기동 작전의 지상군 역할을 다영역 전투(Multi-Domain Battle: MDB) 개념으로 발전시켰다.[58] 지상군 전력을 해상·공중 영역에 투사함으로써 합동군 전력이 행동의 자유를 확보하는 데 이바지하는 것이 핵심이다. 합동참모본부는 그동안 교차 영역 승수효과 기반 합동 전장 운영 개념을 육·해·공군 차원에서 어떻게 구현할 것인지를 고민해 왔기 때문에 육군의 다영역 전투 개념 개발은 시의적절한 것으로 인식했다. 다영역 전투 개념은 합동 작전 개념과 마찬가지로 전장의 모든 영

[그림 6-2] 미국 육군의 다영역 전투 개념도

58) U.S. TRADOC, *Multi-Domain Battle: Evolution of Combined Arms for the 21st Century: 2025-2040*. Version 1.0, December 2017.

역에서 미국이 유지해 온 비대칭적 우위가 중국·러시아와 같은 명시적 경쟁국뿐만 아니라 잠재적 경쟁국들의 능력과 전략에 의해서도 도전받고 있다는 위협 인식에 바탕을 두고 있다. 특히 지·해·공 영역의 전력 운용을 뒷받침하는 우주·사이버 영역에서 경쟁이 치열해지고 있다는 점을 우려한다.

교차 영역 승수효과 기반 다영역 전투 개념은 전장 영역 간 연계성 및 상호의존성의 심화를 중시한다. 적이 사이버·전자기스펙트럼 영역을 공격하면 나머지 물리적 전장 영역에서도 전력 운용이 매우 취약해질 수 있는 것으로 인식한다. 우주 영역과 사이버·전자기스펙트럼 영역이 전력의 투사를 보장하기 위해 한층 중요해지고 있는 상황에서 적의 도전으로 비대칭적 우위가 소멸할 수도 있다는 점을 주시한다.

적이 사이버·전자기스펙트럼 영역을 공격하면 우주 영역에서의 전력 운용에 치명적인 영향을 미치게 되고, 결국 지·해·공 영역에서의 전투 수행도 차질을 빚을 수밖에 없다. 적군이 통신 주파수를 공격하거나 조작하면 아군은 우주 영역의 인공위성에 접근하는 것이 거부됨으로써 위성을 통한 정보·감시·정찰이 불가능해진다. 결국은 지·해·공 영역에서의 정보 공유 기반 의사결정이 불가능해짐으로써 모든 전력이 운용될 수 없게 될 것이다.

미국 육군 훈련·교리사령부(Training and Doctrine Command: TRADOC)는 2021년 다영역 작전(Multi-Domain Operations: MDO)에 대한 소책자를 발간했다. 지상·해상·공중·우주·사이버·전자기 영역을 종횡무진하는 미래 작전 수행 개념을 담았다.[59] 다영역 작전은 경쟁(Compete), 침투(Penetrate), 와해(dis-integrate), 전과 확대(Exploit),

59) U.S. Army Training and Doctrine Command, *The U.S. Army in Multi-Domain Operations 2028*, TRADOC Pamphlet 525-3-1, February 26, 2021.

재경쟁(Re-compete) 순으로 진행된다. 유리한 경쟁적 공간을 확대한 가운데, 원거리의 전략적·작전적 종심 화력 지역을 침투해 적의 반접근·지역 거부 시스템을 와해시킴과 동시에, 기동의 자유를 통해 적의 목표를 좌절시킴으로써 전과를 확대한 다음, 전과를 공고히 유지하고 확대하기 위해 다시 경쟁을 벌인다.

첫 번째 단계로 회색 지대에서의 적과 경쟁한다. 적은 은밀하게 인터넷, SNS, 상용 무전기 등을 활용해 선전·선동을 하고 외부에서 인원·장비·물자를 공급받기 위해 노력한다. 적군과 아군이 숨기와 찾기 경쟁을 벌이는 것이다. 분쟁 상황이 우려될 때 적의 징후를 인간 정보 자산과 사이버·전자기스펙트럼 영역의 대정보 활동을 통해 감지한다. 위성을 활용해 적 활동을 파악한다.

두 번째 단계로 합동군이 적의 반접근·지역 거부 시스템에 침투한다. 합동군과 동맹군의 상호 운용성을 이용해 적의 장거리 정밀 무기체계를 정확히 파악해 무력화시킨다. 사이버·전자기스펙트럼을 통해 적의 지휘 시스템과 감시·정찰 능력을 마비시킨다. 공격용 드론과 스텔스 전투 항공기로 타격하거나 특수작전부대로 적의 전진 배치 부대를 무력화시킨다. 침투 공간을 통해 아군의 주력을 신속히 중심 지역으로 침투시킨다.

세 번째 단계로 적의 예하 부대들을 와해시킨다. 다영역에 배치된 자산을 융합해 아군 주력 부대의 종심 기동 여건을 마련한다. 적의 강점을 회피하고 취약한 영역으로 접근함으로써 아군의 피해를 최소화하고 적의 피해를 가중한다. 공중 정찰·감시 활동으로 적의 최초 방어선 후방 기계화보병 부대를 자극하고 위치를 식별한다. 아군의 공중 자산을 방호하기 위해 전자전을 병행한다. 중거리 정밀 화력 시스템과 연계해 적의 기계화보병 부대를 무력화시킨다. 적의 장거리 중심 지역 기갑 부대는 사이버 무기를 비롯한 다양한 수단으로 정확한 위치를 파악하고 지상·공중의 장거리 정밀 화력 시스템을 통합적으로 운용해 파괴한다. 다영역 방어 시스템을 활용해 중·장거리에 배치된 적의 핵심 전력 부대를 분리·무력화시키고 합동군이 종심으로 기동할 수 있는 여건을 조성한다.

네 번째 단계로 적을 분리한 전술적 성과를 작전적·전략적 성과로 확대한다. 분리된 적의 지휘 시스템은 마비 상태이다. 사이버·전자기전을 통해 적의 지휘통제 역량을 지속해서 마비시키고 적의 방공 및 지상 화력 시스템을 식별·파괴한 후 아군의 다영역 전력을 융합해 적의 종심 지역으로 계속 진출한다. 사이버·전자기전의 수행과 함께 인공위성의 운용으로 적의 정확한 위치를 식별한 후 관련 정보를 합동군 화력 자산에 전달한다. 합동군 화력 자산으로 적의 주력 부대를 타격한 후 고고도 무인 항공기, 공격용 드론, MLRS, 중기갑 여단, 공격헬기 부대, 전투기 등으로 구성된 다영역 작전 부대를 종심 지역으로 기동시켜 적을 격멸한다. 합동 교차 영역 전력 운용으로 승수효과가 최대화되는 것이다.

마지막 단계로 장기적으로 분쟁을 억제하기 위해 재경쟁 단계로 전환된다. 일련의 작전을 통해 확보한 적 지역의 핵심 지점을 물리적으로 통제하고 지역 주민의 우군화 등 안정화 작전을 전개한다. 다영역에 걸쳐 정보 및 대정보 활동을 강화하고 동맹국과 긴밀하게 협력하면서 새로운 위협에 대비한다.

제3절 한국형 군사혁신 4.0의 주요 과업

군사혁신 4.0은 전력 체계의 혁신과 전력 운용의 혁신을 통해 최대의 전투력 가치를 창출하는 것이 목적이다. 전력 체계의 혁신은 미래전 패러다임의 전환에 대비해 군사기술혁명 차원에서 고기술·고지능·고위력의 무기체계를 확보하는 것이다. 4차 산업혁명의 가속화를 견인하는 첨단 기술들을 활용해 초연결 지능화 결정중심전을 수행할 수 있는 전력 체계를 구축해야 한다. 결정중심전은 의사결정을 중심으로 전쟁을 수행하는 새로운 전쟁 개념이다. 전통적인 플랫폼 중심(Platform Centric) 또는 네트워크 중심(Network Centric) 접근에서 벗어나 적보다 더 빠르고 더 효과적으로 의사결정을 내림으로써 교전 우위를 확보하는 것이 요체이다.

군사혁신 4.0의 핵심은 초연결 지능화 전력 체계의 구축이다. 3차 산업혁명 시대의 정보화 기반 전쟁 패러다임은 근거리 개별 플랫폼 중심 전력 체계에 의한 대량 파괴전 방식이 원거리 정찰－통제－타격 시스템 복합 전력 체계에 의한 정밀 타격전 방식으로 전환된 것이 본질이다. 4차 산업혁명 시대의 초연결 지능화 기반 전쟁 패러다임은 전투 공간 내의 모든 전투원과 무기체계가 초연결되는 지능형 정찰－지휘통제－타격 시스템 복합체계가 핵심이다. 기존의 정찰－통제－타격 시스템 복합체계에 첨단 스마트 디바이스 및 센서, 무한대 네트워크 기술, 빅데이터와 인공지능 기술을 활용한다.

4차 산업혁명 시대의 전쟁 패러다임은 3차 산업혁명 시대의 전쟁 패러다임에 초연결과 초지능을 부여함으로써 실현된다. 정보 기반 네트워크중심전은 정보 격자망, 센서 격자망, 교전 격자망의 복합적 연결·결합에 의해 구현된다. 정보 격자망은 센서 격자망과 교전 격자망을 연결해 수집된 정보를 전파·공유·분석·처리함으로써 센서－슈터 복합체계를 형성한다. 센서 격자망은 다양한 유형의 센서들을 연결해 고도의 전투 공간 상황 인식을 창출한다. 교전 격자망은 다양한 기동·타격 전투 수단들이 지휘통제를 받아 고도의 전장 상황 인식을 활용해 통합 전투력을 발휘한다. 네트워크중심전의 구성 요소에 4차 산업혁명을 견인하는 사물인터넷, 클라우드, 빅데이터, 이동통신, 인공지능 등의 첨단 기술이 활용되면 정보 격자망의 초연결과 자동화가 강화되고, 센서 격자망의 정보 수집을 통한 전투 공간 상황 인식이 더욱 고도화되며, 교전 격자망의 초연결·초지능에 의한 정밀성·통합성이 획기적으로 향상된다.

전력 운용의 혁신은 초연결 네트워크 기반의 싸우는 방법과 지휘·부대 구조를 발전시키는 것이다. 지·해·공·우주·사이버·전자기스펙트럼 영역의 모든 전투 자산을 교차적·유기적으로 통합 운용함으로써 전투력 발휘의 승수효과를 최대화하는 것이 요체이다. 전력 체계의 혁신과 전력 운용의 혁신은 불가분의 관계에 있다. 아무리 탁월한 전력 체계라도 운용 개념이 그에 상응하도록 설정되지 않으면 승수효과를 발휘할 수 없다.

1. 빅데이터·인공지능 플랫폼 기반 지휘통제 시스템 발전

빅데이터·인공지능 플랫폼은 대량의 데이터를 효율적으로 수집·저장·처리·분석한 결과를 기반으로 인공지능 모델을 개발·운영할 수 있는 기술 환경을 제공한다. 기업이나 기관이 데이터 기반의 의사결정을 내리거나 자동화된 인공지능 서비스를 구축하는 데 활용된다. 데이터 수집 및 저장, 데이터 처리 및 분석, 인공지능 및 머신러닝, 자동화 및 배포, 시각화 및 대시보드로 구성된다. 사물인터넷 센서, 웹, 소셜 미디어 등 다양한 데이터 및 정보 원천으로부터 데이터를 수집하고 저장한다. 각종 분산 처리 도구로 대량의 데이터를 정제하고 변환해 분석할 수 있는 형태로 가공한다. 머신러닝과 딥러닝 등 인공지능 알고리즘을 개발·적용한다. 다양한 도구를 활용한 자동화 모델을 서비스로 배포하고 실시간으로 운영한다. 데이터를 이해하기 쉽게 표현하고 결과를 공유한다.

초연결 사회에서는 데이터가 급속하게 기하급수적으로 폭증함과 더불어 대용량 데이터의 저장·처리·분석 능력이 획기적으로 발전됨에 따라 빅데이터가 크게 주목받고 있다. 매 순간 생성되는 데이터 자원 속에서 유용한 가치를 찾아내는 일이 모든 사회 조직의 필수 핵심 과제가 됐다. 토마스 데이븐포트(Thomas H. Davenport) 박사는 '분석 3.0 시대'의 도래를 선언하면서 분석이 생활 속에 스며들어 의사결정도 빅데이터에 기초해 자동화될 것이라고 역설했다. 이제까지는 어떤 문제가 왜 발생했는지 과거의 자료를 분석하고 의사결정을 했다면, 빅데이터 분석은 정보가 자동으로 모여 지시하고 방향성까지 알려준다는 것이다.[60)]

군사 분야도 이런 흐름을 적극적으로 활용하는 일이 필수적 과업이 됐다. 전장에서 정보 우위를 교전 우위로 전환함으로써 승리를 성취하는 데 결정적인 역할을 담당하는 지휘통제 시스템을 빅데이터와 인공지능 기술을 최대한 활용해 지능화할 필요가 있다. 지휘통제 시스템은 다양한 감시·정찰 자산으로부터 수집된 많은 양의 정보를 융합·분석해 지휘관이 최적의 의사결정을 내릴 수 있도록 지원한다. 전투에서 결정적 승리를 성취하기 위해서는 먼저 보고(전투공간 상황 인식), 먼저 이해하며(결심의 완전성·신속성), 먼저 행동해야 하며(작전 템포 고속화), 지휘통제 시스템이 핵심 역할을 담당한다.

한국군의 현행 지휘통제 시스템은 단순히 정보를 보여주고 유통하는 저급한 수준에 있는 것으로 지적된다. 대량의 정보를 분석하고 최적의 방책을 제공하는 기능은 빠져 있어서 지휘관의 의사결정을 자동으로 지원하기에는 매우 미흡하다. 합동참모본부와 육·해·공군, 각급 전술 제대에 걸쳐 여러 가지 지휘통제 시스템이 구축돼 있

60) 데이븐포트 박사에 의하면, 분석가가 밀실 같은 공간에서 소량의 데이터를 다루던 '분석 1.0 시대'와 데이터를 토대로 제품과 서비스의 향상을 시도했던 '분석 2.0 시대'와는 달리, '분석 3.0 시대'에는 데이터를 인위적으로 다루지 않아도 분석이 자동으로 이뤄진다는 것이다. "의사결정도 빅데이터로 하는 시대다," 『중앙일보』, 2015. 10. 18., http://news.joins.com/article/; Thomas H. Davenport, "Analytics 3.0," *Harvard Business Review*, December 2013, https://hbr.org/

지만, 분야·제대 유형·무기체계 별로 따로따로이다. 연계·통합이 절실하며, 빅데이터와 인공지능 기술을 적용한 고도화가 요구된다.

전투 의사결정과 지휘의 완전성·신속성·신뢰성·예측성을 보장하기 위해서는 빅데이터·인공지능 기반의 지능화 지휘통제 시스템의 발전이 필수적이다. 초연결·초지능 결정중심전을 수행하기 위한 데이터 기반 의사결정 시스템을 구축해야 하는 것이다. 전투 공간에서 생성되는 빅데이터를 인공지능으로 처리하지 않고는 의사결정의 필수 핵심 요소인 숨어 있는 정보와 지식을 채굴할 수 없다. 지휘통제는 자동화된 지원을 받기 어렵고 편견과 한계를 지닌 인간의 직관에 의존할 수밖에 없다.

빅데이터와 인공지능 기술은 민간 부문에서 탁월하게 발전시켜 다양한 용도로 활용되고 있다. 군은 비교 우위의 민간 기술 기반을 최대한 활용하기 위한 방책을 모색할 필요가 있다. 데이터 기반 자동화 의사결정을 구현하기 위해 빅데이터와 인공지능 기술을 어떻게 지휘통제 체계에 적용할 것인지 구체적 방안을 서둘러 찾아야 할 것이다. 사이버 공간에서는 고도의 보안 대책이 요구되기 때문에 군이 아키텍처를 설계하고 마스터플랜을 수립한 다음, 전문 연구기관과 기업들이 협력 플랫폼을 구축해 시제 시스템을 개발하고 실증 과정을 거쳐 구축하는 것이 바람직하다. 민간의 혁신적 과학기술 성과를 적시에 신속하게 활용하기 위해서는 개방 협력적 획득 제도를 도입하는 것이 매우 긴요하다.

2. 전투 클라우드 플랫폼 구축

전투 클라우드(Combat Cloud)는 클라우드 컴퓨팅 개념을 군사작전에 적용한 네트워크 기반 전장관리체계로서 다영역 작전(Multi-Domain Operations: MDO) 및 합동 전영역 지휘통제(Joint All-Domain

Command and Control: JADC2)의 핵심 인프라이다. 전장 데이터를 실시간으로 수집·분석·공유해 지휘관과 전투원이 동시에 활용하고 궁극적으로 지휘통제를 지원하는 디지털 전투 생태계로서 모자이크형 결정 중심 군사작전의 핵심 기반 체계인 것이다. 기존의 중앙집중식 지휘·통제·통신·컴퓨터·정보·감시·정찰(C4ISR) 체계를 클라우드 기반의 분산형 네트워크 구조로 전환해 모든 전투 자산을 실시간으로 연결하는 것이 핵심이다. 인공위성, 드론, 레이더, 센서, 병력 등 각종 정보·감시·정찰 자산에서 수집한 데이터를 통합하고, 인공지능으로 빅데이터를 분석해 즉각적 상황 인식 공유를 지원함으로써 적의 움직임을 예측하고 최적의 대응 방안을 자동으로 추천한다.

전투 클라우드는 다음과 같은 몇 가지 측면에서 절대적으로 중요하고 필수적이다. 첫째, 실시간 상황 인식(Shared Situational Awareness)을 보장한다. 각종 센서(위성, UAV, 레이더, 함정, 전차 등)에서 수집된 데이터를 클라우드에서 통합한다. 전투원 모두가 동일한 전장 정보를 공유해 오인·중복 공격을 방지하고 의사결정 속도를 획기적으로 단축한다.

둘째, 지휘·통제를 혁신한다. 과거에는 지휘관이 중간 지휘소를 거쳐 전투원으로 명령을 하달했다. 전투 클라우드는 직접 연결을 통해 지휘 명령과 데이터가 동시에 전달됨으로써 지휘 속도를 극적으로 단축한다.

셋째, 결정중심전을 고도로 진화시킨다. 단순한 데이터 공유를 넘어 인공지능 기반 예측분석·의사결정을 지원한다. 클라우드 내에서 자동 표적 식별, 적 위협 분석, 최적의 무기체계 배치 제안 등이 가능하다.

넷째, 다영역 작전의 구현 기반이다. 지·해·공·우주·사이버 영역의 데이터를 하나의 네트워크로 묶어 통합 전투가 가능하다. 예들

들어, 지상 부대가 요청하면 근처의 해군 함정 미사일·공군 무인기·우주자산까지 즉시 연결한다.

전투 클라우드는 분산형·모듈형 클라우드 아키텍처로서 중앙 서버뿐만 아니라 전장에 분산된 엣지 컴퓨팅(Edge Computing)을 활용함으로써 네트워크 시스템 일부가 공격을 받아 끊기더라도 나머지 시스템이 독립적으로 작동할 수 있다. 전투기가 공중에서 데이터를 분석·공유하는 '플라잉 데이터센터' 개념도 포함된다. 지·해·공·우주·사이버·전자기스펙트럼 등 다영역 전장 요소를 통합하는 기능을 수행한다. 예를 들어 공군의 전투기가 감지한 위협 정보를 지상 부대, 해군 함대, 사이버 작전 부대와 공유한다. 인공지능을 활용해 적의 행동 패턴을 예측하고, 최적의 교전 방안을 제안한다. 보안·사이버 방어를 강화하기 위해 제로 트러스트 보안(Zero Trust Security) 모델을 적용하며, 양자 암호 및 인공지능 기반 사이버 방어 기술을 활용한다.

미국은 국방부와 합동참모본부 및 각 군이 전투 클라우드 기반 차세대 전투 네트워크를 구축하는 프로젝트를 추진하고 있다. 국방부와 합동참모본부는 합동 전영역 지휘통제 시스템을 구축한다. 공군은 첨단 전장 관리 체계(Advanced Battle Management System: ABMS), 육군은 프로젝트 컨버전스(Project Convergence), 해군은 프로젝트 오버매치(Project Overmatch)를 발전시킨다. 나토는 동맹국 간 실시간으로 정보를 공유하고 위협에 신속하고 효과적으로 대응하기 위해 북대서양방위혁신가속기(Defence Innovation Accelerator for the North Atlantic: DIANA)라는 인공지능·클라우드 기반 군사혁신 프로젝트를 추진한다. 중국군은 6세대 전투기(J-XX) 및 무인 드론과 연계한 스마트 전장을 구현하기 위해 인공지능 기반 클라우드 지휘 시스템을 개발한다. 한국도 국방과학연구소와 및 국방부가 한국형 전투 클라우드 구축 방안을 연구하는 것으로 알려져 있다.

전투 클라우드는 4차 산업혁명을 견인하는 핵심 첨단 기술의 결정체로서 데이터 중심 전쟁(Data Centric Warfare) 개념을 구현하는 등 미래 전장의 모습을 완전히 새롭게 바꿔놓을 것이다. 전장에서 초연결된 전력 체계 간 협업을 극대화한다. 전투기, 드론, 인공위성, 지상 전투 플랫폼, 해상 함정 등 모든 전투 수단들이 하나의 거대한 네트워크로 연결되고, 분산된 엣지 컴퓨팅 노드를 통해 정보를 빠르게 전송한다. 드론, 정찰위성, 레이더, 병력, 지상 센서, 해상 센서, 사이버 정보 등에서 데이터를 획득하고, 사물인터넷 기술을 활용해 실시간으로 클라우드에 전송한다. 인공지능으로 빅데이터를 분석해 전장 상황에 대한 인식을 공유시킴으로써 적의 움직임을 실시간으로 예측하고 자동으로 대응할 수 있게 된다. 사이버·전자기스펙트럼 영역과 연계됨으로써 전투 공간이 물리적 영역을 넘어 확장된다. 무인 자율 무기 시스템과 직접 연결해 통합 작전을 수행한다. 예를 들어 인공지능 기반 드론, 무인 전차, 자율형 미사일 등이 실시간 전장 정보를 활용해 독립·자율적으로 작전을 수행할 수 있다.

군사 선진국들은 [그림 6-3]에서 보는 것처럼 초연결 지능화 복합 전력 체계의 기반이 되는 다영역 전투 클라우드(Combat Cloud)를 구축하고 있다. 전장의 다양한 센서 전력 체계, 지휘통제 전력 체계, 기동·타격 전력 체계를 교차 영역 승수효과의 최대화 보장 차원에서 연결·결합하기 위해 초연결 네트워크 시스템을 구축하는 추세이다. 빅데이터, 클라우드 컴퓨팅, 사물인터넷, 인공지능 등의 첨단 신기술을 활용해 전장의 데이터를 수집·분석·전달 및 활용할 수 있는 클라우드 시스템을 구축함으로써 실시간 정보 공유 및 통합적 지휘통제를 보장한다. 전투 클라우드는 실시간으로 전투 정보를 수집·공유 및 분석해 전투 효율성을 극대화한다. 전장 정보를 통합하고 최적화함으로써 지휘통제 시간을 단축한다. 전장 상황에 대한 종합적이고 입체적인 이해를 제공한다.

[그림 6-3] 다영역 전투 클라우드 개념도

전투 클라우드는 몇 가지의 중요한 하위 솔루션으로 구성한다. 중앙 클라우드가 전장에서 생성되는 모든 데이터를 집약해 실시간으로 저장 및 관리한다. 인공지능이 실시간으로 데이터를 분석해 적의 움직임을 예측하거나 전술적 결정을 지원한다. 드론, 전투차량, 병사들에게 장착된 센서를 통해 실시간 데이터를 수집하고 전장 상황을 입체적으로 파악·공유한다. 초고속 통신망을 이용해 실시간으로 데이터를 전송함으로써 지휘관, 병력, 장비 간의 원활한 정보 교환을 보장한다. 적의 해킹 및 데이터 유출을 방지함으로써 군사 데이터의 기밀성과 안전성을 보장할 수 있는 암호화 및 보안 솔루션 등 첨단 사이버 보안 시스템이 필수적이다.

전투 클라우드를 성공적으로 구축하기 위해서는 군사적 요구 사항과 첨단 신기술을 통합하는 과정이 중요하다. 가장 먼저 군이 필요로 하는 핵심 기능인 정보 공유, 실시간 지휘통제, 위협 대응 등을 정의해야 한다. 지형, 기후, 적 위협 등 전장 환경에 따른 맞춤형으로 설계돼야 한다. 상용 솔루션을 군사적 맞춤형으로 활용하거나 독자적 클라우드 기반을 구축한다. 다양한 센서와 장치에서 수집된 데이터를 효율적으로 처리하는 데이터 관리 플랫폼을 도입한다. 인공지능 및 머신러닝 기술을 통합해 전술적 패턴 분석, 자동화 위협 식별, 의사결정을 지원한다. 지상, 해상, 공중, 우주에 걸쳐 안정적인 초고속 통신망을 구축한다. 초저지연 데이터 전송과 광범위 연결성을 제공할 수 있어야 한다.

미국 국방부는 2022년부터 아마존 웹서비스, 마이크로소프트, 구글, 오라클 등 클라우드 전문 기업들과의 협력으로 '합동 전투 클라우드 역량(Joint Warfighting Cloud Capability: JWCC)'이라는 클라우드 컴퓨팅 프로젝트를 추진해 왔다. 전장 영역의 특수한 상황을 파악하고, 데이터 기반 의사결정을 지원하기 위해 전 세계의 데이터에 접근할 수 있도록 설계됐다. 육·해·공군, 해병대, 우주군이 데이터를 수집하고 정보 공유를 통해 합동·통합 전투력을 발휘할 수 있도록 단일 클라우드 기반 환경을 제공한다. 인공지능 도구의 활용으로 데이터를 분석해 신속한 의사결정을 지원한다. 전 세계적으로 독립적 군사작전을 수행하고 있는 해외 주둔 부대들은 클라우드를 통해 데이터를 처리하고 통신할 수 있다.

한국군도 사물인터넷 환경의 발전 추세, 선진 민간 기업들의 클라우드 플랫폼 구축 사례, 미국을 비롯한 군사 선진국들의 전투 클라우드 기반 지휘통제 시스템 개발 사례 등을 벤치마킹해 [그림 6-4]에서 보는 바와 같은 초연결·초지능 전투 클라우드 플랫폼을 구축할 필요가 있다.

한국군은 그동안 네트워크 중심 작전 환경을 조성하기 위해 첨단 센서 시스템 도입 및 정보통신 시스템 구축 등 다양한 전력 증강 노력을 기울여 왔다. 그런데도 주로 분야별·기능별·무기체계별 정보통신 시스템을 구축·운용함으로써 네트워크 중심 작전조차도 제대로 수행되기 어려운 것으로 평가되고 있다. 정보통신 하드웨어 기반은 구축하였으나 데이터 기반 전투 의사결정은 거의 불가능한 수

[그림 6-4] 초연결·초지능 전투 클라우드 플랫폼 구조

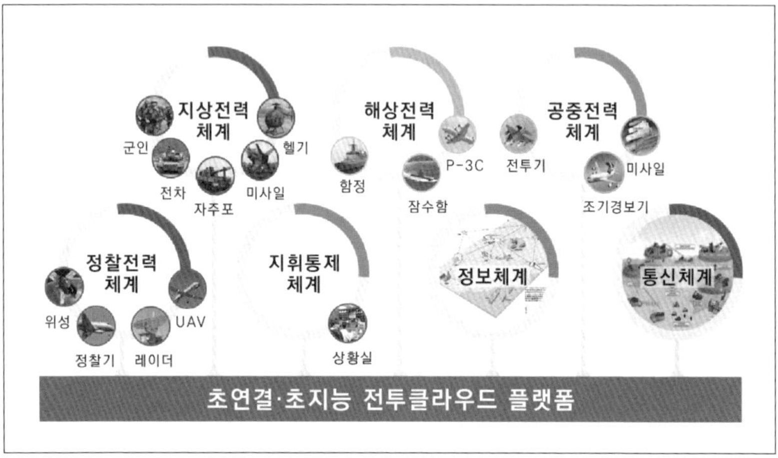

준이다.

데이터 활용 측면에서 보면 한국군의 기존 정보 시스템 및 지휘통제 시스템은 빈 깡통에 가깝다. 제한된 인위적 데이터에 의존하고 있어서 전투 참여 주체들의 전장 정보 및 상황 인식 공유와 자기 동기화의 자동적 실현은 거의 불가능하다. 서로 다른 장소에 있는 감시 시스템 및 타격 수단 간의 전술 정보 공유를 통해 상황 인식, 위협 평가, 지휘 결심, 교전 통제 등의 전투 행위를 지원하는 전술 데이터링크가 구축돼 있으나 다영역 지휘통제는 매우 제한된다. 네트워크 기능과 시스템이 없는 구형 무기체계의 경우 결정 중심 작전에 참여하는 것 자체가 불가능하다. 전력의 통합적 발휘는 크게 제한될 수밖에 없다.

사물인터넷 기반 전투 클라우드 플랫폼을 구축해 지휘·통제·통신·정보 시스템을 통합 운용함으로써 교차 영역 승수효과를 최대화해야 할 것이다. 사물인터넷 환경에서 실시간으로 산출되는 엄청난 빅데이터를 수집·분석 및 활용해 관찰–판단–결정–행동 고리의

순환 속도를 올려야 한다. 구형 무기체계의 경우 스마트 디바이스(센서)를 장착해 사물인터넷 환경 속으로 통합해야 한다.

미래 전장에서 전투력의 승수효과를 최대화하기 위해서는 전투 클라우드 플랫폼을 기반으로 데이터 및 정보 유통·공유 네트워크 체계를 구축함으로써 속도 중심 데이터 기반 결정을 보장해야 한다. 전투 클라우드 플랫폼은 지·해·공·우주 전장의 모든 전투체계를 유기적·통합적으로 연결해 전장 데이터를 기반으로 정보·상황 인식 공유와 속도 중심 의사결정을 보장함으로써 작전의 템포를 가속한다. 네트워크 중심 전쟁 패러다임이 데이터·지능 중심 전쟁 패러다임으로 전환되는 것이다.

전장 사물인터넷 환경은 완전 무결성과 고도 보안성을 요구하는 전력 체계로 구성되기 때문에 핵심 전력 체계 발전 차원에서 국방 연구기관 주관으로 아키텍처를 설계하고, 방위산업 기업들이 개발 협업 플랫폼을 구축·운영해 시제를 개발하는 것이 바람직하다. 4차 산업혁명 핵심 기술들은 민간 연구기관들과 대학들이 원천기술들을 개발하고 있고, 산업 분야에서 우수한 중소 벤처기업들이 요소별로 경쟁력 있는 솔루션을 개발·보유하고 있다. 이런 잠재력을 충분히 활용할 수 있는 거버넌스를 구축할 필요가 있다. 범정부 차원의 과학기술 역량을 최대한 활용해야 할 것이다.

3. 신개념 첨단 무기체계 개발

신개념 무기체계는 최신 첨단 기술과 혁신적 운용 개념을 적용해 기존 무기보다 한층 강력하고 효율적인 전투 능력을 제공할 수 있는 무기들을 의미한다. 주로 인공지능, 로봇공학, 양자 기술, 극초음속 기술, 자율 기술, 신소재 등을 활용해 개발된다. 다양한 신개념 무기체계가 등장하고 있다. 예를 들어 극초음속 무기, 고출력 레이저 무기 및 전자기 펄스 무기, 양자 레이더, 스마트 탄약, 인공지능·빅데이터를 활용한 정밀 유도무기, 인공지능 로봇 전투 시스템, 우주 기반 무기, 바이오 및 나노 기술 무기, 소프트웨어 기반 사이버 무기, 모듈형 무기체계, 스텔스 무기, 자율 해양 무기체계, 극초음속 폭격기, 무인 공중 급유 드론, 인공지능 기반 미사일 방어 시스템, 레이저 및 전자기 펄스 요격 무기 등 매우 다양한 신개념 무기체계가 개발되고 있다.

한국도 세계적 추세를 참고하며 최우선으로 인공지능과 무인화 기술을 활용한 신개념 첨단 무기체계의 개발에 박차를 가해야 할 것이다. 첨단 센서 체계, 지능화 정밀 타격 체계, 빅데이터·인공지능 기반 지휘통제 체계가 초연결 킬웹(Kill Web) 작전 환경 속에서 유기적·동적으로 복합될 수 있어야 한다. 군사 선진국들은 전장이 지상·해상·공중 중심의 전통적 영역을 넘어 우주·사이버·전자기스펙트럼 영역까지 확장되는 추세에 대비해 우주 전력 체계와 사이버 전력 체계 및 전자기 전력 체계를 전략적으로 개발하고 있다. 첨단 과학기술의 혁신적 발달 추세에 맞춰 장거리 정밀 타격 무기체계, 무인 자율 무기체계, 비운동 에너지 무기체계 등을 다양하게 발전시키고 있다. 특히, 사물인터넷, 클라우드 컴퓨팅, 빅데이터, 이동통신, 인공지능, 무인 자율 등의 기술을 다양한 유무인 무기체계에 접목해 초연결·초지능 센서-슈터 시스템 복합 전력 체계를 구축하고 있다.

한국군도 4차 산업혁명을 견인하는 핵심 첨단 기술을 활용한 신개념 무기체계를 개발하는 데 많을 노력을 기울여야 한다. 인공지능, 사물인터넷, 3D 프린팅 등 4차 산업혁명 기술뿐만 아니라 과학기술 발전 추세 및 미래 전장 환경 등을 종합적으로 고려해 주요 미래 국방 기술을 도출하고, 그런 기술을 활용한 신개념 무기체계를 발전시켜야 한다. 앞으로 전투 공간을 지배할 신개념 무기체계는 4차 산업혁명 핵심 기술과 불가분의 관계에 있다. 대표적인 기술은 사이버-물리 시스템, 인공지능, 무인 자율 기술 등이다.

사이버-물리 시스템이란 센서나 액추에이터(작동 장치)가 장착된 물리적 요소와 이를 실시간으로 제어하는 컴퓨팅(사이버) 요소가 결합한 복합 시스템을 말한다. 컴퓨팅 및 통신 기능에 실시간으로 물리 세계의 객체를 모니터링·제어하는 기능을 결합한 시스템이다. 민간 분야의 차세대 자동차와 항공기 및 전력 시설 등은 고성능화·복잡 기능화·자동화·지능화·상호 연동성·실시간성·신뢰성·보안성 등이 요구된다. 인간의 논리력과 지능으로는 한계가 있을 수밖에 없다. 이에 따라 내장형 소프트웨어 기반 복합체계로 발전되는 추세이다. 군에서도 전력 체계뿐만 아니라 전력 지원체계에 매우 유용하게 활용될 수 있다.

오늘날 가장 활발하게 개발되고 있는 신개념 무기체계는 인공지능 기반 무인 자율 무기체계이다. 첨단 정밀 제어 기술을 활용한 무인 무기체계는 인간이 수행하는 위험한 임무 작전을 대신하고, 유인 무기체계가 접근하기 어려운 작전 지역을 자유롭게 이용할 수 있다. 데이터링크 및 임무 컴퓨터를 탑재한 무인 자율 무기체계는 여러 대가 편대로 운용될 수 있어서 부대 단위의 직접적 전투를 대체할 수도 있다. 무인 자율 무기체계는 정찰·감시 기능을 넘어 무장한 공격 플랫폼으로서 전력 투사가 가능해지고 있다.

미래전에서는 무인 자율 무기체계 간의 전투가 보편화될 전망이다. 지능화 무인 로봇 체계가 인간 전투원을 대신하거나 인간 전투원과 함께 협동하는 전투 방식이 발전되고 있다. 첨단 지능의 군사용 로봇을 먼저 활용하는 쪽이 승리할 것이라는 판단에 따라 인공지능과 로봇공학을 기초로 다양한 로봇 무기체계가 개발되고 있다. 인공지능 기술을 활용해 유·무인 전투기를 복합한 전투 체계도 개발되고 있다. 유인 전투기 한 대가 무인 항공기 여러 대를 이용해 공격 작전을 벌이는 형태이다.

향후 인간을 닮은 인공지능형 로봇이 대량으로 생산돼 전투 공간에 투입될 수 있을 것이다. 부상한 장병이나 민간인을 구출하는 구호 로봇도 출현할 것이다. 기존의 무기체계가 인공지능을 만나 새로운 차원의 무기체계로 탄생하기도 한다. 인공지능이 탑재된 미사일은 적국의 방어 레이더망을 실시간으로 탐지하고 데이터를 분석하면서 스스로 방향·고도·속도를 바꾸고 목표물을 골라 파괴할 수 있다. 인공지능이 탑재된 대함 미사일은 적 함정을 목표로 날아가다가 공격 목표를 변경하거나 요격 미사일을 회피해야 할 때 실시간으로 비행 방향과 속도를 조절할 수 있다.

앞으로는 비운동 에너지 및 소프트킬(soft kill) 성격의 가상·전자적 무기와 현실·물리적 무기가 전투 공간에서 공존하면서 통합적 전투력을 발휘할 수 있어야 할 것이다. 현실·물리적 전투 공간은 지·해·공·우주 영역으로 분리돼 있지만, 앞으로 초연결 지능화 시스템 복합 무기체계의 급속한 발전과 함께 사이버·전자기스펙트럼 영역이 현실·물리적 4개 영역 모두에 개입돼 전투 공간의 전 영역은 상호 밀접히 연결·결합할 것이다. 6차원 영역의 가용한 모든 현실·물리적 무기와 가상·전자기적 무기들을 복합적으로 통합 운용함으로써 교차 영역 승수효과를 최대화할 수 있어야 한다. 유무인 플랫폼에 탑재된 현실·유인·물리적 속성의 공격·방어 무기들과 가상·무인·전자적 속성의 공격·방어 무기들을 초연결·초지능 시스템 복합 전력 체계 속에 조화롭게 구성해 상대방보다 우월한 통합 전투력을 발휘할 수 있도록 해야 할 것이다.

4. 유무인 복합 전투체계 구축

한국은 인구 절벽의 심화에 따른 가용 병역자원의 부족, 인간 생명의 존중, 무인화 전쟁 양상의 발전 등 시대 변화 추세에 따라 유무인 복합 전투체계의 구축을 가속해야 할 것이다. 이는 유인 플랫폼(전차, 항공기, 전투원 등)과 무인 플랫폼(드론, 로봇, 무인 전투차량 등)이 협업하며 전투 임무를 수행하는 체계를 말한다. 인공지능, 네트워크, 센서 융합 기술을 활용해 전투 효율성을 극대화하고, 인간 전투원의 위험성을 줄이며, 미래 전장 환경에서 우위를 점하는 것이 목표이다.

국방부는 'AI 과학기술 강군 육성'이라는 목표를 달성하기 위해 AI 기반 유무인 복합 전투체계를 원격 통제 중심 단계에서 반 자율형 시범 단계를 거쳐 반 자율형 확산 및 자율형 전환 단계로 구축한다는 계획을 추진하고 있다. 2023년 1월 '국방 무인 체계 발전 계획'을 발간한 데 이어 2023년 7월 'AI 기반 유무인 복합 전투체계 구축 추진 계획'을 작성했다. 상호 운용성 확보, 네트워크 환경 구축, 통합 관제 체계 구축, 교육 훈련 체계 구축, 정비 체계 및 능력 확보 등 기반 체계를 구축한다. 핵심 기술 개발, 민·군 기술 표준화, AI 학습 데이터 확보 등 기술 개발 및 표준화를 추진한다. 전투 수행 개념 발전, 시범 부대 운용, 획득 체계 및 제도 개선, 민·군 협력 확대 등 신속한 전력화를 추진한다.

육군은 드론봇 전투체계를 구축하고 있다. 정찰·타격 드론, 무인 전투차량, 다목적 무인 로봇 등을 개발한다. 국내의 한 방산업체는 6륜 구동 지능형 다목적 무인 차량인 아리온-SMET(Arion-SMET)를 개발중이다. 물자 운반, 환자 후송, 감시·정찰, 원격 수색, 근접 전투 등을 수행한다. 12.7mm 및 7.62mm 기관총과 5.56mm 소총을 원격으로 운용할 수 있는 원격사격통제체계(RCWS)를 탑재한다. 스마트 자율 복귀 기능이 있어서 원격 통신이 끊겨도 스스로 복구하거나 최초 출발점으로 돌아올 수 있다. 해군은 무인 수상정(USV)과 무인 잠수정(UUV)을 개발하고 있다. 해상 감시와 기뢰 제거 임무를 수행한다. 정찰·감시 임무를 수행하는 함정용 드론도 개발한다. 공군은 유무인 복합 편대기의 개발을 추진한다. 유인 전투기와 무인기 간 협력 작전을 연구중이다. 전투·정찰·전자전 임무를 수행하는 군집 드론도 개발한다.

무인화·자율화 기술은 진화의 속도가 있어서 시간이 걸릴 수밖에 없다. 조급한 목표를 세워놓고 성급하게 추진하는 것보다 현실적으로 가능한 방안을 모색해야 할 것이다. 현재의 단계에서도 할 수 있는 것이 있다. 러시아-우크라이나 전쟁에서 우크라이나군이 전장에서 활용해 많은 전투 성과를 거두고 있는 첨단 지휘통제 시스템인 '아르타 지리정보체계(GIS Arta)'를 벤치마킹할 필요가 있다. 이는 미국 위성 기업인 스페이스X의 Starlink 저궤도 위성 통신 네트워크를 기반으로 한다. 각종 전장 정보를 취합해 적군의 위치·병력·장비를 실시간으로 확인한 후 야포, 박격포, 미사일, 전투용 드론 등 최적의 공격 수단을 선택·할당한다. 표적을 탐지·식별 후 공격에 이르기까지의 시간을 기존 20~30분에서 1~2분으로 단축했다. 전장의 우버 택시 시스템으로 불린다. 한국도 우선 저궤도 위성을 기반으로 유인 및 무인 정찰 시스템과 기동 타격체계를 복합적으로 연결·결합한 모자이크 전투 모델을 발전시킬 필요가 있다.

가까운 미래의 기술력으로 완전하게 자율화된 무인 체계를 개발하기 어렵고 윤리적·법적 문제로 무인 로봇의 인간 통제가 필수적이어서 군사 선진국들 모두 유무인 복합(Manned UnManned Teaming: MUM-T) 전투체계를 개발하고 있다. 무인 체계를 미래전의 핵심 무기체계로 선정해 향후 15~20년의 장기적 로드맵 하에서 단계적으로 개발하며, 시제품을 이용한 첨단 개념 기술시범(Advanced Concept Technology Demonstration: ACTD)을 진행하고 있다. 기존 유인 무기체계의 강점에 다양한 무인 무기체계의 강점을 결합해 운용하면 단일 무기체계가 수행하는 작전 효과 이상의 승수효과를 창출할 수 있다. 무인 장비, 센서, 유무인 이동체, 개인전투체계를 결합하면 상황 인식을 개선하고, 치명성을 강화하며, 생존 가능성을 향상할 수 있다.

무인 체계는 3단계로 발전된다. 첫째 단계는 운용자가 무인 체계를 원격 조종·통제하며 단독적으로 운용한다. 둘째 단계는 유인 체계에서 무인 체계를 제어·통제한다. 셋째 단계는 인공지능 적용으로 유인 체계가 무인 체계를 자동으로 제어하거나 무인 체계가 고도로 자율화된다. 지상 무인 차량(UGV), 무인 수상정(USV), 무인 잠수정(UUV), 무인 항공기(UAV) 등 무인 체계는 인간 운용자가 탑승하지 않은 원격 체계이며 자율화 기능이 없다. 자율 체계는 인간의 관여 없이 임무를 스스로 수행하는 체계이며, 유인 체계에도 자율화 기능이 탑재될 수 있다.

자율성은 기계가 스스로 어떤 상황인가를 감지하고, 무엇을 할 것인가를 결정하며, 결정된 바를 행동으로 옮기는 기능을 수행할 수 있는 능력을 말한다. 세 차원에서 정의할 수 있다. 첫째 차원은 기계의 작업 유형으로서 기계가 어떤 작업을 수행하는가이다, 둘째 차원은 사람과 기계의 관계로서 작업을 수행하는 동안 사람과 기계는 어떤 관계에 있는가이다. 셋째 차원은 기계의 판단과 결정으로서 작업을 수행할 때 기계는 얼마나 정교하게 결정을 내리는가이다. 조건 기반의 명령에 따라 단순 작업을 실행하는 경우 자동적(automatic) 시스템이다. 복잡한 규칙 기반의 명령에 따라 작업을 수행하는 경우 자동화된(automated) 시스템이다. 목표 지향적으로 스스로 작업을 수행하는 경우 자율적(autonomous) 시스템이다.

무기체계의 자율성 수준은 인간과 로봇 무기의 관계로 설명할 수 있다. 인간 개입형(Human in the Loop) 로봇 무기는 오직 인간 운용자의 명령에 따라서만 표적을 선정·공격한다. 인간 감독형(Human on the Loop) 로봇 무기는 인간 운용자의 감독하에 표적을 선정·공격한다. 인간 운용자가 로봇의 결정이나 행위를 중단시키는 통제 권한을 보유한다. 인간 개입 불가형(Human out of the Loop) 로봇 무기는 인간의 개입 또는 인간과의 소통 없이 독단적으로 표적을 선정·공격한다.

무기체계는 일반적으로 목표물을 탐색·탐지하는 센서, 목표물과의 교전 여부를 결정하는 의사결정 시스템, 목표물을 공격하는 교전 시스템으로 구성된다. 이러한 구성 시스템의 작동이 단계적으로 자율화되는 추세이다. 반자율 무기체계는 자동화 기능을 이용해 목표물을 탐색·발견해 교전을 수행한다. 특정 목표물 공격 결정은 인간이 담당한다. 관리형 자율 무기체계는 작동시키면 목표물 탐색·탐지, 공격 여부 결정, 공격 실행을 스스로 한다. 필요할 경우 인간이 개입한다. 완전 자율 무기체계는 활성화되면 스스로 목표물을 탐색·탐지, 공격 여부 결정, 공격 실행 전 과정을 스스로 진행한다. 인간은 개입할 수 없다. 완전 자율 무기체계의 실현 가능성에 대해서는 논란이 있다.

현재로서는 유무인 복합 전투체계의 개발이 대세이다. 미국 육군은 MUMT-X를 구축하고 있다. '미국 육군 무인 항공기 시스템 로드맵 2010-2035(U.S. Army Unmanned Aircraft Systems Roadmap 2010-2035)' 완성 시점에 MUM-T 작전이 가능할 것으로 전망한다. 현재는 중간 단계로서 작전 개념 및 운용 방식을 신개념기술시범 형태로 개발한다. MUM-T 작전 임무 및 운용에 필요한 전술·기술·절차(Tactics, Techniques, Procedures: TTPs)를 정립하는 교리를 발전시키는 중이다. 부대 구조 및 편성은 아직 착수하지 않았다. 주요 체계는 기본 유인 체계인 A-64 D/E 아파치 헬기, 무인 체계인 MQ-1C Gray Eagle 또는 RQ-7B Shadow, 탑재 체계인 영상·데이터 전송 단말기(One System Remote Video Terminal: OSRVT), 지상 무인기 통제소(One System Ground Control Station: OSGCS) 등이다.

미국 해군은 유무인 복합 전자전 체계를 개발하고 있다. 한 대의 유인 전자전 공격기(E/A-18 G Growler)가 2대의 무인 전자전 공격기(E/A 18G Growler의 무인화 버전)를 통제하는 MUM-T 전투체계를 발전시킨다. 무인 전자전 공격기로 적의 센서와 무기체계에 대해 전파 방해를 감행해 유인 전자전 공격기의 생존 가능성을 보장한다. 이지스함과 유무인 전투 항공기 등 다양한 플랫폼들과의 협동 교전 능력을 강화한 해상용 6세대 전투기도 개발하고 있다. 조종석을 모듈로 제작해 작전 임무에 따라 무인기로 전환 시 조종석을 센서 모듈로 교체한다.

영국은 차세대 유무인 전투기 협업 시스템인 '로열 윙맨(Royal Wingman)' 계획을 추진하고 있다. 유인 전투기(타이푼, 미래 전투 항공기 시스템 등)와 함께 작전을 수행하는 저비용·고성능 무인 전투드론(로열 윙맨)을 개발한다. 정찰, 전자전, 공중전, 타격 등 다양한 임무를 수행한다. AI를 활용한 자율 비행과 전술적 의사결정을 지원한다. 다양한 무기와 센서를 장착할 수 있다. 2030년대 초반까지 실전 배치를 목표로 개발한다. 미국 공군도 이와 유사한 사업을 추진하고 있다.

한국군의 유무인 복합 전투체계 구축은 이제 겨우 시작한 단계라고 할 수 있다. 갈 길이 멀다. 다양한 많은 과제가 산적해 있다. 인공지능 및 자율성의 강화가 무엇보다 중요하다. 인공지능 기반 상황 인식 및 의사결정 시스템을 도입해 무인 플랫폼이 자율적으로 목표를 식별하고 최적의 전술을 수행할 수 있어야 한다. 무인 체계의 실시간 적응을 위한 강화학습 및 신경망 등 인공지능 알고리즘을 개발해야 한다. 개별 드론이 자율적으로 역할을 분담하고 군집지능(Swarm Intelligence)을 기반으로 임무를 수행하는 지능형 군집 드론 기술을 확보해야 한다.

네트워크 및 데이터 융합 기술 확보 또한 필수적 과제이다. 5G·6G 기반 초고속 통신망을 구축함으로써 유무인 전투체계 간 실시간 데이터 공유를 위한 초저지연 전장 네트워크를 확립해야 한다. 전투 클라우드 기반 전장 관리 체계를 활용해 다차원 전투 정보를 공유하기 위한 전장 데이터 통합 및 공유 시스템을 구축해야 한다. EO/IR(전자광학/적외선)과 SAR(합성개구레이더) 등 다양한 센서를 통합해 표적 탐지·식별 능력을 강화하는 센서 융합 및 다중 도메인 인식 기술을 발전시켜야 한다.

인간-기계 협업 기술이 없으면 유인-무인 복합 자체가 의미가 없다. 유무인 협력 작전의 최적화에 관한 연구가 선행돼야 한다. 유인 전투원과 무인 시스템이 서로 역할을 분담하며 전장을 운영하는 방식을 개발할 필요가 있다. 전장에서 전투원이 손쉽게 무인 플랫폼을 조작·운용할 수 있도록 하기 위한 음성 및 동작 기반 인터페이스(Human-Machine Interface: HMI) 기술을 개발해야 한다. 전장에서 신경 인터페이스를 통해 인간 전투원의 명령을 무인 체계에 직접 전달할 수 있는 뇌-기계 인터페이스(Brain-Machine Interface: BMI)도 개발할 필요가 있다.

유무인 복합 전투체계의 핵심 축은 다양한 고도 무인 전투 플랫폼의 조기 확보이다. 지상은 기동성, 화력, 인공지능 기반 자율 작전 수행 능력 등을 갖춘 다목적 무인 전투차량이 필수이다. 공중은 정찰·공격용 드론과 초장거리 작전용 스텔스 무인 항공기를 발전시켜야 한다. 해상은 무인 수상정과 무인 잠수정(차세대 수중 드론 등) 무인 해양 전투 플랫폼을 발전시켜야 한다.

유무인 복합 전투체계의 구축과 함께 전투 개념과 전장 운영 모델을 발전시켜야 한다. 유무인 복합 전투팀 전술을 개발할 필요가 있다. 지상군은 유인 전차와 무인 차량이 협업해 화력을 분산하고 병력 손실을 최소화할 수 있어야 한다. 공군은 유인 전투기와 인공지능 기반 드론이 협력해 적의 항공 세력을 무력화하는 개념을 발전시켜야 한다. 해군은 유인 구축함과 무인 수상정이 협력해 다중적 위협에 대응하는 개념을 개발해야 한다. 합동 차원에서는 육·해·공·우주·사이버·전자기스펙트럼 영역에서 압도적으로 승리할 수 있는 모자이크형 유무인 복합 기동전을 개발해야 한다. 유무인 시스템이 각각의 도메인에서 독립적으로 임무를 수행하며 통합 작전을 수행하는 전장 운영 모델을 발전시켜야 한다. 적의 방공망을 무력화하는 군집 드론 기반 기습 전술, 보병 부대가 무인 로봇과 협력해 전장 기동성을 강화하는 무인 로봇 병력 지원 개념, 드론이나 로봇이 전투 지역에서 자동으로 보급품을 전달하는 자율 보급 및 물류 운영 개념 등이다.

5. 전장 운영 개념 및 부대 구조 혁신

초연결 지능화 복합 전력 체계의 효과적 운용을 보장할 수 있는 전장 운영 개념과 부대 구조를 혁신적으로 발전시키는 일도 중대한 과업이다. 사물인터넷 혁명, 디지털 통신 혁명, 빅데이터 혁명, 인공지능 혁명, 자율 시스템 혁명 등 새로운 첨단 기술 혁명의 융복합적 발생에 따른 지능·창조 문명의 본격화는 불가피하게 전쟁 수행 개념과 방식의 파격적 변화를 초래할 것이다. 초연결 지능화 결정중심전이 완벽하게 구현될 수 있을 것이다. 지상·해상·공중·우주의 물리적 영역과 사이버·전자기스펙트럼 영역이 효과 기반의 전투력 발휘 차원에서 통합되는 것이다.

한국군도 미래전에 대비한 교차 영역 승수효과 기반 전장 운영 개념을 개발하고, 이에 적합한 지휘·부대 구조를 혁신적으로 발전시켜야 할 것이다. 전투 공간의 군별·기능별 영역 구분은 이제 의미가 없어지고 있다. 그동안에는 군별 소유·전담 개념의 전투 공간 영역과 전투 수단을 연결하는 합동 전장 운영 개념과 합동 작전을 견지했다. 이제는 합동 개념을 초월하고 전투 공간의 전 영역을 서로 교차적으로 사용함으로써 승수효과를 최대화해야 한다. 각 군이 전투 공간의 특정 영역에 머무르지 않고 전 영역을 가로질러 전투 수단들을 유기적으로 통합 운용할 수 있어야 한다.

전투 공간의 전 영역을 종횡으로 교차하면서 초연결 지능화 전투력을 운용하는 다영역 전투를 수행할 수 있는 지휘·부대 구조를 혁신적으로 발전시켜야 한다. 전투 공간을 전통적인 3차원 영역에서 우주·사이버·전자기스펙트럼 및 정치·경제·심리 등 다영역으로 확장하고 다른 군종 및 병종과 함께 자기 동기화 및 조직 동기화로 교차 영역 승수효과를 최대화할 수 있어야 한다. 지휘·부대 구조가 군별·병종별·기능별 칸막이 속에서 수직적 통제를 위해 다단계 연통형 모습으로 유지되면 자기 동기화와 교차 영역 승수효과는 최대화될 수 없다. 전투 공간이 다영역으로 확장되고 있을 뿐만 아니라 위협 스펙트럼이 다양해지고 비군사적 요소들도 다양한 형태로 군사작전에 개입되고 있다. 이러한 전투에서 승리하기 위해서는 군별 구분 없이 전 영역을 서로 교차적으로 사용하는 사고가 긴요하다. 부대 구조도 이런 사고를 수용해 재설계돼야 할 것이다.

초연결 지능화 전투 방식은 전장 상황 인식의 공유를 통한 전투원들의 상향식 자발적 동기화와 협업이 필수적이기 때문에 부대 구조는 수평적 소 단계의 유연성을 갖춰야 한다. 소규모 경량화되면서 치사성·민첩성·자율성을 구비하고 임무에 따라 신속하게 짜일 수 있어야 한다. 수직적 계층은 최대한 단축돼야 할 것이다. 자발적 동기화와 수평적 협업을 통해 민첩한 속도 지휘를 구현할 수 있는 상하좌우 소통의 네트워크형 부대 구조를 발전시키는 것이 중요하다.

군의 초연결·지능화와 자율·무인화가 가속화됨에 따라 지휘·부대 구조는 임무 중심, 속도 지휘, 자기 동기화, 승수효과 최대화, 수평적 소통·협업 최대화, 민첩성·유연성·융통성, 소규모·모듈화·편조성 등의 개념을 반영해야 할 것이다. 유무인 복합 전투체계를 기반으로 민첩성·유연성을 갖추고 다영역의 복합적 전투 임무를 수행할 수 있는 지휘·부대 구조를 발전시켜야 한다. 지휘 구조는 다영역의 복잡성이 심화하더라도 지휘관에게 상대보다 우월한 적시·적소의 결정과 행동 능력을 제공하고 결정적 승리를 보장해 줄 수 있어야 한다.

전투 부대는 초연결 지능화 전력 체계로 무장하고 선형 및 비선형적으로 광범위하게 분산돼 작전을 수행하면서도 다영역의 상황 인식을 공유함으로써 민첩하게 임무 중심으로 전투력을 집중·통합할 수 있는 구조를 갖춰야 할 것이다. 미국이 전투 공간의 복잡성 문제를 해결하기 위해 무인 체계, 사물인터넷, 인공지능 등 첨단 과학기술을 활용한 신개념 무기체계를 담을 수 있는 부대 구조를 발전시키는 사례를 참고할 필요가 있다.

적의 위협이 다차원으로 복잡해지고 전투 공간이 다영역으로 확장되는 가운데 전력 체계가 초연결 지능화됨에 따라 임무 중심의 민첩한 속도 지휘가 요구될 것이다. 이에 따라 합리적 지휘통제 범위와 적절한 지휘 계층이 유지되는 부대 구조의 발전이 필요하다. 지휘 계층의 증가는 정보의 공유 시간을 증가시킴으로써 신속성과 반응성을 감소시킨다. 지휘통제 범위를 넓혀 템포를 증가시키기 위해서는 중간 지휘 재개를 제거하는 등 편성을 단순화해야 할 것이다. 단위 부대 구조를 모듈화함으로써 지휘관이 작전적 융통성을 확보하도록 해야 할 것이다. 부대 지휘관은 지휘 축선이 짧고 간명해 누가 무엇을 담당하는지를 분명히 알 수 있어야 한다. 다단계 지휘 계층의 근본적 변화가 필요한 것이다.

참고문헌

1. 국문 자료

김은 외 다수 지음. 『4차 산업혁명과 제조업의 귀환』. 서울: 클라우드나인, 2017.

클라우스 슈밥 지음, 송경진 옮김. 『클라우스 슈밥의 제4차 산업혁명』. 서울: 메가스터디, 2016.

2. 영문 자료

Davenport, Thomas H. "Analytics 3.0". *Harvard Business Review*, December 2013.

Hutchens, Michael E. and Others. "Joint Concept for Access and Maneuver in the Global Commons: A New Joint Operational Concept". *Joint Forces Quarterly*, vol. 84, 2017.

Odom, William O., Christopher D. Hayes. "Cross−Domain Synergy: Advancing Jointness". *Joint Force Quarterly*, vol. 73, October 2014.

U.S. Army Training and Doctrine Command(TRADOC). *Multi−Domain Battle: Evolution of Combined Arms for the 21st Century: 2025−2040*. Version 1.0, December 2017.

−−−−−−−−−−−−−−. *The U.S. Army in Multi−Domain Operations 2028*. TRADOC Pamphlet 525−3−1, February 26, 2021.

U.S. Joint Chiefs of Staff. *Cross−Domain Synergy in Joint Operations*. January 2016.

−−−−−−−−−−−−−. *Joint Operational Access Concept(JOAC)*. Version 1.0, January 2012.

−−−−−−−−−−−−−. *Capstone Concept for Joint Operations: Joint Force 2020*. 10 September 2012.

3. 인터넷 자료

"의사결정도 빅데이터로 하는 시대다". 『중앙일보』. 2015. 10. 18., http://news.joins.com/article/

Kaspersen, Anja and Others. "10 trends for the future of warfare". https://www.weforum.org/agenda/2016/11/

Barno, David and Nora Bensahel. "War in the Fourth Industrial Revolution". June 19, 2018, WAR ON THE ROCKS, https://warontherocks.com/

제 3 부

AI 혁명과 군사혁신

제 7 장

인공지능 기반 군사혁신의 태동과 전망

제 1 절 인공지능 기반 군사혁신 담론

이스라엘 히브리대학교의 유발 하라리(Yuval Noah Harari) 역사학 교수는 『사피엔스』 출간 10주년 기념 특별 서문에서 인공지능 기술이 인류 문명에 초래할 혁명적 변화를 매우 인상 깊게 압축적으로 기술했다. "현재 인공지능 혁명이 전 세계에 휘몰아치고 있다. 이 혁명은 우리가 알던 방식의 인류 역사는 끝났다는 신호를 보내고 있다. 수만 년 동안 인류는 모든 종류의 도구를 개발해 스스로 더 강해졌다. 도끼, 바퀴, 원자폭탄은 인류에게 새로운 힘이 됐다. 하지만 인공지능은 다르다. 역사상 처음으로 힘의 중심이 인류의 손아귀에서 벗어날지도 모른다."[1)]

미국 연방 하원 군사위원회는 2023년 7월 '전장에서의 인공지능 기술'이라는 주제로 청문회를 진행한 바 있다. 전문가들은 "인공지능 기술을 현대전에 가장 신속하고 효과적으로 통합하는 나라가 결

---

1) 유발 하라리, 조현욱 옮김, 『사피엔스』(경기도 파주: 김영사, 2023), 1판 199쇄, p. 11.

국 패권 경쟁에서 승리하게 될 것이다. 중국은 인공지능이 세계 권력의 균형을 결정할 것임을 깨닫고 미국보다 훨씬 많은 예산을 투입하고 있다"라고 경고했다. 한 의원은 중국이 인공지능을 무기화해 세계 민주주의를 위협하겠다는 각오를 다지고 있으며, 전 세계를 상대로 억압적인 감시 체제를 구현하는 데 인공지능을 사용할 것이라고 주장했다. 또 다른 의원은 중국이 전체 군 예산 중 인공지능 기술에 투자하는 비중이 미국의 10배에 달한다고 지적했다. 2020년을 기준으로 중국군은 전체 국방 예산 1,780억 달러 중 인공지능 기술 개발에 약 1%(약 16억 달러) 이상을 투자했지만, 미국은 전체 예산(6,930억 달러)의 0.1%(약 8억 달러) 정도만 배정했다는 것이다. 청문회 증인으로 나선 인공지능 스타트업 '스케일 AI'의 CEO에 따르면 중국에서 인공지능은 미국의 아폴로 프로젝트와 마찬가지이다.[2)]

2017년 10월 개최된 제19차 중국공산당 전국 대표대회에서 시진핑이 '인공지능 군사화'를 언급한 후 중국군의 인공지능 무기 수준이 빠르게 진화하는 것으로 알려져 있다. 홍콩『사우스차이나모닝포스트』지가 2018년 11월 8일 보도한 바에 따르면, 중국은 청소년 영재를 선발해 인공지능 무기 개발에 투입하고 있다. 베이징 공대가 지능형 무기 시스템 개발에 투입할 31명의 인재를 5,000여 명의 지원자 중에서 선발했다. 중국군은 이미 몇 년 전부터 인공지능 기반 무기체계를 도입하고 있다. 민간 기업 '윈저우테크'가 개발한 미사일 탑재 무인 고속정 '랴오왕저 II'가 그 예이다. 무인 자율 잠수함, 무인 전투기, 무인 지상 전투차량 등 인공지능 무기 개발이 지·해·공 전 분야에서 이뤄지고 있다.[3)]

---

2) "'중국군 AI 투자 비중, 미군의 10배…. 세계 억압 나설 것' 美 의회서 쏟아진 경고", 『조선일보』, 2023. 7. 19., https://www.chosun.com/
3) "중국의 인공지능(AI) 무기 개발, 이대로 괜찮은가?", 『AI TIMES』, 2021. 8. 20., https://www.aitimes.com/

최근 미국 내 군사 전문가들은 인공지능이 견인할 군사혁신(AI Driven Revolution in Military Affairs: AI RMA)에 대한 연구를 본격 진행하고 있는 것으로 파악된다.[4] 군사혁신 프레임워크의 주요 구성 요소인 기술의 변화, 군사 시스템의 진화, 전장 운영 개념의 혁신, 조직적 적응이라는 렌즈를 통해 인공지능 기술이 새로운 군사혁신을 견인할 가능성이 있는지에 대해 검토하고 미래 준비 방향을 모색하고 있다. 인공지능 기술이 전투력의 효과성과 전장 운영의 효율성을 강화하는 데 어떻게 활용될 수 있을 것인지에 관해 탐구하는 것이다. 인공지능은 이미 무기체계 및 군사 장비, 정보 분석과 의사결정 및 지휘통제, 군사전략과 전술, 군사 훈련, 병력 및 자원 관리 등 여러 영역에서 상당한 변화를 불러오고 있어서 새로운 차원의 군사혁신을 견인할 가능성에 대해 집중적으로 연구할 필요가 있다.

미국 국방부 총괄평가국 국장으로서 1990년대 초부터 정보화 기반 군사혁신(IT Driven Revolution in Military Affairs: IT RMA)을 선도한 고 앤드루 마셜(Andrew W. Marshall)을 기념해 만든 '앤드루 마셜 재단'은 2022년 10월 『AI RMA: 아직은 오지 않았다』라는 책자를 발간했다.[5] 4가지 군사혁신 프레임워크 구성 요소별로 미국과 중국이 인공지능을 군사적으로 적용하고자 노력하고 있는 동향을 분석했다. 단기적으로는 AI RMA를 창출하는 것보다 정찰-타격 복합 시스템 중심의 IT RMA를 완성도 높게 실현하는 데 인공지능이 유용하게

4) 대표적인 연구 동향과 사례는 Lawfare, "The AI 'Revolution in Military Affairs': What Would it Really Look Like?", CSET, *In The News*, December 21, 2022, https://cset.georgetown.edu/; Michael Raska, "Rethinking the AI wave in digital warfare", *EAST ASIA FORUM*, 7 February 2023, https://www.eastasiaforum.org/; Michael Raska, "The sixth RMA wave: Disruption in Military Affairs?", *Journal of Strategic Studies*, Volume 44, 2021, https://www.tandfonline.com/ 등.

5) Owen J. Daniels, *The AI RMA: The Revolution Has Not Arrived(Yet)*, The Andrew W. Marshall Papers, The Andrew W. Marshall Foundation, October 2022.

이용될 가능성이 큰 것으로 결론을 내렸다. 장기적으로는 인공지능이 진화를 거듭해 미래전에서 게임 체인저 임무를 수행할 수 있는 잠재력이 있다는 점을 고려해 지속적 관심과 연구가 필요하다는 점을 제안하고 있다.

제2절 군사혁신 프레임워크의 주요 구성 요소

군사혁신은 전쟁사에서 새로운 현상은 아니지만 1990년대 초반부터 국방 분야의 주요 개념적 프레임워크로 보편화되기 시작했다. 첨단 정보 기술을 활용해 정찰–타격 시스템 복합체계를 구축하고 네트워크중심전을 수행할 수 있는 새로운 부대 구조를 발전시키는 것이 요체였다. 인류의 역사를 반추하면 전쟁에서 혁혁한 승리를 성취한 국가들은 대부분 기술 주도의 군사 능력과 작전 개념 및 교리를 개발·적용했다는 사실을 발견할 수 있다. 기술의 발전이 전쟁의 성격과 방식에 중대한 변혁을 가져온 군사혁신이 있었다.

과거 역사에서 발생한 군사혁신의 저변에는 몇 가지 공통적 특징이 있다. 첫째, 인류 문명과 과학기술이 발전됨에 따라 군의 무기체계 및 장비, 전략 및 전장 운영 개념(작전 개념, 전술), 조직 구조 및 부대 편성도 혁신됐다. 현대로 올수록 혁신의 주기가 단축됐다. 둘째, 기존 문명(예: 농업 문명)이 새로운 문명(예: 산업 문명)으로 전환될 때 군사혁신의 혁명성과 충격성이 폭발했다. 셋째, 기술적 요소가 군사혁신을 견인했다. 현대로 올수록 과학기술이 문명 발전의 원동력으로서 인류의 경제·사회구조와 인간의 생활 방식을 파격적으로 변혁시켰다. 핵무기의 출현은 국제정치의 역학 구조와 관계를 근본적으로 변화시켰을 뿐만 아니라 기존 전쟁 패러다임에 단절을 초래했다.

냉전 종식과 함께 세계 유일 초강대국으로 부상한 미국은 1991년의 걸프전에서 21세기형 군사혁신의 실마리를 발견하고 정보화 기반 전쟁 패러다임을 세계 최선두에서 개척했다. 정보화 시대의 전쟁 방식으로 산업 시대의 전쟁 방식을 구사하는 이라크를 최단기간에 깨끗하고 완벽하게 패배시킴으로써 새로운 군사 패러다임의 발전 기회를 포착했다. 미국 내 군사 전문가들은 군사혁신을 새로운 군사 패러다임을 설명하는 개념적 프레임워크로 논의하기 시작했다.

미국 국방부 총괄평가국(Office of Net Assessments)은 1992년 미래의 군사혁신에 대한 예비적 평가를 다음과 같이 내놓았다.[6] 첫째, 새로운 군사혁신의 출발에 기초를 제공하는 세 가지의 기술 분야가 있다. 정보 혁명, 장거리 정밀 유도무기, 시뮬레이션이다. 둘째, 중요한 첨단 기술은 대부분 민간 부문에 외주할 수 있으므로 기술보다는 작전 개념과 조직 편성의 혁신적 발전에 더 많은 관심을 기울일 필요가 있다. 셋째, 미국은 군사혁신의 초기 단계에 도달해 있다. 조직 편성과 작전 개념의 근원적 변화는 없으나, 변혁의 초보적 징후가 나타나고 있다. 넷째, 전력 시스템과 조직 및 작전 절차에서 중요도가 떨어지는 것이 있는가 하면 증대되는 것도 있다. 다섯째, 군사혁신 능력을 과신하는 때도 있고 무시하는 때도 있다.

국방부 총괄평가국에서 IT RMA를 개척하는 데 초기부터 의기투합한 크레피네비치(Andrew Krepinevich) 박사에 따르면 새롭게 부상하고 있는 기술을 이용해, 새로운 군사 시스템을 개발하고, 전장 운영 개념 혁신과 조직적 적응을 조화 있게 추구하면 전투 효과가 극적으로 증폭되는 군사혁신이 창출된다.[7] 군사혁신은 반드시 신기술

---

6) Thomas J. Welch, “Technology and Warfare”, Keith Thomas, ed., *The Revolution in Military Affairs: Warfare in the Information Age*(Canberra: Australian Defense Studies Centre, 1997), pp. 30－31.

7) Andrew F. Krepinevich, “The Pattern of Military Revolutions”, *The National Interest*, Fall 1994.

에 의해서만 생성되는 것은 아니다. 때에 따라서는 새로운 전장 운영 개념과 새로운 군사 조직의 조합으로 창출될 수도 있다. 일반적으로 군사혁신 프레임워크는 [그림 7-1]에서 보는 바와 같이 첨단 신기술 적용, 군사 시스템 진화, 전장 운영 개념 혁신, 조직적 적응이라는 네 가지 요소가 상호 조화를 이루며 연계·결합한 구조이다.8)

[그림 7-1] 군사혁신 프레임워크 구조

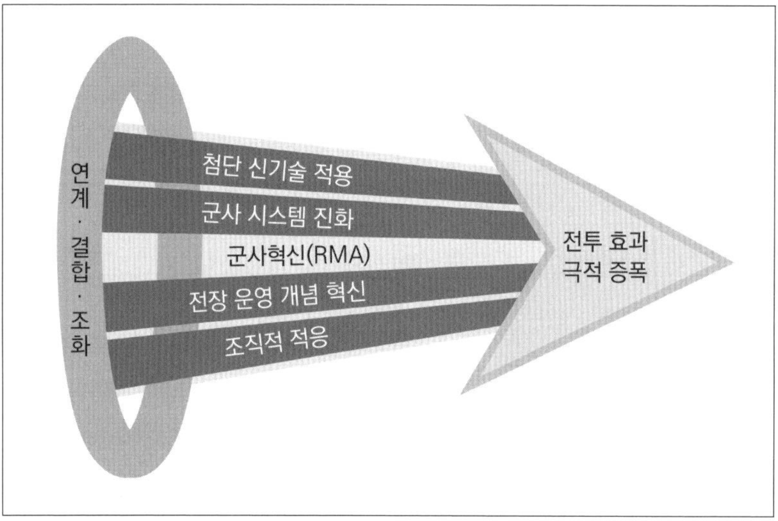

제3절 인공지능 기반 군사혁신의 가능성

인공지능은 인간 지능을 모방하도록 설계된 컴퓨터 시스템을 가리키는 광범위한 용어이다. 인간의 학습 능력, 추론 능력, 지각 능력

---

8) Andrew Krepinevich, *The Military–Technical Revolution: A Preliminary Assessment* (Washington, D.C.: Center for Strategic and Budgetary Assessments, 2002), p. 3.

을 인공적으로 구현하려는 컴퓨터과학의 한 분야이다. 인간의 지능을 모방한 기능을 갖춘 컴퓨터 시스템이며, 인간의 지능을 기계 등에 인공적으로 구현한 것이다. 언어를 배우고, 추론하고, 문제를 해결하고, 인식하고, 심지어 언어를 해석하도록 프로그래밍할 수 있다.

인공지능 기술은 크게 두 가지 하위 분야가 있다. 하나는 컴퓨터 시스템이 데이터로부터 학습해 지능을 향상하는 머신러닝(Machine Learning)이다. 알고리즘을 사용해 다량의 데이터를 분석하고 유용한 정보를 학습한 후 정보에 입각한 결정을 내린다. 다른 하나는 인간의 두뇌에서 영감을 얻은 방식으로 데이터를 처리하도록 컴퓨터를 가르치는 딥러닝(Deep Learning)이다. 머신러닝의 한 분야이다. 그림, 텍스트, 소리 등 각종 데이터의 복잡한 패턴을 인식해 정확한 통찰과 예측을 생성할 수 있다.

민간 분야에서 인공지능의 용도와 범위가 급속하게 확장됨에 따라 국방 분야도 엄청난 잠재력에 주목하고 있다. 작전을 간소화하고, 의사결정을 지원하며, 군사적 임무의 정확성과 효과성을 향상시킬 수 있기 때문이다. 머신러닝과 딥러닝 기술로 대표되는 인공지능은 국방 분야에 지대한 전략적 이점을 제공하고 군사 시스템을 혁신적으로 재편할 수 있는 상당한 잠재력을 지니고 있다.[9]

첫째, 자율 시스템의 개발에 적용된다. 드론과 무인 차량은 정찰 임무부터 군수 지원, 전투 시나리오까지 다양한 작업을 처리할 수 있다. 위험한 환경을 탐색해 군인의 위험을 감소시킨다.

둘째, 예측 분석을 위해 활용된다. 잠재적 위협을 분석하거나 유지관리 요구 사항을 예측하기 위해 첨단 머신러닝 모델이 사용된다. 방대한 양의 데이터를 분석해 인간 분석가가 식별할 수 없는 패턴과 추세를 파악함으로써 선제적 방어 전략을 수립하고 자원을 효율

---

9) Charles Cohen, “AI in Defense: Navigating Concerns, Seizing Opportunities”, *National Defense*, 7/25/2023, https://www.nationaldefensemagazine.org/

적으로 할당하는 데 이바지한다.

셋째, 사이버 위협에 대응하는 데 활용된다. 잠재적인 위협을 실시간으로 식별하고 대응할 수 있다. 공격으로부터 학습해 방어 능력을 지속해서 향상시킨다.

넷째, 인공지능은 군사 훈련을 위한 실감 몰입형 전투 시뮬레이션을 만드는 데 사용된다. 광범위한 시나리오와 조건을 복제해 전투원에게 다양한 훈련 경험을 제공한다.

다섯째, 의사결정과 전략 계획 수립 지원에 활용된다. 인공지능은 전장에서 생성되는 막대한 양의 데이터를 처리·해석하고 전투 지휘관에게 실시간으로 전체적 전장 상황도를 제공함으로써 의사결정 및 전략 계획을 지원한다.

세계적 전략 경쟁을 벌이고 있는 미국과 중국이 인공지능의 혁명적 군사 잠재력에 주목하고 다각적 활용 방안을 야심 차게 개발하는 가운데 AI RMA의 탄생에 세계적 관심이 커지고 있다. 인공지능의 급속한 발전이 군사 시스템을 진화시키고 이제까지의 지배적 전쟁 패러다임에 도전하는 전장 운영 개념 혁신과 조직 적응을 촉발할 것으로 기대되고 있다.

1. 첨단 신기술 적용

차세대 군사혁신을 견인할 핵심 기술은 인공지능이다. 인공지능은 빠른 연산으로 막대한 양의 복잡한 정형·비정형 데이터를 순식간에 분석해 그동안의 난제를 해결할 수 있게 됐다는 점에서 이미 인간의 능력을 뛰어넘은 것으로 설명되고 있다. 새로운 알고리즘으로 무장한 인공지능이 속속 등장하고 있다. 과학기술은 물론 인문과 예술 등 인간 활동의 모든 분야에서 인공지능이 인간의 지능을 압도하고 있다.

인공지능의 활용으로 인간 간은 물론 무수히 존재하는 생물들 간에 존재하는 무한히 복잡한 연관 관계를 해석해 그동안 파악할 수 없었던 생명 현상도 이해할 수 있게 됐다. 바이오 기술은 생물 개체의 유전체를 발견한 시대에서 어떤 환경에 존재하는 모든 유전체를 분석해 조절할 수 있는 시대로 진화하고 있다. 사물인터넷이 인간 유전체, 단백체, 대사체 및 연관체와도 연결돼 생명 현상을 더 깊게 이해할 수 있다.

인공지능은 광의적으로 컴퓨터 시스템이 인간의 지능이 있어야 가능한 작업을 대신할 수 있도록 하는 일련의 기술을 말한다. 실질적으로는 컴퓨팅 능력으로 데이터 기반 알고리즘을 실행해 작업을 완료하는 머신러닝 시스템을 의미한다. 고도 첨단 머신러닝의 핵심 구성 요소인 알고리즘, 데이터, 컴퓨팅 능력의 발전이 최근 인공지능 분야의 비약적인 도약을 이끌었다. 인공지능은 고품질 데이터 세트를 기반으로 학습해 편협성과 편향성을 제거하면서 분석의 정밀성을 향상하고 예측의 통찰력을 제공한다. 최첨단 반도체의 발전과 머신러닝에 최적화된 칩이 컴퓨팅 능력을 고도화시켜 인공지능의 혁신을 가속한다.

최근에는 딥러닝을 통해 학습된 신경망이 인공지능의 발전을 이끈다. 인공 신경망(Artificial Neural Network)이라고도 하는 신경망은 머신러닝의 범주에 속하며 딥러닝 알고리즘의 핵심이다. 인간의 두뇌에서 영감을 얻은 방식으로 데이터를 처리하도록 컴퓨터를 학습시킨다. 인공지능이 생물학적 뉴런이 서로 간에 신호를 보내는 방식을 모방했다. 인간의 두뇌와 비슷한 계층구조로 상호 연결된 노드 또는 뉴런을 사용하는 머신러닝 과정의 한 유형이다. 신경망은 컴퓨터가 실수로부터 배우고 지속적으로 개선하는 데 사용하는 적응형 시스템을 생성한다. 인간이 일일이 개입하지 않고도 컴퓨터가 지능적인 결정을 내리는 데 도움이 된다. 비선형적이고 복잡한 입력 데이터와 출력 데이터 간의 관계를 학습하고 모델링할 수 있기 때문이다.

현재 가장 활발하게 적용되고 있는 인공지능 분야는 컴퓨터 비전, 자연어 처리, 추천 시스템 등이다. 컴퓨터 비전은 컴퓨터 시스템을 통해 디지털 이미지와 비디오 및 기타 시각적 입력에서 의미 있는 정보를 추출한 다음 그 정보를 바탕으로 작업을 실행하고 추천할 수 있도록 하는 인공지능 기술이다. 인공지능을 통해 컴퓨터가 생각할 수 있다면 컴퓨터 비전을 통해서는 컴퓨터가 보고 관찰하고 이해할 수 있다.

컴퓨터 비전은 인간의 시각과 메커니즘이 거의 같다. 인간의 시력은 사물이 얼마나 멀리 떨어져 있는지, 사물이 움직이는지, 이미지에 문제가 있는지 등의 여부로 사물을 구분하고 그런 구분 방법을 평생 학습한다. 망막, 시신경, 시각 피질이 아닌 카메라, 데이터 및 알고리즘을 사용해 훨씬 더 짧은 시간에 그런 과정을 수행해야 한다. 제품을 검사하거나 생산 자산을 관찰하도록 훈련된 시스템은 수천 개의 제품 또는 프로세스를 짧은 시간 동안 분석해 인간의 시각으로 감지할 수 없는 결함이나 문제를 찾아낼 수 있다.

자연어 처리(Natural Langue Process)는 컴퓨터에 인간과 매우 유사한 방식으로 텍스트 및 음성 언어를 이해하는 능력을 부여하는 것과 관련된 컴퓨터 공학의 한 분야로서 인공지능 기술의 한 분야이다. 인간 언어를 규칙 기반으로 모델링하는 전산언어학과 통계적 머신러닝 및 딥러닝 모델을 결합한다. 이러한 기술들은 컴퓨터가 텍스트 또는 음성 데이터의 형태로 인간의 언어를 처리하고 발화자 또는 작성자의 의도와 감정을 포함한 완전한 의미를 이해할 수 있도록 한다. 자연어 처리는 신속하게 심지어 실시간으로 텍스트를 한 언어에서 다른 언어로 번역하고 음성 명령에 응답하며 대량의 텍스트를 요약하는 컴퓨터 프로그램을 지원한다. 음성 작동 GPS 시스템,

디지털 상담원, 음성-텍스트 받아쓰기 소프트웨어, 고객 서비스 챗봇 등에 자연어 처리 기술이 적용되고 있다.

추천 시스템은 정보 필터링 기술의 일종으로 특정 사용자가 관심을 가질 만한 정보(영화, 음악, 책, 뉴스, 이미지, 웹 페이지 등)를 추천한다. 주로 협업 필터링(Collaborative Filtering) 기법을 사용한다. 소셜 북마크 사이트에서 링크를 사람들에게 추천하고 무비 렌즈 데이터 세트에서 영화를 추천하는 방법 등이 이에 속한다. 사용자 행동, 활동, 선호도에 대한 많은 정보를 분석하고 모으고 다른 사용자와의 비슷함에 기초를 두고 사용자들이 무엇을 좋아할 것인지를 예측하는 방식에 기초를 둔다. 정확한 이해가 없이도 영화와 같은 복잡한 아이템들을 추천할 수 있다는 장점이 있다.

인공지능 기술을 활용함으로써 특정 작업에서 기계가 인간보다 탁월한 성과를 거둔다. 군사 선진국들은 민간 분야의 인공지능 적용 성공 사례에 착안해 군사 분야에 응용하기 위한 방안을 모색하고 있다. 아직은 기존의 전통적 군사 시스템을 보완하고 전장 운영의 효율성을 강화하는 데 인공지능이 응용되고 있다는 점에서 초기 걸음마 단계에 있는 것으로 진단된다. 인공지능을 전장에 응용해 새로운 군사 시스템을 만들고 전장 운영 개념을 완전히 바꾸는 데는 유용성이 제한될 수 있는 중대한 단점이 있기 때문이다. 현재 인공지능이 민간 분야에서 광범위하게 활용되고 있지만 지속적으로 빠르게 발전되지 않을 수 있다는 지적도 있다. 인공지능의 개발 속도가 둔화한 겨울이 도래할 수 있고, 반도체 전쟁 같은 불안정 요인이 AI RMA를 저해할 수 있다는 문제점이 제기되고 있다.

2. 군사 시스템 진화

인공지능 기반 군사력에서 세계 최고 우위를 차지하고 있는 미국은 정부와 민간 부문 모두 인공지능 연구개발에 엄청난 투자를 진행하고 있다. 실리콘밸리의 거인들인 구글과 마이크로소프트는 인재 풀 육성과 기술 발전에 매우 큰 역할을 담당하고 있다. 국방부 산하 방위고등연구계획국(DARPA)은 인공지능 구동 자율 항공기와 지능형 전쟁 게임 같은 최첨단 프로젝트를 이끌고 있다. 미국은 탁월하고 경험이 많은 인공지능 전문가와 연구원 집단을 확보하고 있다.

스탠포드와 MIT 등 최고의 대학들은 정부 기관과 방산업체가 필요한 최고의 인재를 배출하고 있다. 이런 학문적 생태계는 연구를 실제 군사 애플리케이션으로 전환하는 데 선도적 출발점을 제공한다. 미국의 군대는 다양한 작전 분야에 인공지능을 적극적으로 통합해 더욱 발전된 애플리케이션을 만들었다. 드론에 인공지능 구동 표적화 시스템을 배치하는 것부터 인공지능을 사용해 군수 물류 최적화와 위협 분석 수행까지 인공지능 기술의 실제 적용 경험을 축적했다.

미국과 중국 등 군사 선진국들은 크게 세 분야에서 인공지능의 군사적 활용 방안을 개발하고 있다. 첫째, 무기 분야에서 인공지능 구동 무기체계를 개발하고 있다. XQ-58 발키리(Valkyrie) 같은 자율 공격 드론은 독립적으로 임무를 계획하고 실행할 수 있다. 화력 통제 레이더(Fire Control Radar) 같은 인공지능 구동 표적 시스템은 정확성을 높이고 부수적 피해를 감소시킨다. 위험한 환경에서 작업을 수행할 수 있는 인공지능 구동 로봇 병사도 개발할 전망이다.

둘째, 훈련 분야에서 인공지능 구동 가상현실 훈련 시뮬레이션이 병사들의 전투 준비 방식에 혁명적 변화를 일으키고 있다. 실제적이고 역동적인 체감형 시나리오를 제공함으로써 병사들이 몰입형 환경에서 훈련하고 기량과 의사결정 능력을 연마할 수 있도록 지원한다.

셋째, 군사 기획 및 계획 분야에서 인공지능이 전략 및 작전 수립과 의사결정을 혁신하고 있다. 인공지능은 전쟁 게임에 사용돼 잠재적 전투 시나리오를 시뮬레이션하고 적의 이동 패턴을 분석한다. 인공지능 구동 군수 물류 시스템은 자원을 효율적으로 관리해 원활한 공급망과 신속한 배치를 보장한다. 인공지능을 활용해 적의 행동과 위협을 예측하는 전략 계획 도구들도 개발되고 있다.

가. 정보·감시·정찰 분야

정보·감시·정찰(Intelligence, Surveillance, Reconnaissance: ISR) 분야는 지상·해상·공중·우주 등 모든 전장 공간에서 도청·음성·영상 등 모든 출처로부터 방대한 데이터를 수집하고 처리 및 분석해야 하므로 인공지능의 활용이 필수적이다. 전장을 눈으로 관찰할 수 있는 영상 데이터 분석은 인공지능 구동 ISR의 정점이다. 광대한 지역의 적 활동을 사진과 영상 등으로 단시간 내에 정확히 분석할 수 있기 때문이다.

인공지능 구동 ISR 시스템은 정찰 정보 분석 시간이 인공지능을 적용하지 않은 장비보다 약 100배 이상 빠르다는 분석이 있다. 인공지능이 전장의 잠들지 않는 눈인 셈이다. 위성과 항공기 및 무인 비행체 탑재 광학장비와 레이더로 촬영한 영상을 컴퓨터 비전과 머신러닝 알고리즘을 이용해 분석하고 적의 활동을 자동으로 식별한다. 유용한 정보를 획득하기 위해 많은 시간 동안 영상을 자세히 조사하는 업무를 인공지능이 대신함으로써 인간 판독관은 적시에 신속하고 효율적 결심을 내리는 데 집중할 수 있다.

미국 국방부는 알고리즘전교차기능팀(Algorithmic Warfare Cross-Functional Team)의 책임하에 2017년부터 ISR 영상 분석 능력이 탁월한 인공지능을 개발하는 '메이븐 프로젝트(Project Maven)'를 추진해왔다.[10] 머신러닝과 딥러닝의 한 분야인 컴퓨터 비전으로 동영상과 정지 영상에서 관심 있는 객체를 자동으로 추출하는 데 중점을 두고 있다. 미군은 드론을 비롯한 무인 비행체로 촬영한 영상 및 이미지 데이터를 머신러닝 기반으로 분석해 활용함으로써 정밀 타격의 정확도를 대폭 향상시킬 수 있다. 2017년 12월 이슬람 극단주의 테러 집단 ISIS의 소탕 작전에 투입된 것으로 알려져 있다. 인공지능이 테러범과 민간인을 구분해 민간 피해를 최소화하면서 표적을 제거했다. 국방부뿐만 아니라 아마존과 마이크로소프트 등 글로벌 IT 기업도 대거 참여하고 있다.

미국 국가정보국(Office of the National Intelligence) 산하 지능첨단연구계획국(Intelligent Advanced Research Projects Agency: IARPA)은 영상 인식과 예측 분석에 활용하기 위한 인공지능을 개발하고 있다. IARPA는 주로 미래의 압도적인 지능 우위를 위한 혁신적 기술을 제공하는 고위험·고수익 연구를 구상하고 주도하는 임무를 수행한다. 시끄러운 환경에서 다중 언어의 음성 인식과 번역을 수행하는 알고리즘, 연관된 메타 데이터가 없어도 영상의 지리적 위치를 확인하는 알고리즘, 2-D 영상을 융합해 3D 모델을 생성하는 알고리즘, 생활 방식을 분석해 건물의 기능을 추론하는 도구 등을 개발하고 있다.

나. 자율 무기체계 분야

선진 군사 강국들은 다양한 인공지능 기술을 활용한 자율 무기체계를 개발하고 있다. 무기체계의 자율화는 적의 목표물을 탐색·탐지하고, 목표물과의 교전 여부를 결정하며, 목표물을 공격하는 과정을 인간의 개입 없이 순환되도록 하는 것을 말한다. 자율 무기체계는 크게 세 가지로 구분된다.[11]

---

10) "Project Maven to Deploy Computer Algorithms to War Zone by Year's End", *DOD News*, July 21, 2017, U.S. Department of Defense, https://www.defense.gov/News/

11) 폴 샤레 지음, 박선령 옮김, 『새로운 전쟁: 인공지능과 로봇은 전쟁을 어떻게 바꿀 것인가?』(서울: 로크미디어, 2021), pp. 74-83.

첫째는 인간 참여형 반자율 무기체계이다. 자동화 기능을 이용해 목표물을 탐지하고 교전을 수행하지만, 특정 목표물에 대한 공격 여부를 결정하는 것은 인간이다. 둘째는 관리형 자율 무기체계이다. 무기체계가 작동되면 목표물을 탐지하고 교전 여부를 결정하며 공격을 수행하는 과정이 저절로 진행되지만, 필요시 인간이 개입한다. 셋째는 완전 자율 무기체계이다. 무기체계가 활성화되면 목표물을 탐지하고 교전 여부를 결정하며 목표물을 공격하는 과정이 스스로 진행되며, 인간은 개입할 수 없다. 무기체계의 자율성은 인공지능 기술의 성숙화 수준에 영향을 받을 것이다.

자율화 군사 시스템은 인간 전투원의 생명 위험성을 감소시키고 험난한 일을 대신하며 반복적이고 지루한 업무를 자동으로 처리할 수 있다. 분석 및 의사결정을 빠른 속도로 진행함으로써 궁극적으로 전투력 발휘의 시너지를 최대화할 수 있다. 미국의 경우 국방 인공지능 투자 예산 대부분이 군사 시스템의 자율성과 관련돼 있다. 전투기, 함정, 드론, 지상 차량 등 모든 기동 체계에 인공지능을 결합해 반자율 또는 자율로 작동시키기 위한 프로젝트를 추진하고 있다.

중국을 포함한 다른 군사 선진국들도 마찬가지이다. 전장 환경의 특성을 파악하고 적의 활동을 분석·예측하며 공통작전상황도를 만들고 내비게이션을 계획하는 데 유용한 인공지능을 개발하고 있다. 결정 우위의 확보로 적보다 빠른 작전 템포를 유지하기 위해 인공지능 구동 의사결정 및 지휘통제 시스템을 발전시키는 추세이다.

미국을 비롯해 호주, 중국, 인도, 일본, 러시아, 영국 등 군사 선진국들은 공중 전용 자율 무기로서 '로열 윙맨(Loyal Wingman)' 프로젝트를 추진하고 있다.[12] 첨단 인공지능 기술을 적용해 6세대 전투기 등 차세대 유인 전투 항공기와 짝을 이루어 유기적·협력적으로

---

12) "Loyal wingman", *Wikipedia*, https://en.wikipedia.org/

작전을 수행하는 무인 전투기(Unmanned Combat Air Vehicle: UCAV)이다. 이런 점에서 협력적 전투 항공기(Collaborative Combat Aircraft: CCA)로도 불린다.

무인 전투기와 유인 전투기를 한 조로 편성해 무인 전투기가 악천후나 장애물처럼 사전에 계획하지 않은 상황에 부닥칠 때 자율적으로 대응할 수 있는지를 시험하는 유무인 복합체계 구축 계획이 추진되고 있다. 적의 전자전 위협에 대한 전파 방해 임무를 수행하고 타격 체계를 추가로 탑재할 수 있는 능력도 시험하고 있다.

미국은 로열 윙맨 중심 유무인 복합(Manned-UnManned Teaming: MUMT) 전투 체계에서 최선두에 있는 것으로 평가되고 있다. 국방부와 공군 및 방산업체가 긴밀하게 협업하면서 시제기를 개발 및 시험하고 있다. 방위고등연구계획국은 2018년 '공중 전투 진화(Air Combat Evolution: ACE)'라는 전투실험을 진행한 바 있다. 공군, 록히드마틴, 존스홉킨스대 응용물리학 연구소, 인공지능 개발 업체 헤론 시스템즈 등이 참가한 것으로 알려져 있다. 인공지능이 인간 조종사 수준의 공중전을 수행할 수 있는지를 확인하는 것이 목적이었다.

공중전은 마하 1에 가까운 천음속 영역에서 극히 짧은 시간의 판단과 조작이 승부를 가른다. 기계가 할 수 없는 인간만의 영역으로 인식됐다. 센서와 인공지능 기술이 적용된 기계만으로는 인간만큼의 상황 인식과 판단, 반응 조작 능력을 따라올 수 없다는 이유 때문이다. 이 전투실험은 최근 인공지능 기술의 급속하고 혁신적인 발전에 따라 인공지능이 인간 파일럿을 대체할 수 있지 않겠느냐는 궁금증이 커지면서 그에 대한 해답을 구하기 위해 진행된 것이다.

공군은 인공지능을 적용한 자율 비행 무인 전투기를 개발하는 '스카이보그(Skyborg)' 프로젝트를 추진해 왔다.[13] 완전 자율로 이·

13) John Harper, "The Rise of Skyborg: Air Force Betting on New Robotic Wingman", *National Defense*, Vol. 105, No. 803(October 2020), pp.

착륙함은 물론 다른 항공기와 지형지물을 회피하고 악천후에도 임무를 수행할 능력을 갖춘 것으로 알려져 있다. 인공지능 기반 자율 임무 수행이 기본이지만 필요시 원격 제어가 가능하고, 임무형 모듈 설계를 통해 간단한 장비 교체만으로도 다양한 임무를 수행할 수 있는 것이 특징이다. 가장 유력한 후보 기종은 XQ-58A 발키리 스텔스 무인 공격기이다. 최대 8발의 공대공 미사일이나 250kg급 합동직격탄(Joint Direct Attack Munition: JDAM), 또는 GBU-39 소구경 직격탄(Small Diameter Bomb)을 장착할 수 있다.

미국 육군과 해병대 등 지상군은 전장에서 전투원이나 차량을 뒤따르면서 독립적으로 임무를 수행하는 무인 차량을 개발하고 있다. 딥러닝 기술을 적용해 GPS가 없이도 자율 항법 및 기동을 할 수 있는 차세대 전투차량을 시험하고 있다. 내비게이션, 감시정찰, 급조폭발물 제거 등과 같은 다양한 기능을 수행하는 자율 차량인 이른바 로봇 전투차량(Robotic Combat Vehicles: RCVs)도 개발하고 있다. 앞으로 유무인 옵션 차세대 지상차량(Next Generation Ground Vehicles: NGGV)의 호위 차량으로 배치될 예정이다.

미국 해병대는 수백 파운드의 장비를 운송할 수 있는 원격 통제 차량으로서 다용도 전술 차량(Multi-Utility Tactical Transport: MUTT)을 개발하고 있다. 해군은 잠수함 추적용 무인 함정인 시 헌터(Sea Hunter)를 개발·시험하고 있다. 자율적으로 공해를 항해하면서 다른 무인 함정과 협조하는 가운데 한 번에 수개월에 걸쳐 잠수함을 지속적으로 찾아낼 수 있다.

자율 차량에 활용할 인공지능 기반 군집 활동 구현 기술도 시험하는 단계까지 도달한 것으로 파악된다. 군집 활동은 차량 간의 협조를 통해 전자전 공격, 화력 지원, 국지적 내비게이션, 통신망 등을

23-27, https://www.jstor.org/

제공하는 것을 말한다. 저비용 차량의 대규모 편성에서부터 중대급 소규모 편성에까지 적용할 계획이다. 해군은 2016년 11월 무인 함정 5대가 인공지능 기반 군집 활동을 통해 체사피크만(Chesapeake Bay)의 4×4마일 구역을 협조적으로 항해하면서 불법 침투한 적 함정을 파괴하는 시험을 시행한 바 있다. 항만 방어, 잠수함 추적, 함대의 전방 정찰 등에도 적용될 수 있음을 확인했다. 수중 드론과 공중 투하 마이크로 드론의 군집 활동도 시험이 진행되고 있다.

최근 미국 국방부는 대만해협과 남중국해 등에서 발생할지도 모르는 중국과의 군사적 충돌에 대비해 드론과 무인 선박 수천 대를 배치하는 계획을 발표했다. 인공지능을 활용한 비대칭 자율 무기인 공격용 드론과 수중 드론 등으로 중국을 견제하겠다는 것이다. 국방부 부장관은 2023년 8월 방위산업협회 연설에서 레플리케이터(Replicator) 구상을 공개하면서 수천 대 규모의 자율 시스템을 18~24개월 이내에 다양한 지역에 실전 배치하겠다고 밝혔다. 중국이 미국보다 양적으로 우세한 선박과 미사일 및 병력을 극복하기 위해 모든 영역에서 새로운 첨단 기술을 활용한 자율 시스템을 발전시킨다는 것이다.[14]

중국도 미국에 맞서 인공지능 무기의 개발에 박차를 가하는 것으로 알려졌다. 인도의 두뇌집단인 '업저버리서치재단'은 2021년 10월 18일 '중국이 인공지능을 이용해 군사력을 증강하는 방법'이란 제목의 전문가 분석 기사를 내놓은 바 있다.[15] 최근 중국은 초강대국이 되기 위해 인공지능에 특별한 의미를 부여했으며, 중국군 지도자들은 머신러닝, 인간-기계팀 구성, 신경망, 자율 시스템 등과 같

14) "美 '中 견제 위해 드론-무인 선박 수천 대 2년대 배치'", 『동아일보』, 2023. 8. 30., https://www.donga.com/news/Inter/article/

15) Javin Aryan, "How China aims to augment its military strength using AI", Observer Research Foundation, August 18, 2021, https://www.orfonline.org/

은 인공지능 관련 기술을 차세대 지능화 전쟁에서 우위를 점하기 위한 핵심 요소로 인식하고 있다는 분석이다. 중국의 중앙정부와 지방정부, 중국공산당, 중국군의 모든 지부, 국가 및 민간 기업 등은 중국군이 2035년까지 완전한 현대화를 달성하고 2050년까지 미군과 대등한 수준에 도달할 수 있게 하도록 군사용 인공지능 연구개발에 주력하고 있다는 것이다.

중국이 개발하고 있는 인공지능 무기로서 로봇 잠수함이 소개됐다. 정찰부터 지뢰 배치, 심지어 적 함정에 대한 자살 공격 등의 작전 임무까지 수행할 수 있다는 것이다. 인간 운용자가 탑승하지 않고 스스로 항해하면서 임무를 처리하고 자력으로 귀환할 수 있다. 적의 음향 탐지기에 발각되지 않도록 항로와 깊이를 바꾸고 민간인과 군함을 구별하며 지정된 위치에 도달하기 위한 최선의 접근방식을 선택하는 등 끊임없이 스스로 결정을 내리는 인공지능 기술을 사용하고 있다. 인공지능 기반 무인 전투기 프로젝트도 소개됐다. 시험 과정에서 더미 잠수함이 어디서 왔는지 파악해 어뢰를 정확하게 발사할 수 있었다는 것이다. 지상 장비로는 1.2톤급 패스브레이커 무인 지상 차량 등이 소개됐다. 인공지능 기반 무인 전투차량은 시속 30km로 주행하며 정찰, 사격, 수색, 파괴 작전 등이 가능하다.

다. 의사결정 및 지휘통제 분야

인공지능은 의사결정 및 지휘 통제 분야에서 가장 효과적으로 활용되고 많은 성과를 거둘 수 있다. 추천 시스템과 컴퓨터 비전 같은 머신러닝 기술은 전장 정보에 대한 신속한 추론을 보장함으로써 전투 의사결정을 효율적으로 지원한다. 추천 시스템은 정보 필터링을 통해 특정 사용자가 관심을 가질 만한 정보를 추천하는 인공지능 기술이다. 컴퓨터 비전은 컴퓨터를 통해 문자 인식, 이미지 인식, 패턴 인식, 얼굴 인식, 객체 감지 및 분류 등으로 이미지와 비디오를 처리해 유의미한 정보를 추출하는 인공지능 기술이다. 이런 기술은 다양한 정보·감시·정찰 데이터에서 의미 있는 정보를 추출해 빠르게 처리·분석함으로써 지휘통제의 신속성과 효율성을 향상한다.

미국은 인공지능이 구동하는 지휘통제 체계를 다각적으로 개발하고 있다. 방위고등연구계획국은 인공지능을 활용해 다영역에서 동적으로 지휘통제 노드를 생성하는 것이 요체인 모자이크전(Mosaic Warfare)을 발전시키고 있다. 인공지능 구동 기계 통제 시스템이 실시간 전장 상황을 분석해 인간 지휘관에게 유용한 행동 방책 메뉴를 제시함으로써 속도 지휘와 민첩한 작전을 보장한다. 킬체인(Kill Chain) 기반 네트워크중심전을 킬웹(Kill Web) 기반 결정중심전으로 전환하기 위해 인공지능을 활용한 의사결정 지원 시스템을 발전시키고 있다. 인공지능은 적에 의해 단절된 통신 링크를 식별하고, 정보를 전송할 다른 방안을 찾는 데도 사용될 수 있다.

국방·합동 차원에서는 다영역 작전(Multi Domain Operations: MDO)을 수행하는 데 필수적으로 운용되는 합동 전영역 지휘통제(Joint All Domain Command and Control: JADC2) 시스템을 개발하고 있다.[16] 인공지능을 활용해 군사 시스템과 센서 전반에서 데이터를 수집하고 우선순위를 지정하며 고품질 정보를 제공하는 공통작전상황도(Common Operating Picture: COP)를 만드는 것이 목표이다.

공군도 다영역 지휘통제(Multi-Domain Command and Control: MDC2) 시스템을 개발하고 있다. 인공지능이 모든 영역의 센서로부터 수집한 데이터를 융합해 유익한 정보가 담긴 작전상황도를 만들어 준다. 인공지능 구동 작전상황도는 모든 정보를 융·복합해 중복·불일치 정보를 자동으로 바로잡음으로써 아군과 적군의 전체적 상

---

16) Department of Defense, *Summary of the Joint All-Domain Command & Control Strategy*, March 2022; Congressional Research Service, "Joint All-Domain Command and Control", January 21, 2022.

황을 하나의 화면으로 표출해 준다. 궁극적으로 다영역의 모든 센서로부터 수집한 데이터를 모든 타격 체계로 제공할 수 있다.

중국군은 미군에 맞서 미래 의사결정 역량을 향상하기 위해 인공지능 기술을 활용하는 방안을 모색하고 있다. 지휘관의 능력 한계와 결함을 극복하고 미래 지능화 전쟁에서 의사결정 우위를 확보하기 위해 인공지능을 활용한다는 것이다. 기본적 의사결정 지원 기능이 포함된 통합 지휘 플랫폼의 개발을 바탕으로 현재 구축 및 개선 중인 합동작전 지휘체계에 인공지능 기술을 활용함으로써 상황 인식을 향상하고 의사결정 인지 속도를 개선할 예정이다.

중국군 전문가들은 향후 작전 템포의 증가가 인간의 인지 능력을 앞지를 것이며, 이에 따라 특정 작전 환경에서는 의사결정 순환 과정에서 인간이 배제될 수밖에 없을 것으로 예상한다. 중국군은 인간-기계 하이브리드 지능 간의 시너지 효과를 통합하고 활용하는 것도 중요하게 인식하고 있다.[17] 중국군의 인공지능 적용은 현재로서는 제한적이지만 몇 년 후면 상당한 발전이 있을 것이다. 다만, 공산당의 정부 기관 및 민간 기업에 대한 과도한 통제가 중국군의 현대화와 미래 인공지능 전쟁 준비에 장애 요소로 작용할 가능성이 있다.[18]

라. 군수 물류 분야

인공지능은 다양한 방식으로 군수 분야의 정비, 유지보수, 군수 물류 등의 지능화를 촉진해 효율성과 예측성을 향상할 수 있다. 각

17) Elsa Kania, “Artificial Intelligence in Future Chinese Command Decision Making”, p. 153. https://www.jstor.org/stable/

18) Zi Yang, “How China Leverages Artificial Intelligence for Military Decision-making”, Roy D. Kamphausen, ed., *China's Military Decision-making in Times of Crisis and Conflict*, The National Bureau of Asian Research, Seattle, WA, and Washington, D.C., 2023, pp. 69-86.

종 무기·장비의 성능 데이터를 사용해 유지관리 상태를 예측하는 여러 가지 인공지능이 발전되고 있다. 인공지능이 데이터 관리 및 정보 분석을 통해 군수 준비의 상태와 문제를 정확히 찾아내고 진단하는 기능을 수행하는 것이다. 정책, 절차, 규칙, 제어, 지표 등 군수 데이터를 일관되게 효율적으로 관리하고, 물자공통상황도(Materiel Common Operating Picture)와 같은 정보 및 의사결정 지원 도구를 활용해 설명적·예측적·규범적 정보를 제공한다.

미국 공군은 '록히드마틴'사와의 협력으로 5세대 전투기인 F-35 라이트닝 II의 정비 및 유지관리를 위한 자율 물류정보 체계(Autonomic Logistics Information System)를 구축했다. F-35의 기체 상태와 정비 작업 정보를 전 세계에 분포된 네트워크를 통해 운용자들과 기술자들에게 전송하는 일종의 정보 기반이다. 항공기 기체에 장착된 각종 센서로부터 비행 간 발생하는 정보를 실시간으로 수집해 인공지능으로 분석한 뒤, 정비기술자들이 언제 어떤 부품을 검사하고 교체해야 하는지를 알려준다. 운영, 유지보수, 정비, 예측, 공급망, 고객 지원 서비스, 교육훈련 및 기술 데이터 등 F-35와 관련된 전반적인 사항을 하나의 시스템으로 관리할 수 있도록 고안된 통합체계이다. 안전한 단일 정보 환경하에서 분산 네트워크의 웹 기반 애플리케이션을 사용해 사용자에게 군수 물류 최신 정보를 제공한다. F-35 전투기의 정보 기반으로서 비행중 무선 주파수 다운링크를 통해 안전 상태 보고 코드를 수신해 필요 부품과 정비사를 지상에 미리 배치할 수 있으므로 항공기 착륙 시 가동 중지 시간을 최소화하고 운용 효율성을 향상시킨다.[19)]

미국 육군물자사령부 군수지원국(Logistics Support Activity: LOGSA)

---

19) "Autonomic Logistics Information System(ALIS): Maintaining & Sustaining Critical F-35 Lightning II Systems", https://www.lockheedmartin.com/content/

은 2017년 스트라이커(Stryker) 장갑차에 장착된 17개의 센서로부터 수집되는 데이터를 분석해 맞춤형 정비 계획을 개발하기 위해 IBM의 인공지능인 왓슨(Watson)을 도입했다. 왓슨은 아주 짧은 시간 내에 수십억 바이트에 달하는 엄청난 양의 비정형 데이터를 분석해 원천 데이터에서 중요한 의미가 있는 정보를 식별한 다음, 가장 효율적인 정비 방안을 찾아낸다. IBM은 육군에 인지 컴퓨팅 플랫폼을 활용한 예방정비를 포함한 클라우드 서비스를 제공한다. 왓슨은 스트라이커 장갑차 부품의 공급망을 분석해 시간과 비용을 절약할 수 있는 최적의 수리부속 공급 계획을 수립한다.[20)]

마. 모델링 및 시뮬레이션 분야

가상현실, 증강현실, 메타버스 등과 인공지능이 결합한 첨단 모델링·시뮬레이션 모델이 군사 분야를 혁신하고 있다. 가상현실은 컴퓨터로 만들어 놓은 가상의 세계에서 사람이 마치 그 곳에 있는 듯한 느낌을 받으며 실제와 같은 체험을 할 수 있도록 하는 기술이다. 증강현실은 사람 눈앞에 보이는 것들에 가상의 물체나 정보를 겹쳐 보여주는 기술이다. 가상현실은 현실과 단절된 가상 세계만을 보여주지만, 증강현실은 현실과 유기적으로 상호작용한다는 점에서 차이가 있다. 메타버스는 확장 가상 세계라고도 하며 가상현실과 증강현실을 결합한 상위 개념으로서 현실을 디지털 기반의 가상 세계로 확장해 가상 공간에서 모든 활동을 할 수 있게 만드는 시스템이다. 정치, 경제, 사회, 문화 전반에서 현실과 비현실이 공존하는 생활형 및 게임형 가상 세계라는 의미로 폭넓게 사용된다.

인공지능은 뛰어난 몰입 환경의 증강현실과 가상현실에 적용된다. 인공지능은 엄청난 양의 데이터를 빛의 속도로 분석해 확실한

20) "Army Enlists IBM's Watson To Streamline Logistics, Vehicle Maintenance", *Defense Daily*, 09/08/2017, https://www.defensedaily.com/

판단에 근거한 행동으로 이끄는 잠재력이 있다. 메타버스는 가상현실과 증강현실이 확장된 가상공간으로서 사용자들이 현실 세계를 모방한 환경 속에서 3D 디지털 대상과 3D 가상 아바타들과 상호교류한다. 정확하면서도 확장 가능성이 있는 가상 세계를 구축하기 위해 인공지능의 힘을 빌려 증강현실과 가상현실을 만들어 나가게 될 것이다. 가상현실은 기술적으로 인공지능의 도움 없이도 만들어질 수는 있지만, 박진감 넘치는 진정한 메타버스를 구현하기 위해서는 가상현실과 인공지능의 결합이 필수 불가결하다. 인공지능 기술은 가상현실 구현에서 특별한 장점을 제공한다.

인공지능은 정확한 아바타를 생성시켜 준다. 아바타의 정확성은 메타버스 경험의 질을 좌우한다. 인공지능 엔진은 첨단 묘사 기술로 현실과 흡사하게 2D 사용자 이미지나 3D 스캔 이미지를 분석할 수 있다. 다양한 얼굴 모습이나 감정 표현, 머리 모양, 나이에 맞는 특성 등을 만들어 냄으로써 아바타를 더욱 역동적으로 만든다.

인공지능은 디지털 인간을 만들어 준다. 디지털 인간은 메타버스에 존재하는 챗봇의 3D 버전에 해당한다. 다른 사람이나 다른 현실의 복제품이 아니라 비디오 게임 내의 인공지능 캐릭터에 가까우며, 가상현실 내에서 사용자의 행위에 반응해 움직인다. 메타버스 생태계에 없어서는 안 될 존재이다.

인공지능은 디지털 인간의 다언어 접근성을 가능하게 한다. 인공지능의 언어 처리 기술을 통해 영어와 같은 자연 언어를 해체한 후 기계가 이해하는 형태로 전환·분석함으로써 어떤 반응이 올바른지 살피고, 그 결과를 다시 영어로 변환해 사용자에게 보낸다. 실제 대화처럼 거의 순식간에 처리된다. 인공지능의 학습 정도에 따라 전 세계 어느 언어로도 변환될 수 있다. 세계 모든 사용자가 다언어 처리 메커니즘의 도움을 받아 편리하게 메타버스에 접근할 수 있다.

인공지능은 가상현실을 무한으로 확장할 수 있다. 인공지능 엔진에 역사적 데이터가 투입되면 과거의 출력 결과로 학습한 다음 새로운 것을 만들어 낼 수 있다. 인공지능이 산출한 결과는 머신러닝 메커니즘에 의해 강화될 뿐만 아니라 새로운 입력 자료들과 인간의 피드백으로 매번 향상된다. 인간의 개입 없이도 새로운 세상을 확장할 수 있게 됨에 따라 메타버스는 무한의 확장성을 갖게 될 것이다.

인공지능은 인간과 컴퓨터가 양방향 소통을 할 수 있도록 한다. 사용자가 정교한 인공지능 지원 헤드셋을 착용했을 때 기기의 센서는 전기적·육체적 패턴을 분석·예측하고, 그가 메타버스 내에서 어떻게 움직이고 싶어 하는지를 알아낼 수 있다. 인공지능은 가상현실 내에서 진정한 촉감을 재생하는 데에도 도움이 된다. 인공지능은 음성 구현 내비게이션에 도움을 줌으로써 핸드 컨트롤러의 도움 없이도 가상의 대상과 상호 교류할 수 있도록 한다.

군대는 군사 훈련에 가상현실과 증강현실 기술을 유용하게 활용할 수 있다. 가상현실 기술을 통해 군인들이 보고 느낄 수 있는 대체 훈련장을 만들 수 있다. 실제 전장을 간접적으로 체험한다. 비용을 절감할 수 있다. 다양한 상황과 장소 및 환경에서 가상훈련을 함으로써 잠재적 위기에 효과적으로 대처할 수 있는 전투 역량을 키운다. 컴퓨터 그래픽으로 눈앞에 구현된 가상현실이 계속 정교해지고 있어서 실제 훈련장 및 기지와 거의 유사한 환경에서 훈련하거나 교육을 받을 수 있다. 가상현실을 적용하면 고가의 탄약을 사용하는 무기체계나 개발중인 기술을 미리 시험해 볼 수 있다. 가상현실 기술로 구현된 가상의 공간에서 사격 훈련을 하고 증강현실 기술로 만들어진 3차원 지형을 보면서 실체처럼 훈련할 수도 있다.

바. 사이버·정보 작전 분야

사이버전이 날로 광범위하게 심각해지고 고도화됨에 따라 인간의 지능에만 의존해 대처하는 데는 한계가 있을 수밖에 없다. 사이버전에서 패배하지 않거나 승리하기 위해서는 인공지능의 활용이 필수적이다. 전통적인 사이버 안보 도구로는 이미 알려진 악성코드에 대처하는 데는 적합할 수 있지만, 악성코드 일부분만 변경해도 대응이 어렵다. 인공지능 도구를 사용하면 네트워크 업무 패턴에서 조금이라도 변경된 부분이 있으면 탐지하기 때문에 사이버 침해에 대한 동적 대처 방안을 모색할 수 있다.

미국 국방부 방위고등연구계획국은 2016년 8월 인공지능 사이버 해킹대회인 '사이버 그랜드 챌린지(Cyber Grand Challenge)'를 개최한 바 있다. 자율적으로 작동하는 인공지능 시스템을 이용해 상대방 서버의 보안 취약점을 공격하고 자신의 서버를 해킹으로부터 방어하는 능력을 확인하는 대결이다. 인공지능 자율 시스템을 통해 컴퓨터 소프트웨어와 네트워크를 해커 등으로부터 방어할 수 있는 시스템을 구축하는 데 이바지할 것으로 기대됐다. 그동안의 사이버 보안은 네트워크 서버와 소프트웨어의 취약점을 발견하고 방어하는 일련의 과정이 소프트웨어 개발자들의 수작업에 전적으로 의존했다. 해커의 공격 유형이 다양해지고 해킹 기술도 정교해지면서 수작업의 자동화가 불가피해졌다. 사이버 보안 시스템을 인공지능 시스템을 통해 구현하겠다는 것이 목표이다.[21] 대회 참가자들은 인공지능 구동 사이버 도구가 빠르고 독특한 방법으로 공격과 방어를 동시에 수행할 수 있는 알고리즘을 만들어 낼 수 있다는 것을 보여주었다. 미래 사이버 작전에서 우위를 차지할 방안을 찾은 것이다.

인공지능의 영상 합성 및 조작(Deep Fakes) 기술의 확산과 함께 진짜와 같은 위조 사진, 모조 오디오, 합성 비디오 등이 날로 증가하는 추세이다. 적들은 가짜 영상이나 오디오들을 정보작전의 하나

---

21) "인공지능 해킹대회 '사이버 그랜드 챌린지' 최종 승자는", 『로봇 신문』, 2016. 7. 14., https://www.irobotnews.com/news/

로 사용할 수 있다. 실제로 인공지능을 활용해 만든 가짜 뉴스로 대중의 신뢰를 무너뜨리거나 외교관을 협박하는 일이 발생하는 것으로 알려져 있다. 앞으로 인공지능을 활용한 가짜 뉴스는 전문가들에 의해 진위가 확인될 수 없을 뿐만 아니라 포렌식 분석 도구로도 탐지할 수 없을 정도로 정교하게 발전될 전망이다.

미국 국방부 방위고등연구계획국은 교묘한 조작을 자동으로 탐지하고, 그 조작들이 어떻게 수행됐는지를 밝혀냄으로써 정보와 영상 미디어 전체의 완전성을 확인하는 데 중점을 둔 '미디어 포렌식(Media Forensics: MediFor)' 프로그램을 추진하고 있다. 최근 몇 년 동안 디지털카메라와 휴대전화 등 사용자 이미지 처리 기술이 보편화되고 전 세계 사람들이 이미지와 비디오를 즉시 촬영하고 공유할 수 있게 됨에 따라 비숙련 사용자도 비주얼 미디어의 메시지를 조작하고 왜곡할 수 있게 됐다. 흥미나 예술적 가치를 위해 수행되는 해가 없는 조작이 있지만, 선전이나 잘못된 정보 캠페인과 같은 적대적 목적을 위한 조작도 흔하게 이루어지고 있다.

자동화된 조작 알고리즘에 의한 시각 미디어의 조작은 이미지 분석 및 시각 미디어 포렌식 도구로 감지하기 매우 어려운 방식으로 편집된다. 완전하고 자동화된 포렌식 분석을 수행하는 엔드-투-엔드 플랫폼은 없는 것으로 지적되고 있다. 미디어 포렌식 프로그램은 이미지 또는 비디오의 무결성에 대한 자동 평가 기술을 개발하고 엔드-투-엔드 미디어 포렌식 플랫폼에 통합함으로써 조작자에게 유리한 디지털 이미지 경쟁의 장을 무너트릴 수 있어야 한다. 미디어 포렌식 플랫폼이 구축되면 자동으로 조작을 감지하고, 그 조작이 어떻게 수행되었는지에 대한 자세한 정보를 제공하며, 시각적 미디어의 전반적 무결성에 대한 추론을 제공함으로써 의심스러운 이미지나 비디오의 사용과 관련된 결정을 쉽게 할 수 있다.[22)]

인공지능으로 만들어 낸 모조품을 식별하는 머신러닝 알고리즘도 개발되고 있다. 디지털 생활 패턴을 만들어 내는 데에도 인공지능이 사용된다. 구매 이력, 신용 보고서, 전문 경력, 가입 현황 등의 디지털 흔적을 융합하고 연결해 군 요원과 수상한 정보원 등 관찰이 요구되는 사람에 대한 포괄적 행동 프로파일을 만들어 낼 수 있다. 이런 정보를 활용해 관찰 대상자의 이상 행동을 포착함으로써 적절한 대응 방안을 마련할 수 있다.

3. 전장 운영 개념 혁신

새로운 첨단 기술을 활용해 군사 시스템을 혁신적으로 진화시켰더라도 전장 운영 개념의 혁신이 뒷받침되지 않으면 진정한 군사혁신은 성취되기 어렵다. 인공지능 기술의 보편적 활용에 따라 군사 시스템이 유인 무기체계 중심에서 무인 자율 무기체계 중심으로 전환되면 전장 운영 개념도 새롭게 정립돼야 한다. 감시·정찰 체계, 지상 및 해상 기동 체계, 항공·우주 체계, 화력 체계, 지속 지원 체계 등 분야별·기능별 무기체계가 인공지능 기반 자율성을 갖추게 되면 인간 전투원이 중심이 됐던 전쟁은 줄어들 수밖에 없다. 정보, 지휘통제, 기동, 화력, 방호, 지속지원 등 전장 기능 전반에 혁명적인 변화가 초래된다. 전장이 지상·해상·공중·우주·사이버 영역을 넘어 전자기스펙트럼과 인간 인지 영역까지 확장되고 인공지능 구동 자율 무기체계가 주도하는 지능화 전투가 벌어진다면 어떻게 싸울 것인가?

완전한 해답은 아직 모색되지 않은 것으로 보인다. 인공지능이 주도하는 전투가 멀리 있는 것으로 인식되고 있기 때문이다. 전장은 여전히 유인 군사 시스템에 의해 주도되고 있다. 인공지능 구동 군

---

22) “Media Forensics(MediFor)”, DARPA, https://www.darpa.mil/program/

사 시스템은 보조적 역할을 담당하는 전장 운영 개념이 주류를 이루고 있다. 군사 선진국들의 인공지능 군사 시스템 개발 추세에 비춰 보면 머지않은 미래에 전장 패러다임도 혁신적 변화가 있을 것으로 전망된다.

출발선이 없으면 결승선도 없는 법이다. 인공지능이 바꿔놓을 전장 운영 개념을 지금부터 발전시켜 나가야 할 것이다. 지능화 전쟁의 관점에서 전장 환경을 분석·전망하고 인간 전투원의 역할을 다시 정의하며 전투 방식과 수단들을 새롭게 조합·운용하는 전장 운영 개념을 정립할 필요가 있다. 인공지능 구동 군사 시스템을 임무 중심으로 적시 적절하게 운용해 전투력 발휘 효과를 최대화할 수 있는 혁신적 전장 운영 개념과 방식을 설계하고 발전시켜야 한다.

인공지능 경쟁을 치열하게 전개하고 있는 미국과 중국도 전장 운영 개념 혁신은 매우 미흡한 것으로 지적되고 있다. 많은 민간 및 군사 전문가들은 각종 연구 보고서나 기고문 등을 통해 인공지능의 혁명적 영향을 강조하면서 사전적 대비 필요성을 주장하고 있다. 여러 국방기관이 공개한 전략 및 작전 문서에 인공지능의 중요성과 활용성을 고려한 정책과 계획이 제시돼 있지만 인공지능 기반 지능화 전쟁을 수행하기 위한 전장 패러다임은 마련되지 못한 것으로 평가되고 있다.

군은 기존의 정찰-타격 시스템 복합체계 중심 전장 운영 개념에 머물러 있다. 전투력의 효율성을 강화하기 위해 인공지능 기술의 활용 방안을 모색하는 수준이다. 세계 최정상에서 인공지능 군비 경쟁을 벌이고 있는 미국과 중국도 아직은 인공지능이 전장의 게임 원칙을 전면적으로 완전하게 바꿔놓을 것이라고는 인식하지 않고 있다. 미국은 모자이크형 결정중심전을 발전시키고 있지만 작전 교리와 교육훈련을 전면적으로 바꾸었다는 근거는 찾아보기 어렵다.

미국의 경우 합동 및 군종 수준의 현재 또는 미래지향적 전장 운영 개념에 대한 접근방식은 몇 가지 핵심 요소에 중점을 두고 있다. 첫째, 원격 감지를 통해 효과를 달성하기 위해 장거리 정밀 타격을 활용하는 능력을 중시하고 있다. 둘째, 적에게 대응이 어려운 도전 과제를 강요하기 위해 지리적으로 확장된 전투 영역 전체에 걸쳐 실행되는 분산 합동작전 및 기동에 중점을 둔다. 셋째, 인공지능 기술을 사용한 정보 우위 확보 능력을 중시한다. 전투 관리를 위해 지휘통제 및 정보·감시·정찰에서 미국의 강점을 활용하고 있다. 넷째, 합동군을 해외 전구로 투사할 수 있는 능력을 중시한다.

미국의 경우 중국과의 전쟁을 상정하고 각 군종 차원에서 논의하고 있는 새로운 전장 운영 개념은 분산 작전과 자율적 작전의 중요성을 강조하는 수준이다. 인공지능을 기존의 군사 응용프로그램에 통합하는 방식이다. 자율 전력 승수와 공통작전상황도 제공에 기여하고, 신속한 작전 수행 능력을 강화하며, 새로운 데이터와 정보를 수집·분석해 의사결정을 지원하는 것 등이다. 인공지능 기술을 활용해 기존 전장 운영의 성격을 전면적으로 바꿀 가능성은 지금으로서는 기대하기 어렵다.

1990년대 이후 정보화 기반 군사혁신이 추구되는 과정에서는 새로운 군사 시스템의 구축과 함께 전장 운영 개념과 방식을 획기적으로 변혁시켰다. 미국은 걸프전 이후 새로운 경쟁자의 등장과 첨단 정보 기술의 보편적 발전에 대비해 새로운 전장 운영 개념을 도입했다. 육·해·공군 및 해병 모두 네트워크중심전을 수행하기 위한 전장 운영 개념과 교리·훈련 체계를 발전시켰다.[23]

걸프전에서 처음 선보인 군사혁신 차원의 전장 운영 개념은 정보 처리, 스텔스, 장거리 정밀 타격, 지배적 기동을 결합한 것이 특징이다. 새로운 첨단 기술을 활용한 군사 시스템의 발전과 함께 합

23) 권태영·노훈, 『21세기 군사혁신과 미래전: 이론과 실상, 그리고 우리의 선택』 (경기도: 법문사, 2008), pp. 140－153.

동 및 지·해·공 작전 개념도 변화됐다. 인공지능 기반 군사혁신과는 대비된다. 정보화 기술에 비해 인공지능 기술은 발전 수준이 미흡하고 군사 환경에서의 효율성이 제한되기 때문에 전장 운영의 변화로까지 연결되지 않는다. 인공지능이 완전히 새로운 전장 패러다임을 창출하기보다는 정찰-타격 전장 패러다임을 발전시키는 다양한 지원 기술 중 하나로 간주하고 있는 것으로 보인다.

중국의 새로운 전장 운영 개념에 대한 접근방식은 하향식이다. 미국의 상향식과 비교된다. 주로 정치 엘리트의 전쟁 인식과 군사이론에서 새로운 전장 운영 개념에 대한 논의가 이루어진다. 과학기술의 영향을 중시하고 미국과 마찬가지로 미래 전장에서 인공지능의 역할을 구상하고 있다. 중국 국무원이 2017년 7월 8일 발표한 '차세대 인공지능 개발 계획'에는 '인공지능 영역의 군민 융합 강화'가 6대 중점의 하나로 포함돼 있다.[24] 군민 쌍방 간의 인공지능 기술 응용을 촉진하고, 군민 혁신 자원을 공동 건설 및 공유한다는 것이다. 군사적 응용 분야에서 인공지능의 사용을 강화하는 목표가 포함돼 있지만, 군사 사상가나 군사전략가들의 미래 전장 운영 개념에 대한 글들은 대체로 수사적이고 구체성이 없는 것으로 보인다. 새로운 전장 운영 개념은 해양 지역 거부와 정치 체제에 대한 공격 등을 통해 미국의 작전적 강점을 약화하려는 경쟁 전략을 제시하고 있다.

중국은 정보화 전쟁을 중시하고 있다. 정보의 우위가 정보·해상·항공 세 영역에서 지배권을 잡는 데 필수적인 것으로 판단한다. 중국군은 2015년 국방백서에 정보화 국부 전쟁 승리 개념을 포함했다. 정보 장악과 전략적 지점에 대한 정밀 공격을 통해 전장 영역 전반에 걸쳐 적의 전체 작전 시스템을 파괴한다는 것이다. 전장 영역 전반에 걸쳐 약점을 파악하고 지휘 통제 노드와 같은 적의 정보 네트

24) "中, 국가 주도 '차세대 인공지능 발전계획' 수립", 『머니투데이』, 2023. 3. 28., https://news.mt.co.kr/

워크를 공격해 전쟁을 통제하는 구상이다.

대함 순항미사일과 탄도미사일을 비롯한 고도 정밀 유도 무기와 다층적 지역 거부 능력을 결합하는 합동 작전도 모색하고 있다. 인공지능을 활용해 인지 공간을 지배하는 작전도 발전시키는 것으로 알려져 있다. 인공지능을 활용한 군사 시스템의 자율성 강화와 군수 관리 및 의사결정 지원은 미국과의 비대칭성을 상쇄하고 작전을 가속하는 데 매우 중요한 임무를 수행할 수 있다고 판단한다. 인공지능을 활용해 정밀 군수, 기동, 정보작전에서 기존 능력을 강화함으로써 미국의 질적 이점을 상쇄하고 지역적 접근을 방지하는 데 목표를 두고 있다. 그런데도 여전히 정보화 전쟁 개념을 지배적 전장 패러다임으로 유지하는 모습이다.

중국군은 미국 군사 시스템의 약점을 표적으로 삼고 공격을 가했던 시스템 파괴 중심의 정보화전을 알고리즘 무력화 중심의 지능화전으로 전환해야 한다는 점을 인식하고 있다. 시스템 대결이 알고리즘 대결로 바뀐다는 것이다. 전장에서 인간의 부재를 상정한 작전 개념도 구상하고 있다. 아직은 미국의 모자이크전 개념과 마찬가지로 인간과 인공지능 기계를 통합한 작전 개념을 선호하고 있다. 인간이 인공지능 기계 통제 시스템의 보조를 받아 최종적 결정을 내리고 명령 권한을 행사하면서 자율 군사 시스템을 감독하는 전쟁 개념을 추구한다.

군사 전문가들 일각에서는 지능화 전쟁이 인공지능 기반 군사혁신을 가져올 것으로 주장한다. 대다수 전문가는 지능화 전쟁 시대의 도래에 대비함과 동시에 군사 시스템의 현대화와 정보화 전쟁의 발전을 지속적으로 추구해야 한다고 강조한다. 혁신적인 작전 아이디어를 기존 전장 운영 개념과 시스템에 결합해야 한다는 것이다.

중국의 경우 차세대 인공지능 개발 계획에서 2030년까지 인공지능 이론 및 기술 응용 방면은 세계 선진 수준에 도달해 세계 인공지능 혁신의 중심 국가가 될 것이라고 지능화 이정표를 제시했지만, 인공지능과 새로운 첨단 기술을 군사 작전에 통합하기는 어려운 과제이다. 중국군은 최근의 전투 경험이 없다. 군사적 의사결정에 대한 정치적 통제가 엄격한 중앙집권적 전체주의 정치 체제 하에서 정치·군사 지도자들이 작전 결정권을 인공지능 지원 시스템에 양도하는 것은 상상할 수도 없는 일이다. 전쟁의 지능화는 실현되기 어렵지만 인공지능 기술을 전장에 도입하는 야심에 찬 계획은 계속 시도될 것으로 보인다.

군사혁신 프레임워크의 네 가지 구성 요소가 반드시 순차적으로 진행될 필요는 없다. 인공지능 기술을 구현하지 않더라도 인공지능 기반 군사혁신에 대한 지적 노력은 진전을 이룰 수 있다. 중국군 지도부는 지능화를 실현할 기술이나 시스템이 부족하더라도 전쟁 진화의 다음 단계에 대비할 필요성은 수용하고 있는 것으로 보인다. 중국의 미래 군사 비전이 어느 정도 어떤 방식으로 구현되는지 잘 이해할 필요가 있다.

4. 조직적 적응

조직적 적응(organizational adaptation)은 조직과 환경 사이의 관계를 설명하는 데 사용되는 전략적 적합성 관리의 개념으로서 조직적 합치(organizational congruence)를 말한다. 조직 구성원들이 조직과 경제적·제도적 환경 사이의 거리를 좁히려고 일부러 의사결정을 내려 관찰할 수 있는 행동을 유도하는 것으로 정의된다.[25] 군의 경우 전장 환경과 부대 편성 사이의 괴리를 축소하는 것이라고 볼 있다. 일정한 구조에 따라 부대를 편성해 군사 체제를 조직하는 군사

25) "Organizational adaptation", *Wikipedia*, https://en.wikipedia.org/wiki/

편제를 의미한다. 국가 수준에서 안보·국방 목표와 전략이 요구하는 군사적 능력을 제공하기 위해 계층적 형태의 군대를 구성하는 것이다.

군의 조직적 적응은 고정된 물체가 아니라 생물처럼 생명력이 있어야 한다. 생물은 생명을 가지고 스스로 생활 현상을 유지해 나간다. 영양, 운동, 생장, 증식한다. 군사 조직도 생물 현상처럼 지속 가능하게 역동적으로 적응해야 한다. 전략 환경과 전쟁 양상의 변화에 적응하지 못하면 전쟁에서 패배하게 된다. 군사혁신 프레임워크가 제시하는 궁극적 목표와 가치는 새로운 첨단 과학기술이 적용된 군사 시스템의 잠재력을 시너지 극대화 개념에서 가장 효과적으로 활용할 수 있는 군사 조직을 새롭게 구성하는 것이다.

군사혁신의 대표적 모델로서 제2차 세계대전 당시 독일군의 군사 편제가 많이 거론된다. 독일군은 연합군과의 일전에 대비해 전차, 기계화보병, 항공기, 공수부대를 이용한 전격전 교리를 개발했다. 교리를 실행할 조직으로서 기갑 사단인 판저 부대를 편성했다. 이 부대를 전선에 투입해 프랑스군을 비롯한 연합군의 요새를 순식간에 와해시켰다. 기계화 기동을 채택하고 작전 속도를 중시해 전차와 보병을 분리했으며 기갑 사단이 전격전을 수행한 것이다.

인공지능 기술이 전쟁 양상의 혁명적 변화를 견인하고 있는 시대적 전환기에 군사 조직은 과연 회복 탄력적 적응성을 얼마나 가졌는지를 검토해 볼 필요가 있다. 아직 작전 조직 측면에서 특별한 변화가 보이지 않는다. 세계 최선두에서 인공지능 전쟁 패러다임을 추구하고 있는 미국과 중국도 그렇다. 양국의 군사 전문가나 지도자들은 인공지능 기술이 미래의 전쟁을 혁명적으로 바꿀 수 있다는 잠재적 가능성을 인식하고는 있다. 작전을 수행하는 조직 구조에 대한 인공지능의 영향은 아직 미미한 것으로 평가된다. 인공지능 기술의 군사 작전 적용과 군사 편제 혁신은 여전히 성숙하지 않은 것이다.

미국과 중국은 인공지능을 군사 시스템의 혁신적 진화에 활용하는 데 큰 노력을 기울이고 있다. 이에 비해 새로운 전장 운영 개념에 따라 혁신적 군사 시스템을 운용할 수 있는 군의 조직 구조를 재설계하는 계획은 국방 기획 및 전략 문서나 전문가 연구 보고서에서 아직 찾아보기 어렵다. 인공지능 기반 군사혁신을 성취하기 위해서는 새로운 군사 시스템과 전장 운영 개념이 제공하는 이점을 전투적 승리로 귀결시킬 수 있는 새로운 전투 조직 구조를 만들어야 한다.

중국군은 2015년 전략지원군을 창설한 바 있지만, 인공지능의 군사 작전 활용을 위한 것은 아니었다. 임무 및 역할은 기본적으로 우주, 사이버 네트워크, 전자전 및 전자기전, 심리전 준비 및 수행이었다. 미국은 방위고등연구계획국을 중심으로 모자이크전 개념을 발전시키면서 유인 부대와 무인 부대의 조합적 운영을 개념적으로 제시한 수준이다. 새로운 군사 조직의 발전이 없는 것은 인공지능 기반 군사혁신이 임박하지 않은 것으로 인식하고 있음을 시사한다.

미국과 중국은 작전을 수행할 조직에는 변화가 없지만, 인공지능을 개발·획득하고 국방에 통합하는 임무를 수행하는 관료 조직 구조를 발전시킨 것으로 알려져 있다. 인공지능의 연구개발을 위한 기획·계획·예산 업무를 체계적으로 수행하기 위한 것이다. 인공지능의 군사적 활용 잠재력을 충분히 인식한 것으로 볼 수 있다. 미국과 중국은 군사혁신 차원에서 인공지능에 기반을 둔 군사 작전 조직 구조를 혁신적으로 발전시키지는 않았지만, 인공지능을 전략적으로 중요한 기술로 인식하고 전담 관료 조직의 설치를 통해 체계적으로 접근하고 있다.

미국 국방부는 2018년 7월 인공지능의 국방 적용을 주도할 '합동인공지능센터(Joint Artificial Inelligence Center: JAIC)'를 설립했다.

인공지능 관련 기술을 미군의 작전과 전술에 적용해 궁극적으로 인공지능 중심 전투 능력을 구축하는 임무를 수행한다. 인공지능 핵심기술의 식별과 신속한 적용 방안 발전, 악성 사이버 공격에 대비한 방책 개발, 인공지능 채택의 공동 기반 체계 구축, 방위산업체·대학·연구기관·동맹 및 파트너국 간 협력체계 마련, 인공지능 전문인력 양상, 인공지능 채택에 따른 윤리와 안전장치 강구 등의 역할을 담당한다. 인공지능 기술을 작전과 전술에 적용하는 알고리즘을 개발하고, 합동 작전 및 전술 개념에 연결하는 데 중점을 두고 있다.[26] 기존의 군사 시스템에 인공지능을 통합해 기술적 구현 가능성을 신속하게 시범하는 '메이븐 프로젝트'를 담당하는 '알고리즘전교차기능팀(Algorithmic Warfare Cross-Functional Team)'도 편성돼 있다.

제4절 인공지능 기반 군사혁신의 조건과 준비

인공지능 기술은 혁명적이라기보다는 진화적으로 발전된다. 인공지능이 미래에 어떤 궤적으로 진화될지 그 일정을 구체적으로 예측하기는 어렵다. 기술적 측면에서 볼 때 민간 분야에서는 머신러닝 기술이 혁신적으로 발전되고 있지만, 군사적 활용은 아직 제한되고 취약한 수준이다. 컴퓨터 비전과 이미지 및 음성 인식 모델은 전장의 열악한 악조건 훈련 환경에서 매우 취약하고 신뢰할 수 없으며 적대적 조작에 노출돼 있다. 데이터 세트를 오염시킬 가능성이 있다. 이런 문제점으로 인해 인공지능의 군사적 성능 발휘 신뢰성에 의문이 제기된다.

미국을 비롯한 군사 강국도 인공지능 구동 군사 시스템은 기술

26) "미 국방부 합동인공지능센터 운영 개념과 내용", 한국군사문제연구원 뉴스레터, 2020. 2. 11., 제688호.

적 한계를 반영해 제한된 범위에서 활용되고 있다. 무인 차량에 완전 자율 항법과 감지 기능을 통합하는 등 입증된 인공지능을 효과적으로 활용하는 방법을 모색하면서 다소의 진전을 이루고 있다. 미국의 합동 전영역 지휘통제 시스템은 개념적으로 야심 차고 기능을 인정받고 있지만 안정적 구현에 심각한 어려움이 있는 것으로 밝혀졌다.

인공지능은 예지 정비 및 장비 유지관리와 군수 물류 관리 등 비전투 애플리케이션에서는 혁신적 성과가 기대되고 있다. 인공지능은 방대한 데이터 세트를 분석하는 데 인간보다 안정적으로 성능을 발휘할 수 있기 때문이다. 그런데도, 군은 기계가 읽을 수 있는 충분한 양의 고품질 데이터 세트를 수집하는 데 제한이 따르고 새로운 모델에서 발생하는 예상치 못한 문제를 해결하기 어려울 것이라는 주장이 제기되고 있다.

인공지능이 군사 분야에서 혁명적 변화를 초래할 것이라는 진단과 전망이 많지만, 군사 강국들도 인공지능을 활용한 전장 운영 개념 혁신과 조직적 적응은 아주 제한적이고 미흡하다. 강대국들은 경쟁적으로 인공지능의 군사적 활용 방안을 마련하는 것으로 알려졌지만 전장 운영 개념의 본질적 변화는 거의 없다. 인공지능을 활용해 작전의 일부 기능을 강화하고 있지만 아직 전장 운영의 성격을 근본적으로 바꾸는 데는 이르지 못했다.

인공지능의 군사적 활용 목표치는 제한적이다. 자율 군사 시스템이 분산 작전에서 전술적 효과를 거두는 데 기여하고, 인간 전투원의 위험을 줄이는 임무를 수행할 것으로 기대한다. 지휘통제 및 정보·감시·정찰 기반을 강화해 줄 것이라는 바람도 있다. 군사 조직도 혁명적 변화는 찾아보기 어렵다. 인공지능의 작전적 활용 성과를 극대화하기 위한 조직적 적응에서 본질적 변화는 거의 없다.

인공지능 기반 군사혁신은 정보 기술 기반 군사혁신과 본질적으로 다르다. 군사혁신을 견인하는 기술이 완전히 다르기 때문이다. 정보 기술은 각 구성 요소가 상호작용하거나 상호의존해 복합적으로 결합한 하나의 집합체인 시스템 기술이다. 전기 통신, 방송, 컴퓨팅(정보 처리, 컴퓨터 네트워크, 컴퓨터 하드웨어, 컴퓨터 소프트웨어, 멀티미디어), 통신망 등 사회 기반을 형성하는 유형 및 무형의 기술을 포함한다. 인공지능은 컴퓨터를 활용해 주어진 문제를 해결하는 일련의 방법 또는 절차로서 문제 해결 방법을 순서와 절차대로 나열한 알고리즘 기술이다. 컴퓨터에서 음성과 작성된 언어를 보고 이해하며 번역하고 데이터를 분석·추천하는 등 다양한 첨단 기능을 수행할 수 있는 애플리케이션 기술을 말한다.

군사 분야에서도 정보 기술과 인공지능 기술은 적용 방법과 역할이 크게 다르다. 정보 기술은 정보·감시·정찰 체계(센서 체계)와 정밀 타격 체계(교전 체계)를 네트워크(정보 체계)로 연결·결합해 시스템 복합체계를 구성하는 역할을 담당한다. 이에 비해 인공지능 기술은 무기체계의 자율성, 의사결정 및 지휘통제의 지능성, 군수 지원 체계의 예측성·효율성·신속성, 인지전 등을 향상하는 역할을 담당한다.

이런 차이로 인해 정보 기술 기반 군사혁신과 인공지능 기술 기반 군사혁신은 성숙화 과정 및 속도와 방법에서 다를 수밖에 없다. 인공지능 기술 기반 군사혁신은 정보 기술 기반 군사혁신처럼 단기간에 완전하게 성숙하기는 어려울 것으로 예상된다. 군사 시스템과 전장 운영 개념 및 군사 조직이 인공지능 기술의 활용 차원에서 유기적으로 연계·결합하는데 제한이 있기 때문이다. 인공지능 적용을 통한 군사 시스템의 자율화는 적극적으로 모색되고 있지만 대부분 시험 단계에 있다. 전장에 배치되는 단계에 도달돼야 전장 운영 개념과 부대 편성도 모색될 수 있다.

그런데도, 인공지능의 군사적 활용 방안에 대해서는 지속적 관심과 연구가 필요하다. 조속한 실현의 한계점과 장애 요인을 분석하면 성숙화의 과정과 방법도 찾아낼 수 있다. 인공지능은 급속하게 진화될 가능성이 잠재돼 있다. 다양한 인공지능 애플리케이션은 군사 운영을 혁신시키고 전장의 주요 기능을 향상하며 기존의 정찰－타격 중심 군사혁신을 발전시키는 데 활용될 수 있을 것이다.

미국은 센서와 슈터를 효과적으로 연결·결합한 시스템 복합체계의 개선을 포함해 합동 전영역 지휘통제 시스템의 구축에 인공지능을 활용하는 계획을 추진하고 있다. 정찰－타격 중심 네트워크중심전과 결정 중심 모자이크전에서 대중국 군사 우위를 유지하기 위해 인공지능을 활용하는 것이다. 결정 우위와 속도 지휘로 작전 템포를 고속화하기 위해서는 인공지능 구동 의사결정과 지휘통제 지원이 필수적이다. 인공지능 구동 위협 분석 및 경고 시스템은 적의 반접근·지역 거부 전략으로 인해 발생하는 새로운 위협을 탐지하고 대응하는 데 유용할 것이다. 인공지능은 중·단기적으로 정찰－타격 시스템 복합체계 중심 군사혁신의 완성도를 높임으로써 장기적으로 인공지능 기반 군사혁신을 완성할 수 있다.

인공지능의 파괴적 잠재력과 미래 가능성을 경시하고 근시안적으로 진화적 변화 모델만 채택하면 또 다른 기회를 상실할 위험이 있다는 점에 유의해야 한다. 인공지능의 활용을 정찰－타격 시스템 복합체계의 개선에 국한하는 것보다 급속한 기술 변화를 새롭고 혁신적인 전장 운영 개념에 빠르게 통합하는 데 많은 관심을 가질 필요가 있다. 새로운 작전 패턴 및 전력 구조에 인공지능 기술의 장기적인 혁명적 잠재력을 결합하는 방안을 고려해야 한다.

인공지능 기반 군사혁신은 먼 곳에 있는 것처럼 보이지만 빠르게 다가올 수도 있다. 인공지능이 게임 체인저 역할을 할 수 있다는 잠재력을 인정하고 군사혁신 프레임워크라는 렌즈를 통해 인공지능 기반 군사혁신의 한계와 조건을 이해하는 것이 중요하다. 미래 군사혁신을 향한 기술적 진보의 징후를 발견하고, 기술 활용에 필수적이나 빠진 요소를 식별함과 아울러, 군사혁신을 가능하게 하는 조건을 찾아내야 한다.

장기적 관점에서 인공지능 기반 군사혁신은 피할 수 없는 필연성의 영역이 될 것이다. 인공지능 기술의 군사적 활용이 부분적 개선 차원에서 진화적 발전 차원을 거쳐 혁명적 재구조화 차원으로 확대됨에 따라 군사 시스템, 전장 운영 개념, 군사 조직은 파괴적 혁신이 불가피할 것으로 예상된다. 세계적 전략 경쟁을 벌이고 있는 군사 강국들은 이미 미래의 지능화 전쟁 시대에 대비해 인공지능 군비 증강에 박차를 가하고 있다. 궁극적으로 인공지능 기반 군사혁신의 선제적 성취를 추구할 것이 분명하다.

참고문헌

1. 국문 자료

권태영·노훈. 『21세기 군사혁신과 미래전: 이론과 실상, 그리고 우리의 선택』. 경기도 파주: 법문사, 2008.

"미 국방부 합동인공지능센터 운용 개념과 내용", 한국군사문제연구원 뉴스레터, 2020. 2. 11., 제688호.

유발 하라리, 조현욱 옮김. 『사피엔스』, 1판 199쇄. 경기도 파주: 김영사, 2023.

정춘일. "4차 산업혁명과 군사혁신 4.0, 『전략연구』, 제24권 제2호, 통권 제72호, 2017년 7월, 한국전략문제연구소.

폴 사레 지음, 박선령 옮김. 『새로운 전쟁: 인공지능과 로봇은 전쟁을 어떻게 바꿀 것인가?』. 서울: 로크미디어, 2021.

2. 영문 자료

Aryan, Javin. "How China aims to augment its military strength using AI". Observer Research Foundation, August 18, 2021.

Congressional Research Service. "Joint All−Domain Command and Control". January 21, 2022.

Daniels, Owen J. "The AI RMA: The Revolution Has Not Arrived(Yet)". The Andrew W. Marshall Papers, The Andrew W. Marshall Foundation, October 2022.

Department of Defense. *Summary of the Joint All−Domain Command & Control Strategy*. March 2022.

Harper, John. "The Rise of Skyborg: Air Force Betting on New Robotic Wingman", *National Defense*, Vol. 105, No. 803(October 2020).

Hundley, Richard O. *Past Revolutions Future Transformations: What can the history of revolutions in military affairs tell us about transforming the U.S. military?* Washington, DC: RAND, 1999.

Krepinevich, Andrew F. "The Pattern of Military Revolutions". *The National Interest*, Fall 1994.

――――――――――――. *The Military-Technical Revolution: A Preliminary Assessment.* Washington, DC: Center for Strategic and Budgetary Assessments, 2002.

Raska, Michael. "Rethinking the AI wave in digital warfare". *EAST ASIA FORUM*, 7 February 2023.

――――――――. "The sixth RMA wave: Disruption in Military Affairs?". *Journal of Strategic Studies*, Volume 44, 2021.

Slipchenko, Vladimir I. "A Russian Analysis of Warfare Leading to the Sixth Generation", *Field Artillery*, October 1993.

Welch, Thomas J. "Technology and Warfare". Keith Thomas, ed., *The Revolution in Military Affairs: Warfare in the Information Age.* Canberra: Australian Defense Studies Centre, 1997.

Zi Yang. "Chapter 4 How China Leverages Artificial Intelligence for Military Decision-making". Roy D. Kamphausen, ed., *China's Military Decision-making in Times of Crisis and Conflict.* The National Bureau of Asian Research, Seattle, WA, and Washington, D.C., 2023.

3. 인터넷 자료

"美 '中 견제 위해 드론-무인 선박 수천 대 2년대 배치'". 『동아일보』, 2023. 8. 30., https://www.donga.com/news/Inter/article/

"인공지능 해킹대회 '사이버 그랜드 챌린지' 최종 승자는". 『로봇 신문』, 2016. 7. 14., https://www.irobotnews.com/news/

"'중국군 AI 투자 비중, 미군의 10배… 세계 억압 나설 것' 美 의회서 쏟아진 경고". 『조선일보』, 2023. 7. 19., https://www.chosun.com/

"中, 국가 주도 '차세대 인공지능 발전계획' 수립". 《머니투데이》, 2023. 3. 28., https://news.mt.co.kr/

"중국의 인공지능(AI) 무기 개발, 이대로 괜찮은가?". 『AI TIMES』, 2021. 8. 20., https://www.aitimes.com/

"Army Enlists IBM's Watson To Streamline Logistics, Vehicle Maintenance". *Defense Daily*, 09/08/2017, https://www.defensedaily.com/

"Autonomic Logistics Information System(ALIS): "Maintaining & Sustaining Critical F-35 Lightning II Systems", https://www.lockheedmartin.com/content/

Charles Cohen, "AI in Defense: Navigating Concerns, Seizing Opportunities". *National Defense*, 7/25/2023, https://www.nationaldefensemagazine.org/

Elsa Kania, "Artificial Intelligence in Future Chinese Command Decision Making", p. 153. https://www.jstor.org/stable/

Lawfare, "The AI 'Revolution in Military Affairs': What Would it Really Look Like?". CSET, December 21, 2022, https://cset.georgetown.edu/article/

"Loyal wingman". *Wikipedia*, https://en.wikipedia.org/

"Media Forensics(MediFor)". DARPA, https://www.darpa.mil/program/

"Organizational adaptation". *Wikipedia*, https://en.wikipedia.org/wiki/

"Project Maven to Deploy Computer Algorithms to War Zone by Year's End, *DOD News*, July 21, 2017, https://www.defense.gov/News/

제 8 장

인공지능 기반 다영역 기동전 발전

제 1 절 인공지능의 전장 활용과 기동전의 진화

최근 군사 전문가들은 날이 갈수록 진화를 거듭하는 첨단 인공지능 기술이 전쟁 양상을 어떻게 바꿔놓을 것인지를 분석·전망하는 데 매우 깊은 관심이 있다. 미국과 중국을 비롯한 세계적 군사 강국들은 이미 인공지능의 군사적 활용을 통한 새로운 전쟁 패러다임을 본격적으로 개척하고 있다. 그동안 전쟁 사상과 군사전략의 주류로 자리 잡은 기동전(Maneuver Warfare)이 첨단 과학기술을 만나 새로운 양상으로 발전되는 추세이다. 소모전은 예측 불가능한 장기화, 국가 재정·경제 파탄, 국민 생활 궁핍화, 사회적 혼란과 후유증 등을 초래할 수밖에 없어서 정상 국가들은 시도하기 어렵다.

첨단 과학기술 역량을 보유한 경제적 선진국들은 물적 손실과 인적 희생을 최소화하고 가장 짧은 기간 내에 완전한 승리를 거두기 위해 기동전을 선택할 것이다. 미국은 미래의 전쟁 패러다임으로 모자이크전(Mosaic Warfare)을 개발하고 있으며, 21세기형 기동전을 추구한다는 점을 명확하게 밝히고 있다.[27] 러시아는 2022년 2월 24

일 우크라이나를 침공하면서 압도적으로 우세한 첨단 군사력을 동원한 기동전으로 전쟁을 조속히 종결한다는 전략을 추구했지만, 우크라이나가 서방 국가들의 막대한 경제적·군사적 지원에 힘입어 방어력을 강화함으로써 소모전이 진행되고 있다.

기동전은 오랜 역사에 걸쳐 전쟁의 중심 사상으로 자리를 잡았다. 과학기술을 활용한 무기체계의 발달에 따라 성격과 방식이 진화됐을 뿐이다. 19세기 산업 문명 시대에는 물리 기계 기반 돌파 격멸 기동전이 수행됐다. 20세기 정보 문명 시대에는 정찰·타격 기반 중심 마비 기동전이 추구됐다. 21세기 지능 문명 시대를 맞아 인공지능 기반 다영역 기동전이 발전되고 있다. 세계 최선두에서 새로운 군사혁신을 지속해서 개척하고 있는 미국이 가장 주도적으로 새로운 방식과 수단의 기동전을 개척하고 있다. 적에 대한 군사적 우위를 확보·유지하기 위해 전력 구조를 재설계하고 싸우는 방식을 바꾸고 있다.

2014년부터 3년 동안 국방부 부장관을 역임한 로버트 워크(Robert O. Work)는 3차 상쇄전략(Third Offset Strategy)의 사령탑 임무를 수행하면서 '합동 인간-기계 전투 네트워크(Joint Human-Machine Combat Network)' 창출 방안을 구체화했다. 인간과 기계(주로 인공지능과 자율 시스템)가 유기적으로 협업을 수행함으로써 전투력의 효과적 발휘를 극대화할 수 있는 네트워크 기반 전투 체계를 개발하는 것이 요체이다. 필수적으로 요구되는 5개 핵심 기술도 함께 제시했다. 학습기계(Learning Machine) 기술, 인간-기계 협동(Human-Machine Collaboration) 기술, 기계 보조 인간 활동(Machine Assisted

---

27) Bryan Clark, Dan Patt, Harrison Schramm, *Mosaic Warfare Exploiting Artificial Intelligence and Autonomous Systems to Implement Decision-Centic Operations*, Center for Strategic and Budgetary Assessments, 2020, pp. 3-4; 8-9.

Human Operations) 기술, 인간-기계 전투 조합(Human-Machine Combat Teaming) 기술, 자율 무기(Autonomous Weapon) 기술 등이다.[28)]

국방부 산하 방위고등연구계획국은 인공지능과 자율 시스템을 활용해 아군은 전장에서 의사결정의 우세를 보장하고 적에게는 예측 불가성과 불확실성을 가중적으로 부과하기 위한 결정 중심 군사작전 접근방법을 발전시키고 있다. 첨단 인공지능 기술을 활용해 인간-기계 협업 네트워크 시스템을 구축함과 아울러 자율 무기체계를 개발·배치함으로써 전장에서 전략 및 교전의 압도적 우위를 지속해서 유지하고 재래식 억제력을 강화한다는 것이다.

3차 상쇄전략과 모자이크형 결정중심전을 위한 필수적 핵심 기술은 인공지능이다. 인공지능이 전쟁의 개념과 방식 및 수단에 미칠 영향에 세계의 이목이 쏠려 있다는 사실을 누구도 부인할 수 없을 것이다. 인공지능이 본격적으로 전장에 투입될 가능성이 커지고 있다. 인공지능이 미래 전쟁 양상에 미칠 잠재적 영향을 분석·예측하는 연구들이 속속 나오고 있다. 인공지능은 상당한 영향력을 미칠 수밖에 없는 필연성이 있다는 주장들이 제기되고 있다.

인공지능의 군사적 영향과 활용 범위는 단기적으로 제한적일 수 있다고 분석되고 있지만, 중·장기적으로는 군사 시스템 전반에 걸쳐 확대될 것으로 전망되고 있다. [그림 8-1]에서 보듯이, 인공지능의 군사적 영향과 파장이 커짐에 따라 군사 시스템은 현상 개선적 단계에서 진화적 단계를 거쳐 궁극적으로 혁명적 단계로 변화될 것이라는 시나리오를 상정할 수 있다.

---

28) Cheryl Pellerin, "U.S. DEPARTMENT OF DEFENSE, Deputy Secretary Discusses Third Offset Strategy, First Organizational Construct", *DoD News*, Defense Media Activity, September 21, 2016.

[그림 8-1] 인공지능이 전쟁 및 군사 시스템에 미칠 영향 시나리오

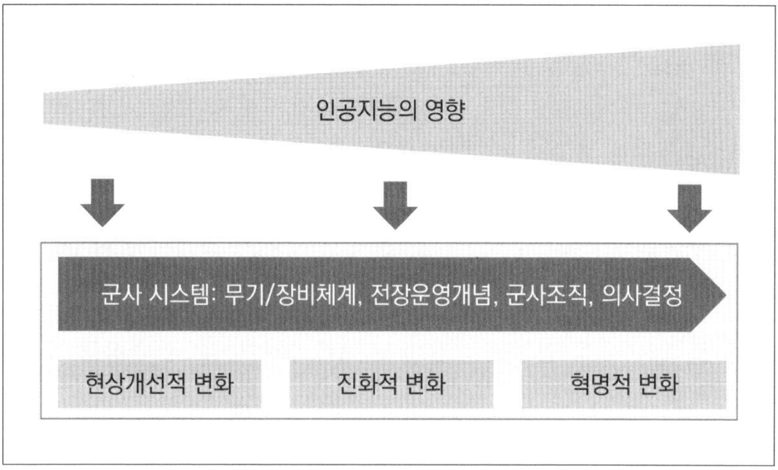

현상 개선적 변화 시나리오는 인공지능이 군사 시스템에 미치는 영향이 상당히 제한적일 것이라는 논리에 기반을 둔다. 군사용 인공지능 기술은 장기적으로는 매우 긴요해질 것이라는 데 동의하면서도 아직 초보 단계에 머물러 있다는 것이다. 기술적 관점에서 볼 때, 인공지능에 내재한 보안 문제를 극복하기 어려우며, 이에 따라 인공지능을 군사용 애플리케이션으로 활용하기에 부적합할 수 있다는 지적이 있다. 군의 소극적인 의지도 인공지능의 군사적 활용을 가로막는 요인 중의 하나이다. 군에는 인공지능의 활용에 대한 절박한 인식이 없다는 것이다. 군은 전시에는 혁신을 이룰 수 있지만, 평시에는 다급한 위기가 발생하지 않는 한 정체 속에서 빠져나오기 어려운 융통성 없는 대규모적 관료 집단이라고 지적된다. 미국 내 선도 기업 CEO들로 구성된 '국방혁신위원회'의 위원들에 따르면, 국방부에 혁신 문제는 없고 혁신 채택 문제가 있으며 실제적 변화보다 작은 외관적 변화 단계를 선호한다는 것이다.

진화적 변화 시나리오는 인공지능이 상당한 수준으로 전쟁 방식

과 군사 시스템에 영향을 미칠 것이라는 전망에 근거를 둔다. 인공지능은 전쟁 방식에 급격한 불연속성을 초래할 수 있는 파괴적 잠재력이 있으며, 군사 시스템의 효율성과 전투력 발휘 효과를 극적으로 향상할 수 있다는 것이다. 기존의 무기체계와 전장 운영 프로세스를 신속하게 효율적으로 개선하는 한편, 정보 분석·평가와 전투 의사결정에 복잡성을 가중하는 데이터 확산에 대처할 수단을 제공한다. 가까운 미래에 인공지능이 인간의 역할을 완전하게 대체할 가능성은 희박할 것으로 진단한다. 인공지능은 인간의 감독을 필요로 하는 한정된 특정 임무를 수행하는 애플리케이션으로 활용될 수 있을 것으로 전망한다.

무기체계의 자율성 측면에서 볼 때, 인공지능의 진화적 영향과 파장은 두 가지 경우가 있을 수 있다. 하나는 인간 참여형 반자율적 무기체계의 발전이다. 자동화 기능을 이용해 목표물을 탐지하고 교전을 수행하지만, 특정 목표물에 대한 공격 여부를 결정하는 것은 인간이다. 다른 하나는 관리형 자율 무기체계의 발전이다. 무기체계가 작동되면 목표물을 탐지하고 교전 여부를 결정하며 공격을 수행하는 과정이 스스로 진행되지만, 필요할 경우 인간이 개입한다. 인공지능의 역할이 커질수록 인간의 역할은 중요하지 않을 것이며, 인공지능이 전투를 수행하는 동안 불확실성을 줄이고 통제 가능성을 높이는 임무를 수행한다. 기계는 인간의 판단을 흐리게 하는 감정의 영향을 전혀 받지 않는다는 장점이 있다.

인공지능의 군사적 활용을 부정적 측면에서 비판하는 지적은 계속 존재한다. 전장에서 인간의 존재는 기술이 전쟁을 통제 불가능한 방향으로 진행할 수 없도록 억제하는 요소로서 지속해서 필요하다는 것이다. 아무리 탁월하고 강력한 인공지능이라 할지라도 복잡한 사회 시스템 속에서 최종적으로 결과를 결정할 수는 없다. 전장 환경은 일반 사회보다 훨씬 복잡하다. 지각력 있는 인간 주체의 자유

의지를 허용하지 않더라도 결과를 결정짓는 불확실성 요소가 너무 많다. 첨단 모듈식 인공지능의 지원을 받고 수많은 자율 로봇을 사용해 전투를 벌이더라도 인간의 취향은 피할 수 없다.

혁명적 변화 시나리오는 인공지능이 전장에서 엄청나게 심대한 변화를 일으키고 전쟁 방식과 전력 운용 패러다임을 근본적으로 전환할 것이라는 전망에 바탕을 둔다. 인공지능이 전쟁의 본질까지 바꿀 수 있을 것이라는 주장도 제기된다. 인공지능의 혁명적 잠재력은 역사적으로 거의 변화 없이 유지돼온 기본적 전투 원칙과 방식에 도전적 과제를 제기할 수 있다. 인공지능 기반 군사혁신이 발생하는 것이다.

이 시나리오의 요체는 산업 문명 시대의 전쟁이 정보 문명 시대의 전쟁을 거쳐 지능 문명 시대의 전쟁으로 전환되고 있으며, 인공지능 구동 정보 시스템 및 기계 보조 의사결정과 자율 무기체계 운용이 작전 수행의 결정적 요소가 되고 있다는 것이다. 인공지능은 정보 우위를 향상시키고 전장의 불확실성을 제거하는 결정적 이점을 제공함으로써 신속한 고품질 의사결정을 보장한다. 결정중심전이 완전하게 구현된다.

인공지능의 군사적 적용 범위가 가속적으로 확대됨에 따라 궁극적으로는 자율 의사결정 시스템과 무기체계가 인간을 직접적 전투 역할에서 배제할 것으로 전망된다. 인공지능 시스템이 전술적 수준의 계획과 행동을 전담하는 동안 인간은 전략적 수준의 의사결정에 집중한다. 무기체계의 성격도 바뀐다. 정교한 기능을 갖춘 소수의 고가 플랫폼 중심 무기체계는 줄어드는 대신 상당한 수량의 저비용 무인 자율 무기체계의 비중이 커진다. 궁극의 무기체계로서 완전 자율 무기체계의 출현 가능성도 예고된다. 목표물을 탐지하고 교전 여부를 결정하며 목표물을 공격하는 과정이 스스로 진행될 수 있다. 인간이 개입할 수 없게 되는 것이다.

인공지능의 전쟁·군사에 대한 영향은 어느 하나의 시나리오가 가능성이 있다 없다 또는 옳다 그르다의 평가 문제가 아니다. 인공지능의 영향은 필연성의 문제이다. 군사 기획 및 정책 입안자들은 인공지능의 파괴적 잠재력을 충분히 고려하고 선호의 문제를 떠나 군사용 인공지능 개발의 영향과 의미를 객관적으로 세밀하게 평가해야 한다. 인공지능의 진화 추세를 파악해 군사 시스템에 효과적으로 활용하는 것이 중요하다. 인공지능의 군사적 활용을 보장할 수 있는 조직과 기능의 발전, 연구개발 및 획득 시스템의 재정비, 예산 및 조달 체계의 전면적 개선, 규범 및 표준 거버넌스의 마련 등 정책·제도적 혁신 방책을 마련할 필요가 있다.

제2절 기동전의 개념과 특징

기동전(Maneuver Warfare)은 국가별 상황과 전략 이론에 따라 몇 가지 유사한 명칭으로 정의됐다. 마비전, 전격전, 간접접근전략, 속도전 등으로 알려져 있다. 적의 물리적 소모보다는 기동을 통해 정신적·심리적·조직적 혼란과 마비를 유발함으로써 최소의 전투로 결정적 승리를 달성하는 전쟁 방식을 말한다. 기동성과 유연성을 바탕으로 적의 약점을 빠르게 공략해 전황을 아군에게 유리하게 만든다. 기동이란 단순히 적보다 유리한 위치상의 이점을 확보하기 위한 이동뿐만 아니라 적보다 우세한 속도로 더욱 빨리 움직여 적을 격파하는 전쟁 양상을 의미한다. 위치보다는 시간에 대해 적과 경쟁하는 전쟁을 벌인다.

기동전은 속도와 유연성을 추구한다. 빠른 이동과 결정적인 타격을 통해 적이 대응하기 전에 목표를 달성한다. 적의 약점을 공격하는 데 목표를 둔다. 적의 방어가 약한 곳을 타격하거나 보급로 같은 핵심 기반을 파괴함으로써 적의 조직력을 붕괴시킨다. 기만과 혼란 방법을 활용한다. 의도적인 교란 작전과 허위 정보로 적을 혼란에 빠뜨려 효과적인 방어를 불가능하게 만든다. 결정적 행동을 취한다. 적의 전선을 넓게 공격하기보다는 적의 중심(Center of Gravity)을 겨냥해 빠르게 승리를 거둔다.

미국 육군 야전교범 100-5 작전(Operations)에 따르면, 기동이란 직접 및 간접 화력을 가할 목적으로 또는 그렇게 하겠다고 위협할 목적으로 위치적 이점을 확보하기 위해 전투 부대를 이동시키는 것이다. 결정적인 지점에 병력을 배치함으로써 기습, 심리적 충격, 물리적 기세, 대량 효과, 도덕적 지배력을 발휘할 수 있다. 기동이 성공하기 위해서는 예측과 정신적 민첩성이 필수적이다. 적을 불리한 위치로 이동시킴으로써 움직이지 않고도 기동 효과를 성취할 수 있다. 위치의 우위적 이점을 확보해 전투와 군사 행동의 결과에 영향을 미칠 수 있다. 기동은 화력과 방호가 없으면 거의 효과를 거둘 수 없다. 적의 균형을 무너뜨려 아군 부대를 보호하고, 적에게 지속해서 새로운 문제를 강요해 적의 대응을 무력화하고 결국 적을 패배시킨다.[29)]

기동전은 영미 군사학계의 개념이다. 적의 전투력을 소모하게 해 승리에 도달하는 소모전(Attrition Warfare)의 반대되는 개념이다. 영미 군사학계는 오랫동안 소모전 개념에 입각한 교리를 고수했다. 미국은 물량전으로 승리할 자신이 있었기 때문에 굳이 복잡하고 유능한 장교단이 필요한 군사전략을 선호하지 않았다. 제1·2차 세계대전에서의 대규모·대량 물적 손실과 인적 희생을 경험하면서 기동전의 필요성에 대한 목소리가 커지기 시작했다. 풀러(J. F. C. Fuller)의 '전략적 마비(Strategic Paralysis)'와 리델하트(Sir Basil Henry Liddell

29) Headquarters Department of the Army, *FM 100-5 Operations*, June 1993, pp. 2-10.

Hart)의 '간접접근전략(Indirect Approach Strategy)'이 대표적이다. 풀러는 제1차 세계대전 중 대규모 전차 부대로 적의 사령부와 통신망을 비롯한 신경망을 마비시키는 것이 최선이라는 요지의 작전 계획을 발전시켰다.

리델하트의 간접접근전략 이론도 명칭만 다를 뿐 사실상 기동전 이론과 다를 바 없다. 전략의 목적은 저항의 가능성을 소멸시키는 것이다. 가장 유리한 상황에서 전투를 수행하고, 전투를 최소한에 그치도록 한다. 이렇게 하는 수단이 기동이다. 기동으로 저항의 가능성을 소멸시키고 전투를 최소화하기 위해서는 적을 교란해야 한다. 교란이 전략의 목적이다. 교란을 통해 적을 붕괴시키거나 전투에서 적을 쉽게 파쇄할 수 있다.

전략적 수준에서 물리적 교란과 심리적 교란을 구분한다. 물리적 교란은 전략적 기동을 통해 적이 급히 정면을 변경하도록 배치를 교란하고, 적 병력을 분리하며, 적의 보급을 위기에 빠뜨림과 아울러, 적으로 하여금 철수하도록 하거나 적의 본국 내 전략 기지와의 작전선에 위협을 가함으로써 달성된다. 심리적 교란은 물리적 교란의 효과가 적 지휘관의 마음에 영향을 미침으로써 달성된다. 적 지휘관은 함정에 빠졌다고 생각하고 대항할 수단과 방법을 쉽게 찾지 못한다. 결국 기동은 적 전선의 측면을 우회해 배후로 향해 최소 저항선을 취하는 것이 목표이다.

제2차 세계대전 중 1939년 독일군이 사용한 전격전(Blitzkrieg)이 기동전의 대표적 사례이다. 독일군이 전장에서 사용했지만, 그 이전에 영미 군사학계가 만들어 낸 이론이다. 번개(Blitz)처럼 빠른 진격을 통한 전쟁(Krieg)이라는 뜻이다. 요체는 강력한 공군의 지원을 받는 제1선 돌파 부대(기갑)가 빠른 속도로 적 방어선의 취약 지점에 돌파구를 형성해 후방으로 진출하고, 돌격 부대(기계화)가 돌파구를 확장하며 적 방어선을 절단해 적을 고립시키고, 뒤따르는 후속 부대

(보병)가 조각조각 나뉘어져 고립된 적 부대를 섬멸하는 것이다. 선두 부대는 최대한 적의 후방으로 깊숙이 진출하는 것이 목표이며, 적과의 직접적인 교전과 섬멸은 뒷순위이다. 속도가 핵심이다.

미국의 전 공군 대령 존 워든 3세(John A. Warden III)는 5개 동심원 이론(Five Ring Theory)과 병렬 전쟁 개념을 제시했다.30) 시스템의 관점에서 적의 전략적 중심을 신속·정확하게 파악할 수 있는 모델을 발전시켰다. 국가는 상호 밀접하게 연결된 5개의 동심원으로 구성된다. 제1 원은 지휘부(Leadership)로서 국가 전체 시스템을 지휘하는 중추적 조직이다. 제2 원은 핵심 긴요 체계(System Essential)로서 국가 시스템의 구성 요소를 긴밀하게 묶어주는 전기, 석유, 식량과 같은 동력 에너지 체계 및 금융 체계 등이다. 제3 원은 하부기반(Infrastructure) 체계로서 에너지, 식량, 원료, 생산품 등을 생산·운송함으로써 국가 시스템을 작동시키는 기능을 수행하는 공장, 도로, 항만, 공항 등과 같은 기반 시설이다. 제4 원은 인구 집단(Population)으로서 군인을 제외한 일반 국민 전체이다. 제5 원은 야전 군대(Field Military)로서 전투 조직 및 전투원이다. 각 동심원의 시스템은 독자적으로 기능을 수행하면서 다른 원의 시스템과 상호 긴밀하게 연결돼 하나의 국가 시스템을 구성한다.

전쟁의 목적은 적이 아측의 의지를 수용하도록 강요하는 것이기 때문에 적의 핵심 표적은 제1 원의 적 지휘부이다. 과거에는 적의 지휘부를 파괴하기 위해 먼저 제5 원의 군대와 접전을 벌여 영토를 축차적으로 점령했다. 피·아 간 대량 살상 및 파괴가 초래됐고 장기 소모전이 불가피했다. 이제는 원거리 감시·정찰 능력과 장사정 정밀 유도무기의 비약적인 발전으로 전쟁 양상이 혁명적으로 바뀌었다. 제2 원 및 제3 원의 중요 표적들은 물론 제1 원의 지휘부도

---

30) 권태영·노훈, 『21세기 군사혁신과 미래전: 이론과 실상, 그리고 우리의 선택』 (경기도: 법문사, 2008), pp. 178－185.

정확하게 식별해 선택적으로 정밀·원격·간접 타격할 수 있다. 전투 수행 방법이 적의 주 전력을 접적 상태에서 직접 공격하지 않고 전쟁지도부, 작전지휘 본부, 지휘통제 센터 등과 같은 적의 지휘 구조 및 체계를 비접적 상태에서 간접적으로 공격해 중추 신경을 마비시킨다. 적의 물리적 실체를 파괴하는 것보다 적 지도부의 전쟁 의지를 말살하는 데 목표를 두고 전장을 운영한다.

와든은 5개 동심원 전쟁 이론과 함께 병렬 전쟁(Parallel Warfare) 개념을 제시했다. 적의 전쟁 의지 말살로 아측의 의지를 단기간 내에 적 지도부에 강요하기 위해서는 5개 동심원 체계 내의 모든 전술적·작전적·전략적 중심들을 원거리에서 정확히 식별해 동시적으로 일제히 타격하고 결정적 손실을 강요할 수 있어야 한다는 것이다. 이로써 적의 회복·재정비 시간 여유를 박탈함과 아울러 적의 국가 기능 전체를 순식간에 마비시킬 수 있다.

미국의 전 공군 대령 바넷(Jeffery R. Barnett)은 병렬 전쟁의 개념을 더욱 구체화했다.[31] 적에 내재한 다수의 전략적·작전적·전술적 표적들을 아측이 보유하고 있는 다양한 타격 수단들로 지리적 공간의 제한 없이 동시에 일제히 공격함으로써 적의 재정비·복구·회생을 위한 시간적 여유를 박탈해 혼절·마비시킴으로써 단기간 내에 전쟁을 종료하는 전쟁 방식이 병렬 전쟁이다. 과거에는 표적 정보가 불확실하고 타격 수단의 사거리와 정확도가 제한돼 적의 중심들을 장기간에 걸쳐서 순차적으로 공격할 수밖에 없었다. 이제는 적의 종심 깊이 위치한 지휘부까지도 정확하게 식별·판단할 수 있는 정보·감시·정찰 능력과 정밀하게 타격할 수 있는 원거리 공격 수단들이 개발됐다.

병렬 전쟁은 적의 모든 표적을 파괴하는 데 목표를 두지 않는

31) 위의 책, pp. 182–183.

다. 파괴는 적에게 아측의 의지를 강요하기 위한 수단에 불과하다. 목표는 적 시스템의 유기적 능력을 손상·와해시켜 전략적 효과를 최대화하는 데 있다. 적의 핵심적 중심을 선별해 동시·병렬·초고속으로 공격함으로써 적을 극심한 마비·공황 상태에 빠트리는 효과를 거둔다. 이를 위해서는 다수·대량의 수단을 동시·동기화해야 한다. 매우 빠른 작전 템포와 고도의 기동성·치사성을 유지하고 전역의 모든 종심·지역에 걸쳐서 작전을 수행할 수 있어야 한다. 예를 들어, 미국은 1991년 걸프전 당시 개전 24시간 만에 이라크 내의 약 150개 전략적 표적을 공격해 중요한 모든 국가 기능을 정지시켰다. 이라크의 핵심 지휘소, 전화 서비스, 전기 시설, 방공 시스템 등이 모두 파괴됐다.

미국의 전 장군 뎁툴라(David A. Deptula)는 병렬 전쟁의 핵심 원칙으로서 효과(effect)를 찾아내고 '효과 중심 작전(Effects-Based Operation)' 개념을 구체적으로 정립했다.[32] 전략적·작전적·전술적 수준의 전쟁에서 어떤 목적으로 어떤 요망 효과를 거두기 위해 시간(time)과 공간(space)을 이용할 것인지에 착안했다. 그는 싸우는 수단들의 발전을 고려해 아군의 군사력을 적의 군사력을 파괴하는 데 사용하기보다는 적의 군사력을 통제하기 위해 사용하는 것이 유리하다고 판단했다. 통제란 전략적 요소들에 대한 적의 영향력을 아군이 지배하는 것이다. 적의 긴요한 핵심 체계를 무력화하면 국가 기능 전체가 무능화돼서 적은 비용으로 전쟁과 작전의 목표를 성취할 수 있다. 예를 들어, 적의 방공 시스템의 경우 모든 요소를 파괴하지 않고 전기를 공급하는 전력망을 단절하면 군사력을 적게 사용하면서도 무력화할 수 있다. 효과 중심 작전은 광역·원거리의 정확한 정보 수단과 장사정·스텔스의 정밀한 타격 수단을 연결·복합해 적

32) 위의 책, pp. 189-191.

의 긴요한 표적들을 동시적으로 공격함으로써 목표를 달성한다.

1999년 군사혁신과 합동 작전 능력 강화를 목표로 창설된 미국 합동전력사령부(United States Joint Forces Command: USJFCOM)[33]는 국방부 장관의 국방 기획 지침(Defense Planning Guidance: DPG)에서 제시한 미래 기동전 개념으로서 '신속 결정 작전(Rapid Decisive Operations)'을 발전시켰다. 국방 기획 지침은 미군의 전개성·치사성·민첩성·생존성이 보장된 가운데 적의 전략적·작전적 중심을 공격할 수 있는 합동 작전 수행 능력의 발전을 요구했다. 합동전력사령부는 이 지침에 따라 신속 결정 작전을 구체적으로 정의했다.[34]

신속 결정 작전은 미래 합동 전장 운영 개념으로서 정치적·군사적 요망 효과를 달성하기 위해 지식(적과 아군에 대한 이해 능력), 지휘통제, 작전을 상호 연계·결합해 국가 자원의 과도한 소모 없이 최소의 인명 피해와 물리적 파괴로 단기간 내에 신속히 전쟁의 목적을 달성하는 작전 방식이다. 적의 핵심 능력과 응집력을 감소시키거나 무력화하기 위해 국가의 모든 수단들(외교, 정보, 경제 등)을 조화롭게 활용한다. 적의 중심(전략적·작전적 링크 및 노드)을 비대칭적 방법으로 다방면·다차원에서 동시에 신속하고 과감하게 효과 중심으로 공격하는 합동·통합 작전을 수행한다. 영토나 지형을 점령·장악하는 것이 최종적 목적은 아니다. 작전의 기간과 템포를 장악한다. 적으로 하여금 작전 능력과 응집력의 막대한 손실로 더 이상 군사적으로 행동하지 못하게 한다. 결국 적은 혼돈·혼절·마비 상태에 빠져 물리적 전투 수단들이 남아있는데도 통제력을 상실함으로써

---

33) 미국 합동전력사령부는 2011년 8월 31일 국방비 절감과 지휘 구조 효율화를 위해 해체됐다. 주요 기능은 합동참모본부, 전략사령부, 북부사령부 등으로 분산됐다.

34) United States Joint Forces Command, *Toward a Joint Warfighting Concept, Rapid Decisive Operations*, RDO Whitepaper, version 2.0, 2002, pp. 10–19.

패배하게 된다.[35)]

기동전의 요체는 아군 손실을 최소화하면서 목표를 달성하는 것이다. 적의 전멸을 노리지 않는다. 불필요하고 과도한 물질적·인적 손실을 초래하는 전투는 지양한다. 목표 달성을 위해 싸워야 할 장소에서는 필요시 적을 섬멸할 수도 있다. 적의 전투력 마비를 중시한다. 전장의 형세와 상관없이 쓸데없고 무모하게 전투를 벌이지 않는다. 승리하더라도 전선에 유리한 영향을 끼칠 수 없고, 인명·자원의 막대한 피해가 발생할 수 있기 때문이다. 전쟁에서 승리하더라도 총알과 포탄은 쏘아야 하고, 병사들도 전투 때문에 지치고 희생된다. 첨단 인공지능 기술의 군사적 활용이 새로운 기동전 이론의 천착과 탐색에 기회의 창을 열어 줄 수 있을 것이다.

1991년 '사막의 폭풍 작전'으로 치러진 걸프전은 기동전의 대표적 성공 사례이다. 미군을 비롯한 다국적 연합군은 압도적인 공중과 지상 기동을 통해 이라크군을 패퇴시킴으로써 쿠웨이트를 구했다. 공중 폭격과 전자전 등의 지원을 받으면서 지상군 부대가 신속하게 기동했다. '왼쪽 갈고리(Left Hook)'로 알려진 전술로 이라크군의 방어선을 우회해 후방을 공격했다. 정찰 위성과 무인 항공기, 위성항법 기술을 통해 적의 위치를 정확히 파악했다. 다국적 연합군은 단 100시간 만에 이라크군을 압도적으로 패퇴시키고 전투를 종료했다.

2022년 시작돼 아직도 지속되고 있는 러시아-우크라이나 전쟁은 기동전이 실패한 대표적 사례이다. 러시아군은 전쟁 초기 압도적 전투력 기반 전격전으로 우크라이나의 전략적 중심을 압박해 조기에 전쟁 목표를 달성한다는 계획을 세웠을 것이다. 러시아의 전쟁 목표와 계획은 좌절됐다. 우크라이나군의 강력한 저항과 국제적 군사·경제 지원으로 전쟁이 교착 상태에 빠짐으로써 제1·2차 세계대

35) 권태영·노훈, 앞의 책, p. 193.

전에서나 볼 수 있었던 장기 소모전이 전개되고 있다.

제3절 인공지능의 군사적 유용성과 응용 범주

1. 유용성

인공지능의 전쟁·군사 분야에 대한 영향은 필연성의 영역이라는 데 전문가들의 주장이 일치되고 있다. 그 영향의 강도와 범위는 점차 진화적 수준을 넘어 혁명적 수준에 이를 것으로 예고된다. 이제 관심은 새로운 전쟁 개념 및 방식의 창출과 혁신적 군사 시스템의 개발로 모이고 있다.

첫째, 인공지능은 군사 시스템의 자율성을 강화한다. 자율적으로 기능하는 군사 시스템을 발전시키는 것이다. 무인 시스템의 자율성을 증가시키면 생존 가능성이 강화되고 성능이 더욱 고도화된다. 정찰 또는 모니터링 영역의 효율성을 획기적으로 제고한다. 궁극적으로 군대나 국가가 비용-효과 측면에서 인간으로 편성된 군대보다 훨씬 유리하게 다양한 센서 시스템으로 아주 넓은 지역을 커버할 수 있는 능력을 향상할 수 있게 된다. 자율적이고 생존할 수 있는 드론을 통해 상황 인식을 높이면 기지의 보안이 강화될 수 있다. 자율 시스템은 인간을 강화하거나 대체할 수 있다. 인간이 복잡하고 힘든 작업을 수월하게 할 수 있도록 지원한다. 군은 지루하고 위험하며 더러운 임무에서 인간 대신 자율 시스템을 활용함으로써 상당한 이점을 얻을 수 있다. 지속적인 정보 수집 및 분석, 화생방 오염 제거, 급조 폭발물 설치 도로 개척 등에 자율 시스템이 활용될 수 있다.

둘째, 인공지능은 속도 중심의 작전을 보장하고 전장 운영의 지속 가능성을 강화한다. 극단적으로 짧은 시간 내에 전투를 수행할 수 있는 무기 및 장비와 의사결정 시스템 등 독특한 수단을 도입하는 데 인공지능이 활용된다. 기가헤르츠 속도로 반응할 수 있는 능력을 갖춘 시스템을 제공함으로써 전투의 전반적 속도를 극적으로 가속한다. 인공지능 구동 군사 시스템은 전장에서 발생하는 사건을 이해하고 제어하는 능력에서 인간을 능가한다. 속도 중심의 작전을 수행하기 위해서는 군사용 인공지능 애플리케이션의 광범위한 채택이 필수적일 것이다. 인공지능 시스템은 인간의 지구력을 초월하는 장기 지속적 임무에 상당한 이점을 제공한다. 인공지능 시스템을 사용하면 장기간에 걸쳐 넓은 지역에서 정보를 수집하고 자동으로 이상 현상을 감지할 수 있다.

셋째, 인공지능은 전투력의 운용에 확장성을 제공한다. 인공지능은 인간 전투원의 능력과 기량을 강화하고 저가 군사 시스템의 성능을 향상시킴으로써 전력 승수효과를 제공한다. 예를 들어, 하나하나의 저가 드론은 F-35 스텔스 전투기와 같은 첨단 무기체계 앞에서 무력하지만, 군집 드론은 최첨단 무기체계도 압도적으로 제압함으로써 현존 플랫폼 무기체계를 무용화할 수 있다. 인공지능 시스템은 일상적 반복 작업을 대신하거나 무인화 전술 및 전투 기량을 발전시킴으로써 개별 군인의 생산성을 높일 수 있다. 인공지능 시스템의 확산은 인구와 경제력 규모가 크지 않더라도 군사력을 강화할 기회를 제공한다. 소규모 국가와 비국가 행위자가 인공지능의 확장 효과를 악용할 위험성도 있다.

넷째, 인공지능은 결정중심전의 필수 요소인 정보 지배와 의사결정 우위를 보장한다. 미래전에서는 데이터 지배가 정보 지배와 의사결정 우위를 보장함으로써 속도전에서 승리할 수 있다. 인공지능은 군사적으로 다양한 분야에서 데이터의 기하급수적 증가에 대처할 수 있는 필수적 수단이다. 예를 들어, 군은 상당히 많은 드론을 운용하고, 각각의 드론은 매일 매시간 엄청난 분량의 고화질 영상을 수집·전송·기록하고 있지만, 유용한 데이터를 빗질하듯이 면밀하게 조사해 정보의 분석에 활용할 수 있는 전문 인력이나 시스템이 부족하다. 인공지능 구동 정보 시스템은 다양한 출처와 지리적 위치에서 획득한 대량의 데이터를 통합하고 분류해 패턴을 식별하고 유용한 정보를 도출함으로써 정보 분석 역량을 획기적으로 향상시킬 수 있다. 인공지능 알고리즘은 자체 데이터를 생성해 추가 분석을 제공한다. 전장의 다양하고 복잡한 대량의 비정형 데이터를 변환하는 작업을 수행한다. 인공지능 도구는 정보의 품질을 향상시킴으로써 의사결정 우위를 통해 전투 우위를 보장한다.

다섯째, 인공지능 구동 교전 시스템은 전장에서 다양성과 정확성을 향상시킬 수 있다. 전투의 최종 상태와 지휘관의 목표, 목표 개발 및 우선순위 설정, 능력 분석, 지휘관의 결정 및 전력 할당, 임무 계획 및 전력 실행, 전투 평가에 이르는 합동 교전 주기의 신속성·정확성·효과성을 보장한다. 단계마다 자체의 환류 메커니즘과 시차가 존재하는 접근방식은 획일적 전술에 따라 전개되는 전통적 전투에서는 잘 작동하지만, 데이터의 양이 인간 분석가들을 압도하면 효과적이고 정확한 의사결정이 불가능하다. 머신러닝 알고리즘을 활용해 다양한 정보를 분석·처리하면 신속하고 효과적이며 정확한 교전 결정이 가능하다. 인공지능 애플리케이션은 전투 지휘관이 직접 표적 정보를 알려고 하지 않더라도 비정부 기구 데이터베이스에 질문해 표적을 정확하게 식별할 수 있다.

2. 응용 범주

인공지능 기술은 군사 분야에만 특수하게 사용되는 것이 별도로 있지 않다. 민간용 기술과 군사용 기술의 차이가 거의 없다. 사용

용도가 다르고 학습을 위한 데이터에 차이가 있을 뿐이다. 군사용 인공지능은 민간의 인공지능 애플리케이션을 군이 응용하는 방식을 선택한다. 응용은 기존의 지식이나 원리를 변형·확장해 새로운 상황에 활용하는 것을 말한다. 즉, 창의적 변형이 포함된다. 민간용 인공지능 애플리케이션을 응용해 군사용 인공지능 애플리케이션을 만드는 방식을 모색한다.

가. 민간 분야의 응용 범주

민간 분야에서는 챗봇, 자동화 드론, 안면 인식, 가상 보조, 인식 자동화, 사기 행위 탐지, 자율 주행 차량, 예측 분석 등 다양한 인공지능 응용 애플리케이션이 활용되고 있다. 여러 애플리케이션에는 공통점이 있다. [그림 8-2]에서 보는 바와 같은 7개 응용 범주 중 하나 이상에 해당한다. 패턴 인식, 이상 탐지, 자율 시스템, 예측 분

[그림 8-2] 인공지능의 민간과 군사 분야 응용 범주

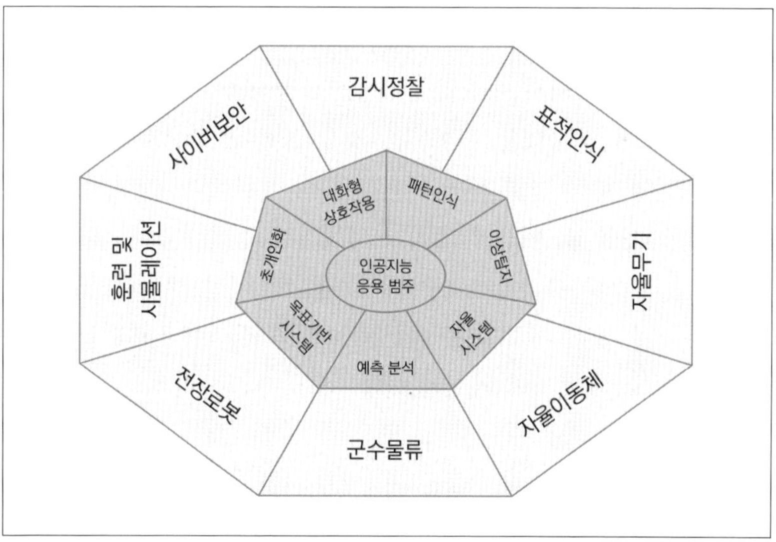

석, 목표 기반 시스템, 초개인화, 대화형 상호작용 등이다.[36] 이런 민간 분야 응용 범주의 인공지능 기술이 전쟁·군사 분야에 효과적으로 활용됨으로써 작전 방식과 전투 수단에 혁명적 변화를 초래할 것이다.

(1) 패턴 인식

패턴 인식은 컴퓨터가 어떤 대상을 인식하는 문제를 다루는 인공지능의 한 분야이다. 패턴(pattern)이란 특정한 형태나 규칙이 반복적으로 나타나는 것을 말한다. 수많은 데이터에서 나타나는 특징들의 규칙적 특성이다. 인식(recognition)이란 외부 세계나 내면의 대상에 대해 이해하거나 알아차리는 과정을 말한다. 사물이나 관념 등 무엇인가에 대해 명확하게 식별할 수 있는 것을 의미한다. 현재 마주하는 인물, 사물, 현상, 정보 등을 과거에 접한 경험으로부터 기억해 내는 추상의 일종이다. 패턴 인식은 가공되지 않은 데이터들에서 어떤 규칙성을 자동으로 찾아내고, 규칙성에 따라 각각의 카테고리로 분류하는 것이다.

인공지능의 패턴 인식 기능은 인간의 학습 및 추론 능력을 인공적으로 모델링해 외부 대상의 지각 능력 등 자연어 같은 패턴을 이해하는 능력을 컴퓨터로 구현하는 것을 말한다. 손으로 쓰는 문자, 음성, 물체의 형상 판별 등도 패턴 인식의 부류이다. 그림, 음원, 글 등의 각종 선형 및 비선형 데이터 안에서 특정한 패턴을 찾아낸다. 컴퓨터가 사람과 유사하게 데이터를 판단해 어떤 데이터인지 구분해 주는 기술이다. 흔히 사용하는 음성 인식 검색이나 QR코드 카메라 인식 등도 패턴 인식의 산물이다.

---

36) Adib Bin Rashid, Ashfakul Karim Kausik, Ahamed Al Hassan Sunny, and Mehedy Hassan Bappy, "Artificial Intelligence in the Military: An Overview of the Capabilities, Applications, and Challenges", Hindawi, *International Journal of Intelligent Systems*, 6 November 2023.

(2) 이상 탐지

이상 탐지(Anomaly Detection)는 데이터에서 정상적인 패턴과 크게 벗어난 데이터를 식별하는 것이다. 비정상적이거나 예외적인 데이터 포인트를 탐지해 시스템 이상, 사기 탐지, 품질 관리 등 다양한 문제를 해결하는 데 사용된다. 금융 분야의 경우 신용카드 사기나 비정상 거래를 탐지하는 데 활용된다. 제조 분야의 경우 기계 이상 진단이나 품질 관리에 사용된다. 정보 시스템에서 네트워크 침입 탐지나 시스템 장애 모니터링에 이용된다. 군사 분야에서도 딥러닝과 머신러닝 기술을 활용해 첨단 군용 항공기의 이상을 탐지하고 있다. 머신러닝은 패턴과 이상 또는 이상값을 감지하기 위해 엄청난 양의 데이터를 신속하게 이동시키는 데 능숙하다.

인공지능의 이상 징후 식별은 데이터의 패턴을 이해하고 기계 학습 및 인지적 접근방식을 사용해 해당 데이터 간 더 높은 수준의 연결을 찾는 것이다. 현재 데이터에서 팩트가 무엇인지, 무엇이 아닌지를 찾기 위해서는 주어진 데이터 포인트가 기존 패턴과 일치하는지, 이상치 또는 변칙인지를 판단해야 한다. 이 범주에는 이벤트가 비정상적인지 또는 기대와 일치하는지 확인하기 위한 사기 및 위험 감지가 포함된다.

(3) 자율 시스템

자율 시스템(Autonomous System)은 외부의 개입 없이 스스로 판단하고 행동할 수 있는 시스템을 말한다. 인공지능, 센서, 데이터 분석 기술 등을 기반으로 한다. 가장 정교한 인공지능 범주이다. 인간의 개입 없이도 작업을 수행하거나 목표를 달성하고 주변 환경과 상호 작용할 수 있다. 인간 노동의 감소 또는 폐지가 주요 목표이다. 인간을 배제했을 때 최대한 인간 수준에 가깝게 작동할 수 있어야 한다. 첨단 인공지능 기술을 활용해 인간의 개입 없이 작업을 수행하거나 관리할 수 있도록 설계한 지능형 기계를 무인 자율 시스템이라고 부른다. 군사 분야에서 가장 빠르게 발전하고 가장 많이 투자되는 인공지능 범주이다.

(4) 예측 분석

예측 분석(Predictive Analytics)은 현재 및 과거 데이터를 분석해 미래 이벤트를 예측하는 것을 말한다. 머신러닝 알고리즘, 정교한 예측 통계 모델링, 데이터 마이닝 등의 기술을 적용해 트렌드, 행동, 향후 성과, 비즈니스 기회 등을 파악할 수 있도록 지원한다. 현재 및 이력 데이터를 분석하고 어떤 일이 발생할 가능성을 평가한다. 산업 분야에서 예측 분석은 용도가 무궁무진하다. 직원과 고객 이탈 감소, 지급 불이행 가능성이 높은 고객 식별, 데이터 기반 판매 예측 지원, 최적의 가격 책정, 기계 유지보수나 교체 시기 추적 등에 활용된다. 급격한 변화와 변동이 끊임없이 발생하는 시장 환경에서 방향성을 찾는 데 필수적이다. 군사 분야에서 작전의 효율성을 높이고, 전략적 의사결정을 지원하며, 군수물류의 예지적 시스템을 발전시키는 데 활용된다.

(5) 목표 기반 시스템

목표 기반 시스템은 미로를 헤쳐 나가거나 공급망을 간소화하거나 유휴 시간과 이동 경로를 최소화하는 것과 같은 기능을 가진 인공지능 유형이다. 컴퓨터가 시행착오를 거쳐 최상의 해결책을 찾는다. 대표적인 것은 자율 에이전트에게 완전한 자율성을 부여하는 목표 기반 자율이다. 인공지능 에이전트는 환경을 인식하고 특정 목표를 달성하기 위해 조처하도록 설계된 개체이다. 센서를 통해 환경을 인식하고, 알고리즘이나 모델을 사용해 정보를 처리한 다음, 액추에이터로 조처한다. 사전 정의된 규칙을 따르는 단순한 시스템으로부터 경험을 바탕으로 학습하고 적응하는 복잡한 자율 개체까지 다양하다. 로봇 공학, 게임, 가상 비서, 자율 주행 차량 등 다양한 분야에서 활용된다.

(6) 초개인화

초개인화(hyper-personalization)는 개인의 상황·성향·필요에 맞게 알고리즘을 분석해 개별적인 맞춤 혜택을 제공하는 것을 말한다. 개인화가 많은 사람의 데이터를 기반으로 한다면, 초개인화는 개개인의 행동 데이터를 바탕으로 욕구를 파악한다는 점이 다르다. 기업들은 초개인화 이전에는 개인화(personalization)가 고객 경험을 전달하기 위한 과제가 됐다. 고객의 관심사와 등급에 따라 분류해 마케팅 및 고객 지원 등의 경험을 제공하고자 했다. 초개인화는 매우 정교하게 개인별 맞춤 경험을 전달하기 위한 것이다. '나 같은' 사람들이 아닌 오직 '나만을' 위한 기술이나 마케팅을 추구한다.

마케팅에서 개인화는 나이·직업·성별 등 기본적인 개인 정보를 토대로 사용자의 욕구를 파악해 맞춤형 콘텐츠나 제품·서비스 등을 제공한다. 개개인의 성향을 파악하기보다는 비슷한 유형의 사람들 사이에서 일반적으로 나타나는 성향을 찾아내 서비스를 제공한다. 초개인화는 통계적 자료의 한계를 넘어 개개인의 검색 패턴, 표정, 건강 상태 등을 통해 잠재적 욕구를 파악한 뒤 서비스를 제공한다. 개인화가 많은 사람의 데이터를 기반으로 한다면 초개인화는 개개인의 행동 데이터를 바탕으로 한다.

(7) 대화형 상호작용

대화형 상호작용 인공지능은 사람들이 자연스럽고 효과적으로 상호작용할 수 있도록 설계된 솔루션이다. 사용자가 대화할 수 있는 챗봇이나 가상 상담원 등의 기술이다. 대화의 목적, 대상 사용자, 맥락 등에 따라 다르며, 여러 상황에서 유용하게 활용된다. 대용량 데이터, 머신러닝 및 자연어 처리를 이용해 인간의 상호작용을 모방할 수 있도록 지원함으로써 음성 및 텍스트 입력을 인식하고 다양한 언어로 해당 의미를 변환한다. 자연어 처리를 머신러닝과 결합한다. 자연어 처리 프로세스는 머신러닝 프로세스와 함께 계속된 피드백 루프로 흘러 들어가 계속 인공지능 알고리즘을 향상한다.

대화형 인공지능에는 자연적인 방식으로 처리하고 이해하며 응답을 제공하도록 지원하는 주된 구성 요소가 있다. 머신러닝은 경험을 통해 자체를 계속해서 개선하는 일련의 알고리즘, 기능, 데이터 세트로 구성된 인공지능의 하위 분야이다. 입력의 양이 많아질수록 인공지능 플랫폼 기계는 패턴을 더 잘 인식하게 되고, 이 패턴을 예측에 활용한다. 자연어 처리는 대화형 인공지능에서 사용되는 머신러닝의 도움으로 언어를 분석하는 최신 방법이다. 머신러닝 이전에는 자연어 처리 방법론이 언어학에서 컴퓨터 언어학, 통계적 자연어 처리 순으로 진화했다. 앞으로는 딥러닝이 대화형 인공지능의 자연어 처리 기능을 더욱 발전시킬 것이다.

나. 군사 분야의 응용 범주

전장에서 인공지능의 활용이 보편화되고 있다. 민간 산업 분야와 마찬가지로 군사 분야에서도 전장 운영과 무기체계의 발전에 인공지능 기술을 접목하기 위해 많은 노력을 기울이고 있다. 혁신적으로 진화된 인공지능 기술의 군사적 응용 범주가 가속적으로 확대될 전망이다. 앞의 [그림 8-2]에서 보듯이, 인공지능은 군사적으로 다양한 분야에서 활용된다.

(1) 감시정찰

정보·감시·정찰(Intelligence, Surveillance, Reconnaissance: ISR)은 영상·신호·음성 정보를 획득·분석해 전장을 가시화함으로써 표적의 정밀 타격과 작전 템포의 고속화를 보장하는 최첨단 기능이다. 지·해·공·우주의 다양한 수단을 통해 전장 정보를 신속하게 획득하고 분석·처리해 전장 인식을 공유함으로써 신속하고 정밀한 군사작전을 수행할 수 있다. 지·해·공·우주에서 생성된 대규모·대량의 데이터는 인공지능 알고리즘 구동 정보·감시·정찰(AI+ISR) 시스템을 구축해야 빠르고 효과적으로 분석·활용할 수 있다. 미국의 인공지능 기업인 '클래리파이(Clarifai)'에 따르면, AI+ISR 시스템은 정찰 정보 분석 시간이 인공지능을 적용하지 않은 시스템보다 약 100배 이상 빠르다.

군사 강국들은 인공위성이 생성한 데이터의 자동화 분석을 위해 방대하고 엄청나게 복잡한 대용량의 이미지를 빠르고 정확하게 처리할 수 있는 기술적 전문성을 강화하고 특별한 솔루션을 개발하고 있다. 미국 국방부는 2017년부터 일명 '프로젝트 메이븐(Project Maven)'이라는 '알고리즘전교차기능팀(Algorithmic Warfare Cross-Function Team)'을 구성해 수백만 시간의 영상을 포함한 엄청난 데이터에 의해 압도되는 인력을 돕기 위해 머신러닝과 딥러닝 기술의 한 분야인 컴퓨터 비전을 활용하는 계획을 추진하고 있다.[37] '메이븐 스마트 시스템(Maven Smart System)'이라는 인공지능 시스템이 지상과 공중에서 수집된 이미지와 비디오 등 방대한 멀티미디어 데이터 속에서 이미지 인식과 물체 감지 및 움직임 추적 등을 통해 패턴을 식별

37) "Project Maven to Deploy Computer Algorithms to War Zone by Year's End", *DOD News*, July 21, 2017, U.S. DoD, https://www.defense.gov/News/

하고 중요한 정보를 파악하며, 분석된 정보를 군 지휘관 및 작전 부대에 신속하게 제공함으로써 신속한 의사결정을 지원한다.

미국 중앙정보국의 정보고등연구계획청(Intelligence Advanced Research Projects Activity: IARPA)은 인공지능 기반 영상 인식과 예측 분석 기술을 개발하기 위해 다중 언어 음성 인식 알고리즘, 지능화 지형 영상 분석 기술, 2D 사진의 3D 영상화 모델 제작용 인공지능, 사람의 이동 패턴 분석 인공지능 등 140여 개 연구과제를 수행하고 있다.

중국은 첩보용 인공지능 기반 인공위성 기술을 개발하고 있다. 2021년 6월 공개된 인공위성 '베이징 3호'는 인공지능 기반 스캔 기술로 고도 500㎞에서 42초 만에 3,800㎞의 샌프란시스코만 일대를 정찰할 수 있는 것으로 밝혀졌다. 같은 해 4월 중국군 우주공학대는 '경험 기반 표적 추적 인공지능' 기술을 적용한 첩보용 인공지능 인공위성을 공개한 바 있다. 표적의 이동 방향을 인공지능이 분석해 앞으로의 움직임을 예측할 수 있다.

(2) 표적 인식

다양한 감시·정찰 시스템으로부터 생성된 대량의 복잡한 데이터를 분석해 표적을 식별하기 위한 인공지능 자동표적인식(Automatic Target Recognition: ATR) 시스템이 개발·운용되고 있다. 자동 표적 인식은 지휘통제의 필수적 요건이다. 최적의 전투 자산을 선택하고 효과적으로 운용하기 위해서는 표적의 위치와 형태를 정밀하게 탐지·식별·이해할 수 있어야 한다. 부대 대형, 대공 방어 시스템, 포병, 로켓, 미사일 능력 등을 식별하고 고가치 표적을 획득할 수 있어야 지휘통제의 성공적 수행이 가능하다.

걸프전 이후에 벌어진 최근의 전쟁에서는 정보(Intelligence), 감시(Surveillance), 표적획득(Target Acquisition), 정찰(Reconnaissance) 기

능과 지휘통제(Command & Control) 기능을 연계·결합한 C2ISTAR 시스템이 전쟁 승리의 핵심 임무를 수행했다. 미국은 인공지능·자율 시스템을 활용한 모자이크전을 개척하는 가운데 자동화 표적 인식 및 획득과 연계된 인공지능 기반 합동 전영역 지휘통제(Joint All Domain Command and Control: JADC2) 시스템을 구축하고 있다. 요체는 인공지능을 기반으로 모든 영역의 센서에서 수집한 데이터를 융합해 전투 지휘관과 참모를 위한 공통작전상황도(Common Operating Picture: COP)라는 단일 정보 출처를 생성하는 것이다. 정보는 다양하고 복잡한 플랫폼으로부터 가지각색의 형태로 모이고 있으며 중복되거나 일치하지 않는 경우가 많다. 인공지능 기반 공통작전상황도는 다양한 정보를 하나의 전시 시스템으로 모아 아군과 적군에 대한 포괄적인 상황도를 제공하고 입력 데이터의 차이와 불일치를 자동으로 해결한다.

미국의 육·해·공 각 군도 합동 전영역 지휘통제를 실행하기 위한 프로그램을 개발하고 있다. 육군은 프로젝트 융합(Project Convergence)을 개발하고 있다. 합동 전영역 지휘통제와 연계해 지상 영역의 모든 군사 자산을 연결하는 시스템을 기반으로 실시간 데이터를 공유하는 것이 목표이다. 인공지능이 데이터를 분석하고 행동 방책을 제안함으로써 전투 의사결정을 신속하게 내릴 수 있다. 공군은 군사작전에서 전투관리와 의사결정을 신속하고 효율적으로 지원하기 위한 차세대 인공지능 기반 첨단 전투관리 시스템(Advanced Battle Management System)을 발전시키고 있다. 실시간 데이터 통합·분석·전송을 통해 전투 의사결정을 신속하고 정확하게 내림으로써 전장 인식 및 지휘통제 기능을 강화하기 위한 것이다.

(3) 자율 무기

인공지능, 센서, 로봇 공학 등의 첨단 기술이 군사적으로 응용됨에 따라 자율 무기가 전장의 새로운 주인공으로 부상하고 있다. 일단 작동되면 인간의 개입과 통제 없이 독립 자율적으로 목표를 탐지, 추적, 판단, 공격할 수 있다. 인간의 실시간 명령 없이 작동될 수 있다. 고도화된 센서와 인공지능을 통해 목표를 식별하고 타격할 수 있다. 인간이 접근하기 어려운 위험 지역에서 작전을 수행할 수 있다. 군사용 인공지능의 진화 수준에 따라 전장의 핵심 무기체계들이 반 자율화를 거쳐 완전 자율화로 전환될 전망이다. 반 자율 무기체계는 필요에 따라 인간이 작동 원리를 감독한다. 완전 자율 무기체계는 인간이 작동 원리에 전혀 개입할 수 없다.

미국은 지·해·공 군별로 인공지능을 활용한 반 자율 및 완전 자율 무기체계를 개발하고 있다. 공군은 인공지능을 적용한 자율 비행 무인 전투기를 개발하는 '스카이보그(Skyborg)' 프로젝트를 추진해 왔다.[38] 완전 자율로 이·착륙함은 물론 다른 항공기와 지형지물을 회피하고 악천후 속에서도 임무를 수행할 능력을 갖춘 것으로 알려져 있다. 자율 임무 수행이 기본이지만 필요할 경우 원격 제어가 가능하며, 임무형 모듈 설계를 통해 간단한 장비 교체만으로도 다양한 임무를 수행할 수 있다. 가장 유력한 후보 기종은 XQ-58A 발키리 스텔스 무인 공격기이다.

공군연구소는 구형 무인 전투기(F-16)와 유인 전투기(F-35, F-22)를 쌍으로 결합하는 로열 윙맨(Loyal Wingman) 프로젝트를 시험하고 있다.[39] 공군과 방위고등연구계획국은 2023년 9월 인공지능이 자율적으로 조종하는 X-62 비스타(VISTA, F-16D 개조)와 인간이 조종하는 F-16 전투기가 캘리포니아주의 에드워즈 공군기지에

38) John Harper, "The Rise of Skyborg: Air Force Betting on New Robotic Wingman", *National Defense*, Vol. 105, No. 803(October 2020), pp. 23-27, https://www.jstor.org/

39) "Loyal wingman", *Wikipedia*, https://en.wikipedia.org/

서 처음으로 도그파이트를 실시했다. X-62A 전투기의 인공지능은 머신러닝 과정을 통해 데이터를 분석하고 실시간으로 결정을 내렸다.

육군과 해병대 및 해군은 전장에서 전투원이나 차량을 뒤따르면서 독립적으로 임무를 수행하는 무인 차량을 개발하고 있다. 육군은 딥러닝 기술을 적용해 GPS가 없이도 자율 항법 및 기동을 할 수 있는 차세대 전투차량을 시험하고 있다. 내비게이션, 감시정찰, 급조폭발물 제거 등과 같은 다양한 기능을 수행하는 자율 차량인 이른바 로봇 전투차량(Robotic Combat Vehicles: RCVs)도 개발하고 있다. 향후 유무인 옵션 차세대 지상차량(Next Generation Ground Vehicles: NGGV)의 호위 차량으로 배치될 예정이다.

해병대는 수백 파운드에 달하는 장비를 운송할 수 있는 사륜 오토바이 형태의 전 지형 차량(All-Terrain Vehicle: ATV, 비포장도로 차량)으로서 다용도 전술 차량(Multi-Utility Tactical Transport: MUTT)을 개발하고 있다. 네 개의 바퀴로 울퉁불퉁한 도로나 진흙, 모래, 눈, 비포장도로 등에서도 안정적으로 주행할 수 있도록 설계됐다. 해군은 잠수함 추적용 무인 함정인 시 헌터(Sea Hunter)를 개발·시험하고 있다. 자율적으로 공해를 항해하면서 다른 무인 함정과 협조하는 가운데 한 번에 수개월에 걸쳐 잠수함을 지속해서 찾아낼 수 있다.

최근 미국 국방부는 대만해협과 남중국해 등에서 발생할지 모르는 중국과의 군사적 충돌에 대비해 드론과 무인 선박 수천 대를 배치하는 계획을 발표했다. 인공지능을 활용한 비대칭 자율 무기인 공격용 드론과 수중 드론 등으로 중국을 견제하겠다는 것이다. 최근 수천 대 규모의 자율 시스템을 18~24개월 이내에 다양한 지역에 실전 배치하겠다는 '레플리케이터(replicator)' 구상이 공개됐다. 미국보다 양적으로 우세한 선박과 미사일 및 병력을 보유하고 있는 중국 위협을 극복하기 위해 지상·해양·공중 등 모든 영역에서 새로운 첨단 기술을 활용한 자율 시스템을 발전시킨다는 것이다.[40]

중국도 미국에 맞서 다양한 유형의 공중·지상·해상·수중 자율 기동 전투 수단을 연구·개발하고 있다. 2017년 봄 중국군과 밀접하게 연계된 민간 대학이 에어쇼에서 인공지능 구동 무인 항공기 1,000대를 시연한 바 있다. 그 이후 이와 유사한 군집 대형의 무인 비행체가 미사일 발사대를 찾아 파괴하는 모습을 담은 컴퓨터 시뮬레이션이 언론 보도를 통해 소개됐다. 러시아군은 반 자율 및 자율 기동 수단에 큰 비중을 두고 여러 인공지능 애플리케이션을 연구하는 것으로 알려져 있다.

(4) 자율 이동체

인공지능 기반 무인화·자율화 시스템의 급속한 발전에 따라 군사용 자율 이동체(Autonomous Vehicle)가 본격적으로 개발되는 추세이다. 인공지능 구동 자율 시스템이 인간 운용자를 대체해 운전자의 개입 없이 주변 환경을 인식하고 이동 상황을 판단해 스스로 제어함으로써 주어진 목적지까지 도달할 수 있는 이동체들이 지상, 해양, 공중에서 속속 등장하고 있다. 지상에서는 자율 주행 자동차 기술을 군사적으로 활용한 무인 자율 전차 및 전투차량 등이 발전되고 있다. 해양에서는 무인 자율 수상함과 잠수정 등이 개발되고 있다. 공중에서는 무인 자율 드론과 항공기 등이 빠르게 진화하고 있다.

미국 자동차 기술 학회는 자율 주행 기술 발전을 레벨 0에서부터 5까지 6단계로 구분하고 있다.[41] 레벨 0은 비자동(No Automation) 단계이다. 운전자가 전적으로 모든 조작을 제어하고, 모든 동적 주행을 조정한다. 레벨 1은 운전자 보조(Driver Assistance) 단계이다. 자동차가 조향 지원 시스템 또는 가속·감속 지원 시스템에 의해 실행되지만, 사람이 자동차의 동적 주행에 대한 모든 기능을 수행한

---

40) "美 '中 견제 위해 드론-무인 선박 수천 대 2년대 배치'", 《동아일보》, 2023. 8. 30., https://www.donga.com/news/Inter/article/

41) 한국교통연구원, 『자율 주행 기술 동향-기술 수준 구분』, 2016. 04.

다. 레벨 2는 부분 자동화(Partial Automation) 단계이다. 자동차가 조향 지원 시스템 또는 가속·감속 지원 시스템에 의해 실행되지만, 주행 환경의 모니터링은 사람이 하며 안전 운전 책임도 운전자가 부담한다. 레벨 3은 조건부 자동화(Conditional Automation)이다. 시스템이 운전 조작의 모든 측면을 제어하지만, 운전자의 개입을 요청하면 운전자가 적절하게 자동차를 제어해야 하며, 그에 따른 책임도 운전자가 진다. 레벨 4는 고도 자동화(High Automation) 단계이다. 시스템이 주행에 대한 핵심 제어, 주행 환경 모니터링, 비상시의 대처 등을 모두 수행하지만, 전적으로 항상 제어하는 것은 아니다. 레벨 5는 완전 자동화(Full Automation) 단계이다. 시스템이 모든 도로 조건과 환경에서 주행을 담당한다.

자율 주행 차량은 센서 및 사물인터넷, 네트워크 및 모바일 통신, 빅데이터, 인공지능 등의 기술이 모두 융합된 객체이다. 자율 주행 시스템이 도로 상황 및 주변 환경의 인식을 위한 정보 수집, 수집된 정보에 기초한 주행 판단 및 전략 수립, 차량 제어로 이어지는 단계별 역할을 인간의 개입 없이 스스로 학습해 수행한다. 각종 센서, GPS, 차량-차량·차량-기반(V2X: Vehicle to Vehicle, Vehicle to Infra) 통신 기술 등을 통해 주변 환경과 경로를 탐색한 후 머신러닝과 빅데이터 분석 알고리즘을 통해 상황을 판단하고 주행 전략을 수립한 다음 최종적으로 차량을 제어한다.

군사용 자율 이동체는 전투를 수행하기 위해 전장의 험한 환경에서 운행할 수 있어야 한다는 점에서 민수용 자율 이동체와 차이가 있지만, 적용되는 기술은 공통적이다. 무인 지상 차량, 무인 우주선, 무인 항공기, 무인 잠수정 등 모두 자율 이동 기술을 활용한다. 현재 단계에서는 민수용 자율 이동체와 마찬가지로 군사용 자율 이동체도 대부분 부분적으로만 자율적이며 인간과의 상호작용에 의존한다.

미국 국방부 방위고등연구계획국은 '복잡한 환경에서 복원력을 갖춘 로봇 자율(Robotic Autonomy in Complex Environments with Resiliency: RACER)'이라는 프로그램 일부로 자율 주행 전차를 개발·시험했다. 실제 지형 환경에서 운전자가 탑승하지 않고도 사람들과 보조를 맞추면서 자율적으로 이동하는 차량을 개발하는 것이 목표이다. 미국 해군은 방위고등연구계획국으로부터 '시 헌터(Sea Hunter)'라는 무인 함정 시제를 받아 운용을 준비하고 있다. 공해를 자율적으로 항해하고, 다른 무인 함정들과 임무를 조정할 수 있으며, 한 번에 몇 달 동안 지속해서 잠수함을 수색할 수 있다.

(5) 군수 물류

인공지능 기술은 교통 시스템의 계획·관리에 응용돼 도시지역 작전을 지원할 수 있다. 대도시는 인구의 증가 및 밀집화, 차량의 증가 및 정체 때문에 물류·교통·운송 문제가 심각하다. 도시에서 군사작전을 수행할 때 인공지능은 운행 중인 차량으로부터 실시간 데이터를 수집하고 시민들의 이동 수단을 파악함으로써 교통의 제어를 지원할 수 있다. 교통 관리, 이동 노선, 교통 네트워크 서비스, 이동성 최적화 도구들을 인공지능 기술을 활용해 유기적으로 통합하면 교통의 체계적이고 효율적 관리가 가능할 것이다.

인공지능은 군수 분야의 무기·장비 예지 정비(Predictive Maintenance)에 가장 활발하게 활용될 수 있다. 무기·장비의 완벽한 가동과 안전하고 효율적인 운영을 보장하기 위해서는 정기적 점검과 예방 정비만으로 부족하다. 예지 정비와 신속한 수리 부속 확보가 필수적이다. 예지 정비를 위해서는 인공지능 기반 예측 분석 솔루션을 통해 정비 기록, 성능 기록, 모니터링 데이터, 검사 보고서, 운영 환경 데이터 등의 정보를 다양한 출처에서 실시간으로 수집·분석할 수 있어야 한다.

미국 공군은 항공기가 고장이 날 때 정비하거나 표준화된 유지관리 일정에 따라 항공기를 수리하는 것을 지양하고, 개별 항공기의 필요에 맞게 유지관리 일정을 조정하는 인공지능 기반 예지 정비 솔루션을 사용하고 있다. F-35 전투기의 자율 물류정보 시스템(Autonomic Logistics Information System)은 항공기 엔진 및 각종 탑재 시스템에 내장된 실시간 센서 데이터를 추출해 예측 알고리즘에 넘기면 정비사가 데이터 분석 결과를 토대로 항공기를 검사하거나 부품을 교체해야 하는 시기를 결정한다.

미국 육군 군수지원처(Logistics Support Activity)는 IBM의 Watson과 계약해 스트라이커 장갑차에 장착된 17개 센서에서 전송받은 정보를 기반으로 맞춤형 유지관리 계획을 개발하는 프로젝트를 수행했다. 2017년 9월에는 Watson과 협력해 수리 부품 유통을 위한 배송 흐름을 분석하는 프로젝트를 시작했다.

(6) 전장 로봇

인공지능과 로봇은 최상의 동반자로서 불가분의 관계에 있다. 인간의 지능을 모방했으면서도 인간보다 한층 강력하게 재설계된 인간 수준 로봇들이 등장할 것으로 전망된다. 로봇은 인공지능을 탑재해 궁극적으로 인간의 개입이 필요하지 않은 자율화를 지향하며 빠르게 발전되고 있다. 인구 감소와 고령화, 생명 존중 사상의 확산, 4D 업무 회피 등 사회적 변화 추세와 맞물려 국방, 제조, 이동 수단, 물류, 가사, 의료 등 산업 및 인간 일상생활 곳곳에서 급속하게 확산하고 있다.

군사 분야에서는 유무인 복합 전투에 전투 로봇, 첩보 로봇, 지뢰 제거 로봇, 정찰 드론봇, 재난 드론봇, 화물 드론봇, 군수지원 봇, 소형 군집 로봇(swarmbot), 소형 자율 로봇(swarmanoid) 등으로 용도가 확장될 전망이다. 미국 육군 미래사령부(Army Futures Command)

는 2024년 3월 캘리포니아주 포트 어윈 지역에서 미래전에 대비하기 위한 훈련을 하면서 인간과 기계의 통합 시연을 진행한 바 있다. 사족 보행 로봇 개, 증강현실 헤드셋, 보급용 드론을 비롯해 자율무기 시스템을 탑재한 전기 8륜 수송 차량이 동원됐다.

미국 국방부 국방혁신단(Defense Innovation Unit: DIU)은 병사들을 도로변 폭탄 공격으로부터 보호하기 위해 구형 군용 트럭을 새로운 로봇 트럭으로 개조하는 '지상 원정 자율 개조 시스템' 프로그램을 추진하고 있다. 트레일러와 같은 하위 시스템을 포함한 기존 유인 군용 차량을 새로운 첨단 하드웨어 및 소프트웨어 기술을 활용해 안전하고 신뢰할 수 있는 무인 작전용 로봇 차량으로 개조하는 사업을 민간 기업 주도로 진행하고 있다. 하드웨어 및 소프트웨어 구성품 솔루션은 네트워킹 및 통신 시스템, 자율성에 중요한 하드웨어(센서, 컴퓨팅 등), 차량 명령 및 제어를 위한 그래픽 사용자 인터페이스(GUI), 원격 작전 향상 기능, 자율 내비게이션 소프트웨어 등이다.

미국 공군은 F-35 전투기 및 B-21 전략 폭격기와 함께 공중에서 편대를 구성해 합동 작전을 벌일 수 있는 무인 전투기를 개발하는 '인공지능 파일럿' 계획을 추진하고 있다. 협동 전투기로서 무인 전투기를 5년 이내에 수백 대, 중·장기적으로 1,000여 대 이상을 확보해 태평양 등지에서 중국에 대한 견제에 나선다는 것이다. 2023년 9월 인공지능이 조종하는 실험용 무인 전투기인 'XQ-58A 발키리(Valkyrie)'가 공중 전투 능력을 평가하는 시험 비행에서 성공한 것으로 알려져 있다. 인공지능 파일럿을 드론에 통합한 최초의 항공기이다. 최대 시속이 약 1,000㎞이고, 최대 고도는 13.7㎞에 달한다. 가시거리 밖의 목표물을 타격할 수 있는 장거리 미사일을 탑재하고 한 번에 5,556㎞를 날 수 있다.[42] 이러한 기술은 쿼드콥터와 F-16 팔콘 전투기 등에도 시험적으로 적용된 바 있다.

(7) 전투 훈련 및 시뮬레이션

인공지능 기술이 전투 훈련 및 시뮬레이션에 필수적인 가상현실과 증강현실에 응용되면 몰입형 경험(Immersive Experience)을 증강함으로써 국방, 게임, 방송, 영화, 교육, 의료, 제조 등 다양한 분야에서 혁신적 성과를 창출할 수 있다. 몰입형 경험은 가상의 인물이나 객체와 상호작용할 수 있도록 사용자에게 시각화 및 관련 정보를 제공한다. 자연어 처리와 컴퓨터 비전과 같은 인공지능을 활용함으로써 몰입형 경험은 인간의 지각 시스템과 일치시킬 수 있는 통합적 사용자 인터페이스를 제공한다.

인공지능을 응용한 몰입형 경험은 군사 훈련 분야에서 매우 유용하게 활용할 수 있다. 인공지능의 컴퓨터 비전 기술을 응용해 생성한 컴퓨터 그래픽으로 눈앞에 구현되는 몰입형 가상현실이 계속 정교해지고 있어서 실제 훈련장이나 군사기지와 거의 똑같은 환경에서 훈련하거나 교육을 받는 것이 가능해지고 있다. 가상 군사 훈련이나 전투 시뮬레이션에서 실전적 성과를 거두기 위해서는 사실적이고 역동적이며 박진감 넘치는 몰입 경험 기술을 실기동(Live) 모의, 가상시뮬레이터(Virtual) 모의, 구성(Constructive) 모의를 연동해 실시하는 합성전장 훈련 체계의 필수적 핵심 기술로 응용할 필요가 있다. 몰입 경험 기반 합성전장 훈련 체계에서 가상현실 기술을 통해 군인들이 보고 느낄 수 있는 대체 훈련장을 만듦으로써 실제 전장을 간접적으로 체험하고 비용을 절감할 수 있다. 다양한 상황과 장소 및 환경에서 가상 훈련을 함으로써 잠재적 위기에 효과적으로 대처할 수 있는 역량을 배양할 수 있다.

미국 방위고등연구계획국은 합성전역(Synthetic Theater of War:

42) "AI가 조종하는 무인 전투기 '발키리', 공중전 시험도 통과했다", 『Chosun Biz』, 2023. 09. 04., https://biz.chosun.com/science-chosun/science/

STOW)이라는 첨단 분산 시뮬레이션(Advanced Distributed Simulation: ADS) 프로그램을 발전시키고 있다. 공통 합성전장 내 지리적으로 분산된 위치에서 가상 및 구성 모의를 통해 전투를 통합할 수 있는 기술을 개발·시현하는 것이다. 1997년 11월 대서양사령부와 함께 STOW 97이라는 첨단개념기술시범(Advanced Concept Technology Demonstration: ACTD)을 실시한 데 이어 유나이티드 엔데버 98-1(United Endeavor 98-1) 훈련을 통해 STOW 97 기술을 성공적으로 구현함으로써 공동 훈련·분석 및 시뮬레이션 센터(Joint Training, Analysis and Simulation Center)의 완전한 운영 능력을 입증했다.

(8) 사이버 보안

사이버 및 전자기스펙트럼 영역이 새로운 전장이 됨과 더불어 지능화전이 보편화됨에 따라 인공지능 기술이 사이버 군사작전의 핵심 기술로 응용되고 있다. 미국 사이버사령부 마이클 로저스(Michael Rogers) 사령관은 2016년 상원 군사위원회 청문회에 참석해 사이버 공간에서 인간의 지능에만 의존하는 것은 '패배하는 전략'이라고 증언한 바 있다. 네트워크를 방어할 때 이해해야 하는 네트워크 활동의 양에 따라 일정 수준의 인공지능이나 머신러닝을 활용해야 한다는 것이다. 기존의 사이버 보안 도구들은 주로 알려진 악성코드와 일치하는 기록을 찾기 때문에 해커는 방어를 우회하기 위해 해당 코드의 작은 부분만 수정해도 되지만, 인공지능 도구들은 네트워크 활동의 광범위한 패턴에서 이상 징후를 탐지하도록 훈련되므로 공격에 대한 포괄적이고 동적인 장벽을 제시할 수 있다.

미국 방위고등연구계획국은 2016년 소프트웨어 결함을 실시간으로 발견·증명·교정할 수 있는 자동 방어 시스템을 개발하기 위해 사이버 경진대회(Cyber Grand Challenge)를 개최한 바 있다. 세계 최초로 자동화된 네트워크 방어 토너먼트라는 기계와 기계의 대결이 펼쳐졌으며, 인공지능 사이버 도구들의 잠재적 힘을 과시했다. 대회 참가자들은 서로 경쟁 상대팀이 소프트웨어 취약점을 악용하기 전에 자동으로 그 취약점을 감지·평가·패치할 수 있는 인공지능 알고리즘을 개발했다. 인공지능 사이버 도구들의 잠재적 속도뿐만 아니라 공격과 방어를 동시에 수행할 수 있는 단일 알고리즘의 잠재적 능력도 확인했다.

인공지능 기술은 적들에 의해 가짜 영상(deepfake)을 활용한 정보 작전에 악의적으로 활용될 수 있다. 가짜 영상은 딥러닝(deep learning)과 페이크(fake)의 혼성어로서 인공지능을 사용해 사람의 얼굴, 목소리, 행동 등을 조작해 만든 가짜 콘텐츠를 말한다. 주로 딥러닝 기술과 합성 미디어 기술을 활용하며, 이미지와 오디오를 자연스럽게 편집하는 데 사용된다. 적들은 머신러닝에서 데이터를 생성하기 위해 사용하는 생성형 적대적 신경망(Generative Adversarial Network: GAN) 기법으로 가짜 사진이나 영상을 원본 사진이나 영상에 겹쳐서 만든다. 허위 뉴스를 생성해 대중의 담론과 신뢰에 부정적 영향을 미치는 데 악용될 수 있다.

미국 방위고등연구계획국은 가짜 영상 기술과 전투를 벌이기 위해 조작을 자동으로 감지하고 조작의 수행 방법에 대한 상세한 정보를 알려줌과 아울러 시각적 미디어의 전반적 무결성에 대한 이유를 제공하는 미디어 포렌식(Media Forensics: MediFor) 프로젝트를 수행한 바 있다. 다양한 유형의 가짜 영상을 자동으로 탐지·추적하고 양성 또는 악성으로 특성화하는 알고리즘을 개발하기 위해 인공지능을 활용한 의미론적 포렌식(Semantic Forensics: SemaFor)을 출시했다.

인공지능은 개인의 디지털 발자국이 형성하는 디지털 생활 패턴을 완전하게 생성하는 데 사용될 수 있다. 개인의 구매 명세, 신용 보고서, 직업 이력서, 동의 서명서 등에 융합·일치돼 있는 디지털 흔적들은 군 복무자, 정보 장교로 의심되는 사람, 정부 관료, 민간 시민의 포괄적인 행동 프로필을 생성한다. 이런 정보들이 정보작전이나 협박에 사용될 수 있다.

제4절 지능화 기반 전쟁 패러다임의 발전

1. 모자이크형 결정중심전(Mosaic Decision Centric Warfare)

첨단 인공지능 기술이 모든 군사 분야에 광범위하게 활용됨에 따라 전쟁 패러다임이 획기적이고 전면적으로 변화되고 있다. 정보·감시·정찰 시스템, 무인 자율 무기 시스템, 의사결정 및 지휘통제 시스템, 전장 관리 시스템, 군수 물류 시스템, 부대 및 인력 관리 시스템 등 모든 군사 시스템에 인공지능 기술이 본격적으로 적용돼 지능화 기반 전쟁 수행 모델이 발전되고 있다. 미국 국방부 방위고등연구계획국 전략기술실(Strategic Technology Office)은 2016년 21세기형 기동전을 수행할 수 있는 모자이크전(Mosaic Warfare) 비전을 제시했다.[43] 요체는 지능화 시대의 군사혁신 차원에서 전력 구조를 전면적으로 전환하고 새로운 전력 운용 개념을 적용하는 것이다.

이제까지의 전투 부대는 전투 항공기와 함정처럼 주로 센서, 지휘통제, 무장, 전자전 등 탐지·결정·교전 기능이 통합된 단일체형의 유인 다목적 임무·기능 전력 체계로 구성돼 있다. 편성이 유연하지 않고 획일적으로 틀에 박혀 있다. 이에 따라 다양한 용도와 방법으로 통합 전력을 편성하기가 어렵다. 단일체형 전력 체계를 단순한

43) "DARPA Tiles Together a Vision of Mosaic Warfare", https://www.darpa.mil/news/; "Strategic Technology Office Outlines Vision for 'Mosaic Warfare'", https://www.darpa.mil/news/2017/

전문 기능을 수행하는 다수의 작은 전력 요소들로 분해해 유연하게 편성하면 정보 및 의사결정 우세를 달성하는 훨씬 유리할 수 있다.

[그림 8-3]에서 보듯이, 탐지(감시정찰)-결정(지휘결심)-행동(타격) 기능이 선형 일체적으로 타격 순환 과정(Kill Chain)에 따라 전투 임무를 수행하는 한 대의 단일체형 패키지 전투기는 거미집 망처럼 연결해 상황 적응적으로 분산 운용하는 장거리 미사일, 정찰·공격용 무인기, 전자전 무인기, 지휘 통제용 항공기 등 다수의 전력 체계로 분해할 수 있다. 기존의 전투기는 C4ISR 플랫폼 임무를 수행하는 전투기로 대체된다.

[그림 8-3] 단일 일체형 전력 체계의 분해·재편성 개념도

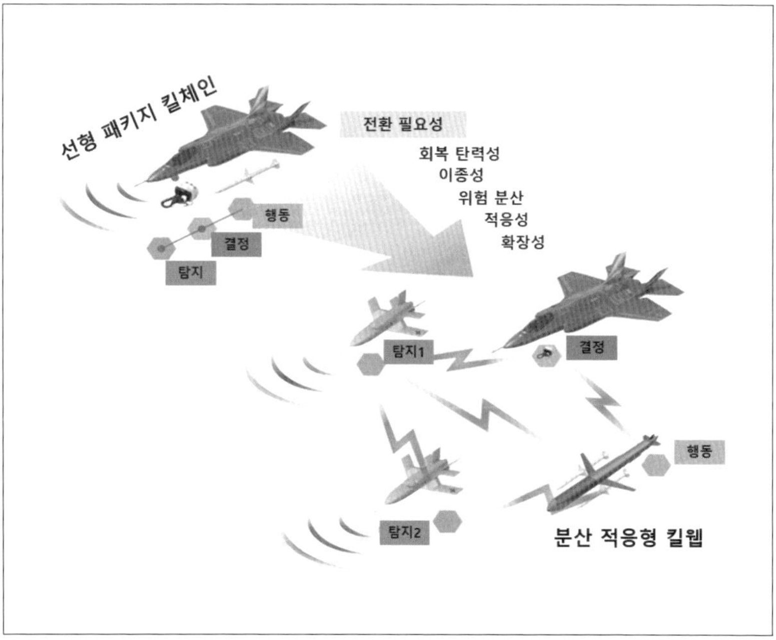

출처: Bryan Clark and Others, *op. cit.*, p. 28.

단일체형 전력 체계를 전문 기능별 전력 체계로 분해·재편성할

경우, 전력의 유연성·적응성·확장성이 제고됨으로써 다양한 이종의 전력들을 분산적으로 운용할 수 있다. 전력의 일부 기능이 손상되더라도 다른 전력이 기능을 대신함으로써 전투력의 회복 탄력성이 강화된다. 전투 현장에서 전력을 임무에 따라 자유자재로 운용함으로써 적에게 예측 불가성과 불확실성을 강요할 수도 있다.

5세대 전투기 등 고가의 정교한 단일체형 플랫폼 전력 체계는 정적이고 적응력이 낮다. 시스템 복합체계로서 조각 퍼즐처럼 각 부분은 일치하는 것끼리만 상호 연결된다. 전력 기능의 하나라도 빠지면 전체 전력이 기능을 발휘할 수 없다. 모자이크형 전력 체계는 유연하게 네트워크화되고 빠르게 편성−분해−재편성할 수 있도록 설계된다. 모자이크의 타일처럼 특정 기능적 특성을 갖는 어떤 시스템도 선택한 시간과 장소에서 원하는 전투 능력을 제공하기 위해 다른 시스템과 유기적으로 결합한다.

모자이크전의 요체는 인공지능 구동 의사결정, 임무 중심 속도 지휘통제, 다영역 분산 작전, 유연한 전력 패키지를 기반으로 지능화 기동전을 수행하는 것이다. 플랫폼 중심 제병 합동 부대나 네트워크 중심 시스템 복합체계와 전력 구성 접근방식 측면에서 근본적으로 다르다. 결정 중심 속도 지휘통제를 통해 작전의 속도를 올릴 수 있을 뿐만 아니라 전력의 신축적 규모 조정이 가능하고 다양한 공격 옵션들을 제공함으로써 적에게 복잡성과 혼란을 가중할 수 있다. 전술 및 작전적 수준에서 모자이크 전투 부대 지휘관은 전투력과 물류 지원을 신속하게 통제·조정해 부대 배치를 끊임없이 변화시킴으로써 적에게 선택의 혼란과 고통을 가중하고 위치적 이점을 활용하면서 작전 속도를 유연하게 조절할 수 있다.

모자이크전은 [그림 8−4]에서 보듯이 인공지능과 자율 시스템을 활용한 결정중심전을 추구한다. 전투 부대의 정점에서 군사작전을 이끄는 인간 지휘관은 인공지능 기계 보조 통제 시스템의 지원을 받는다. 인간 지휘관은 작전 계획을 구상·개발하고 임무 명령을 작성하며 전투 능력 및 수단의 배치 현황을 식별한다. 인공지능 기계 보조 통제 시스템은 인간 지휘관이 임무 명령을 수행하기 위해 요청하는 제안에 응답하고 가용한 전투 능력을 고려해 타격 순환 체계를 구축한다. 인간 지휘관의 결심에 따라 유무인 체계들을 타일로 짜 맞춘 것처럼 복합적으로 운용한다. 저가로 다량 확보가 가능한 기능별 플랫폼 체계를 위주로 분산화 작전을 수행한다. 유무인 무기체계를 운용하는 부대들은 임무 명령에 대한 능력을 제안하고 근접성, 속도, 물자 상태, 주요 기능, 성공 가능성, 능력의 효율성 등 교전의 효과성을 최대화할 수 있는 능력 요소 등을 고려해 실행 전술을 선정·개선한다.

[그림 8-4] 모자이크전 개념도

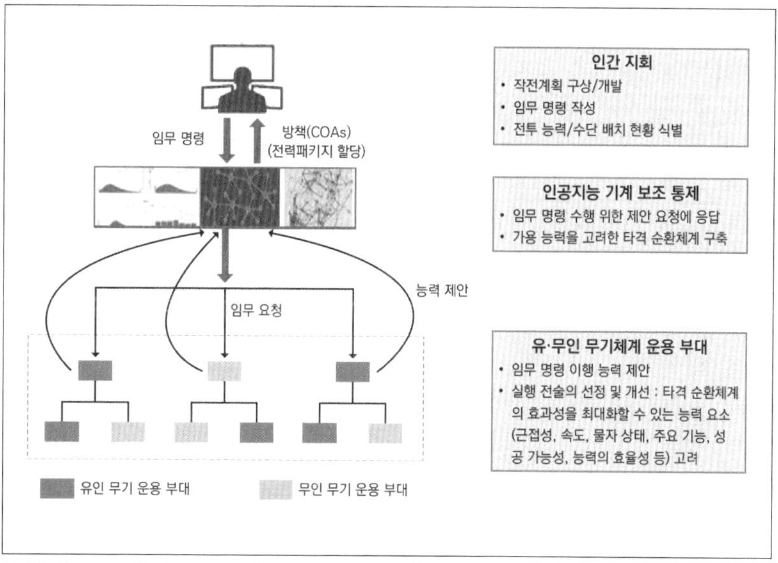

출처: Bryan Clark and Others, *Ibid.*, p. 36.

결정중심전은 작은 단위로 분해된 기능별 전력 체계와 인공지능 기계 통제 시스템이 보조하는 인간 지휘를 통해 적의 전투 의사결정을 복잡하게 만들고 선택지를 제약시킴으로써 해결 불가능한 딜레마를 부과하는 데 중점을 둔다. 아군 지휘관들은 신속 효과적 결정을 통해 더 많은 선택지를 가질 수 있음에 반해, 적의 선택지를 최소화함으로써 선택성의 이점을 확보한다. 성공 가능성이 가장 높은 행동 방침(Course of Action: COA)을 선택해 신속하게 실행하고 선택되지 않은 행동 방침과 관련된 시스템 및 전력 요소들은 다른 임무에 할당함으로써 전투 효율성을 향상하게 시킨다. 문제는 아군과 마찬가지로 적군도 감시·정찰 수단의 고도화와 함께 상황 인식 역량이 지속해서 개선되고 있으므로 행동 방침의 선택지가 제한될 수밖에 없다는 것이다. 선택의 경쟁에서 우위 확보가 전투 승리의 관건이다.

모자이크 부대는 경직적 위계 구조의 전통적 부대보다 적군의 행동 방침 선택지를 제한시키는 작전을 수행하는 데 탁월한 능력을 발휘할 수 있다. 인공지능 기계 보조 통제 시스템의 지원을 받는 인간 지휘관은 분산된 전력과 부대로 다양한 작전을 동시 병렬적으로 수행하고 결정을 가속함으로써 적의 부대를 혼란과 판단 딜레마에 빠트려 작전 방침을 제한시킬 수 있다. 기만 기술과 정보·감시·정찰 방해 시스템을 활용해 적보다 신속한 의사결정을 내린다.

아군의 선택성을 강화하기 위해서는 지휘·통제·통신 포트폴리오를 개선함으로써 통신 회복 탄력성을 확보할 수 있어야 한다. 데이터 및 정보의 공유와 지휘 권한의 행사에 기반이 되는 작전 센터와 소프트웨어 스택(Software Stack)을 발전시켜야 한다. 소프트웨어 스택은 애플리케이션을 개발·배포·실행하기 위해 사용되는 소프트웨어와 기술의 계층적 조합을 말한다. 지휘통제 시스템을 단순한 연결성 수단이 아니라 결정 중심 작전 수행 프로세스의 핵심 의사결정 지원 시스템으로 전환해야 하는 것이다.

2. 킬웹(Kill Web) 전투 모델

정보화 시대 전쟁에서는 정찰-타격(Sensor to Shooter) 시스템 복합체계(System of Systems)를 운용하는 킬체인(Kill Chain) 전투 모델이 주로 활용됐다. 미국 공군은 그동안 시한성이 긴급한 고가치 표적에 즉각적으로 대응하기 위해 관찰-판단-결정-행동 순환고리(Observation-Orientation-Decision-Action Loop) 개념을 표적 처리 절차에 적용한 탐지(Find), 확인(Fix), 추적(Track), 표적화(Target), 교전(Engage), 평가(Assess) 6단계 전투 수행 모델을 발전시켰다. 고가치 표적은 특정 시간 내에 공격하지 않으면 적에게 큰 이점이 될 수 있는 반면에 아군에게는 작전적·전략적 기회의 상실을 초래할 수 있다. 제한된 시간 동안에만 유효한 기회가 있다. 신속한 정보 분석과 의사결정 및 실행이 긴요하다. 이런 전투를 수행하기 위해 첨단 감시·정찰 시스템, 정밀 유도 무기, 신속한 의사결정 시스템이 활용됐다.

탐지 단계에서는 전장을 감시하고 정보를 수집하면서 이상 징후를 찾아낸다. 확인 단계에서는 이상 징후를 특정하기 위해 센서를 집중시켜 위치를 확인하고 피아를 식별한다. 추적 단계에서는 정찰위성, 감시통제기, 정찰용 무인기 등 ISR 자산의 우선순위를 정하고 식별된 표적을 지속해서 유지한다. 표적화 단계에서는 어떤 무기체계와 부대를 투입해 표적을 제거할지를 결정한다. 교전 단계에서는 전투 부대가 전전 명령을 하달받은 후 표적 감시를 인계받고 표적까지 기동해 정해진 타격 체계로 표적을 제거한다. 평가 단계는 둘로 나뉜다. 하나는 전투 피해 평가(Battle Damage Assessment: BDA)이다. 적의 표적이 완전히 파괴되었는지를 평가한다. 다른 하나는 무장 효과 평가(Munitions Effectiveness Assessment: MEA)이다. 무기체계가 유효하였는지를 평가한다. 두 가지 평가를 빠르게 시행한 후 표적이 아직도 건재한지 아닌지를 판단한다.

킬체인 과정은 긴급 표적의 시간 급박성에 기반을 두고 있다. 실제로는 다단계 순서를 선형적으로 진행하고 중앙집권적으로 최종적 결심을 내려야 해서 적시적 실효성에 한계가 있다. 적의 신속한 공격 태세가 고도화될수록 킬체인 순환 시간을 단축해야 하지만 현실적으로 엄청난 노력과 비용 때문에 실현이 어렵다. 킬체인의 각 단계를 수행하는 무기체계는 고성능·고가라는 점도 심각한 단점이다. 아군의 킬체인을 구성하는 무기체계가 적군에 의해 무력화되면 각 단계의 순환고리가 단절되면서 작전 전체가 완성될 수 없다. 정찰 위성이나 고고도 무인기가 무력화되면 킬체인의 탐지가 불가능해져서 이후의 모든 무기체계가 무용지물이 됨으로써 작전은 실패하게 된다. 정보화 기반 지휘통제 시스템이 적의 사이버 공격으로 마비될 때도 추적·조준·교전 단계는 진행될 수 없다. 적군은 아군의 이러한 약점을 반접근·지역 거부 수단으로 공략해 킬체인의 단절을 시도할 것이다.

지능화 기반 모자이크형 결정중심전은 인공지능 구동 기계 보조 지휘 통제 시스템과 자율 무기체계를 기반으로 한 킬웹(Kill Web) 전투 모델을 활용한다. [그림 8-5]에서 보듯이, 전투의 핵심 기능을 다양한 전력 체계로 분해해 분산시키고 중·저가의 우수한 무기체계를 중첩적으로 배치·운용한다. 무기체계 일부가 손실되더라도 계획된 작전을 차질 없이 수행할 수 있다. 선형적 단계의 순환 절차를 획일적으로 적용하는 전력 운용 방식을 분산된 전력을 유기적으로 운용하는 방식으로 전환한다. 하나의 노드가 끊겨도 다른 노드로 계속 작전을 수행할 수 있다. 시간 급박성 고가치 표적은 다중 노드의 킬웹 체계에 의해 성공적으로 처리된다.

킬웹 전투 모델의 요체는 전투 지휘관들이 작전 행동 방침과 전력 운용 방안을 신속하게 정의하고 선택하는 것이다. 지상·해상·공

[그림 8-5] 킬웹 전투 모델 개념도

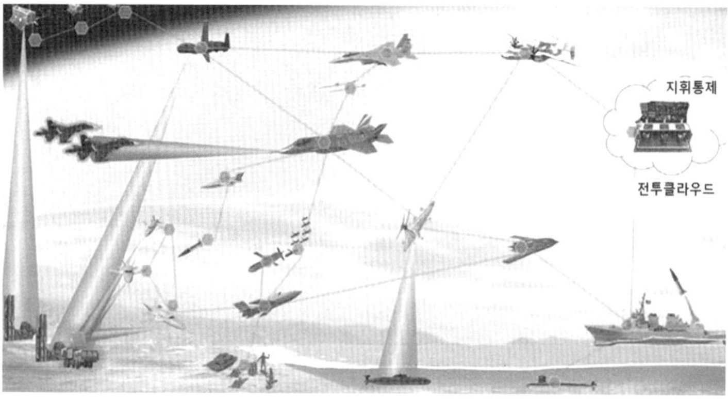

출처: Stephen Kuper, "DARPA R&D creates real-time, multi-domain kill Webs", Defense Connect, 22 September 2020, https://www.defenceconnect.com.au/

중·우주·사이버·전자기스펙트럼에 걸친 다영역을 교차해 센서와 타격 시스템을 자유자재로 선택·운용한다. 감시·정찰 센서 시스템이 가장 중요한 요소이다. 정밀한 감시·정찰과 실시간 정보 처리로 타격 기회를 늘리고 타격의 성공 확률을 높일 수 있기 때문이다. 다중의 다양한 감시·정찰 수단들을 거미줄처럼 연결해 센서 웹(sensor web)을 구성하고 여러 작전선을 따라 융합적으로 운용하면 숨겨진 표적을 더욱 쉽게 감지하고 타격 시스템에 더 정확한 정보를 제공할 수 있다. 감시·정찰 시스템, 지휘·통제 시스템, 타격 시스템을 거미집 망처럼 연결 운용하면 회복 탄력성이 강화될 수 있다. 적의 전자 공격과 전파 교란 등으로 인한 정보 흐름 및 처리의 방해를 막을 수 있다.

킬웹 기반 결정중심전은 적이 전투태세를 준비하기 이전에 먼저 표적을 찾고 먼저 결심해 먼저 타격하는 것이 목표이다. 속도 지휘통제에 의한 분산화 작전을 민첩하게 수행할 수 있어야 한다. 전장의 영역별로 킬체인을 적용하면 작전 속도의 가속이 어렵다. 킬웹을 기반으로 다영역을 교차적으로 통합 운영해야 작전 속도를 가속할 수 있다. 단일체형 전력 체계 하나에만 의존하지 않고 다양한 기능을 발휘하는 전력 체계들을 분산 운용해야 한다. 타격 체계에 집착하지 않고 킬웹의 핵심 기능을 수행하는 표적획득 체계를 적극적으로 운용해야 한다. 정보·감시·정찰 활동에 의한 정보 우위를 통해 신속하게 결심하고 적절하게 전력을 할당하는 결심 우위를 확보할 수 있어야 한다.

모자이크형 결정중심전의 궁극적 모습은 킬웹 기반 다영역 기동전이다. 미국은 인공지능 지휘통제 시스템을 통해 지상·해상·공중·우주·사이버·전자기스펙트럼 전 영역을 교차적으로 활용하면서 정보 우위, 결심 우위, 타격 우위를 동시 통합적으로 달성하는 21세기형 기동전을 추구하고 있다. [그림 8-6]에서 보는 바와 같이, 국방 및 합동 차원에서 인공지능 기반 합동 전영역 지휘통제 시스템을

[그림 8-6] 합동 전영역 지휘통제 개념도

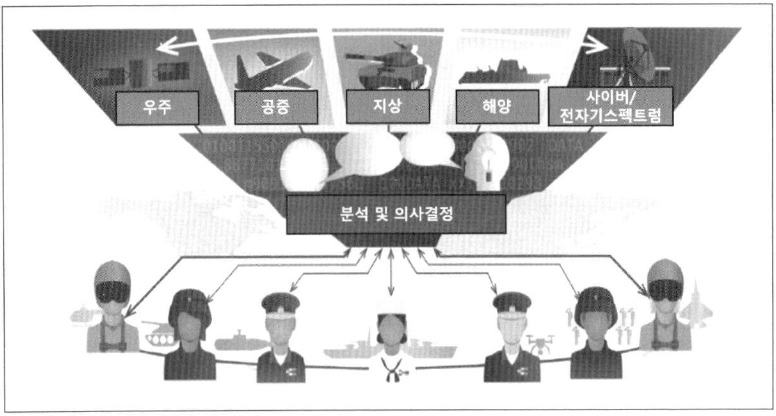

출처: United States Government Accountability Office, “Battle Management: DOD and Air Force Continue to Define Joint Command and Control Efforts”, A Report to Congressional Addressees, January 2023, p. 4.

발전시키고 있다. 육·해·공 각 군도 국방·합동 차원의 다영역 기동전을 수행하기 위한 지능형 지휘통제 시스템을 발전시키고 있다.

합동 전영역 지휘통제는 인공지능 기반 분석 및 의사결정에 기반을 둔다. 인공지능을 적용해 데이터를 처리하고 분석해야 가능하다. 머신러닝, 자연어 처리, 데이터 마이닝 기술을 사용해 전장 데이터를 해석하고 예측하며 권장 사항을 제시할 수 있어야 한다. 인공지능 기반 분석은 서술적 분석, 진단 분석, 예측 분석, 처방 분석을 제공한다.

서술적 분석은 무슨 일이 일어났는가에 관한 것이다. 과거에 대한 명확하고 포괄적인 이해를 제공한다. 머신러닝과 자연어 처리를 통해 대량의 정형 및 비정형 데이터를 선별해 패턴과 추세 및 상관관계를 식별할 수 있다.

진단 분석은 왜 이런 일이 발생하였는가에 관한 것이다. 인공지능을 통해 복잡한 데이터 세트 내의 근본 원인과 상관관계를 신속하게 식별·분석함으로써 보다 정확하고 시기적절하게 문제를 해결할 수 있다.

예측 분석은 앞으로 어떤 일이 일어날 것인지에 관한 것이다. 인공지능은 과거 데이터를 분석하고 패턴을 식별해 미래 추세와 결과를 더 정확히 예측할 수 있도록 지원한다.

처방 분석은 다음에 해야 할 일은 무엇인가에 관한 것이다. 인공지능은 데이터를 분석하고 더 나은 의사결정 프로세스를 위한 권장 사항을 제공함과 아울러, 다양한 시나리오에 대한 최선의 조치를 제안할 수 있다.

제 5 절 인공지능 기반 다영역 기동전의 발전

2023년 11월 미국 해군연구소가 후원한 해병대 에세이 경연대회에서 2등 상을 받은 패트 가넷(Pat Garrett) 예비역 해병 대령과 프랭크 호프만(Frank Hoffman) 예비역 중령은 소모전 대 기동전 논쟁은 의미 없는 혼란만 초래한다고 지적하면서, "기동전은 죽지 않았지만 진화해야 한다"라고 강조한 바 있다. 기동전은 사기이며 전투 기능으로서의 기동은 죽었다는 극단적 주장을 반박하면서 전쟁의 성격에 대한 인식 변화에 따른 새로운 기동전의 모색 필요성을 강조했다.[44]

급속하게 발전하고 있는 과학기술이 전쟁 패러다임을 본질적으로 바꿔놓고 있는 가운데, 미래에도 기동전이 적실성이 있을 것인지 또는 어떤 형태가 될 것인지에 관한 질문이 제기되고 있다. 대부분 학자와 군사 전문가들은 현재는 물론 미래에도 기동전은 지속해서 적실성이 있을 것으로 주장한다. 군인들은 기동전이 실제에 맞지 않는 허구라고 주장하는 일각의 관점을 결코 수용할 수 없다는 태도이다. 전통적으로도 기동전은 작전의 효과적 수행을 놓고 열띤 논쟁을 벌여온 사상적·교리적 개념이다. 대체로 기동전은 미래에도 작전의 효과가 항상 보장될 수는 없어도 적실할 것이라는 데 주장이 일치되고 있다.

미래의 기동전에서는 세 가지의 핵심적 요소를 갖추어야 승리를 거둘 수 있을 것으로 주장되고 있다.[45] 첫째의 요소는 시스템 기반

---

44) "Maneuver Warfare Is Not Dead, But It Must Evolve", U.S. Naval Institute, November 2023, https://www.usni.org/magazines/proceedings/

45) Christopher Tuck, "The Future of Maneuver Warfare", Mikael Weissmann & Niklas Nilsson, ed., *Advanced Land Warfare: Tactics and Operations* (Oxford: Oxford University Press, 2023), pp. 27–28.

사고이다. 적의 시스템을 중요한 노드, 응집력, 의지, 의사결정과 같은 무형적 요소에서 유기적으로 기능하는 통합적 하위구조의 집합체로 개념화한다. 적의 물리적 파괴에 앞서 시스템을 먼저 붕괴시켜야 한다는 것이다. 기동전의 주안점은 적의 치명적인 취약점을 식별하고 표적으로 삼아 무력화시키는 데 있다.

둘째의 요소는 템포이다. 적에 대한 아군의 속도를 말한다. 기동전은 전쟁을 행동과 대응 행동 간의 적대적 상호작용을 기반으로 한 반복적이고 시간 경쟁적인 현상으로 개념화한다. 전쟁의 승리는 뛰어난 속도와 함수 관계에 있다. 속도의 우세는 적보다 빠르게 기회를 식별·활용할 수 있는 능력에서 비롯된다. 적의 도덕적·물리적·개념적 응집력을 약화하고 체계적 붕괴를 가져올 수 있는 기반적 능력을 강화해야 하는 것이다.

셋째의 요소는 비선형성이다. 속도의 우세를 달성하고 적의 시스템을 체계적으로 붕괴시키기 위해서는 비선형 전투 방식이 필수적이다. 비선형성에는 불확실성, 마찰, 무질서가 포함된다. 전투 지휘관은 전장에서 발생하는 모든 사태를 완전하게 이해하고 통제할 수 없다. 상급 부대의 명령을 기다리지 않고 새로운 상황을 처리할 수 있는 민첩성, 유연성, 주도성, 도덕적 용기가 있어야 한다. 불확실성, 무질서, 유동성에 대처하는 최고의 방법으로서 분산된 의사결정과 임무형 지휘가 필수적이다.

첨단 과학기술을 군사적으로 활용할 기회가 확대됨에 따라 기동전의 적실성과 성공 가능성이 획기적으로 향상되는 것으로 분석된다. 초연결 네트워크 시스템의 구축에 따라 시스템 기반 사고의 중요성이 커지고 있다. 네트워크의 공격·마비를 통해 적의 시스템 전체를 일거에 교란할 수 있다. 적의 반접근 및 지역 거부 전선에 공세를 감행할 때 네트워크 시스템을 혼란·마비시키는 것이 최선의 경로일 수 있다.

미래의 기동전은 [그림 8-7]에서 보는 바와 같이 인공지능 기반 중심 마비전을 추구한다. 인공지능 기술을 활용한 압도적 기동으로 중심을 순식간에 마비시켜 신속하게 깨끗한 승리를 거두는 21세기형 '망치와 모루' 전법을 구사하는 것이다. 망치와 모루 전법은 대장장이가 막 거푸집에서 꺼내 달궈진 쇠를 모루 위에 올려놓고 망치로 두드려 펴는 장면으로 비유할 수 있다. 망치는 주로 기갑 부대처럼 기동성이 뛰어난 부대로 구성된다. 적의 측면이나 후방을 강하게 공격한다. 빠르게 이동해 적의 취약한 부분을 타격하거나 혼란을 유발한다. 모루는 보병 부대처럼 방어력이 강한 부대로 구성된다. 적의 전진을 저지하거나 고정한다. 망치 부대가 적을 쉽게 공격할 수 있도록 적을 묶어둔다.

[그림 8-7] 인공지능 기반 기동전 개념도

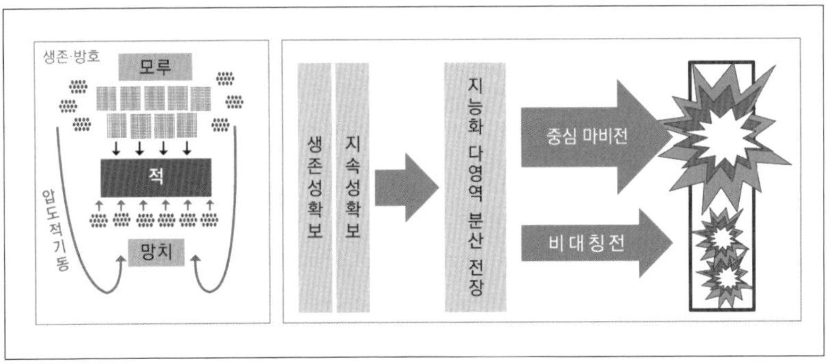

이 전법은 세 단계로 실행된다. 첫 단계로 모루 부대가 적과 정면으로 충돌해 적을 묶어두면서 적의 주의를 분산시킨다. 둘째 단계로 망치 부대가 빠르게 움직여 적의 측면이나 후방을 공격한다. 셋째 단계로 적이 혼란에 빠지거나 방어선이 붕괴하면 망치 부대와 모루 부대가 협력해 적을 포위·섬멸한다. 요컨대, 적의 주력 부대가 아군의 방어 부대에 관심을 집중시키고 있는 동안 아군의 기동 부대가 적의 측면과 후미를 공격해 결정적 승리를 거두는 것이다. 모루 부대는 적의 맹공을 견디며 망치 부대가 전개될 때까지 버틸 수 있어야 한다. 망치 부대는 빠른 기동력과 돌파력으로 적의 주공을 꺾고 진형을 포위할 수 있어야 한다. 모루 부대가 견고하지 못하면 망치 부대는 아무리 강력해도 빠르게 무너질 수 있다. 결국 아군 모루 부대와 싸워 승리한 적군 모루 부대 때문에 포위·격파된다.

첨단 무기체계를 이용하는 현대전에서도 전통적인 모루와 망치 전법은 유용하게 적용될 수 있다. 정찰 및 통신용 인공위성, 장사정포 또는 미사일, 최첨단 전투기 또는 폭격기, 정찰 및 공격 드론 등으로 전쟁 양상이 본질적으로 바뀌고 있지만, 전법의 근본 원리는 바뀌지 않았다. 아군은 방어선(모루: 생존·방호)을 견고하게 지키는 가운데 강력한 공격 부대(망치: 압도적 기동력)로 신속하게 적의 공격 부대를 격퇴하고 전략적·작전적 중심을 무력화하는 것이다.

21세기형 기동전은 정보·감시·정찰, 결심 및 지휘 통제, 원거리 정밀 타격에 인공지능을 활용하는 지능화전이다. 지상, 해상, 공중, 우주, 사이버, 전자기스펙트럼 등 다영역에서 유무인 전력 체계를 교차 영역 승수효과 최대화 차원에서 동적으로 분산 운용한다. 적의 전략적·작전적 핵심 급소를 마비시켜 무능화를 달성하는 중심마비전을 추구한다. 사이버 및 전자기스펙트럼 등 적의 취약점을 최대한 이용해 강점을 무능화시키는 비대칭전을 병행한다. 지휘통제 센터와 핵심 전력 체계를 최대한 방호함과 아울러 속도 군수 및 산업 동원 체제 유지 등 생존 가능성과 지속성의 확보가 필수적 조건이다.

기동전의 시작은 적의 지휘통제를 압도한 다음 침투해 아군의 주력 전투 부대를 위한 공격 경로를 만드는 것이다. 인공지능 기계학습 및 정보·감시·정찰·표적 획득 기능의 수행을 통해 적의 시스템을 노드 수준으로 이해하고 세부 정보를 파악해 궁극적으로 취약점을 식별할 수 있다. 비대칭 방법으로 적의 취약점을 공격함으로써 적의 결속력을 와해시킬 수 있다. 인공지능 및 머신러닝을 활용한 전자전 시스템은 적이 대응할 시간적 여유를 주지 않고 아주 빠른 속도로 식별된 취약점을 공격할 수 있다.

인공지능에 기반을 둔 정보 획득·처리·전파 시스템은 작전의 속도를 가속함으로써 전쟁의 판도를 바꾸는 기회를 제공한다. 기동전의 승패를 좌우하는 작전의 속도는 정보의 우위와 의사결정의 우위에 의해 결정된다. 의사결정 시스템의 자동화·정보화·지능화를 통해 작전 속도를 가속해야 한다. 초연결 및 인공지능 기술 기반 통합 정보 및 전투 관리 시스템을 활용함으로써 신속·정확하게 적의 취약점을 식별해 물리적 또는 비물리적 수단으로 공격할 수 있다. 우주·공중 기반 정보·감시·정찰 센서 시스템은 적의 전략적 중심 표적들을 빈틈없이 찾아낼 수 있다. 사물인터넷과 클라우드 컴퓨팅 및 빅데이터 기술을 활용해 전장의 막대한 데이터를 수집·저장·처리하면 인공지능 기반 분석·평가로 적에 대한 정보를 생성한다.

앞으로 첨단 과학기술의 활용으로 기동의 개념과 방식 및 수단이 확장될 것이다. 기동은 유리한 위치를 선점하는 것이 목표이다. 이제까지는 주로 물리적 방식과 수단에 의존해 기동의 목표를 달성했다. 미래에는 비물리적 방식과 수단의 활용성이 중시될 것이다. 정보·사이버·전자기스펙트럼 기동이 점점 더 전승의 핵심으로 인식되고 있다. 적에 비해 유리한 위치를 차지하기 위해 정보 자원을 탈취·방해·거부·저하·파괴·조작하기 위한 군사적 활동을 전개해야 한다. 전자기스펙트럼 기동은 적의 지능화된 군사 시스템을 무력화시킴으로써 기동을 방해·저지한다. 미래 기동전을 성공적으로 수행하기 위해 비물리적 방식과 수단을 최대한 활용해야 할 것이다. 비대칭적 방식을 신속하고 집중적으로 활용하면 적의 응집력을 와해시킴으로써 적보다 유리한 비물리적 영역을 차지할 수 있다.

미래 기동전은 지·해·공·우주·사이버·전자기스펙트럼에 걸친

6차원 다영역을 활용하게 될 것이다. 이미 다영역 작전이 군사 사조의 새로운 경향이 됐다. 전장의 모든 영역에 배치된 전투력을 작전의 목표와 임무에 따라 한 방향으로 동기화시켜야 완전한 승리를 거둘 수 있다는 가정을 기반으로 한다. 이제 다영역 기동전의 적실성이 인정되고 있다. 기동전의 본질과 원칙은 큰 변화가 없지만 첨단 과학기술의 군사적 활용에 따라 기동의 방식과 수단이 진화적으로 발전되고 있다.

미국 육군이 발전시키고 있는 다영역 작전 개념은 사단 기동에 초점을 맞추고 있다. 전장에서 유리한 위치를 차지하고 적의 방어를 뚫어 작전 목표를 달성하기 위해서는 공중·해상·우주·사이버·전자기스펙트럼 영역의 전투력과 함께 지상 영역의 전투력을 교차 영역 승수효과 최대화 개념에서 운용할 수 있어야 한다. 다영역 작전이 추구하는 목적은 적의 전략적 중심으로 향하는 기동을 보장하는 것이다. 기동은 물리적 영역뿐만 아니라 비물리적 영역에서도 수행되며, 전쟁의 모든 단계에 적용된다. 목표는 적과 맞서 물리적·시간적·심리적 이점을 확보하는 것이다.

기동전은 과거에도 중요하였고, 현재에도 긴요하며, 미래에는 필수적일 것이다. [표 8-1]에서 보듯이, 기동전은 대량의 물적·인적 소모를 지양한다는 본질적 목표는 유지되지만, 작전 개념과 주축 전력 측면에서는 근본적 변화가 불가피하다.

미래 기동전 진화의 핵심 동인은 첨단 과학기술의 발전이다. 문명 패러다임의 전환과 함께 기동전 양상도 근본적으로 바뀐다. 미래 다영역 기동전의 핵심 요인은 인공지능 기술의 광범위한 활용이다. 인공지능 기반 다영역 기동전이 발전되는 것이다. 인공지능의 잠재력이 군사 시스템 전반을 진화적 방식 또는 혁명적 방식으로 바꿔놓을 것임은 재론의 여지가 없다. 궁극적으로는 첨단 인공지능 기술이 전력 체계, 전장 운영 개념, 조직 구조 전반을 송두리째 변화시

[표 8-1] 기동전 양상의 변화

구분	기계화 기동전	정보화 기동전	지능화 기동전
전쟁 목표	•적 방어 요새 장악 •물리적 승리	•적 중심 마비 •정신·심리적 승리	•적 전쟁 의지 말살 •정신·심리적 승리
작전 개념	•제병 협동전 •적 방어 진지 중앙 돌파 및 종심 타격 ※물리적 타격 우위, 작전 속도 우위	•네트워크중심전 •전략적·작전적 중심 병렬 동시 공격 ※정보 우위, 속도 지휘, 작전 속도 우위	•결정중심전 •다영역 동시 분산 공격 ※정보 우위, 결정 우위, 속도 지휘, 작전 속도 우위
주축 전력	•지상·항공 플랫폼 전력 체계 •무선 통신체계	•킬체인 기반 감시·정찰-타격 시스템 복합 전력 체계 •첨단 정보통신체계	•킬웹 기반 유무인 복합 지능 자율화 전력 체계 •인공지능 기반 기계 보조 지휘통제 체계

키는 군사혁신이 발생할 것이다.

전쟁 개념이 정보화 기술을 활용한 정찰-타격 시스템 복합 전력 체계 기반 네트워크중심전에서 인공지능 기술을 이용한 유무인 복합 자율 무기체계 기반 결정중심전으로 전환되고 있다. 전투 수행 모델도 선형 킬체인 체계를 적용하는 중앙집중적 방식에서 적응형 킬웹 체계를 적용하는 분산적 방식으로 전환되는 추세이다. 전자는 탐지-결심-교전 기능이 하나로 결합한 단일체형 전력 체계가 중심적 임무를 수행한다. 후자는 기능별로 특화된 모자이크형 전력 체계가 분산적으로 운용된다. 다영역 기동전에서 결심·지휘 통제의 우위를 보장하기 위해 인공지능 기반 합동 모든 영역 지휘 통제 시스템이 발전되고 있다.

인공지능 기술은 이미 군사작전에서 탁월한 성과를 거두고 있다. 미국은 머신러닝 알고리즘 기반 자동화 정보 처리 애플리케이션을 중동 지역에서 대테러 작전을 수행하는 데 이용한 바 있다. 미국의 이지스 전투 체계를 비롯한 장거리 공중·미사일 방어 시스템도 머신러닝 알고리즘을 사용해 날아 들어오는 탄도 및 순항 미사일을 방어한다. 정찰-타격 시스템 복합체계 아키텍처에서 머신러닝 알고리즘 기술을 활용해 센서와 슈터를 연결한 킬체인을 가속하면 전통적 공세작전은 무력해질 수밖에 없다.

미국 육군은 최근에 실시한 워게임에서 인공지능 역량으로 강화된 보병 소대가 공세적 전투력을 10배 향상해 방어-공세 균형을 공격자에게 유리하게 전도시킬 수 있다고 결론을 내린 것으로 알려져 있다. 인공지능 기반 정보·감시·정찰 및 전투 관리 시스템은 전투 부대에 고도의 상황 인식을 제공함으로써 적의 전략적 중심을 신속하게 식별하고 압도적으로 공격할 수 있도록 지원한다. 전영역 기동전(All-Domain Maneuver Warfare)의 실행을 보장한다.

참고문헌

1. 국문 자료

권태영·노훈. 『21세기 군사혁신과 미래전: 이론과 실상, 그리고 우리의 선택』. 경기도 파주: 법문사, 2008.

권태영·정춘일. 『미국의 군사혁신 발전 추세』. 한국국방연구원. 1996.8.

———————. 『선진국방의 지평』. 서울: 을지서적, 1998.

———————. "미국의 군사혁신 추세와 우리 군의 미래 발전 방향." 『한국군사운영분석학회지』. 제22권 제2호. 1996.

양욱. "모자이크전을 통한 결심중심전의 미래전". 『Asan Report』. 2022년 12월.

이종영. "한반도 미래전 양상과 한국형 모자이크전 수행 방안". 『군사논단』, 112권, 한국군사학회, 2022. 12.

장진오·정재영. "미래전을 대비한 한국군 발전 방향 제언: 미국의 모자이크전 수행 개념 고찰을 통해". 『해양안보』. 창간호(통권 1호), Vol. 1, No. 1, Winter 2020.

2. 영문 자료

Clark, Bryan and Others. *Mosaic Warfare: Exploiting Artificial Intelligence and Autonomous Systems to Implement Decision−Centric Operations*. Center for Strategic and Budgetary Assessments(CSBA), 2020.

Harper, John. "The Rise of Skyborg: Air Force Betting on New Robotic Wingman". *National Defense*, Vol. 105(October 2020).

Headquarters Department of the Army. *FM 100−5 Operations.* June 1993.

Pellerin, Cheryl. "U.S. DEPARTMENT OF DEFENSE, Deputy Secretary

Discusses Third Offset Strategy, First Organizational Construct". *DoD News*, September 21, 2016.

"Project Maven to Deploy Computer Algorithms to War Zone by Year's End". *DoD News*, July 21, 2017.

Tuck, Christopher. "The Future of Maneuver Warfare", Mikael Weissmann & Niklas Nilsson, ed., *Advanced Land Warfare: Tactics and Operations*. Oxford: Oxford University Press, 2023.

United States Government Accountability Office. "Battle Management: DOD and Air Force Continue to Define Joint Command and Control Efforts". A Report to Congressional Addressees, January 2023.

3. 인터넷 자료

"러시아에 대응한 우크라이나의 새 전쟁 수행 방식 '모자이크戰'". 『파이낸셜뉴스』. 2023. 5. 29., https://www.fnnews.com/news/

"美 '中 견제 위해 드론-무인 선박 수천 대 2년 내 배치'". 『동아일보』, 2023. 8. 30., https://www.donga.com/news/Inter/article/

DARPA. "DARPA Tiles Together a Vision of Mosaic Warfare". https://www.darpa.mil/news/

———. "Strategic Technology Office Outlines Vision for 'Mosaic Warfare'". https://www.darpa.mil/news/2017/

Kuper, Stephen. "DARPA R&D creates real-time, multi-domain kill Webs". *Defense Connect*, 22 September 2020, https://www.defenceconnect.com.au/

"Loyal wingman". Wikipedia, https://en.wikipedia.org/

"Maneuver Warfare Is Not Dead, But It Must Evolve". U.S. Naval Institute, November 2023, https://www.usni.org/magazines/

"Target Recognition and Adaption in Contested Environments(TRACE)". DARPA, https://www.darpa.mil/program/

제 9 장

유무인 복합 전투체계 발전과 군사 패러다임 변화

제 1 절 유무인 복합 전투체계의 출현과 진화

무인 항공기·무인 로봇·무인 전투차량·무인 함정 등 다양한 무인 이동체의 등장, 사물인터넷·클라우드 컴퓨팅·빅데이터·모바일·인공지능·양자 기술 등 첨단 신기술의 급속한 발전을 배경으로 유인 플랫폼과 무인 플랫폼을 결합·운용하는 유무인 협업(Manned-Unmanned Teaming: MUMT) 체계(이하 유무인 복합 전투체계)가 전쟁의 판도를 바꾸는 신개념 전력 체계로서 전장의 주역으로 부상하는 추세이다. 군사 선진국들은 전장 환경의 복잡성과 고위험성을 극복하고 병력의 생존 가능성과 작전 효율성을 동시에 확보하기 위해 첨단 신기술을 활용한 유무인 복합 전투체계의 도입에 박차를 가하고 있다. 무인 시스템을 위험 지역에 먼저 투입함으로써 병력 손실을 최소화하고 정확한 정보를 수집함과 아울러 신속하게 대응할 수 있게 됐다.

유무인 복합 전투체계는 유인 전투 플랫폼(전투기, 헬기, 전차, 장갑차, 함정 등)과 무인 시스템(드론, 로봇, 무인 차량 등)을 하나의 통합된 작전 체계로 연결해 유기적이고 협력적으로 전투 임무를 수행하는 신개념 전력 체계를 말한다. 유인 플랫폼이 중심이 돼 무인 시스템과 협업하며 작전을 수행하는 협업 기반 전투 시스템이다. 유인 플랫폼은 전략적 판단과 지휘에 집중하고, 무인 시스템은 위험 지역 정찰과 교란 및 공격 등 고위험 임무를 수행한다. 5G 통신·인공지능·클라우드 기술을 활용해 유인 체계와 무인 체계 간 실시간으로 정보를 교환하고 협업을 수행한다.

2000년대 초반 무인 항공기(Unmanned Aerial Vehicle: UAV)의 등장과 함께 유무인 복합 전투체계의 개념이 처음 제시됐다. 당시 무인 항공기는 주로 정보 수집 및 감시 임무에 사용됐으며, 유인 항공기와의 통합 운용은 상대적으로 제한됐다. 2000년대 중반부터 2010년대 초반에 이르러 무인 항공기와 유인 항공기의 통합·협업이 증진되기 시작했다. 무인 항공기의 기술 발전과 함께 유인 항공기와의 통합이 증가했다. 무인 항공기의 임무 및 역할이 커졌지만, 여전히 조종사의 통제하에 유인 항공기가 주도적으로 운용되는 가운데 상호 협력이 강화됐다. 2010년대 중반부터 무인 시스템의 자동화 및 자율성이 획기적으로 향상됐다. 인공지능과 자동화 기술의 발전과 함께 무인 항공기의 자율성이 증가함에 따라 유무인 복합 전투체계가 정찰 및 정보 수집을 넘어 공격, 대공 임무, 전자전, 통신 지원 등 다양한 임무를 수행하게 됐다.

유무인 복합 전투체계는 인간의 창의력·판단력과 무인 시스템의 자동화·자율화 및 데이터 처리 능력을 결합해 전투 효율성을 극대화한다. 인간이 직접 수행하기 어려운 정찰·감시, 전자전, 공격 등의 임무를 무인 체계가 보조함으로써 임무 수행의 효율성을 향상한다. 유인 플랫폼이 위험 지역에 직접 진입하지 않고 무인 체계를 전방에 배치함으로써 전투원의 생존 가능성을 향상할 수 있어서 위험을 최소화한다. 인공지능과 데이터 기반 초연결 네트워크를 활용해 실시간으로 전장 정보를 공유하고 협업 전투를 수행함으로써 킬웹 기반 작전을 강화한다. 공중·지상·해양 등 다양하고 복잡한 작전 환경에서 유연한 전력으로 운영한다.

한국군은 미래전 양상의 변화와 세계적 전력 체계 발전 추세에 부응함과 아울러 인구 절벽에 따른 가용 병역자원의 감소에 대비하기 위해 'AI 과학기술 강군 육성'이라는 국방 혁신 목표를 설정하고 AI 기반 유무인 복합 전투체계를 단계별로 발전시키는 계획을 수립해 추진하고 있다. 원격 통제 중심 무인 체계를 우선 발전시키고 2027년경 반 자율형 무인 체계를 시범하는 단계를 거쳐 2028년부터 반 자율형 무인 체계의 확산과 자율형 무인 체계로의 전환을 추진한다는 것이다. 이를 위해 네트워크·통합 관제 체계와 제도 개선 등의 기반 체계를 구축하고, MUM−T 등 핵심 기술 확보를 위한 기술 개발 및 표준화를 추진한다. 아울러 시범 부대 운용을 통한 전투 효과 검증과 신속 획득 체계 개선 등 신속한 전력화를 추진한다.

제2절 유무인 복합 전투체계의 운용 개념

미국 국방부는 2000년대 초반부터 무인 시스템에 대한 전략적 로드맵을 수립해 왔으며, 2005년부터 공식적으로 보고서를 발간하기 시작했다. 2013년부터 2년 주기로 '무인 시스템 통합 로드맵(Unmanned Systems Integrated Roadmap)'이라는 제목의 보고서를 발간한다. 무인 항공 시스템(UAS), 무인 지상 시스템(UGS), 무인 해양 시스템(UMS) 등 다양한 전장 영역에서의 기술 발전, 작전 개념, 상호운용성, 자율성, 인공지능 적용 등을 포괄적으로 다루며 25년 기간의 장기 전략을 제시한다. 유무인 복합 전투체계는 전장 영역별로 다양한 종류가 여러 용도로 사용되고 있어서 미국의 공식적 분류

범주를 참고해 운용 개념을 살펴본다.

유무인 복합 전투체계는 전체 구조 측면에서 지상·해상·공중 영역을 하나의 합동·통합 전장으로 연결·운용한다. 전차·전투기·함정·보병 등 유인 시스템과 UGV·UAV·USV 등 무인 시스템이 데이터 네트워크로 연결돼 정보·화력·기동이 동시적·유기적으로 협조·통합된다.

공중 유무인 복합 전투체계 운용 개념을 살펴본다. 대공제압 임무를 수행하는 공중 작전에서 유인 전투기는 적에게 탐지되지 않도록 센서를 수동으로 운용한다. 무인기는 적의 방공레이더 작동과 지대공미사일 발사를 유인하고 적 미사일의 소모를 유도하는 역할을 담당한다. 무인기는 유인기가 적진 깊숙이 종심으로 안전하게 침투할 수 있도록 적 센서에 대한 전자기 공격을 통해 적의 탐지 능력을 무력화한다.

무인기는 유인기와 팀을 구성해 적의 전투기를 공격·제압하는 임무를 수행한다. 유인기보다 전방에 전개해 유인기 센서의 탐지거리 밖에서 먼저 적기를 탐지하며, 방공 시스템의 밀도가 높은 고도 위협 환경에 전개해 위협을 조기에 경보한다. 폭격기가 침투 및 타격 임무를 수행할 때 무인기가 공대공 위협으로부터 폭격기를 보호해 생존 가능성을 보장한다. 전투 공중 초계(Combat Air Patrol: CAP)도 무인기의 중요한 임무이다. 적의 공중 위협이 예상되는 적진 근처나 전방 지역에 무인기를 배치해 전방 전투 공중 초계(Forward CAP)를 제공한다. 아군 지상군이나 전략 자산이 공격받기 전에 무인기로 적의 항공기를 요격함으로써 적의 공중 작전을 사전에 차단할 수 있다. 아군의 중요 시설이나 함대·지상군 등을 보호하기 위해 아군 지역 상공에 무인기를 배치해 방어 전투 공중 초계(Defensive CAP)를 제공한다. 주로 방공식별구역이나 기지 주변에서 적 항공기의 침투를 탐지하고 요격하는 방어 작전을 수행한다.

지상군은 유무인 전투체계를 복합적·유기적으로 운용함으로써 정보·정찰·공격·지속 지원을 역동적으로 수행한다. 무인 시스템과 센서의 정보 및 정찰 데이터를 분석해 지휘·통제의 기민성을 극대화한다. 초연결·초지능 기반 전장 네트워크를 통해 고속 기동 및 정밀 타격 임무를 완수한다. 무인 전차, 무인 수색 정찰 차량, 전술 드론, 자폭 드론, 로봇 등 무인 플랫폼이 수색·정찰, 위험지역 탐색, 적 교란, 선제 타격, 지속적 정보·감시·표적 획득·정찰(Intelligence, Surveillance, Target Acquisition, Reconnaissance: ISTAR)을 지원한다. 전차, 장갑차, 보병, 지휘통제 차량 등 유인 플랫폼은 전장 상황을 판단하고 최종적으로 교전 여부를 결정하는 역할을 담당한다. 통합 C4ISR 네트워크가 유무인 플랫폼 간 실시간 데이터 공유를 보장한다. 인공지능 기반 전장 관리 시스템은 표적을 식별·분류하고 타격을 권고한다.

지상군은 유무인 시스템을 활용한 탐색·격멸 작전을 수행한다. 무인 정찰드론과 무인 차량 등의 플랫폼을 투입해 적 화력 배치, 장애물, 도로 상태 등에 관한 전장 데이터를 실시간으로 수집하는 수색·정찰로 시작된다. 열상·광학 카메라, 레이저 탐지·거리 측정(Light Detection and Ranging: LiDAR) 장치, 전자 방향탐지 장비 등이 활용된다. 탐지된 표적을 인공지능이 자동으로 분류·식별해 유인 플랫폼에 전파한다.

이어서 타격 및 교란 작전을 수행한다. 자폭 드론과 무인 전차로 적 표적을 선제 타격한다. 유인 지휘 차량이 주요 화력을 지휘하고 유인 전차가 핵심 화력을 투사한다. 무인 차량은 기만용 연막을 치고, 음향·열원을 교란한다. 일부 무인 지상 차량은 원격 화기로 적의 저수준 위협 표적을 제거한다.

다음 단계로 기동 돌파 및 경로 개척 작전을 수행한다. 무인 차량이 도로를 개척하고, 지뢰를 탐지·제거한다. 무인 전차가 위험 지역에 먼저 진입해 적의 화력을 유도 및 식별한다. 유인 전차와 장갑차가 확보된 경로로 신속하게 진입한다.

최종적으로 지속 감시 및 방어 작전을 수행한다. 무인 센서 네트워크가 경계 임무를 수행하고, 무인 차량이 지역을 순찰하며 적의 도발에 대응한다. 유인 플랫폼은 필요시 개입해 결정적 방어 및 타격 임무를 수행한다.

이런 유무인 전투체계의 세부적 임무를 기초로 단계별 작전 시나리오를 구상해 본다. 전투에 진입하기 전 초기 단계에서는 무인 정찰드론과 무인 지상 차량이 적 위협을 탐지·표적화하고, 지형 및 장애물과 위협분석 데이터를 수집·전송한다. 돌파·기동 단계에서는 무인 지상 차량과 드론이 선행해서 적의 화력을 유도 및 탐색하고, 유인 플랫폼이 후속으로 진입해 적에게 결정적 타격을 가하고 기동한다. 교전·제압 단계에서는 무인 전차와 무인 지상 차량으로 적의 화력을 유도하고, 유인 전차와 보병이 적진의 주요 목표를 제압한다. 인공지능 시스템이 표적을 자동으로 분류해 우선순위를 설정한 후 타격으로 연동한다. 지속 지원 및 후속 작전 단계에서는 무인 플랫폼이 방어·경계 임무를 수행하고, 필요시 소모형 드론으로 적을 추가로 공격하거나 교란한다.

지상군은 유무인 전투체계를 효과적으로 활용함으로써 유인 전투체계를 중심으로 작전을 수행하던 과거와는 달리 상당한 전투 이점을 얻을 수 있다. 최전방에 무인 시스템을 투입함으로써 병력의 생존 가능성을 담보한다. 전장 인식의 공유와 의사결정 및 지휘통제 속도를 향상한다. 피로도가 없는 무인 시스템을 활용함으로써 24시간 지속 감시 및 작전이 가능하다. 다양한 유무인 시스템의 유기적 복합 운용으로 전장의 유연성이 확대되고, 분산·동시 다중 목표 공격이 가능하다.

해상 영역에서는 대함전과 대잠전 및 항만 방호 작전에서 유무인 전투체계를 복합적·유기적으로 운용한다. 대함전에서 해상 무인 전투체계(USV)와 항공 무인 전투체계(UAS)를 이용하면 모함 역할을 하는 유인 플랫폼의 감시·정찰 범위를 확장할 수 있다. 특히 다수 도서로 인한 감시 사각 지역을 해소할 수 있다. 아군 함대와 멀리 떨어진 외곽 수중에서부터 적 수중 세력의 접근을 조기에 경고함으로써 유인 함정의 생존 가능성을 담보할 수 있다. 해상 무인 전투체계에 무장을 장착해 모선 감시 사각 지역에서 활동하는 적의 중·소형 함정을 제한적으로 공격할 수도 있다.

대잠전 수행 간에는 먼저 적 잠수함의 예상 항로에 다수의 무인 잠수정을 운용해 수중에서 적 잠수함을 탐지한다. 수중에서 운용할 수 있는 무인 전투체계는 유인 잠수함보다 소형·저가이므로 다수를 운용하는 데 큰 문제가 없을 것이다. 무인 전투체계는 에너지 공급이 가능한 범위에서 지속적으로 장시간 운용할 수 있는 장점이 있다. 수상에서는 다수의 음파 수중 탐지 시스템을 장착한 해상 무인 전투체계를 운용해 모함의 제한된 수중 감시 능력을 극복하고, 수중 감시 능력을 광범위하게 확장할 수 있다.

항만 방호 작전 간에는 적이 항로상에 설치한 기뢰로부터 아군의 함정을 보호하기 위해 소해용 무인 함정을 운용한다. 무인 함정이 주기적으로 항로상의 기뢰를 탐지·제거하는 작전을 수행한다. 무인 전투체계를 이용하면 제한된 수의 유인 소해정을 운용할 경우보다 지속적으로 장시간 작전이 가능하며, 위험 임무 수행 간 발생할 수 있는 인명 손실을 줄일 수 있다. 감시·정찰용 무인 함정은 항만 외곽에 배치해 항만 주변의 의심스러운 선박을 식별하고, 수상 및 수중 감시 활동을 지원하며, 레이더 음영 구역에 대한 순찰 및 감시 능력을 향상할 수 있다. 평시에는 주요 항만 주변에서 불법으로 조업하는 선박을 통제하는 데에도 활용할 수 있다. 항공 무인 체계를 이용하면 지상을 통해 항만 시설 주변으로 접근하는 적 침투 세력을 공중에서 감시·정찰하면서 항만 방호를 지원하는 지상군 부대와 협조해 조기에 격멸할 수 있다.

유무인 복합 전투체계의 운용 개념은 교리로 구체화한다. 운용 개념은 작전 목표를 달성하기 위해 보유한 전력을 어떻게 운용할 것인지에 대한 개념적 틀을 말한다. 전력의 역할, 운용 방식, 상호 연계, 효과 창출 방식을 설명한다. 기술 발전, 위협 환경, 전략 기조 변화에 따라 유연하게 조정할 수 있다. 교리는 군대가 전쟁에 어떻게 대비하고 수행할지를 체계화한 원칙과 지침으로서 군사 활동의 기본 원칙과 표준화된 절차를 규정한다. 전력을 언제, 어디서, 어떻게 사용할 것인지에 대한 규범적 지침을 제공한다. 조직, 훈련, 장비, 지휘 체계, 작전 절차에 영향을 미친다.

교리는 우선 목적을 명확하게 설정한다. 유무인 시스템의 통합 목적은 인명 손실의 최소화와 작전 지속성의 극대화이다. 유인 시스템이 판단·결정·지휘의 중심 역할을 담당하고, 무인 시스템은 위험 지역의 정찰과 초기 전투 및 지속 타격을 담당한다. 초연결 네트워크를 기반으로 C4ISR을 연계·통합해 실시간 표적 식별·타격·피해 평가를 수행한다.

공중 영역에서는 무인기가 장기 체공 감시 및 정밀 타격을 담당하고, 유인 전투기는 제공권 장악 및 근접 항공 지원을 담당한다. 해상 영역에서는 무인 수상함이 기뢰 탐색, 근접 정찰, 교란 역할을 담당한다. 유인 함정은 해상 통제, 화력 지원, 지상-공중 연계 타격을 담당한다. 지상 영역에서는 무인 지상 차량이 근접 정찰, 초전 교전, 돌파를 담당한다. 유인 전차와 보병은 주요 화력, 지역 점령, 지속 작전을 담당한다. 공중·해상·지상 각 영역의 센서가 데이터를 수집·융합해 지휘소로 전달한다. 인공지능을 기반으로 표적 우선순위를 자동 분류하고 최적 유무인 플랫폼에 할당한다.

제3절 유무인 복합 전투체계와 전장 혁신

유무인 복합 전투체계는 전쟁사에서 찾아볼 수 없는 초유의 파격적인 전장 혁신을 가져올 것이라고 설명되고 있다. 과거에는 어느 나라 군대도 전장에서 유인 플랫폼과 무인 플랫폼을 결합해 운용해 본 적이 없다. 유무인 플랫폼을 복합적으로 결합·운용함에 따라 작전 개념과 방식, 지휘 결심과 통제, 생존 가능성, 작전 지속력 등 전장의 제반 국면이 본질적이고 다차원적으로 바뀌게 될 것이다. 공상과학 영화에서나 볼 수 있는 꿈같은 전쟁 장면이 현실 세계의 스크린에서 전개되는 것이다.

유무인 복합 전투체계는 전장에서 다양하고 광범한 전투 이점을 가져다줄 것으로 분석된다. 전투의 효율성을 극대화한다. 정찰과 기뢰 제거 및 선제 돌입 등 위험한 임무를 무인 시스템이 수행하고, 유인 시스템은 의사결정과 지휘통제를 전담함으로써 전투 임무 분담을 최적화할 수 있다. 드론·무인 차량·무인 함정 등에서 실시간으로 수집되는 데이터를 유인 플랫폼과 공유함으로써 즉각적인 판단과 대응이 가능하다.

유무인 복합 전투체계는 전장의 생존 가능성을 획기적으로 증진한다. 무인 시스템은 유인 시스템을 대신해 위협 내지 위험 지역에 먼저 진입하는 '도어 키커(Door Kicker) 역할'을 수행한다. 무인 시스템은 위험 지역에 가장 먼저 들어가 적의 기습에 가장 먼저 노출된다. 신속하게 진입 통로를 확보하고 진입 즉시 공간 내부를 확인한 후 위협 요소를 제거하거나 제압한다. 후속 전투원들과 유인 시스템이 안전하게 진입할 수 있도록 엄호하기도 한다. 무인 항공기는 적의 레이더나 미사일을 교란·기만하는 전자전을 수행하거나 유인 항공기를 대신해 희생 플랫폼으로 활용될 수도 있다.

무인 시스템은 작전 지속 능력을 획기적으로 향상한다. 날씨나 피로의 제약 없이 장시간 운용될 수 있다. 특히 감시·정찰이나 순찰 작전에 유리하다. 무인 수송 차량이나 드론 등을 통해 병력 보급과 탄약 수송 등을 자동화함으로써 지속적으로 작전 능력을 확보할 수 있다.

유인 시스템과 무인 시스템을 복합적으로 운용하면 분산화된 작전에서 지휘통제의 유연성을 강화한다. 지상·해상·공중·우주·사이버 전장에 걸친 다영역 통합 작전에서는 유무인 전력이 연동돼 승수효과를 창출한다. 유인 시스템과 무인 시스템을 유기적으로 재조합·운용하면 다영역 전장에서의 역동적 분산화 작전에서 임무 중심의 유연한 지휘통제가 가능하다.

유무인 복합 전투체계는 비용의 효율성과 전력의 확장성을 보장한다. 유무인 시스템을 복합적으로 운용하면 무인 시스템의 활용을 통해 유인 플랫폼의 수명 연장과 전력 보존이 가능하다. 고가의 유인 플랫폼 수요를 줄이는 대신 상대적으로 저렴한 무인 플랫폼으로 전력을 확대할 수 있다.

무인 시스템을 활용함으로써 전장의 투명성을 높일 수 있다. 유무인 센서-슈터 네트워크를 구축하면 무인 플랫폼이 수집한 데이터를 활용해 전장 상황을 가시화하고, 이를 바탕으로 선제 조치와 정밀 타격이 가능하다. 무인 시스템이 수집한 다중 데이터를 인공지능이 분석해 인간 지휘자에게 제공함으로써 실시간 의사결정을 지원한다. 무인 군집 체계를 활용해 적에게 복합적인 위협을 가하면 적의 의사결정과 지휘 체계를 교란할 수 있다. 적으로 하여금 유인 플랫폼과 무인 플랫폼 중 무엇을 먼저 타격할지 선택의 혼란을 강요함으로써 대응력을 약화할 수 있다.

세계 군사 선진국들은 유무인 복합 전투체계가 전쟁·군사 패러다임을 근원적으로 바꿔놓을 수 있다고 인식하고, 공중·지상·해양용 체계들을 다양하게 개발한다. 공중용으로서 '로열 윙맨(Loyal Wingman)' 개념의 드론을 개발하고 있다. 미국 보잉사의 MQ-28 고스트 배트(Ghost Bat)와 미국 공군의 XQ-58 발키리(Valkyrie)가 대표적이다. F-35나 F-22 등 유인 전투기와 협업해 정찰 및 공격과 전자전을 수행한다.

지상용으로서 유인 전차와 무인 지상 차량을 결합하는 복합 전투체계가 개발되고 있다. 무인 전투차량이 적진을 돌파하고 유인 전차가 후방에서 통제하며 전투를 수행하는 전투체계가 발전되고 있다. 미국 육군은 유인 전차와 무인 차량을 결합하는 차세대 전투차량 프로젝트를 추진하고 있다. 러시아는 우란-9(Uran-9) 무인 전투차량을 개발해 시리아 내전에서 실전 테스트를 거쳤으나 여러 가지 문제점이 발견된 것으로 알려져 있다.

해상용으로서 유인 함정과 무인 수상함 및 무인 잠수정을 결합하는 유무인 복합 전투체계가 개발되고 있다. 미국 해군은 자율적으로 항해하며 전투 임무를 수행하는 여러 대의 무인 수상함과 유인 함정을 복합 운용하는 '유령 함대 오버로드(Ghost Fleet Overlord)' 프로그램 추진하고 있다. 중국은 전투 무인 수상함 '썬더러(Thunderer) A2000'을 공개한 바 있다. 인공지능을 활용한 무인 잠수정을 개발해 동중국해, 남중국해, 인도양 등에서 시험을 진행하고 있다.

유무인 복합 전투체계의 운용이 보편화되면 전투 패러다임이 파격적으로 변화될 것이다. 유인 체계와 무인 체계 간 협력의 자동화 수준이 증가함에 따라 인공지능이 자율적으로 판단하고 인간이 최종 승인하는 전력 운용 개념과 방식이 확산할 것이다. 유무인 역할의 동적 전환이 가능해짐에 따라 전투 임무 수행 중 필요에 따라 무인 플랫폼이 유인 플랫폼처럼 행동하고, 인간이 무인 체계를 재구성할 수 있을 것이다. 군집 드론과 유인 플랫폼의 유기적 협업이 강화됨에 따라 적 방공망을 압도하는 대량의 저비용 무인기 운용이 증가할 것이다.

미국을 비롯한 주요 군사 선진 강국들은 각기 차별화된 특화 전략하에서 유무인 복합 전투체계의 핵심 기술 개발에 박차를 가하고 있다. 미국은 인공지능 기반 자율 전투 시스템을 선도하고 있다. 공군은 협력적 전투 항공기(Collaborative Combat Aircraft: CCA) 프로그램을 추진하는 가운데, 유인 전투기의 저비용 무인 윙맨 역할 수행하는 XQ-58A 발키리(Valkyrie)를 개발한다. 호주와 공동으로 MQ-28 고스트 배트(Ghost Bat) 로열 윙맨 드론을 개발함과 아울러, 6세대 전투기 기반 유무인 복합체계를 개발하는 차세대 공중 지배(Next Generation Air Dominance: NGAD) 프로그램을 추진한다.

육군은 유무인 복합 전투체계 기반 차세대 지상 전력을 구축하는 가운데, 유인·무인 모드 전환이 가능한 차세대 전투차량인 선택적 유인 전투차량(Optionally Manned Fighting Vehicle: OMFV)을 개발한다. 무인 전투차량과 유인 장갑차가 협업 전투를 수행하는 로봇 전투차량(Robotic Combat Vehicle: RCV) 프로그램을 추진한다.

해군은 무인 함정 및 수중 드론을 통합 운용하는 해양 전력을 발전시키고 있다. 유인 구축함과 협업하는 무인 수상함을 개발하는 프로젝트인 오버로드 무인 수상함(Overlord Unmanned Surface Vessel)을 개발한다. 자율 작전을 수행할 수 있는 초대형 무인 잠수함(Extra Large Unmanned Undersea Vehicle: XLUUV)의 개발을 추진한다.

중국은 대규모 무인 드론 및 인공지능 기반 전술에 집중하고 있다. 유무인 복합 전투체계를 구축하기 위해 FH-97, GJ-11(공격 드론) 등 적이 탐지하기 어려운 무인 전투드론을 개발한다. 스텔스 전투기 J-20과 유무인 협업 윙맨 드론을 결합·운용하는 실험을 진행하고 있다. 대규모 인공지능 무인 함정 및 무인 잠수정을 확충해 인도-태평양에서 미국 해군과 경쟁하고 있다.

러시아는 무인 체계의 실전 투입과 하이브리드전 전술을 연구하고 있다. Su-57 스텔스 전투기와 협업하는 S-70 오호트닉(Okhotnik) 무인 전투기를 개발한다. 마커(Marker)라는 무인 전투차량을 우크라이나 전장에 실험적으로 투입해 유무인 복합 운용 가능성을 검증한 바 있다. 인공지능을 기반으로 장거리 자율 작전이 가능한 포세이돈(Poseidon) 무인 핵 어뢰를 개발한다.

유럽을 비롯한 다른 여러 국가도 유무인 복합 전투체계 기술을 확보하는 경쟁에 참여하고 있다. 영국은 경량 저비용 신형 전투 항공기(Lightweight Affordable Novel Combat Aircraft: LANCA) 로열 윙맨 프로젝트로 템페스트(Tempest) 6세대 전투기와 협업하는 무인 드론을 연구한다. 프랑스와 독일은 미래 전투 항공 시스템(Future Combat Air System: FCAS) 프로젝트에서 유무인 복합체계를 위한 전투 드론을 개발한다. 한국은 한국항공우주산업(KAI)이 한국형 전투기(KFX)와 협업할 인공지능 윙맨 드론을 연구한다.

향후 10~20년 이내에 유무인 복합 전투체계가 전 세계 군사 패권 경쟁의 중심이 될 것이다. 인공지능과 인간이 협업하는 새로운 전투 개념이 전장을 지배할 것으로 전망된다. 공군은 로열 윙맨 개념이 확산하는 가운데, 유인 전투기와 무인 드론의 협업 모델이 주류가 될 것이다. 유인 전투기가 적을 탐지하면 인공지능 드론이 적을 선제 공격하는 방식의 유무인 복합을 위한 전투 드론이 연구되고 있다. 과거에는 전투기 조종사가 직접 공중전을 수행했다. 유무인 복합체계가 도입되면 조종사는 인공지능 드론을 지휘하는 역할을 담당하고, 점차 인공지능 드론이 대부분의 전투 임무를 수행하는 가운데, 인간은 전략적 판단만 담당하는 전투 개념이 보편화될 것이다.

육군은 유인 전차가 직접 적진에 돌입하지 않고, 무인 차량이 선제적으로 정찰과 공격 임무를 수행하는 전투 방식이 보편화될 것이다. 지금까지는 유인 전차가 직접 전투에 돌입했으나, 앞으로 무인 차량이 정찰과 화력을 지원하고 유인 전차가 지휘하는 전투 방식이 보편화될 것이다. 점차 인공지능 기반 무인 전투차량이 전투를 수행하는 동시에 유인 전차는 후방에서 전략적 판단만 수행하는 전투 방식이 발전될 것이다.

해군은 유인 함정과 무인 함정·무인 잠수정이 협업하는 전투 방식이 대세가 될 수 있다. 대잠수함 작전, 정찰, 기뢰 제거 등에서 무인 시스템 활용이 획기적으로 증가할 것이다. 지금까지는 유인 함정이 직접 적과 교전했으나, 앞으로 유인 함정이 후방에서 지휘하고 무인 함정이 전방에서 작전하는 전투 방식이 발전될 것이다. 점차 무인 함정과 인공지능이 해상 전투를 주도하는 동시에 인간은 전술적 판단만 수행하는 전투 방식이 보편화될 것이다.

유무인 복합 전투체계는 공중·지상·해상 등 모든 영역의 전장에서 효과적으로 활용돼 획기적인 전투 성과를 거둘 수 있을 것이다. 유무인 복합 전투체계 기반 차세대 공중전에서는 적국이 강력한 방공망을 구축하고 있어서 유인 전투기가 단독으로 공격하기에는 높은 위험 부담이 존재하는 상황에서 인공지능 윙맨 드론이 유인 전투기와 협업해 적 방공망을 무력화하는 작전을 수행할 것이다. ① 스텔스 드론(XQ-58A, MQ-28 등)이 적 방공망을 먼저 정찰하며 위험 지역을 탐색한다. ② 인공지능이 자동으로 위험 요소를 분석하고 우선순위를 설정한다. ③ 무인기가 적 방공망을 교란하기 위해 전자전 공격을 수행한다. ④ 유인 전투기는 후방에서 전술 지휘를 하고 인공지능 윙맨 드론이 적 방공망의 레이더와 미사일 기지를 선제적으로 타격한다. ⑤ 적 방공망이 파괴된 후 유인 전투기가 안전하게 진입해 공중전을 수행한다. ⑥ 인공지능 드론이 위협 감지 시 자율적으로 회피 기동하고 전술적으로 재배치한다. ⑦ 전투 완료 후 무인 드론은 자율로 기지로 복귀하거나 일부는 소모형 공격을 수행한다. 공중 전투가 이처럼 이뤄지면 유인 전투기가 적 방공망에 노출될 위험이 최소화되고, 인공지능 드론이 적 레이더를 먼저 탐지하고 회피 기동할 수 있으며, 인간 조종사는 후방에서 전략적 판단에 집중할 수 있다.

지상에서 무인 전투차량과 보병이 협업하는 작전 시나리오를 상정해 볼 수 있다. 도심 지역에서 시가전을 진행하는 유인 전차와 장갑차는 적 대전차 미사일과 매복 공격에 취약한 상황에서 무인 전투차량이 보병과 협업하며 작전을 수행한다. ① 인공지능 기반 무인 정찰 차량이 적군 위치를 탐지한다. ② 보병 부대는 무인 전투차량의 데이터를 실시간으로 수신하며 전술을 수립한다. ③ 무인 전투차량의 인공지능 기능이 자동으로 엄폐물을 활용하고 최적 경로를 선택한다. ④ 무인 전투차량이 전방에서 적군의 화력 집중을 유도한다. ⑤ 자율 타격 시스템으로 적 기관총 진지 및 저격수 위치를 제거한다. ⑥ 적군이 무인 전투차량 공격에 대응하는 동안 보병 부대가 측면 기동으로 적의 진지를 점령한다. ⑦ 무인 전투차량이 후방에서 화력을 지원한다. ⑧ 보병 부대가 적진을 점령한 후 무인 전투차량은 다음 목표로 자동 이동한다. 이처럼 유무인 복합 전투가 이뤄지면 보병 부대의 사상률이 감소하고 전투 효율성이 극대화될 수 있다. 인공지능이 전술을 분석해 적의 매복을 사전에 감지하고, 무인 전투차량이 최전방에서 위험을 감수하면서 전투를 수행한다.

해상에서는 유인 함정과 무인 함정이 협업 작전을 수행하는 시나리오를 상정해 볼 수 있다. 적국이 해상에 함대함 미사일 방어망을 구축하고 있어서 유인 구축함이 단독으로 접근하면 탐지 및 격침 위험이 있는 상황에서 무인 함정이 유인 함정과 협업하며 적의 해상 방어망을 돌파한다. ① 무인 함정이 적의 레이더 감지 범위 밖에서 정찰 임무를 수행한다. ② 인공지능이 적의 함정과 미사일 배치를 분석한 후 유인 함정에 데이터를 전송한다. ③ 일부 무인 함정이 전자전 공격(재밍, 신호 교란)을 감행한다. ④ 유인 함정이 후방에서 장거리 미사일을 발사하는 다축 공격(Multi-Axis Attack)을 시행한다. ⑤ 무인 함정이 전방에서 교란 기동을 하며 적의 함정을 분산시킨다. ⑥ 인공지능이 실시간으로 전장 데이터를 분석해 자동으로 공격을 최적화한다. ⑦ 무인 함정이 임무를 완료한 후 자동으로 복귀하고 연료를 보급한다. ⑧ 인공지능 기반 전투 시스템이 새로운 목표를 분석한 후 재배치 명령을 내린다. 이런 해상 유무인 복합 전투에서는 무인 함정이 적의 집중 타격을 유도하고 유인 함정은 후방에서 전투를 지속할 수 있다. 인공지능이 전장 상황을 실시간으로 분석해 전술적 대응을 자동으로 수행한다. 아군의 해군 전력 손실을 최소화하는 가운데 고위험 지역에서도 작전을 수행할 수 있다.

제4절 첨단 신기술 기반 유무인 복합체계의 전투 활용 시나리오

유무인 복합 전투체계는 4차 산업혁명의 핵심 기술인 차세대 통신, 클라우드 컴퓨팅, 양자 컴퓨팅, 사물인터넷, 블록체인 등과 인공지능이 결합해 고도의 발전을 거듭할 것이다. 5G·6G 통신 및 위성 인터넷 등 초고속 네트워크 기술은 유인 시스템과 무인 시스템 간의 실시간 데이터 공유를 가능하게 한다. 차세대 초저지연 통신을 통해 기존 네트워크보다 100배 이상 빠르게 데이터를 전송하고, 유인-무인 시스템 간 실시간 영상·센서 데이터를 공유한다. 인공지능을 활용해 전투 상황을 빠르게 분석하고 즉각적으로 대응한다. 위성 인터넷을 통해 지상기지 없이도 전 세계 어디서나 실시간으로 작전을 수행하고, 전투기·드론·함정이 지리적 제약 없이 상시 연결된다. 적의 재밍과 스푸핑에도 강한 네트워크를 유지한다. 이런 일련의 과정을 전투 시나리오로 만들어 본다. ① F-35 전투기가 인공지능 윙맨 드론(XQ-58A)과 5G 네트워크로 실시간 통신한다. ② 인공지능이 적군 위치를 분석한 후 가장 효과적인 공격 지점을 자동으로 추천한다. ③ 모든 유인 전투체계와 무인 전투체계는 위성 인터넷을 통해 중앙 작전본부와 연결된다.

클라우드 기반 전장 데이터 분석 시스템은 영상·레이더·통신 등 막대한 센서 데이터를 분석함으로써 유무인 복합체계의 효과적 작동을 지원한다. 클라우드 인공지능 분석 시스템을 통해 인공지능이 실시간으로 전투 데이터를 처리하고 전술을 추천하며, 클라우드 서버에서 적 전술 패턴을 학습해 시뮬레이션을 수행한다. 전투 현장의 인공지능 드론이 자율적으로 데이터를 수집·분석하고, 유인 조종사는 클라우드에서 제공하는 최적 전술을 즉각 실행한다. 이런 일련의 과정을 전투 시나리오로 만들어 본다. ① 전투기가 적의 방공망 정보를 클라우드로 전송한다. ② 클라우드 인공지능이 적의 레이더 패턴을 분석해 회피 경로를 추천한다. ③ 인공지능 드론이 클라우드 데이터를 기반으로 자율 공격을 수행한다.

사물인터넷은 전투기·드론·전차·함정 등 다양한 유인 시스템과 무인 시스템을 연결하는 실시간 전장 네트워크를 구축하는 데 필수적이다. 전투기-드론-지상군 간 네트워크를 연동한다. 사물인터넷 센서를 통해 각 시스템의 실시간 상태 및 탄약 정보를 공유하고, 인공지능이 무기 보급과 연료 상태 등을 자동으로 조정한다. 드론과 로봇이 자동으로 전장 데이터를 수집·전달하고, 지휘부가 실시간으로 전장 전체를 파악하며 최적 전술을 결정한다. 이런 일련의 과정을 전투 시나리오로 만들어 본다. ① 지상 부대가 적의 진지를 포착하면 즉시 드론과 전투기의 지원을 요청한다. ② 인공지능이 지상·공중·해상 전력을 자동으로 조율하며 최적 공격 지점을 추천한다. ③ 사물인터넷 센서를 통해 탄약이 부족한 드론은 자동 복귀와 함께 재보급을 받는다.

블록체인 기술을 활용해 유무인 복합체계가 전투 수행 중 생성하는 전투 기록 및 명령 체계를 보호한다. 블록체인을 활용해 전투 명령 및 작전 기록의 위변조를 차단하고, 인공지능이 전투 중 수집한 데이터를 완벽한 보안 상태로 저장한다. 블록체인 기반 스마트 계약 시스템을 활용해 무기 보급 및 부품 교체를 자동화하고, 전투 중 탄약·연료·드론 상태 정보를 안전하게 공유함으로써 군수물자 관리를 자동화한다. 이런 일련의 과정을 전투 시나리오로 만들어 본다. ① 인공지능 탑재 전투기가 적 위치를 탐지하고 전투 기록을 블록체인에 저장한다. ② 군수부대가 블록체인 기반 스마트 계약으로 즉시 무기 보급을 명령한다. ③ 적이 데이터 조작을 시도해도 블록체인으로 위변조를 방지한다.

인공지능은 무인 시스템의 자율성과 유인-무인 협업 능력을 강화한다. 인공지능은 유인 플랫폼과 협력하면서도 독립적으로 전투를 수행할 수 있어야 한다. 무인 항공기의 자율 항법 및 군집 비행을 위해서는 인공지능 기반 자율 비행 및 경로 최적화 기술, 다수 무인 시스템의 군집 협력 알고리즘, 적의 레이더 탐지 회피를 위한 스텔스 경로 계획 등이 필수적이다. 인공지능은 적의 움직임을 실시간 분석하는 동시에 위협을 판단하고, 유인기 및 다른 무인 시스템과 전장 정보를 공유 및 융합하며, 적 방공망 및 전자전 신호 분석을 통해 위협에 대응한다. 전투 상황에서 인공지능은 최적의 공격·방어 전략을 결정하고, 인간 조종사와 협력하면서 전술적 대응을 최적화하며, 적의 무인기 패턴을 분석해 예측 대응을 한다. 인공지능 기반 사이버 보안 시스템을 통해 적이 인공지능을 해킹해 무인 시스템을 역이용할 가능성을 차단하고, 인공지능의 오작동을 방지한다.

양자 컴퓨팅 기반 암호화 및 인공지능 연산 기술은 적의 해킹과 전자전 공격을 방지한다. 적이 해킹을 시도해도 양자 키 분배로 즉각 탐지하며, 위성 통신과 드론·유인 전투기 간 데이터 교환 시 해킹 위험을 최소화한다. 양자 인공지능 연산으로 실시간 전투를 예측한다. 기존 인공지능보다 수백만 배 빠르게 데이터를 분석하며, 적의 전술 패턴을 초고속으로 분석해 대응 전략을 자동으로 생성한다. 이런 일련의 과정을 전투 시나리오로 만들어 본다. ① 인공지능 윙맨 드론이 적의 통신 해킹 시도를 즉각 탐지하고 차단한다. ② 유인 전투기-드론 간 양자 암호화를 통해 안전한 데이터를 전송한다. ③ 양자 인공지능이 적군의 전술 변화를 실시간으로 분석해 자동으로 대응한다.

앞으로 인공지능의 발전에 따라 유무인 복합체계도 단계별 진화 과정을 거칠 것이다. 부분적으로 인공지능을 활용하는 단계에서 완전 자율형 시스템으로 발전할 것으로 전망된다. 1단계는 인간 중심(Human-in-the-Loop, 현재) 유무인 복합체계이다. 인공지능이 보조 역할을 담당하며 인간 조종사가 직접 명령을 내리며, 인공지능은 전투 상황 분석 및 경고 시스템으로 활용된다. 2단계는 인간 감독(Human-on-the-Loop, 2030년대 예상) 유무인 복합체계이다. 인공지능이 자율적으로 표적 선정 및 공격 제안을 하고 인간이 승인하며, 무인 시스템이 유인 시스템의 지휘 없이도 작전을 수행할 수 있다. 3단계는 완전 자율(Human-out-of-the-Loop, 2040년대 예상) 유무인 복합체계이다. 인공지능이 완전한 자율 전투를 수행하고 인간은 전략적 지휘만 담당한다. 인공지능 드론·무인 전차·무인 함정이 스스로 전술을 결정하고 실행한다. 유무인 복합체계는 기존 유인 시스템과 전면적으로 분리돼 완전한 인공지능 기반 전투체계로 변화할 가능성이 있다.

인공지능 기반 유무인 복합 전투체계에 의한 공중전 시나리오를 만들어 본다. 적이 스텔스 전투기와 인공지능 기반 무인기를 조합한 공중전을 수행함에 따라 아군은 유인 전투기만으로는 적의 인공지능 드론에 대응하기 어려운 상황에서 인공지능 전투드론이 자동으로 적기를 분석하고 대응하는 전술을 구사한다. ① 인공지능 드론이 적 스텔스기의 레이더 패턴을 분석하고 스텔스를 해독한다. ② 인공지능이 자동으로 적기의 기동 패턴을 예측하고 적절한 대응 전략을 생성한다. ③ 인간 조종사는 전술 지시 없이 인공지능이 직접 전투를 진행한다. ④ 인공지능이 적 전투기의 연료 상태와 미사일 잔량 등을 예측해 전술을 변경한다. 결과적으로 인공지능 전투 드론이 인간보다 빠른 반응 속도로 공중전을 수행하고 인간 조종사는 위험 지역에 들어가지 않고 전투를 지휘할 수 있다.

인공지능 기반 유무인 복합 전투체계에 의한 지상전 시나리오를 만들어 본다. 적이 도시 지역에서 게릴라전을 수행하는 상황에서 유인 전차와 보병 부대가 투입되면 적의 매복 공격으로 피해 위험이 있어서 인공지능 무인 전차와 드론이 완전 자율 전투를 수행한다. ① 인공지능 드론이 도심 내 적 저격수와 매복 병력의 위치를 파악한다. ② 인공지능 전투차량이 자율적으로 위험 지역을 우회하고 가장 안전한 경로로 진입한다. ③ 무인 차량이 적의 위치를 자동 분석해 원거리에서 정밀 타격을 수행한다. ④ 인공지능의 판단에 따라 전투 종료 후 부대는 자동 복귀하고 재충전한다. 결과적으로 인공지능 무인 차량이 전투를 수행함으로써 적의 매복 공격에도 인공지능이 빠르게 대응해 피해를 최소화할 수 있다.

양자 기술이 유무인 복합 전투체계에 적용되면 전장 운영의 획기적 혁신이 촉진될 것으로 전망된다. 양자 기술은 크게 세 가지 분야에서 군사적 활용이 가능하며, 유무인 복합 전투체계와 결합할 때 더욱 강력한 시너지를 창출할 것이다. 첫째 분야는 양자 컴퓨팅을 활용한 전장 지휘통제이다. 양자컴퓨터는 기존의 슈퍼컴퓨터보다 압도적으로 빠른 연산 능력이 있어서 복잡한 전장 시뮬레이션, 실시간 전술 계산, 대량의 센서 데이터 분석 등에 활용할 수 있다. 유무인 복합 전투체계에서 인공지능 기반 의사결정 지원 시스템과 결합해 실시간으로 최적의 전술을 도출하고 자동화된 전투 계획을 수립하는 데 이바지한다.

둘째 분야는 양자통신을 활용한 전장 네트워크 보안이다. 양자 얽힘을 이용한 양자 암호화는 해킹이 사실상 불가능한 보안 체계를 구축할 수 있다. 유인 시스템과 무인 시스템이 협력하는 전장에서는 무인기와 자율 주행 차량 등이 실시간으로 통신해야 하므로 양자 보안 네트워크를 적용하면 사이버 공격에 대한 저항력을 극대화할 수 있다.

셋째 분야는 양자 센서를 활용한 전장 감시·정찰이다. 양자 센서는 스텔스 항공기 탐지, 지하 군사 시설 탐색, 전자기 신호 감지 등에 활용할 수 있다. 유무인 복합 전투체계의 정보·감시·정찰 능력을 획기적으로 향상함으로써 스텔스 무기 탐지 및 대응이 가능하다.

앞으로 인간이 조종하는 유인 플랫폼과 인공지능 기반 자율 주행 무인 플랫폼이 협력하는 유무인 복합 전투체계에 양자 기술을 융합하면 전장은 혁신에 혁신을 거듭할 것으로 예상된다. 차세대 지휘통제 시스템과 양자 기술이 결합하면 초고속·초정밀 지휘통제 체계가 구축될 것이다. 지휘·통제·통신·컴퓨터·정보·감시·정찰 시스템은 양자 네트워크와 양자 컴퓨팅을 활용해 초고속 정보 공유 및 실시간 전장 분석이 가능하다. 전장 내 무인기·자율 전투로봇·무인 수상정 등을 상호 연결함으로써 인공지능을 기반으로 전술적 의사결정을 지원할 수 있다.

자율 전투 무인 플랫폼과 양자 인공지능이 결합하면 무인 플랫폼의 자율성이 극대화될 것이다. 인공지능 기반 자율 드론, 무인 전투차량, 해상·수중 무인 체계가 양자 컴퓨팅을 활용해 실시간으로 방대한 데이터를 분석하는 동시에 적의 패턴을 예측함으로써 즉각적인 대응이 가능하다. 특히 양자 인공지능은 불확실성이 높은 전장 환경에서도 빠르고 최적화된 결정을 내릴 수 있어서 인공지능 전투체계의 수준을 고도화할 수 있다.

스텔스 대응 무기체계와 양자 센서가 결합하면 스텔스 무기가 무력화될 것이다. 적의 스텔스 전투기, 스텔스 구축함, 스텔스 드론을 탐지하기 위해 양자 레이더 기술이 도입될 전망이다. 유무인 복합 전투체계에서 양자 센서를 장착한 무인 항공기나 무인 잠수정이 적의 은밀한 이동을 탐지하고, 네트워크를 통해 즉시 공유할 수 있다.

제5절 군사 패러다임의 변화

무인 전투체계가 새롭게 전장의 주역으로 등장하면서 전투의 방식과 양상에 본질적 변화가 초래되고, 그에 따라 군사 패러다임도 혁신이 가속되고 있다. 유무인 복합 전투체계는 군사 패러다임의 본질적 변화를 촉진하고, 나아가 새로운 전쟁 패러다임을 발전시키는 핵심 요인이 되고 있다. 전쟁 패러다임은 전쟁의 성격 자체가 바뀌는 큰 틀의 변화를 의미한다는 점에서 아직은 유무인 복합 전투체계의 활용이 새로운 전쟁 패러다임을 창출한다고 보기는 어렵다.

전쟁 패러다임은 전쟁이 무엇이며, 왜 어떻게 일어나는가에 대한 총체적 인식 체계를 말한다. 정치·경제·사회·문화·기술 등의 변화를 반영해 전쟁의 본질과 양상을 규정한다. 예를 들어, 근대 이전에는 봉건국가 간 영토 확장 중심의 전쟁이 주류였다. 근대에는 제1·2차 세계대전에서 보듯이 국민국가 간 총력전이 벌어졌다. 냉전 시대에는 핵무기 중심의 전면전 억제와 더불어 대리전이 벌어졌다. 21세기에 접어들어 정보전, 사이버전, 하이브리드전 등 새로운 전쟁 양상이 발전되고 있다.

유무인 복합 전투체계의 보편적 발전은 군사력의 구성·운용과 전투 수행 방식에 대한 인식 체계를 바꿈으로써 군사 패러다임의 변화를 초래하고 있다. 군사 패러다임은 전쟁의 성격 변화에 대응해 군사력 운용 방식이 변하는 것을 의미한다. 전쟁 패러다임의 주요 요소인 군사력의 성격과 운용 개념 및 방식이 근원적으로 바뀌는 것이다. 무기체계, 전력 구조, 지휘통제, 작전개념, 훈련 및 전투 교리 등이 변하는 것이다. 과거에는 화약의 도입과 함께 군사 패러다임이 보병·기사 중심에서 포병 중심으로 전환됐다. 산업혁명의 가속과 함께 대규모 징병제가 도입되고 총력전이 가능해졌다. 정보화혁명 이후 정밀 유도무기와 스텔스 전투 항공기의 등장과 함께 고정밀 타격 능력과 비대칭 전력이 강화됐다. 이제 인공지능·드론·로봇을 활용한 유무인 복합 전투체계가 확산·발전됨과 더불어 작전개념과 전투 양상이 근원적으로 변화되고 있다.

인공지능·드론·로봇·통신 네트워크·양자 등 기술 혁신에 따라 유무인 복합 전투체계가 등장함에 따라 유무인 협동·분산 전투 등 군사 패러다임의 변화와 함께 전쟁 양상이 변화하면 전쟁 패러다임도 변화가 촉진될 것으로 전망된다. 다양한 유인 및 무인 시스템들이 하나의 거대한 복합체계를 구성해 지상·해상·공중·우주 전장에서 초연결된 상태로 전쟁을 수행하는 방식은 과거에는 없었던 초유의 일이다. 전장의 주역이 바뀌면 전장의 판도 본질적으로 바뀜으로써 군사 패러다임의 혁명적 변화가 초래되고 있다.

과거의 전쟁과 근본적으로 단절된 전쟁이 출현하고 있다. 과거의 전쟁은 인간 병사와 유인 플랫폼 등 유인 전력 체계 중심으로 전개됐다. 무인 항공기와 로봇 등 무인 체계가 일부 사용됐지만 보조적·전술적 용도에 국한됐다. 유무인 복합 전투체계는 인간과 기계가 네트워크로 연결돼 상호 보완·분업·협력하며 유기적으로 전투를 수행하는 완전히 새로운 전투 방식이므로 과거 인간이 직접 전장을 지배하던 구조와는 전혀 다를 수밖에 없다.

전장의 지배 방식이 근원적·파격적으로 바뀐다. 유무인 복합 전투체계는 양적·질적·시간적·공간적 우위를 동시에 창출한다. 양적 측면에서 유인 플랫폼의 손실 없이 무인 플랫폼을 대량으로 투입한다. 질적 측면에서 인공지능 기반 의사결정 지원 및 센서 융합으로 목표 식별 및 타격의 정밀도를 향상한다. 시간적 측면에서 인간의 반응 속도를 초월해 기계가 초고속으로 대응하고 임무를 수행한다. 공간적 측면에서 무인 플랫폼으로 위험 지역과 깊숙한 적 후방까지 침투·타격이 가능하다. 전장을 점령-확보-통제하는 기존 전투 방식을 넘어서 무인 플랫폼으로 상황을 인식해 초정밀하게 타격하고 유인 플랫폼이 안정적으로 장악하는 전투 방식으로 전장 지배의 질서를 바꾼다.

과거 전쟁의 본질이었던 병력의 물리적 충돌과 소모전이 사라진다. 유무인 복합 전투체계는 병력을 소모하기 전에 무인 시스템으로 적의 전투력을 제압하고 마비시킨다. 인명 손실이 최소화되고 비용 효율적으로 전력을 운용함으로써 전투 지속성이 비약적으로 증가한다. 인간은 전장에서 물리적 충돌보다는 의사결정 및 지휘통제와 핵심 목표 점령에 집중한다.

센서-슈터 융합 네트워크 전장이 출현한다. 과거에는 정보 수집-분석-타격이 단절되었지만, 유무인 복합 전투체계는 무인기·로봇·지상 전투차량·위성 등 무수한 센서가 실시간으로 전장 데이터를 모아 인공지능이 분석한 후 즉시 무인·유인 플랫폼으로 타격함으로써 전장을 통제한다. 센서와 슈터의 경계가 사라지고, 전장이 하나의 실시간 네트워크로 융합되면서 적이 은폐·회피하기 어려워진다.

유무인 복합 전투체계는 본질적으로 전장의 판 자체를 바꾼다. 전투의 속도, 작전의 지속성, 전장 지배의 방식 등의 혁신이 가속된다. 과거에는 대규모 병력과 무기의 물리적 투입이 승패를 가르는 기준이었다면, 이제는 네트워크·인공지능·무인 전투 자산의 협력 체계가 전장의 주도권을 결정한다. 단순한 무기의 진보가 아니라 전쟁의 방식과 본질이 바뀌는 초유의 변화가 일어나고 있다. 전장은 인간 중심에서 인간-기계 복합의 초연결 전장으로 전환되고 있다. 과거의 전쟁 패러다임으로는 대응할 수 없는 새로운 전장의 판이 만들어지는 것이다.

유무인 복합 전투체계가 전장의 주역이 되면 군사 패러다임은 근원적·혁신적으로 바뀔 수밖에 없다. 전략·작전 개념이 바뀐다. 대규모 병력이 집중된 전투 대신 다수의 유무인 플랫폼에 기반한 분산·네트워크 중심 전투가 전개된다. 플랫폼 중심 전력 운용 방식이 임무·효과 중심 전력 운용 방식으로 전환된다. 속도·기민성 기반 결정 중심 전쟁이 발전된다.

전술도 바뀐다. 무인 시스템이 전장을 감시·정찰하고 적을 교란하며 선제 타격 역할을 담당한다. 유인 시스템은 상황을 판단하고 결정적 교전 역할을 담당한다. 유무인 복합 군집 공격과 자율 협업 전술이 등장한다.

전투 결심 및 지휘통제 시스템이 획기적으로 혁신된다. 기존의 계층적 지휘통제 체계는 분산형·네트워크 중심 지휘통제 체계로 전환된다. 인공지능 기반 전장관리 체계의 구축으로 의사결정 속도와 정확성이 극대화된다. 자율 무인 시스템과의 연계로 실시간 데이터 기반 유연한 임무 변경과 자원 재배치가 가능해진다.

유무인 복합 전투체계의 활용에 따라 전력 구조와 작전 수행 개념 및 전투 모델이 혁신적으로 바뀔 것이다. 전력 구조가 유인 플랫폼 중심에서 무인 플랫폼 중심으로 전환된다. 기존의 전력 구조는 전투기·전차·함정 등이 중심이었지만, 미래의 전력 구조는 인공지능이 적용된 무인기·무인 전투차량·무인 함정 등이 중심을 이룬다. 무인 시스템이 유인 플랫폼을 보조하는 것이 아니라 유인이 무인을 지원하는 구조로 변화된다.

인공지능 중심 모자이크형 분산 다영역 작전 수행 개념 및 자동화·자율화 전투 방식이 발전된다. 대규모 군집 드론으로 적 방공망을 압도적으로 제압하는 전투가 발전된다. 유인 전투기는 후방에서 지휘하고 무인기가 전방에서 교전을 담당하는 전투가 증가한다. 다영역 동적 분산 전투 모델이 보편화된다. 인공지능이 사이버전과 물리적 전투를 동시에 수행하는 전투 모델도 발전된다.

인간 개입 최소화 전투 모델이 발전된다. 관찰－판단－결심－행동으로 이어지는 전투 사이클에서 인간이 주도하고 인공지능이 보조하는 전투 모델이 인공지능이 주도하고 인간이 승인하는 전투 모델로 전환된다. 인공지능이 전투를 수행하고 인간은 전략적 판단만 담당하게 되는 것이다.

전투기·전차·함정 등 전통적인 고비용 유인 플랫폼 비중이 감소하고 저비용 무인 플랫폼 중심 전력 구성이 발전된다. F－35A 전투기보다 로열 윙맨 드론이 훨씬 저렴하다. 인간 조종사의 훈련 비용을 절감할 수 있다. 저비용 무인 플랫폼이 대량 생산되면서 전력 투사 능력이 대폭 향상된다.

참고문헌

1. 국문 자료

김진형 외. "인공지능 기반 유무인 복합체계 발전 방향", 『국방정책연구』, 2024.

백승진 외. "'인공지능 기반 유무인 복합 전투체계' 전력발전 방향", 『한국방위산업학회지』, vol.30, no.3, 2023, pp. 69–83.

이경택 외. "지상 유무인 복합 전투체계 기술 동향 및 시사점", 『한국국방경영분석학회지』, 제50권 제1호, 2024. 4., pp. 69–82.

조상근 외. "군사 선진국의 유무인 복합체계 개발 동향 연구", The Journal of the Convergence on Culture Technology(JCCT), Vol. 9, No. 1, January 31, 2023, pp. 413–418.

2. 영문 자료

RAND Corporation. *AI and Autonomy in Warfare: Technology, Strategy, and Ethical Challenges*, 2023.

Scharre, Paul. *Army of None: Autonomous Weapons and the Future of War*, W.W. Norton & Company, 2018.

Second Line of Defense. *Manned–Unmanned Teaming: Shaping Future Capabilities*, January 31, 2020, https://defense.info/highlight-of-the-week/

U.S. DoD. *Unmanned Systems Integrated Roadmap FY2017–2042*, 2018 Aug 01, Defense Technical Information Center.

제10장

AUKUS 3국의 국방 AI 전략과 거버넌스

제 1 절 AI 군비의 강화

산업혁명의 렌즈로 국제정치사를 들여다보면, 과학기술력이 산업·경제력과 군사력의 핵심 요소가 됐으며, 궁극적으로 국가의 강·약과 세력균형의 토대를 이뤘음을 알 수 있다. 기계 기술 중심의 산업화 시대에서 정보 기술 중심의 정보화 시대를 거쳐 인공지능 기술 중심의 지능화 시대로 전환됨에 따라 국가 경쟁력의 원천도 근원적으로 바뀌고 있다. 사물인터넷, 클라우드 컴퓨팅, 빅데이터, 모바일, 인공지능 등의 첨단 신기술이 4차 산업혁명을 촉진하면서 새로운 거대 기술 기업들이 전통적 산업의 경쟁력을 허물고 있다. 다른 한편으로는 세계적 군사 강국들이 새롭게 부상하는 첨단 과학기술을 활용하는 군사혁신에 박차를 가함으로써 새로운 양상의 군비경쟁이 전개되고 있다. 세계는 핵무기 증강 경쟁 시대에 이어 정찰-타격 시스템 복합 무기체계 증강 경쟁 시대를 보내고 있으며, 이제 인공지능 무기체계 증강 경쟁 시대를 목도하고 있다.

안보·군사 전문가들은 2010년대 중반부터 군사용 첨단 인공지능을 확보하기 위한 세계적 군비 경쟁이 시작된 것으로 주장한다. 첨단 인공지능 기술을 활용한 잠수함·함정·전투기·드론·전투차량 등 인공지능 무기들이 속속 개발되기 시작한 것이다. 다수의 군사 선진국이 인공지능의 군사적 활용 방안을 강구하고 있지만, 세계 최선두에서 경쟁을 벌이고 있는 국가는 주로 미국, 중국, 러시아라고 할 수 있다. 군사 강국들을 중심으로 자율 무기체계의 개발·배치 등 인공지능 기술 기반 군사력 우위를 확보하기 위한 경쟁이 치열하게 벌어지고 있다.

인공지능 기술의 군사적 활용은 세계적 대세임이 틀림없다. 글로벌 패권을 위해 전략 경쟁을 벌이는 강대국들은 미래전에 대비한 군사적 우위를 차지하기 위해 인공지능 기술 기반 신개념 무기체계를 개발·배치하는 군비 증강에 박차를 가하는 모습이다. 인공지능 기술은 군사 시스템을 혁신적으로 향상할 수 있는 상당한 잠재력을 제공한다.

자율 시스템의 개발에 적용된다. 자율 드론과 무인 차량은 정찰 임무부터 군수 지원, 전투 시나리오까지 다양한 작업을 처리할 수 있다. 예측 분석에 활용된다. 잠재적 위협을 분석하거나 유지관리 요구 사항을 예측하기 위해 첨단 머신러닝 모델이 사용된다. 방대한 양의 데이터를 분석해 인간 분석가가 식별할 수 없는 패턴과 추세를 파악함으로써 선제적 방어 전략을 수립하고 자원을 효율적으로 할당하는 데 이바지할 수 있다. 의사를 결정하고 전략 계획을 수립하는 데 활용된다. 인공지능 알고리즘은 전장에서 생성되는 막대한 양의 데이터를 처리·해석하고 전투 지휘관에게 실시간으로 전체적 전장 상황도를 제공한다. 사이버 위협에 대응하는 데 활용된다. 잠재적인 위협을 실시간으로 식별하고 대응할 수 있다. 공격으로부터 학습해 방어 능력을 지속해서 향상한다.

세계 대부분 국가가 국가 경쟁력을 강화하기 위해 인공지능 정책과 전략을 추진하는 것으로 알려져 있다. 최선두에 있는 국가는 재론의 여지 없이 미국일 것이다. 상무부의 주도로 '국가 인공지능 자문위원회(National Artificial Intelligence Advisory Committee)'를 설립해 국가 인공지능 발전을 이끌고 있다. 국방부는 무인 항공기 등 주요 무기 시스템과 관련된 685개 이상의 인공지능 프로젝트를 진행하는 것으로 파악된다.

미국과 전략 경쟁을 벌이고 있는 중국은 국무원이 2017년 7월 최초로 국가 차원의 인공지능 발전 중장기 계획인 '차세대 인공지능 발전계획'을 발표했다. 인공지능을 경제 변화의 핵심 추진력으로 평가하고, 혁신적인 인공지능 국가 및 세계적인 과학기술 강국 건설을 목표로 제시했다. 이에 앞서 2015년 중국의 스마트 제조 및 활성화를 위해 인공지능과 결합한 과학기술 발전 계획인 '중국제조 2025' 로드맵을 제시했고, 2016년 산업 발전 및 개혁위원회·재정부 공동의 '로봇산업 발전계획 2016−2020'을 발표했으며, 중국 5개년 발전 청사진인 '제13차 5개년 계획(2016~22)'에서 인공지능을 100대 국가 전략 프로젝트의 중점 분야로 선정했다. 시진핑 국가주석은 2017년 제19차 공산당 대표자대회에서 인공지능이 군사 분야에 미칠 중대한 파장을 과학적으로 예견하고 군사이론을 혁신하며 신형 무기·장비를 개발해야 한다고 강조했다.

인도·태평양 지역 3자 군사 동맹국(AUKUS)인 미국·영국·호주는 인공지능을 국가 경쟁력과 안보 역량 및 군사력의 판도를 바꾸는 기술로 판단하고 관련된 다양한 기술의 선점에 국가 차원의 총력을 기울이고 있다. 국방 인공지능 개발·적용의 가속화를 위한 전략 수립과 정책 마련은 물론 조직·기능 신설 등 거버넌스 구축에도 박차를 가하고 있다.

미국 국방부는 2018년 처음으로 인공지능을 국방 전 분야에 적용하고 인공지능 기반 합동 전력 체계를 구축하기 위해 '국방 인공지능 전략서'를 발표했다. 그 해에 합동 인공지능센터를 창설했다. 2022년에는 국방부 전체의 인공지능과 데이터 분석, 디지털 서비스 등을 최고 상위에서 총괄하는 '최고디지털인공지능실'을 신설했다.

영국과 호주도 인공지능의 군사적 적용을 가속하기 위한 국방 전략을 추진하고, 이를 체계적·효율적으로 실행하기 위한 국방 거버넌스 확립했다. AUKUS 동맹국들은 공통으로 군 조직 구조와 업무 프로세스가 민간에서 개발된 인공지능 기술의 신속한 국방 적용 및 가속에 부적절한 것으로 판단한다. 이에 국방 인공지능 관련 기능·조직 구조와 업무 프로세스를 개선하는 한편, 인공지능 기술을 군사 능력으로 원활하게 전환하는 데 필수적인 전문 인력의 육성·확보에 큰 노력을 기울이고 있다.

제2절 미국의 국방 인공지능 전략과 거버넌스

1. 국가 차원의 인공지능 정책 및 전략

미국은 2018년 대통령과 의회에 미국의 국가안보 및 국방 요구를 포괄적으로 해결하기 위한 인공지능과 머신러닝 및 관련 기술의 개발 진전을 권고하는 임무를 수행하는 '인공지능국가안보위원회'를 설립했다. 15명의 위원으로 구성했다. 전 '구글' CEO였던 에릭 슈미트(Eric Schmidt)가 위원장을 맡았고, 전 국방부 부장관을 역임한 로버트 워크(Robert Work)가 부위원장이 됐다. 이 위원회는 2021년 3월 인공지능 가속화 경쟁과 분쟁 시대에 방어와 경쟁을 위해 정부를 다시 조직하고 국가의 방향을 새로 설정하며 가장 긴밀한 동맹과 파트너 국가들을 결집할 수 있는 통합 국가전략을 담은 최종 보고서를 의회에 제출했다.

보고서는 전체 16개 장과 행동 청사진 및 부록으로 구성돼 있다. 제1부는 인공지능 시대의 미국 방어라는 제목하에 인공지능 시대의 신흥 위협, 미래 국방의 토대, 인공지능과 전쟁, 자율 무기 시스템과 인공지능 구동 전쟁 관련 위험, 인공지능과 국가정보의 미래, 정부의 기술 인재, 인공지능 시스템에 대한 정당한 신뢰 확립, 민주적 가치(국가안보를 위한 인공지능 사용에 따른 프라이버시, 시민 자유, 시민 권리) 유지 등에 내용이 기술돼 있다. 제2부는 기술 경쟁 승리라는 제목하에 경쟁 및 협력 전략, 인재 경쟁, 지능 혁신 가속화, 지적 재산, 미세전자공학, 기술 보호, 우호적 국제 기술 질서, 관련 기술 등과 관련된 내용을 수록했다.

특히, 정부가 권고안을 이행하기 위해 취해야 할 상세한 조치가 요약된 행동 청사진을 제시하고 있다.

- 인공지능 연구개발에 대한 비국방 분야 연방 지출을 획기적으로 증액한다. 2022년 20억 달러에서 매년 두 배로 늘려 2026년에는 320억 달러로 증액해 생물의학 연구에 대한 지출과 비슷한 수준에 도달한다.
- 인공지능 분야 학부 장학금 및 대학원 연구 펠로우십을 극적으로 증가시킨다.
- 숙련된 기술 근로자를 정부에 영입하기 위한 디지털단을 창설하고, 디지털 서비스 아카데미를 설립한다. 정부에서 일정기간 근무하기로 약속하는 대가로 보조금을 받는 교육을 제공하는 공인 대학을 세운다.
- 새로운 인공지능 시스템 또는 기존 시스템의 주요 업데이트에 대한 시민권 및 시민 자유 보고서를 포함한다.
- 고용 기반 그린카드 할당을 확대해 공인 미국 대학의 모든 인공지능 박사 졸업생에게 제공한다.
- 국방부는 새로운 기술 도입을 더욱 빠르고 쉽게 하도록 획득관

리체계를 개혁한다.

적대적 국가들의 인공지능 기술 접근 및 탈취를 방지함과 동시에 대동맹·우방국 인공지능 협력을 강화하기 위한 대책을 권고하고 있다. 미국의 외국인투자심의위원회 구조의 취약성을 지적하면서 러시아와 중국 외국인 투자자들이 인공지능 및 반도체 관련 기술을 적대적으로 병합하는 것에 대처하기 위해 관련 규정을 대폭 수정할 것을 권고했다. 신뢰할 수 있는 동맹과 우방에 대해서는 신속한 통과 절차를 적용하는 면제 규정을 신설할 것을 제안하면서 최우선 적용 대상으로 미국과 첩보 동맹을 맺고 있는 영국, 호주, 캐나다, 뉴질랜드 등 '파이브 아이즈(Five Eyes)' 외에 일본, 한국, 인도, 타이완 등을 꼽았다.

바이든 행정부는 '인공지능 국가안보위원회'에서 제안한 정책 아이템을 이어받아 인공지능 기술의 다차원적 영향에 대응하는 포괄적 정책 구상으로서 '인공지능 국가 이니셔티브(National Artificial Intelligence Initiative: NAII)'를 수립했다.

- 백악관 과학기술정책실(Office of Science and Technology Policy)에 '국가 인공지능 이니셔티브실(National Artificial Intelligence Initiative Office)'을 설치해 국가 인공지능 정책을 주도하도록 했다.
- 인공지능 국가 이니셔티브가 추구하는 궁극적 목표는 인공지능 분야에서 미국의 세계적 리더십을 확고하게 지키고, 미국에 유리한 세계 기술 질서를 구축하는 것이다.
- 인공지능 위협 평가: 악성소프트웨어의 공격이나 가짜 뉴스의 대규모 유포와 같은 다양한 종류의 사이버 공격은 인공지능 기술을 탑재한 자율적 공격으로 전환되고 있고, 이런 공격이 빈번해지면서 머신러닝의 재료가 되는 데이터를 오염시키는 결과를 초래하고 있다. 인공지능 기술을 사용한 위협은 비국가 행위자에 의해서도 구사될 수 있으

며, 특히 민주주의와 같이 개방된 사회가 이런 위협에 취약하다.

- 국가 인공지능 정책 목표: 신기술에 의한 새로운 위협을 차단하고 미국에 유리한 세계 기술 질서를 구축하기 위해 ① 미국의 기술 경쟁력을 증진해 인공지능 분야에서 미국의 글로벌 지배력을 공고히 하고, ② 인공지능 기술과 관련해 동맹 및 우호국과의 협력을 강화하며, ③ 미국의 민주주의 사회를 보호하고, ④ 정부의 인공지능 정책에 대한 미국 국내 신뢰를 확보한다.

트럼프 2기 행정부는 2025년 1월 '미국의 인공지능 리더십에 대한 장벽 제거(Removing Barriers to American Leadership in Artificial Intelligence)'라는 행정명령 14179호를 발표했다. 이는 종전 바이든 행정부의 안전·윤리 중심 이념 편향적 정책(행정명령 14110호)을 철회하고, 규제 장벽의 제거와 혁신·민첩성의 촉진을 통해 미국의 인공지능 리더십을 강화하는 정책을 담고 있다. 아울러 180일 이내에 구체적 실천 계획을 마련하도록 했다.

이 행정명령의 지시에 따라 백악관은 2025년 7월 '미국의 인공지능 실행 계획(America's AI Action Plan)'을 공식 발표했다. 이 계획은 혁신 가속화, 인프라 구축, 국제 외교 및 안보 강화라는 3개 축을 통해 산업혁명과 정보혁명, 르네상스가 동시에 일어나는 인공지능 시대를 선도하겠다는 목표를 담고 있다. 가장 큰 인공지능 생태계를 구축한 국가가 글로벌 인공지능 표준을 설정하고 광범위한 경제적·군사적 이익을 얻게 될 것이라고 명시하며 인공지능을 국가안보와 직결된 전략 자산으로 정의했다. 미국의 인공지능이 세계의 표준이 되어야 한다는 기조하에 동맹국들과의 기술 동맹을 구축하고, 국제기구에서 중국의 권위주의적 인공지능 거버넌스 표준 제안을 저지하겠다는 명확한 지정학적 목표를 설정했다.

2. 국방 인공지능 전략

가. 트럼프 1기 행정부의 국방 인공지능 전략

트럼프 행정부는 2018년 인공지능을 국방 전 분야에 적용하고 인공지능 기반 합동 전력 체계를 구축한다는 내용을 골자로 하는 『국방 인공지능 전략』을 발표했다.

중심적 도전을 정의하고 있다.

- 인공지능이 작전, 훈련, 유지, 부대 방호, 모집, 의료 등 국방 전반에 걸쳐 지대한 영향을 미칠 것으로 예상된다.
- 중국과 러시아의 군사용 인공지능에 대한 상당한 투자가 미국의 기술 및 운영상의 우세를 침식하고 국제질서를 불안정하게 만들 위험이 있다.
- 국방부는 미국의 창의성과 민첩성을 활용해 인공지능으로 인한 기술적·윤리적·사회적 도전 과제를 해결하고 미래 세대를 위한 평화와 안보를 보존할 기회를 실현해야 한다.

주요 주제를 설정하고 있다.

- 사려 깊고 책임감 있으며 인간 중심적인 인공지능의 채택으로 군인을 지원·보호하고 시민을 보호하며 동맹과 파트너 국가를 보호하는 한편, 운영의 효율성·민첩성·경제성·속도를 향상한다.
- 인공지능의 신속하고 반복적인 전달과 새로운 운영 개념의 생성을 중시하고 국방 전반에 걸쳐 반복할 수 있는 프로세스와 시스템을 만들기 위한 교훈을 축적한다.
- 공유 데이터, 재사용할 수 있는 도구, 프레임워크 및 표준, 클라우드 및 에지 서비스의 공통 기반으로 구현되는 분산형 개발

및 실험을 사용해 인공지능 사용을 확장한다.

- 광범위한 인공지능 교육을 통해 인재를 양성하고, 채용 및 파트너십을 통해 핵심적 인공지능 기술을 서비스에 도입하며, 신속한 실험 문화와 반복적이고 위험 정보에 기반한 전달 방식을 장려한다.
- 강력한 파트너십을 위해 민간 인공지능 리더십 강화, 사회적 과제 해결을 위한 개방형 인공지능 임무 구성, 국방 관련 장기 연구 자금 지원, 국제적 동맹 및 협력을 강화한다.
- 합법적·윤리적 방식으로 인공지능을 사용하기 위한 비전과 지침을 명시하고, 인공지능 시스템의 책임감 있고 윤리적인 사용을 보장하기 위한 정책을 채택하며, 탄력성 있고 견고하며 신뢰할 수 있고 안전하며 설명할 수 있는 인공지능을 위한 연구개발에 투자하고, 투명성을 촉진함으로써 인공지능 윤리 및 안전을 선도한다.

국방부의 인공지능 이점 실현을 위한 전략적 접근방법을 제시하고 있다.

- 주요 임무의 해결을 위한 인공지능 지원 기능 및 능력을 제공한다.
- 분산형 개발 및 실험을 가능하게 하는 공통 기반을 통해 국방 전반에 걸쳐 인공지능의 영향을 확장한다.
- 선도적인 인공지능 인력을 양성한다.
- 상업, 학술, 국제적 동맹국 및 파트너와 협력한다.
- 군사적 윤리 및 인공지능 안전을 선도한다.

‘합동인공지능센터’의 임무로서 인공지능 지원 기능 및 능력 제공 가속화, 국방 전체에 걸쳐 인공지능의 영향 확장, 국방 인공지능 활동의 동기화로 합동군 우세 확장 등을 명시하고 있다.

- 현재의 군사적 우세를 강화하고 임무 요구 사항, 운영 성과, 사용자 피드백, 데이터를 통해 미래 인공지능 연구개발 노력을 증진함으로써 주요 임무를 해결할 수 있는 인공지능 기반 기능 및 능력을 신속하게 제공한다.
- 전략적 데이터 획득을 주도하고 통합 데이터 저장소, 재사용 가능 도구, 프레임워크 및 표준, 클라우드 및 에지 서비스를 도입함으로써 국방부 전반에 걸쳐 인공지능의 영향력을 확장하기 위한 공통 기반을 구축한다.
- 인공지능 기획, 정책, 거버넌스, 윤리, 안전, 사이버보안, 다자간 협조 촉진 임무를 수행한다.
- 인공지능 능력 제공에 대한 신뢰할 수 있는 전문지식을 제공하고, 모든 수준의 전문 교육 및 훈련을 통해 국방 전반의 가속화된 인공지능 학습 경험을 창출하기 위해 세계적 수준의 인공지능팀을 유치 및 육성한다.

나. 바이든 행정부의 국방 데이터·분석·인공지능 채택 전략

바이든 행정부는 2023년 11월 신흥 기술의 경쟁 우위를 공고하게 하고 전투원들의 전장 결정 우위를 유지하기 위해 첨단 인공지능 기능 및 능력 도입을 가속한다는 목적으로 '데이터·분석 및 인공지능 채택 전략(Data, Analytics, and Artificial Intelligence Adoption Strategy)'을 발표했다.

5가지의 전략적 목표를 제시하고 있다.

- 기반 데이터 관리 개선: 국방 관련 데이터의 품질 및 가용성을 높여 첨단 분석 및 인공지능 능력을 지원한다.
- 계획 업무 및 합동 전투에 영향을 미칠 수 있는 능력 제공: 의사결정 우위 성과를 개선하기 위해 데이터, 분석, 인공지능 기

술로 업무 분석 및 전투 수행 능력을 강화 또는 생성한다.

- 상호 운용이 가능한 연합적 기반에 투자: 데이터, 분석, 인공지능 채택의 확장을 지원하고 상호 운용성을 개선하기 위해 국방의 연합 기반을 최적화한다.
- 데이터, 분석, 인공지능 생태계 발전: 데이터, 분석, 인공지능 기술 채택의 촉진을 위한 정부 간, 학계, 산업, 국제 협력관계를 강화한다.
- 디지털 인재 관리 확대: 가장 긴요한 데이터, 분석, 인공지능 관련 업무 역할을 위한 고용, 훈련, 유지를 증가시킨다.

'최고디지털인공지능실(CDAO)'이 전략의 실행을 주도·감독한다. CDAO는 국방부 통합 데이터, 분석, 인공지능 계획을 관리·조정하는 고위 리더십 기구인 'CDAO위원회'를 통해 각 부서와 실행에 대해 협력한다. CDAO위원회 및 지원 포럼은 국방 전체에서 수집한 과제, 교훈, 모범 사례를 교환하고 디지털 인재 개발, 리더십, 문화를 위한 이니셔티브를 중요한 지원 요소로 감독한다.

국방부 최고디지털인공지능책임자는 2024년 2월 '국방 우세 2024: 국방 데이터·인공지능 심포지엄(Advantage DOD 2024: Defense Data and AI Symposium)'에서 디지털 데이터 분석과 인공지능을 국방부 전체로 확장해 전투원의 의사결정에 유리한 환경을 보장하기 위한 인공지능 정책 비전과 방향을 제시했다. 전투 지휘관이 전략적 결정을 내리는 데 필요한 모든 것을 볼 수 있는 세상을 구현하고 상황 인식에 걸리는 시간을 획기적으로 단축하기 위해서는 변화하는 환경에서 데이터와 인공지능을 활용해 문제를 해결할 수 있는 기반을 구축해야 한다고 강조했다.

첨단 인공지능을 활용한 의사결정은 ① 뛰어난 전장 인식 및 이해, ② 적응형 전력 계획 및 적용, ③ 신속하고 정확하며 탄력적인 킬체인 운용, ④ 탄력적인 지속 지원, ⑤ 효율적인 계획 업무 운영 등의 유리 점이 있다고 역설했다.

인공지능 정책의 목표와 방향을 6가지로 정리했다. ① 상호 운용할 수 있는 연합 인프라 구축, ② 데이터, 분석, 인공지능 생태계 발전, ③ 디지털 인재 관리 확대, ④ 기초 데이터 관리 개선, ⑤ 계획 업무 및 합동 전투 효과를 위한 능력 제공, ⑥ 거버넌스 강화 및 정책 장벽 제거 등이다.

국방 구성원 모두가 "내가 인공지능을 출시했다. 내가 데이터 문제를 해결했다. 나는 데이터를 빠르게 활용해 나의 사령관 문제를 바로 해결한 분석 솔루션을 구축했다. 나는 분석 솔루션을 제공할 도구, 인프라, 정책, 계약 수단을 가지고 있다"라고 생각할 때 전장에서 승리할 수 있다고 강조하면서 결론을 맺었다.

다. 트럼프 2기 행정부의 국방 인공지능 전략 요소

트럼프 2기 행정부는 2025년 1월 마련한 인공지능 실행 계획에서 국방 분야의 인공지능 전면 채택을 촉구하고 있다. 전쟁 수행 기능, 물류, 행정 업무에 인공지능을 적용하도록 했다. 다음과 같은 국방 인공지능 전략 요소를 담고 있다.

- 방위고등연구계획국(DARPA) 주도로 인공지능 설명 가능성, 제어 시스템, 적대적 견고성 등에 대한 기술 개발 프로그램을 시작한다.
- 국방부와 국가정보국은 미국과 경쟁·적대국의 인공지능 채택 수준을 비교·분석하며, 이를 기반으로 인공지능 도입 정책을 지속적으로 조정하는 체계를 구축한다.
- 인공지능 및 자율 시스템 가상 실험장(AI and Autonomous Systems Virtual Proving Ground)을 국방부에 설치해 인공지능 기반 무기체계 및 기술을 실험·검증할 수 있는 환경을 조성

한다.

- 중국 등 전략적 경쟁국을 대상으로 하는 인공지능 프로젝트 정보 수집 및 분석 체계를 국가안보위원회, 백악관 과학기술정책실, 에너지부, 상무부의 인공지능 표준 및 혁신 센터 등과 협업해 운영한다.

3. 국방 인공지능 거버넌스

거버넌스(governance)는 일반적으로 정부, 기업, 비정부기구 등 다양한 행위자가 공동의 관심사에 대한 네트워크를 구축해 문제를 해결하는 국정 운영의 방식을 말한다. 국방 인공지능 거버넌스는 인공지능을 국방 전 분야에 체계적이고 효율적으로 신속하게 적용하기 위한 정책·제도·조직적 틀과 기능 배분, 업무 분담 및 협조 등을 의미한다.

인공지능의 국방 적용을 촉진하기 위한 정책 및 제도로서 2018년 처음으로 국방 인공지능 전략서를 발표했다. 2018년 전략서는 인공지능을 통한 경쟁적 우위 확보를 목표로 삼았다. 2023년 개정판을 발표하면서 책임 있는 국방 인공지능(Responsible AI) 원칙을 강조했다. 2019년 국방혁신위원회(Defense Innovation Board)는 윤리적 인공지능 사용을 위한 5대 원칙으로서 책임성(Accountability), 공정성(Equity), 추적성(Traceability), 신뢰성(Reliability), 거버넌스(Governance)를 제시했다. 의회는 매년 국방수권법(NDAA)에 인공지능 개발·윤리·감독 관련 규정을 삽입함으로써 인공지능의 국방 적용 동태를 감독한다.

국방부는 국방혁신위원회가 권고한 5대 원칙에 따라 2020년 책임 있는 인공지능 원칙을 수립하고 2022년 구체화했다. 책임성 측면에서 최종 책임은 인간 지휘관과 운영자가 맡는다. 공정성 측면에서 인공지능이 편향적이거나 차별적인 결과를 내지 않도록 데이터·알고리즘을 관리한다. 추적성 측면에서 알고리즘과 데이터의 출처, 작동 방식은 설명할 수 있어야 한다. 신뢰성 측면에서 다양한 환경에서도 일관된 성능을 유지할 수 있어야 한다. 거버넌스 측면에서 인공지능은 규칙·감독 체계 내에서 운영한다. 윤리 지침으로서 자율무기처럼 무기화 인공지능 개발 시 인간 통제권을 보장한다. 검증·인증 체계로서 인공지능 알고리즘 성능과 안전성 평가 절차를 마련한다. 투명성을 강화하기 위해 민간 연구자·동맹국과 협력하고, 나토의 책임 있는 인공지능 틀과 조율한다. 법·정책 연계로서 인공지능 사용 시 국제법과 무기 사용법을 의무적으로 준수한다.

국방부는 인공지능을 체계적·효율적으로 적용하기 위한 조직적 틀로서 프런트오피스(Front Office)와 백오피스(Back Office) 개념을 도입했다. 모든 조직이나 사업체의 중앙 행정 단위 또는 사무실을 말하며, 찾아오는 고객이 처음 방문하는 곳이다. 고객과 직접 교호하거나 관여하는 사업 부문으로서 직접적인 고객 서비스를 제공하기 때문에 회사의 수익 창출 단위이다. 이 곳의 직원은 고객에게 질문을 해 더 많은 정보를 얻고 고객이 원하는 도움을 제공한다. 백오피스는 회사의 행정이 이루어지는 부문으로서 상품이나 서비스를 생산하는 부서이다. 이 곳의 직원은 비즈니스의 원활한 운영을 위해 프런트오피스를 지원한다. 인재 모집, 데이터베이스 유지 관리, 생산, 컴퓨터 시스템 설계 및 유지 관리, 재정 등의 업무를 처리하기 위해 재무 지원자, 정보 기술 전문가, 인사 지원자, 규정 준수 책임자, 데이터 분석가, 위험 분석가, 운영 관리자가 근무한다.

[그림 10-1]에서 보듯이, 미국 국방부 인공지능 조직과 기능도 프런트오피스와 백오피스 개념으로 운영된다.

[그림 10-1] 미국 국방부 인공지능 조직 및 기능 현황

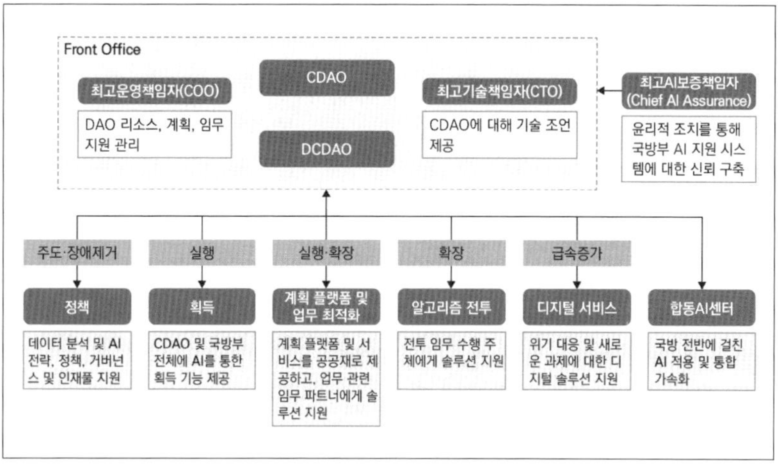

프런트오피스 부문에는 최고디지털인공지능실(CDAO)을 중심으로 최고운영책임자(COO)와 최고기술책임자(CTO)가 편성돼 있다. 최고인공지능보증책임자가 프런트오피스 부문에 윤리적 조치를 지원함으로써 국방 인공지능 지원 시스템에 대한 신뢰를 구축한다. 백오피스 부문에는 인공지능 국방 적용의 주도 및 장애 제거, 실행, 실행 및 확장, 확장, 급속 증가 업무를 담당하는 부서가 편성돼 프런트오피스 부문을 지원한다.

벡오피스 부문은 정책부, 획득부, 계획플랫폼·업무최적화부, 알고리즘전투부, 디지털서비스부와 합동 인공지능센터로 편성돼 있다.

- 정책부는 데이터 분석 및 인공지능 전략, 정책, 거버넌스, 인재풀을 지원한다.
- 획득부는 최고디지털인공지능실과 국방부 전체에 인공지능을 통한 획득을 지원한다.
- 계획플랫폼·업무최적화부는 계획플랫폼 및 서비스를 공공재로 제공하고 업무 관련 임무 파트너에게 솔루션을 지원한다.

- 알고리즘전투부는 전투 임무 수행 주체에게 솔루션을 지원한다.
- 디지털서비스부는 위기 대응과 새로운 과제에 대한 디지털 솔루션을 지원한다.
- 합동 인공지능센터는 국방 전반에 걸쳐 인공지능의 적용·통합을 가속하는 기능을 수행한다.

가. 최고디지털인공지능실

국방부는 2022년 최상위에서 디지털 변혁과 인공지능 생성·구현·조정 기능을 총괄적으로 수행하는 최고디지털인공지능실(Chief Digital & Artificial Intelligence Office: CDAO)을 설치했다. 국방부의 데이터, 분석, 인공지능 적용을 가속해 의사결정 우위를 확보하는 것을 임무로 설정했다. 주요 기능은 ① 데이터, 분석, 인공지능에 대한 국방전략 개발과 정책 수립 주도 및 감독, ② 적절한 국방기관 프로세스 내에서 데이터 및 인공지능 적용에 대한 장벽의 제거, ③ 구성요소의 데이터, 분석, 인공지능 및 디지털 지원 솔루션의 개발·배포를 지원할 수 있는 디지털 인프라 및 서비스 구축, ④ 기업 및 공동사용을 위해 입증된 디지털 및 인공지능 지원 솔루션을 선택적으로 확장, ⑤ 위기와 긴급 과제에 대한 신속한 대응을 위해 디지털 서비스 신속 확장 등이다.

실장, 부실장, 획득 담당 부실장, 정책·전략 및 거버넌스 담당 부실장, 엔터프라이즈 플랫폼 및 비즈니스 최적화 담당 부실장, 알고리즘 전쟁 담당 부실장, 디지털 서비스 담당 부실장, 최고운영책임자, 최고기술책임자, 최고인공지능보증책임자 등으로 구성된다.

최고디지털인공지능실은 국방 인공지능 시스템의 기반을 구축하기 위해 인공지능 요구 사항의 계층 구조와 2023 회계연도 국방부 인공지능 활성화 경로를 제시하는 5가지 전략적 이니셔티브을 수립했다. ① 디지털 인재 관리 이니셔티브, ② 고도 데이터 품질 이니셔티브, ③ 인공지능 및 머신러닝 스캐폴딩(Scaffolding, 토대) 이니셔티브, ④ 비즈니스 성과지표 이니셔티브, ⑤ 통합·합동 전 영역 지휘통제(CJADC2) 이니셔티브 등이다.

디지털 인재 관리 이니셔티브는 데이터, 분석, 인공지능 업무를 수행하는 인력을 국방 기능적 인력 관리자로 지정함으로써 디지털 인력에 대한 표준을 설정할 수 있도록 한다. 고위지도자들의 디지털 활용 능력을 높이기 위한 교육 프로그램을 마련한다. 국방부 전반에 걸친 디지털 활용 능력의 향상 차원에서 MIT Horizon의 자원 라이브러리에 대한 액세스를 확대하기 위해 1,500명의 직원을 위한 파일럿 프로그램을 시작한다.

고도 데이터 품질 이니셔티브: 해양 개체 수집 프로젝트는 해안경비대 비행장 이미지 데이터를 수집해 주석을 달고 레이블을 지정했으며, 유·무인 항공기에 사용할 인공지능 모델을 개발해 특정 항목을 신속하게 감지하고 분류한다. 하빈저 프로젝트(Project Harbinger)는 업계와 협력해 음향 에너지를 감지하기 위한 첨단 머신러닝 알고리즘을 개발한다. 공공 가용 정보(Publicly Available Information) 프로젝트는 해외 오픈소스 정보 탐색을 통해 매일 1,500만 개가 넘는 게시물을 검토하고 관심 있는 게시물을 100~200개로 필터링해 정보분석가의 효율성을 크게 제고한다.

인공지능 머신러닝 스캐폴딩 이니셔티브: 국방 구성원들이 인공지능을 개발하고 적용하는 데 필요한 플랫폼과 애플리케이션 및 서비스 마련을 지원함으로써 국방부 전체에 걸쳐 인공지능의 적용을 촉진한다.

비즈니스 성과지표 이니셔티브: 첨단 분석(Advancing Analytics: Advana) 지표 플랫폼의 사용자 등록 수를 첫 해 40,000명에서 72,000명 이상으로 증가시켰다. 국방부 장관과 차관에게 PULSE라는 분석 대시보드를 제공해 전체 결과를 평가할 수 있도록 지원함으로써 국방부 업무 속도를 신속하게 향상한다.

통합·합동 전 영역 지휘통제 이니셔티브: 데이터 통합 계층의 개발과 전투 관리 디지털화 소프트웨어 도구 개발을 포함해 핵심 솔루션을 계속 지원한다. 인공지능 시스템의 디지털 인프라를 테스트하고 발전시키기 위해 글로벌 정보 지배 실험(Global Information Dominance Experiments: GIDE)을 계속 수행한다.

나. 합동인공지능센터

국방부는 2018년 7월 인공지능 잠재력을 국방 전반에 신속하고 효과적으로 적용하고 국방 조직 및 기관 전체의 인공지능 업무를 조정하기 위해 국방부 장관실 최고정보책임자(CIO) 산하에 독립된 부서로서 '합동인공지능센터(Joint Artificial Intelligence Center: JAIC)'를 창설했으며, 그 후 2022년 7월 설립된 '최고디지털인공지능실' 산하로 흡수 통합했다. 담당 업무는 ① 인공지능 핵심 기술의 신속한 적용, ② 국방에 적용할 인공지능 범위 선정, ③ 악성 사이버 공격에 대비한 방책 강구, ④ 인공지능의 적용을 위한 공동 기반 체계 구축, ⑤ 방산업체, 대학, 연구기관, 동맹국 및 파트너국 간 협력체계 구축, ⑥ 인공지능 전문인력 육성, ⑦ 인공지능 적용에 따른 윤리와 안전장치 강구 등이다.

인공지능 핵심 기술의 신속한 적용: 데이터 라벨, 분류 알고리즘 개발, 체계 통합 등과 같은 인공지능 관련 기술을 미군의 작전과 전술에 적용함으로써 궁극적으로 '인공지능 중심 전투 역량(AI-Centric Combat Capability: AI-CCC:)'을 구축한다.

국방에 적용할 인공지능 범위 선정: 국방부 인공지능 전략서에 따라 합동참모본부의 합동 전투 수행 개념(Joint Warfighting Concept)에 부합하는 인공지능 핵심 기술을 작전과 전술에 접목한다. 미국 내 인공지능 개발 업체 및 정부 기관 등과의 주기적인 실무협의, 세

미나 개최, 정책 회의를 통해 인공지능 핵심 기술을 식별하고 있으며, 이를 기반으로 국방부 인공지능 정책을 정립한다.

악성 사이버 공격에 대비한 방책 강구: 인공지능 기술은 합동인공지능센터의 지침과 결정에 따라 작전과 전술에 적용할 알고리즘을 개발하고 합동 전투 수행 개념으로 연결돼야 한다. 민간 연구기관이 개발한 인공지능 기술을 군이 그대로 작전과 전술에 활용하면 혼란을 초래할 수도 있다.

동맹국 및 파트너국 간 협력체계 구축: 인공지능 중심 전투 역량은 미군만이 아닌 동맹국 및 파트너국과도 상호 운용성이 보장돼야 성공적으로 발휘될 수 있으며, 합동인공지능센터가 동맹국들과 협정을 맺어 인공지능 개발 정책을 수립한다.

인공지능 적용에 따른 윤리와 안전장치 강구: 인공지능은 정책 결정 과정에서 뿐만 아니라 작전과 전술 분야에도 적용되기 때문에 군 지도부는 자동화 및 무인화 장비와 무기에 적용할 윤리적 기준을 고민해야 한다. 인공지능의 군사적 적용은 단순한 개념과 과정이 아니기 때문에 국방 지도부가 확실한 개념을 갖고 정책적 기준과 원칙을 제시해 혼동을 막아야 한다.

다. 알고리즘전교차기능팀(Project Maven)

국방부는 빅데이터와 머신러닝의 통합을 가속하기 위해 2017년 4월 '프로젝트 메이븐(Project Maven)'이라는 프로젝트의 일환으로 '알고리즘전교차기능팀(Algorithmic Warfare Cross-Functional Team)을 수립했다. 프로젝트의 첫 번째 과제는 공중 드론이 매일 수집하는 엄청난 양의 영상을 효율적으로 처리할 수 있도록 지원하는 것이다. 머신러닝 기술을 이용해 드론이 촬영한 영상에서 차량 및 전차 등과 같은 동영상 물체를 식별함으로써 인간 분석가의 부담을 덜어준다.

국방부 부장관은 2017년 4월 26일 이에 대한 지침을 담은 각서를 하달했다.

- 인공지능, 빅데이터, 딥러닝 분야에서 최근과 미래의 발전을 활용하기 위해서는 국방부 전반에 걸쳐 훨씬 더 빠르게 움직여야 하며, 이에 국방 빅데이터와 머신러닝 통합을 가속하기 위한 알고리즘전교차기능팀을 설립한다.
- 목표: 국방부가 이용할 수 있는 엄청난 양의 데이터를 신속하게 실행할 수 있는 정보와 통찰력으로 전환한다.
- 임무 및 기능: ① 데이터 라벨링 노력을 조직하고, 주요 작업을 달성하기 위해 알고리즘을 개발·획득 및 수정, ② 필요한 컴퓨팅 리소스를 식별하고 해당 인프라를 배치하는 경로 식별, ③ 90일 단기간 내에 알고리즘 기반 기술을 기록 프로그램과 통합 등이다.
- 최초 목표: 풀 모션 비디오의 객체를 감지·분류·경고하기 위한 컴퓨터 비전 알고리즘을 제공한다.
- 정보·감시·정찰을 지원하는 단기간 목표 달성 후 유사한 기술을 다른 국방 정보 임무 영역에 통합하는 데 우선순위를 둘 것이다.
- 인공지능, 자동화, 머신러닝, 딥러닝, 컴퓨터 비전 알고리즘을 개발·사용·배치하는 모든 이니셔티브를 포함해 국방 정보 전체의 임무 영역과 관련된 기존 알고리즘 기반 기술 이니셔티브를 통합한다.
- 국방부 정보차관이 감독하며, 국방정보국장이 국장직을 수행하고, 합참·각 군·국방부 법무실 및 기타 국방부 고위 대표로 구성된 운영그룹이 감독을 제공한다.

제3절 영국의 국방 인공지능 전략과 거버넌스

1. 국방 인공지능 전략

영국 국방부는 2022년 6월 민간 부문과의 긴밀한 협력을 통해 인공지능 연구개발 및 실험을 추진함으로써 군의 역량을 혁신할 방법을 모색한다는 내용을 담은 국방 인공지능 전략을 공개했다. 2025년 발표된 '전략방위검토(Strategic Defence Review)'에도 국방 인공지능의 비전과 계획이 담겼다.

새로 마련된 국방 인공지능 전략은 인공지능 측면에서 규모에 비해 효과적이고 효율적이며 신뢰할 수 있는 국방 조직을 만든다는 비전을 설정하고 네 가지 접근방법을 제시하고 있다.

- 국방부를 인공지능 준비 조직으로 전환: 리더 및 인력의 역량 강화, 핵심 인재 채용, 정책 과제 해결, 디지털·데이터 및 기술 지원 요소 현대화를 통해 의사결정의 이점을 증진한다.
- 방위 이점을 위해 인공지능을 적절한 속도와 규모로 채택 및 활용: 성공을 위한 조직, 단기·장기 기회 활용, 체계적 실험, 국제적 협업을 통해 효율성을 제고한다.
- 방위 및 안보 인공지능 생태계 강화: 신뢰 구축 및 요구 사항 명확화, 상업적 장벽 해소, 참여 및 공동 창작 촉진, 비즈니스 성장 지원을 통해 새로운 능력을 개척한다.
- 안보, 안정 및 민주적 가치를 증진하기 위한 글로벌 인공지능 개발 형성: 책임감 있는 글로벌 인공지능 개발 주도, 보안 및 안정성 증진, 미래 보안 정책 개발을 군 전체로 강화한다.

국방 인공지능 거버넌스로서 국방에는 인공지능 전체를 가진 소유자가 전혀 없어서 국방부 업무 부서와 기능 모두가 협력해 전략적 목표를 달성하기 위한 중요한 임무를 수행해야 한다는 점을 강조하고 있다.

- 국방부 본부: 인공지능 정책 및 전략 설정, 능력 목표 정의, 전략적 프로그램 지시, 전반적인 일관성 보장 등을 담당한다.
- 사업 부서 및 기능적 선도 부서: 국방 인공지능 전략과 국방부 본부의 지시에 따라 각자에게 가장 적합한 인공지능 형태를 추구한다.
- 전략적 지휘: 전투 영역 전반에 걸쳐 전략적 및 운영적 통합을 보장한다.
- 국방인공지능자율단(Defence AI and Autonomy Unit: DAU)과 국방인공지능센터(Defence AI Centre: DAIC) 공동으로 전반적인 전략적 일관성 관리: DAU는 인공지능의 개발·채택 및 사용을 관리하는 전략적 정책 프레임워크 설정하고, DAIC는 인공지능 연구개발 및 기술 이슈의 중심적 역할을 담당한다.

민주적 가치에 부합한 인공지능 윤리와 인공지능 개발 필요성을 강조하고 있으며, 국방을 위해서도 인공지능을 속도와 규모에 맞게 적용해야 한다는 원칙을 강조하고 있다. 국방 인공지능 전략에서 인공지능을 인간의 지능을 보완·대체할 수 있는 범용 기술 제품군으로 정의하고 있다. 자율무기, 군집 드론, 살상용 로봇 등 자율적으로 작동하고 지능적인 의사결정을 입증할 수 있는 무기체계 도입에 초점을 맞추고 있다. 영국군의 소규모 병력과 장비를 인공지능이 대체할 수 있을 것으로 기대한다. 미국 및 동맹국들과 협력해 인공지능 역량을 글로벌 3위까지 높인다는 목표를 설정했다.

2025년 전략 방위 검토 보고서는 인공지능 기반 '디지털 표적 웹'의 구축 계획을 담고 있다. 인공지능을 활용해 전투 상황에서 신속하고 통합된 의사결정을 지원하는 디지털 표적 웹의 구축을 위해 10억 파운드를 투자한다는 것이다. 인공지능 및 자율 시스템을 통한 전투력 증강을 강조하고 있다. 드론, 자율 시스템, 인공지능 기반 분석 도구 등을 활용해 전투력과 대응 능력을 강화한다는 것이다. 인공지능 실험 및 국제 협력 확대를 강조하고 있다. 육·해·공군이 망라된 대규모 인공지능 실험을 통해 인공지능 알고리즘을 개발하고 검증하며, 이를 통해 인공지능 기술의 발전을 도모한다는 것이다.

2. 국방 인공지능 거버넌스

영국의 국방 인공지능 거버넌스는 나토 및 미국과 긴밀히 연계하면서도 독자적인 규범·윤리적 틀을 강조한다. 인공지능의 체계적·효율적 국방 적용을 촉진하기 위한 정책과 전략으로서 2021년 '국방 인공지능 전략(Defence AI Strategy)'을 발표했다. 국방부는 인공지능을 '전투력 배가 기술'로 정의하고, 국방 혁신 체계와 연동해 신속한 도입을 목표로 삼고 있다. '안전·책임·신뢰' 원칙을 명확히 설정하고, 나토와 유럽연합의 윤리 지침과 조율하고 있다. 국방 인공지능을 작전적 효율성과 아울러 국제 규범 선도의 도구로 활용하는 이중 목표를 추구하고 있다.

인공지능의 효율적이고 신속한 국방 적용을 담보하기 위한 조직적 구조로서 2022년 '국방인공지능센터'를 설립했다. 국방 내 인공지능 연구, 시범 사업, 산업·학계 협력의 허브로서 국방부, 육·해·공 각 군, 방산기업, 스타트업, 학계 간 가교역할을 담당한다. 국방 산하 국방과학기술연구소(Defence Science and Technology Laboratory)는 인공지능 기술의 검증·시험·윤리적 검토를 지원한다. 윤리·법적 검토 메커니즘으로서 국방 인공지능 적용 시 윤리적 심사가 의무이며, 국제인도법이나 무기사용 법규를 준수하도록 보장한다.

영국 국방부는 2022년 '책임 있는 국방 인공지능(Responsible AI in Defence)' 보고서를 통해 6대 원칙을 제시했다. ① 책임성(Accountability): 의사결정 권한은 인간 지휘관이 담당, ② 거버넌스(Governance): 투명하고 명확한 규정·절차 마련, ③ 신뢰성(Reliability): 다양한 전장 환경에서 일관된 성능 보장, ④ 법적 준수(Lawfulness): 국제인도법, 국제법, 국내법 존중, ⑤ 추적 가능성(Traceability): 데이터·알고리즘 설명 가능, ⑥ 회복성(Resilience): 적대적 인공지능 공격에 대응할 수 있는 설계 등이다.

영국은 인공지능의 국방 활용에서 국제 연계를 중시한다. 미국·호주·캐나다 등과 연합 인공지능 실험을 통해 상호 운용성을 확보한다. 2021년 마련된 나토 인공지능 전략과 조율하며 나토 내에서 '신뢰할 수 있는 인공지능' 규범을 선도한다. 2023년 영국이 주최한 '인공지능 안정성 서밋(AI Safety Summit)'을 통해 군사·민간 인공지능 윤리의 국제 규범화 논의에 참여한다.

영국의 국방 인공지능 정책과 전략은 국방인공지능자율단과 국방인공지능센터가 주도하고 있다. 국방인공지능자율단은 인공지능의 정책 및 방향, 개발, 적용, 관리 등 정책 틀을 담당하는 기구로서 2018년 설립했다. 인공지능의 핵심 개발 기관은 국방과학기술연구소이며, 전략사령부 디지털부, 육·해·공군, 국방인공지능개발센터, 방위보안추진단, 국방전투연구소, 앨런튜링연구소, 국방전투실험소와 대학, 산업계에서 다양한 이해관계자가 참여하고 있다.

국방인공지능센터는 2021년 설립돼 2022년 처음 운영을 시작했다. 국방부 전반에 걸쳐 인공지능 적용을 주도·촉진·혁신하는 임무를 수행한다. 주도는 비전 있는 허브 임무를 수행해 인공지능 역량에 대한 일관된 이해·개발·채택을 가속하는 것이다. 촉진은 공통 인공지능 서비스, 모범 사례 및 중요 전문성을 제공해 현지 채택을 지원하는 것이다. 혁신은 국방 우선순위를 지원하는 전략적 이점에서 돌파구를 만드는 인공지능 프로젝트를 신속하게 개발·지원·확장하는 것이다.

이 조직은 국방 인공지능 업무에 대해 백오피스에서 프런트오피스에 이르는 임무를 수행하면서 정부, 학계, 업계 전반의 국제 파트너와 협력해 군사적 적용 사례를 구현하는 임무를 수행한다. 주요 역할 범위는 ① 비즈니스 프로세스 및 지원 기능의 속도와 효율성 향상, ② 의사결정 품질 및 운영 속도 향상, ③ 상호 연결된 네트워크의 보안 및 복원력 강화, ④ 군대의 규모, 지속성, 도달 범위 및 효과성 증진, ⑤ 지루하고 더럽고 위험한 작업의 자동화로 인원 보호 등이다.

영국의 국방 인공지능 채택 및 개발 업무 시스템은 국방인공지능센터가 연합 조직의 중추로서 국방 전반에 걸쳐 전략사령부, 국방과학기술연구소, 업계 및 학계 등과 협력한다. 국방부 인공지능 커뮤니티 간의 보다 적극적인 관계를 구축해 개방적 협업을 촉진한다. 탁월한 인재를 연결해 전략적 이점을 제공하는 프로세스를 유지한다.

국방부가 다양한 업계, 학계, 정부 및 동맹국과 협력해 군에 전략적 역량을 제공하는 역동적이고 통합된 인공지능 생태계를 조성한다. 국방인공지능센터는 적절한 인공지능 개발 환경을 구축함으로써 연구개발을 안내하고 일관성을 유지하는 임무를 수행한다.

국방인공지능센터는 인재 교류와 공동 창작을 촉진하기 위해 국방 및 국가안보 인공지능 네트워크를 구축한다. 이를 통해 국방 관련 인공지능 연구개발에 대한 민간 부문의 투자를 장려하고, 국방 데이터 및 자산에 대한 액세스를 간소화하며, 정책 및 기술에서 상업 및 조달에 이르기까지 다양한 활동에 걸쳐 요구 사항을 공유하고 모범 사례를 개발할 수 있는 포럼을 제공한다.

제4절 호주의 국방 인공지능 전략과 거버넌스

1. 국방 인공지능 전략

호주는 미국이나 영국처럼 별도의 독립적 전략 문서를 통해 국방 인공지능 전략을 발표하지는 않았다. 다만, 2023년 호주 국방부가 공개한 '국방 전략 검토(Defence Strategic Review: DSR) 보고서에 국방 인공지능에 관한 정책 지침과 방향성이 담겨 있다. 인공지능과 자율 무기를 포함한 첨단 국방 기술을 '전력 승수(force multiplier)'로 규정했다. 미국·영국 등 AUKUS 파트너 협력과 연계해 인공지능·자율 시스템의 신속 배치를 촉진한다는 내용을 제시하고 있다. 호주는 2021년부터 AUKUS 협력 Pillar II(첨단 기술 협력)에서 인공지능·자율 시스템을 핵심 영역으로 설정하고, 미국·영국과 함께 공동 인공지능 표준, 합동 실험 및 데이터 공유 메커니즘을 마련하고 있다.

호주 국방부는 국가 차원의 인공지능 정책 틀과 지침을 준수하며 인공지능 기술의 안보·군사 분야 적용을 위한 다각적 방책을 마련해 추진하고 있다.

- 호주 해군은 2040년까지 로보틱스, 자율 시스템, 인공지능을 통합해 해상 전투 능력을 향상하는 '로보틱스·자율 시스템·인공지능 전략 2040(RAS-AI Strategy 2040)'을 수립했다. 해군의 작전 효율성, 생존 가능성, 지속 가능성을 제고하는 데 중점을 두고 있다.
- 호주 국방부는 인공지능의 윤리적이고 책임 있는 사용을 보장하기 위해 '책임 있는 인공지능 사용 정책'을 개발하고 있다. 국제 모범 사례와 호주 법률을 준수하며, 위험 기반 접근 방식을 채택하고 있다.

- 호주 국방부는 2024년 1월 다양한 임무 시나리오에서 인공지능 솔루션의 강점과 약점을 식별하기 위한 실험을 진행했다. 인공지능의 법적 및 윤리적 측면에 대한 지속적인 관심이 강조됐다.
- 호주는 AUKUS 3국 간의 파트너 협력을 통해 인공지능 및 자율 기술에 대한 공동 이해를 심화하고 있다. 복잡한 작전 환경에서 신뢰할 수 있고 책임 있는 인공지능 및 자율 시스템을 신속하게 배치하는 데 중점을 두고 있다.
- 호주 국방과학기술단(DSTG)은 '국방을 위한 윤리적 인공지능 방법론'을 개발해 인공지능 프로젝트 관리자와 팀이 윤리적 위험을 관리할 수 있도록 지원하는 도구를 제공한다. 이 방법론에는 윤리적 인공지능 점검 리스트, 위험 행렬, 법적 및 윤리적 보증 프로그램 계획이 포함돼 있다.
- 호주 국방부는 주요 인공지능 기반 국방 프로젝트를 추진하고 있다. 보잉과 협력해 자율 비행 전투드론을 개발하는 '고스트 배트(Ghost Bat) 프로젝트를 추진하고 있다. 호주 공군의 작전 능력을 향상하는 데 이바지할 예정이다. 호주 해군은 안두릴 산업체(Anduril Industries)와 협력해 '고스트 샤크(Ghost Shark)'라는 자율 잠수함을 개발하고 있다. 이 잠수함은 정보 수집·정찰·타격 임무를 수행하며, 호주 해군의 잠수함 함대를 보완하는 역할을 담당한다.

호주의 국방 인공지능 전략은 윤리적 인공지능 사용을 강조한다. 인공지능 기술이 국방에 사용되면서도 윤리적 문제를 초래하지 않도록 엄격한 정책과 규제를 마련하고 있다. 호주의 책임 있는 인공지능 활용 의지를 국제 사회에 보여주기 위한 중요한 정책이다. 2019년부터 호주 인공지능 윤리 원칙(Australian AI Ethics Principles)을 발표했고, 국방도 이를 기반으로 국방 책임 인공지능(Defence

Responsible AI) 지침을 적용하고 있다. 인간 통제 유지(human-in-the-loop)를 강조하며, 자율 살상 무기와 구분된 책임 있는 자율 무기체계 개발을 원칙화했다. 모든 인공지능 무기 및 방위산업 프로젝트는 법적 준수, 윤리적 검증, 작전적 위험 평가 절차를 거쳐야 한다. 필요시 독립적인 검토위원회가 개입한다.

호주 국방부는 인공지능 첨단 기술을 적극적으로 개발하고 있다. 인공지능 기반의 무인 항공기, 자율 로봇 시스템, 첨단 감시 시스템 등 다양한 첨단 기술을 연구·개발해 군사적 우위를 확보한다는 것이다. AUKUS 협정을 통해 미국·영국과의 협력을 더욱 심화하며, 특히 사이버 보안 기술 개발에 집중한다. 인공지능 활용에 대한 정보 공유와 공동 개발 프로젝트를 활성화하기 위한 차원이다. 사이버 보안의 강화에 역점을 두고 있다. 사이버 공격에 대한 방어를 강화하기 위해 인공지능 기술을 활용한 위협 탐지 및 대응 기술을 발전시키고 있다.

호주의 국방 인공지능 전략은 몇 가지 분야에 집중한다. 첫째는 데이터와 정보 활용이다. 인공지능 기술을 활용해 국방 관련 대규모 데이터를 분석함으로써 정확한 실시간 의사결정을 지원한다. 데이터 기반 접근법을 활용해 전략 계획을 수립하는 것이다. 둘째는 인공지능 연구 및 개발 기반 강화이다. 연구기관 및 산업체와 협력해 인공지능 기술 개발을 촉진한다. 인재 양성을 위해 교육 및 훈련 프로그램을 지원하고, 첨단 기술 생태계를 구축하는 데 주력한다. 셋째는 인공지능 및 로봇 공학의 군사 적용 확대이다. 인공지능 기반 자율 시스템과 로봇 기술을 활용해 전투 효율성을 극대화한다. 무인 자율 드론이나 인공지능 기반 전투 시뮬레이션 시스템을 개발하고 있다. 넷째는 국내 및 국제 협력 확대이다. 국내 기업과의 협력뿐만 아니라 동맹국 및 국제 조직과의 동반자적 협력을 통해 기술 교류와 공동 프로젝트를 강화한다. 인공지능 기술의 세계적 발전 추세에 부응하는 것이다.

2. 국방 인공지능 거버넌스

호주는 국방 혁신 틀 속에서 인공지능의 국방 분야 적용을 본격적으로 모색하고 있다. 국방 전략 검토 보고서, 차세대 기술 펀드, 국방 인공지능 연구 네트워크 등을 통해 인공지능 연구개발과 적용을 확대하고 있다. 호주 국방부는 인공지능의 국방 적용을 촉진하기 위한 제도 및 정책으로서 미국이나 영국과 마찬가지로 2021년 '책임있는 국방 인공지능(Responsible AI in Defence)' 지침을 마련해 시행하고 있다. 핵심 내용은 투명성(Transparency), 신뢰성(Reliability), 책임성(Accountability), 인간 중심(Human-in-the-loop), 법적·윤리적 규범 준수 등이다. '국방과학기술단(Defence Science and Technology Group)'이 국방 인공지능의 연구개발·검증·시험평가를 담당한다.

호주는 범정부 차원에서 2024년 6월 인공지능을 안전하고 책임감 있게 활용하기 위해 공공 부문에서 준수해야 하는 핵심 원칙과 실천 방안을 담은 국가 차원의 기준을 마련했다. 5가지 핵심 요소로 구성돼 있다. ① 윤리 원칙 적용: 호주의 인공지능 윤리 원칙을 실제로 어떻게 적용할지에 대한 지침 제공, ② 책임성 강화: 인공지능 시스템의 설계·운영·감독에 있어 명확한 책임 구조 마련, ③ 투명성 확보: 인공지능의 결정 과정과 결과에 대한 설명 가능성 강조, ④ 공정성과 안전성: 편향 방지, 안전한 작동 보장, ⑤ 인간 중심 가치: 인간의 권리와 복지를 최우선으로 고려 등이다. 국방 분야도 이 기준에 따라 인공지능의 군사적 적용 시 윤리적·법적 위험을 평가하고, 기술적 안전성 검증을 위한 절차적 도구를 발전시키고 있다.

호주의 국방 인공지능 추진 구조는 국방부 산하 과학기술 혁신 책임 부서가 인공지능 정책을 총괄한다. 국방 인공지능 네트워크,

국방 혁신 허브, 협력 연구 센터 등 산업-학계 인공지능 협력 플랫폼을 운영하고 있다. AUKUS의 Pillar II(첨단 기술) 참여, 미국·영국과의 자율 무기 공동 개발 및 인공지능 검증·인증 표준 개발 등 국제 협력을 추구하고 있다.

국방부는 국방 전반에 걸쳐 인공지능의 적용을 가속할 목적으로 2019년 국방인공지능센터(Defence Artificial Intelligence Centre: DAIC)를 설립했다. 호주군의 작전 및 의사결정을 지원하기 위해 인공지능과 머신러닝 기술의 개발·적용을 전담한다. 자율 시스템, 자연어처리, 컴퓨터 비전 등 다양한 분야의 연구·개발을 수행한다. 호주군으로부터 인공지능 개발 환경을 제공받아 연구개발을 지원하며, 일관성을 유지하는 역할을 담당한다. 다양한 산업계·학계·정부 및 동맹국과 협력해 통합된 인공지능 생태계를 구축하고 있다. 국방·안보 인공지능 네트워크를 구축해 인재 교류와 공동 개발을 촉진하며, 민간 부문의 투자 유도 및 국방 데이터 접근성을 향상하는 노력을 진행한다. 정책 및 기술 등 다양한 분야에서 요구 사항과 모범 사례를 공유할 수 있는 포럼을 제공해 국방 관련 인공지능 연구개발을 활성화하고 있다.

국방인공지능센터는 국방 인공지능 역량을 강화하기 위해 다음과 같은 기능과 역할을 담당한다. 첫째, 인공지능 기술을 개발·적용한다. 최신 인공지능 기술을 국방 분야에 도입하고, 이를 통해 군의 작전 효율성과 의사결정 능력을 향상한다. 둘째, 데이터를 관리·분석한다. 방대한 국방 데이터를 효과적으로 관리하고 분석함으로써 전략적 통찰력과 정보 우위를 제공한다. 셋째, 전문 인력을 양성한다. 인공지능 분야의 전문 인력을 육성·확보해 지속적인 기술 발전과 혁신을 도모한다. 넷째, 국내외 협력을 강화한다. 국내외 연구기관·산업체·학계와의 협력을 통해 인공지능 생태계를 구축하고, 공동 연구 및 기술 교류를 촉진한다.

호주의 국방인공지능센터는 상세한 조직 구조에 대한 공개된 자료가 없지만 미국 및 영국의 국방인공지능센터와 유사하게 편성돼 있을 것이다. 연구개발 부서는 최신 인공지능 기술의 연구 및 개발을 담당하며, 국방 분야에 적용할 수 있는 혁신적인 솔루션을 모색한다. 데이터 관리 부서는 대규모 데이터의 수집·저장·분석을 통해 인공지능 시스템의 성능을 향상하고, 데이터 기반 의사결정을 지원한다. 교육 및 훈련 부서는 국방 인력을 대상으로 인공지능 관련 교육 프로그램을 개발·실행해 인공지능 기술의 이해도와 활용 능력을 증진한다. 전략 및 정책 부서는 인공지능 기술 도입과 관련된 전략 수립 및 정책 개발을 통해 조직의 목표와 방향성을 제시한다. 협력 파트너십 부서는 국내외 연구기관·산업체·학계와의 협력을 추진해 인공지능 생태계 구축과 기술 교류를 촉진한다.

정부 영역의 국방 인공지능 프로그램은 국방혁신허브(Defence Innovation Hub)와 국방과학기술단(Defence Science and Technology Group: DSTG)이 주도한다. 국방 혁신 허브는 스타트업 및 대학 연구소와 협력해 군사적 인공지능 기술을 조기에 신속하게 적용하는 데 목적을 두고 있다. 개념 증명(Proof of Concept: POC)과 시제품 제작·시연·평가에 이르는 혁신 프로세스 엔지니어링 프로젝트를 후원하는 프로그램으로서 기술성숙도(Technology Readiness Level: TRL) 6~8 수준을 다룬다. 이에 대한 제안서는 군과 민간 전문가, 국방과학기술단 협의로 2단계 프로세스를 거쳐 종합적으로 평가된다. 국방과학기술단은 과학적 조언을 제공하고 특정 상황에서 국방·안보 요구에 대한 혁신적 기술 솔루션을 고안하는 임무를 수행한다. 국방 인공지능 연구 네트워크를 구축하고 대학과 협업을 진행하고 있다. 다양한 안보 영역을 넘나드는 멀티 클라우드 환경을 활용해 기능 문제를 해결하고 프로토타입을 테스트하는 역할을 제공한다.

국방 인공지능 연구 네트워크는 새로운 아이디어와 지식을 자극하는 환경에서 함께 일하는 인공지능 연구원 커뮤니티를 구축·유지하고, 새로운 인공지능 기술의 평가·테스트 및 국방 생태계로의 통합을 지원하는 것을 목표로 한다. 인공지능 연구 요구를 관리하고, 사상적 리더들을 함께 모아 해당 분야의 기술 개발에 대한 전략적 조언을 제공한다. 차세대 국방 인공지능 연구자들을 양성하는 역할도 수행한다.

국방과학기술단은 학계와 함께 자율 시스템, 인공지능 신뢰성, 사이버·전자전 관련 연구를 공동 지원하는 등 인공지능을 비롯한 첨단 국방 기술의 개발을 체계적이고 효과적으로 지원할 목적하에서 2016년부터 차세대 기술 기금(Next Generation Technologies Fund)을 운용해 왔다. 단기적인 전술적 우위를 넘어 장기적으로 지속 가능한 국방 기술 생태계를 구축함으로써 호주의 미래 국방력을 강화하는 것이 핵심 목표이다. 수억 호주달러를 투자해 연구개발 프로젝트를 지원한다. 대학·연구소·산업체와의 협력을 통해 기술 혁신을 가속하며, 국제적 협력도 적극적으로 활용한다. 다양한 국방 관련 프로젝트를 통해 새로운 기술을 시험하고, 실질적인 국방 응용으로 전환하는 데 초점을 맞추고 있다.

최우선 국방 첨단 기술 분야에 집중적으로 지원한다. 인공지능 분야는 국방 데이터 분석, 자율 무기 시스템, 사이버 보안 강화 등이다. 양자 기술 분야는 양자 컴퓨팅과 양자 통신을 이용한 첨단 암호화 및 신호 처리 등이다. 극초음속 기술 분야는 극초음속 미사일과 방어 시스템 개발이다. 우주 기술 분야는 인공위성과 관련된 우주 감시 및 통신 기술이다. 자율 시스템 분야는 무인 항공기 및 자율 로봇 개발이다. 기술 상용화 지원 분야는 연구 단계에서 상용화 단계까지의 기술 개발 과정을 지원함으로써 혁신적 기술이 실제 군사 작전 및 방어 시스템에 적용될 수 있도록 돕는다.

인공지능과 관련된 다양한 분야에 걸쳐 학계, 산업계, 정부 연구기관으로부터 다양한 연구 제안을 모집한다. 성공적인 아이디어는 국방혁신단 프로그램에서 시제품 제작·시연·평가 단계까지 자금을 지원한다. 최종적 시제는 능력획득유지단(Capability Acquisition and Sustainment Group)이 운영하는 국방 획득 시스템에 전달돼 운영 기능으로 전환된다.

참고문헌

Artificial Intelligence and National Security. CRS Report, Congressional Research Service, August 26, 2020.

Atkinson, Ryan. "Artificial Intelligence in Modern Warfare Strategic Innovation and Emerging Risks". *MILITARY REVIEW*, September–October 2024.

Australian Government Defense. *Defence Digital Strategy and Roadmap 2024*. 27 August 2024.

British Army. *British Army's Approach to Artificial Intelligence*. October 2023.

Devitt, S. Kate & Damian Copeland, "Australia's Approach to AI Governance in Security & Defence". https://arxiv.org/pdf/

Konaev, Margarita and Others. *U.S. Military Investments in Autonomy and AI: A Strategic Assessment*. Center for Security and Emerging Technology. October 2020.

Layton Peter. The ADF could be doing much more with artificial intelligence. *THE STRATEGIST*, Australian Strategic Policy Institute, 26 Jul 2022.

Ministry of Defence. *Defence Artificial Intelligence Strategy*. June 2022.

––––––––––. Defence AI Playbook. January 2024.

National Security Commission on Artificial Intelligence. Final Report, 2021.

U.S. DoD. *Data, Analytics, and Artificial Intelligence Adoption Strategy: Accelerating Decision Advantage*. June 27, 2023.

U.S. DoD. Responsible Artificial Intelligence Strategy and Implementation Pathway. June 2022.

U.S. DoD. *Summary of 2018 the Department of Defense Artificial*

Intelligence Strategy: Harnessing AI to Advance Our Security and Prosperity. February 12, 2019.

Yoon & Yang LLC, "트럼프 행정부, America's AI Action Plan 발표", LEXOLOGY, July 25 2025.

Zais, Mark M. "Artificial Intelligence: A Decisionmaking Technology". Joint Force Quarterly, Nov. 19, 2020.

에필로그

인간의 욕심은 끝이 없고 같은 실수를 반복한다는 말이 있다. 어떤 일이든 다 끝내지 못하고 더 욕심만 부린다는 뜻이다. 좋게 보면 열정이 강한 것이다. 무엇인가를 끊임없이 사고 싶고, 먹고 싶고, 소유하고 싶다는 것은 생기 있게 살아 움직이기 위한 몸부림이다. 국방의 여러 분야에서 실무를 경험하고 안보와 국방 문제를 연구하여 온 학자로서 논문을 쓰고 책을 집필하는 데 많은 욕심이 있었으나 미완의 실수를 되풀이했음을 부인할 수 없다. 항상 참신하고 창의적인 작품을 만들고 싶었으나 만족스럽게 끝을 맺지는 못했다. 이번의 저서도 원고를 마무리하는 순간 완성도가 미흡함을 깨달았다. 오래된 건물을 완전히 허물고 새로운 건물을 짓는 방식이 아니라 개축하는 수준으로 저술 작업을 마쳤다.

여기서 끝내지 않고 새로운 연구를 계속하겠다는 각오를 밝힌다. 군사혁신은 과학기술이 발전함에 따라 계속 진화하기 때문이다. 군사 사학자이자 베스트셀러 작가 맥스 부트(Max Boot)는 『전쟁이 만든 신세계(*Made in War*)』에서 한 국가를 강대국으로 만드는 비밀을 밝히기 위해 지난 500년 전쟁사에서 성공적으로 군사혁신을 성취한 국가와 전쟁 사례를 탐색하고, 군사혁신의 일차적 도화선을 기술에서 발견했다.[1] 오랜 세월 축적된 기술이 화약 혁명, 제1차 산업혁명, 제2차 산업혁명, 정보혁명 등으로 일컬어지는 기술력의 혁명적 폭발을 가져왔고, 이러한 변화의 소용돌이 속에서 군사혁신의 비밀을 깨닫고 실천한 국가들이 역사에서 살아남았다는 것이다.

기술적인 진보와 신무기의 개발 자체만으로는 진정한 군사혁신을 이룰 수 없다. 전쟁에서 승리할 수 있는 강한 군대를 만들기 위해서는 기존 군사 체제에서 관습적인 부분이 무엇인지 통찰하는 안목과 기득권의 포기, 엄청난 고통도 감수하는 의지력이 있어야 한다. 첨단 과학기술의 발전이 사회 및 산업 전체의 패러다임을 전환할 뿐만 아니라 전쟁의 개념과 방식 및 수단을 뿌리째 바꾸어 놓고 있는데도 개인 및 조직과 국가가 그에 걸맞은 혁신적 변화를 등한시하면 생존 자체가 위협받을 수 있다. 군사혁신은 끝이 있는 것이 아니라 생물처럼 영양분을 섭취하고 계속 생장하여야 하는 것이다. 전쟁 패러다임은 고정돼 있지 않고 계속 변화하기 때문이다.

인공지능 기술 기반 군사혁신이 아직 완전하게 성취되지도 않았는데 벌써 양자 기술 기반 군사혁신에 대한 담론이 형성되고 있다. 프라하의 체코 공과대학교 연구원인 미할 크렐리나(Michal Krelina) 박사는 2021년 양자 기술의 군사적 적용에 관한 논문을 발표한 바 있다.[2] 양자 기술을 사용해 모든 지상, 해양, 공중, 우주, 사이버 등 모든 전장 영역에서 정보, 보안, 방위 능력에 영향을 미치는 전쟁을 양자전(Quantum Warfare)으로 정의했다. 양자전의 범위에 양자 사이버전, 양자 전자전, 양자 수중전, 양자 우주전 등을 포함했다. 이런

1) 맥스 부트 지음, 송대범·한태영 옮김, 『전쟁이 만든 신세계: 전쟁, 테크놀로지 그리고 역사의 진로』(서울: 플래닛미디어, 2007).

2) Michael Krelina, “Quantum Technology for Military Applications”, *EPJ Quantum Technology*, Vol. 8, 2021.

전쟁에서 양자 기술 기반 장치와 체계를 운용하는 방법을 담은 전장 운영 개념도 비교적 구체적으로 제시했다.

향후 양자 기술 기반 군사혁신에 관한 연구가 본격적으로 진행될 것으로 전망된다. 많은 연구 논문과 참고 자료들이 축적되길 기대한다. 언제가 될지 장담할 수는 없지만 '양자 기술 혁명과 군사혁신'에 대한 연구 결과를 추가해 증보판을 낼 수 있게 되길 희망한다. 독자 여러분께 감사드린다.

찾아보기

ㅈ

저자 약력

정춘일

학력

육군사관학교 졸업(1980년)
한국외국어대학교 대학원 정치학 석사(1985년)
한국외국어대학교 대학원 정치학 박사(1991년)
국방대학교 안보과정(2004년)
한국과학기술원(KAIST) 컨버전스 AMP과정(2015년)

경력

현재 한국전략문제연구소 부소장
육군사관학교 교수
국방부 정책기획관실 실무장교
한국국방연구원(KIDA) 연구위원
국방부 국방개혁위원회 군사혁신단 과장
육군교육사령부 전투실험처장
대령으로 전역
㈜삼성탈레스(현 한화시스템) 경영전략팀장
㈜하이브시스템 부사장
대통령실 국가안보실, 국방부, 육군본부, 민주평화통일자문회의 등 자문위원 역임

주요 저서

국제관계에 있어서 군사력의 역할(박사학위논문)
21세기 군사혁신과 한국의 국방 비전(공저)
선진국방의 지평(공저)
과학기술 강군을 향한 국방혁신 4.0의 비전과 방책(단독 저서)

군사혁신 : IT에서 AI까지

초판발행 2026년 1월 10일

지은이 정춘일
펴낸이 안종만 · 안상준

편 집 우석진
기획/마케팅 김한유
표지디자인 BEN STORY
제 작 고철민 · 김원표

펴낸곳 (주) 박영사
서울특별시 금천구 가산디지털2로 53, 210호(가산동, 한라시그마밸리)
등록 1959. 3. 11. 제300-1959-1호(倫)
전 화 02)733-6771
f a x 02)736-4818
e-mail pys@pybook.co.kr
homepage www.pybook.co.kr
ISBN 979-11-303-9736-8 93390

정 가 25,000원